普通高等学校电气类一流本科专业建设系列教材

电力系统基础

（第二版）

主　编　肖　峻　刘艳丽
副主编　刘　洪　孙　冰
参　编　张艳霞　秦　超　孔祥玉

科学出版社
北　京

内 容 简 介

本书共7章，包括电力系统的基本知识、电力系统元件的等值电路与参数计算、简单电力系统的潮流计算、电力系统的正常运行与控制、电力系统故障与实用短路电流计算、电气主接线与设备选择、电力系统继电保护的原理及配置。本书注重基本概念和原理的阐述，强调基础理论和基本的分析方法，并简要介绍了新能源、储能、电力电子等新内容，以利于扩展学生的视野。书中配有思考题和习题，并附有部分参考答案，便于学生掌握相关知识。

本书可作为高等学校电气工程及其自动化、储能科学与工程、智能电网信息工程等专业的本科生教材，也可供高职、高专相关专业师生参考，还可作为电力工程技术人员的参考资料和培训教材。

图书在版编目(CIP)数据

电力系统基础 / 肖峻，刘艳丽主编. -- 2版.北京：科学出版社，2024.12. —(普通高等学校电气类一流本科专业建设系列教材). -- ISBN 978-7-03-079390-4

Ⅰ. TM7

中国国家版本馆 CIP 数据核字第 2024RU4156 号

责任编辑：余 江 / 责任校对：王 瑞
责任印制：师艳茹 / 封面设计：马晓敏

科学出版社 出版
北京东黄城根北街 16 号
邮政编码：100717
http://www.sciencep.com

北京华宇信诺印刷有限公司印刷
科学出版社发行 各地新华书店经销

*

2009 年 6 月第 一 版　　开本：787×1092 1/16
2024 年 12 月第 二 版　　印张：16 3/4
2024 年 12 月第十四次印刷　字数：397 000

定价：69.00 元

(如有印装质量问题，我社负责调换)

前　言

电气工程及其自动化是一个宽口径的专业,学生在专业课学习时可以选择不同方向,但都需要一定的电力系统基本知识。为适应这种需要,天津大学在2009年将"电力系统分析A(稳态)"和"电力系统分析B(暂态)"课程改为"电力系统基础"和"电力系统分析",并重新编写了对应的两本教材。《电力系统基础》覆盖了稳态和暂态,包含了最基本的内容,重点讲述物理概念、基本原理和应用背景。经过十多年的教学实践,取得了很好的效果。

电力系统正在经历革命性的升级,向智能电网、新型电力系统快速发展,出现了很多新元件和新原理。在此背景下,编者对教材进行了全面的更新,重点关注了新能源、储能、电力电子装备对电力系统的影响;同时,将十几年教学中的精华体现到教材中,引导学生对自然规律和科学方法论进行观察、思考;另外,教材中还补充了数字资源,给读者带来更丰富生动的内容。

全书共7章。前5章是基本内容;后2章是扩展内容,供没有选择发电厂电气和电力系统保护专业课的学生选用。

本书第1章由刘艳丽、肖峻、刘洪、孙冰、孔祥玉编写;第2章由肖峻编写;第3章由孙冰、刘洪编写;第4章由刘洪编写;第5章由秦超编写;第6章由孔祥玉编写;第7章由张艳霞编写。全书由肖峻、刘艳丽主编。数字资源由孙冰和秦超制作。

感谢贾宏杰教授的审阅,感谢本书第一版主编李林川教授的指导,感谢天津大学李博通教授和李霞林副教授提出的意见和建议。最后,还要感谢天津大学"电力系统基础"课程组老师的支持。

由于编者水平有限,书中难免存在不妥之处,敬请读者批评指正。

编　者

2024年9月

于天津大学卫津路校区

目 录

第1章 电力系统的基本知识 1
1.1 电力系统简介 1
1.2 电力系统发展概况 6
1.3 电力系统负荷 8
1.4 电力系统电源 11
1.5 电力网络 16
1.6 电力系统储能 21
思考题 26
习题 26

第2章 电力系统元件的等值电路与参数计算 28
2.1 电力线路的等值电路与参数计算 28
2.2 变压器的等值电路与参数计算 41
2.3 发电机的等值电路与参数计算 47
2.4 负荷特性与负荷模型 50
2.5 风光新能源发电及储能的模型 51
2.6 电力系统的等值电路及其标幺值计算 52
思考题 57
习题 58

第3章 简单电力系统的潮流计算 61
3.1 单一元件的功率损耗和电压降落 61
3.2 开式网络的潮流计算 66
3.3 配电网络的潮流计算 71
3.4 简单闭式网络的潮流计算 73
3.5 新型电力系统背景下的潮流计算 81
思考题 89
习题 89

第4章 电力系统的正常运行与控制 91
4.1 电力系统的无功平衡和电压调整控制 91
4.2 电力系统的有功平衡和频率调整控制 104
4.3 电力系统的能量损耗与节能降损 115
思考题 119
习题 119

第 5 章 电力系统故障与实用短路电流计算 122
5.1 故障的一般概念 122
5.2 三相短路电流的物理分析 124
5.3 简单系统三相短路电流的实用计算方法 132
5.4 对称分量法在不对称短路计算中的应用 140
5.5 同步发电机、变压器、输电线的各序电抗及其等值电路 145
5.6 简单电网的正、负、零序网络的制定方法 149
5.7 电力系统不对称故障的分析与计算 153
5.8 故障时网络中的电流、电压计算 164
5.9 新型电力系统背景下的短路计算 169
思考题 171
习题 172

第 6 章 电气主接线与设备选择 176
6.1 电气主接线的设计原则 176
6.2 电气主接线的基本接线形式 178
6.3 电气设备的选择 189
思考题 196

第 7 章 电力系统继电保护的原理及配置 198
7.1 电力系统继电保护的作用、构成及对其基本要求 198
7.2 继电器的工作原理 201
7.3 继电保护的工作原理 213
7.4 输电线路的继电保护配置 253
7.5 变压器、发电机及母线的继电保护配置 255
思考题 258

参考文献 260

第1章 电力系统的基本知识

1.1 电力系统简介

1.1.1 电力系统的组成

电能是二次能源,是由煤、油、风力和核能等一次能源转化而来的,又可以方便地转化成其他能源。它是现代社会中最重要的、最方便的、最清洁的能源,各行各业以及人们的日常生活都离不开它。在现代社会,如果发生大面积的、长时间的停电,整个社会尤其是大城市中人们的生活将会受到很大的影响,甚至可能影响到社会秩序直至国家的安全。

人们大量使用的电能是由发电机发出,通过变压器升压,再经输电线路传输,变压器降压、配电线路分配等过程,最后到达用户。这个发、输、配、用的统一整体称为电力系统。从另一个角度看,电力系统是由生产(电源)、输送分配(电网)、消耗(负荷)以及存储(储能)电能的所有电气设备组成的统一整体。电力系统由"源-网-荷-储"构成。电力系统的主要设备是生产电能的发电机、输送和分配电能的变压器和电力线路、消耗电能的各种用电设备以及储能设备,习惯上称其为一次系统;电力系统还包括继电保护装置、安全自动装置、通信设备和调度自动化等系统,一般称为二次系统。一次系统是能量系统;二次系统是信息系统,是用于监测、控制和通信的一系列相互连接的设备和软件信息系统。电力网是电力系统中除去发电机和用户,剩余的变压器和电力线路所组成的输送、分配电能的网络。如果电力系统再加上电厂的原动机等动力部分,则称为动力系统,动力部分主要有:火电厂的锅炉和汽轮机等;水电厂的水库和水轮机等;原子能电厂的反应堆等;风力发电厂的风机等。一个电力系统的示意图如图1-1所示。

由图1-1可见,电力网络比较庞大,含有各种电压等级,因而又把电力网分为输电网络和配电网络。输电网络的作用是将各个发电机所发出的电能送到一些负荷中心,由于距离远,功率大,为了减少电能损耗,因而往往采用较高电压等级(如220kV、330kV、500kV、750kV以及1000kV)。不同电压等级的线路是不能直接相连的,它们必须通过变压器进行连接,因而输电网络是由连接发电厂和各个负荷中心的变压器和较高电压等级的电力线路所组成的网络。

电力系统中的用户所使用的电器设备种类繁多,它们的电压等级从380V(相电压为220V)到110kV,甚至更高。为了满足用户的用电需要,电力部门必须把输电网送过来的电能进行分配,用较低的电压等级(如110kV、35kV、10kV、6kV、3kV以及380V)送到相应的企事业单位及千家万户。这一部分电网一般称为配电网络,由于这一部分用户既分散又众多,因而配电网络的接线是十分复杂的,遍布各个用电角落。输电网络和配电网络一般是以某个电压等级划分的,但随着电力工业的发展和电压等级的提高,输电网络和配电网络划分的电压等级也是在不断变化的。

电力系统的发电方式可以分为两类,即集中式发电和分布式发电。集中式发电是指远离负荷中心的大容量发电厂,通过高压输电线路向远处的负荷中心供电。分布式发电是指建在用户端或附近区域的小规模发电,通过中低压配电线路接入系统。

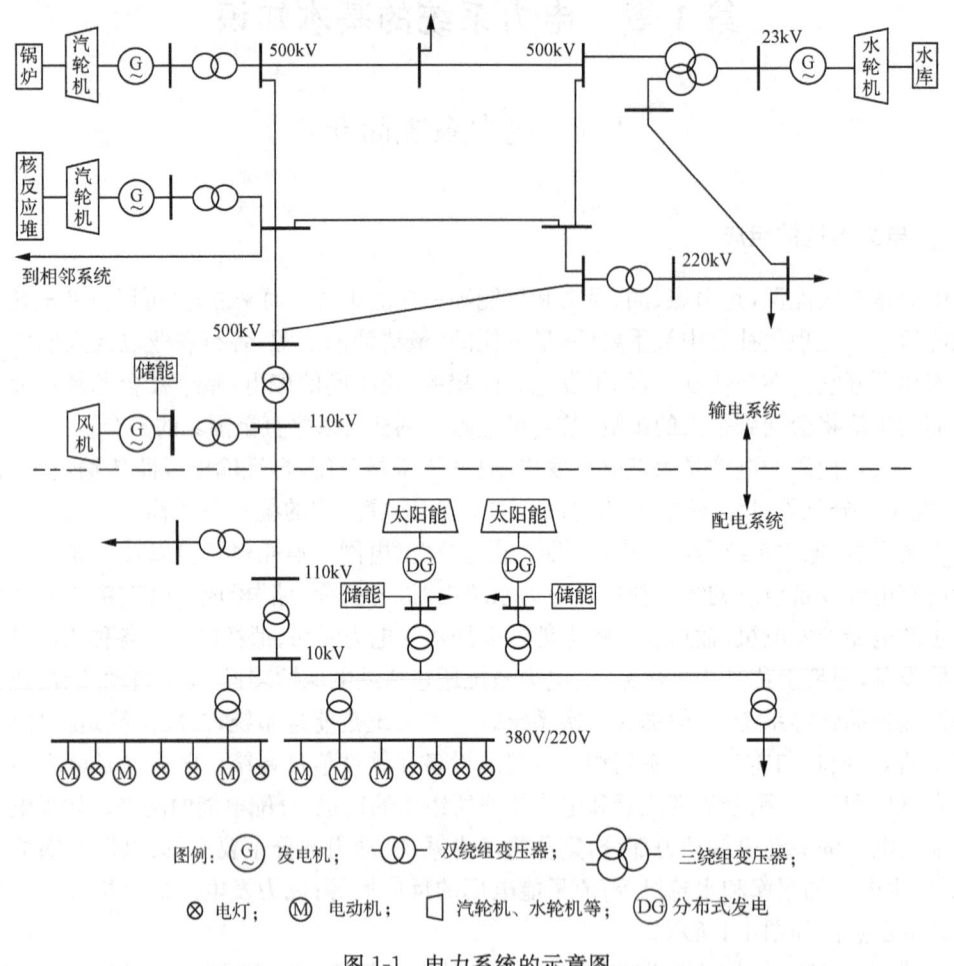

图 1-1 电力系统的示意图

1.1.2 额定电压和额定频率

电气设备一般都是按照特定的电压和频率来进行设计和制造的。这些特定的电压和频率也就是该设备的额定电压和额定频率。电气设备在额定电压和额定频率下运行时,其技术性能和经济效益能达到最好。为了进行成批生产和实现设备的互换,又需对额定电压有一个合理的选择,不能太多,而且高一级电压与相邻低一级的电压在数值上最好相差 2~3 倍。为此各国都制定了本国的额定电压,我国的额定电压基本如表 1-1 所示。

在电力系统中,额定电压均指额定线电压而不是相电压,所以表中数值均为线电压值,单位为 kV。220kV 及以上属于输电电压。其中,220kV 属于高压输电电压;330kV、500kV、750kV 属于超高压输电电压;1000kV 和直流 800kV 属于特高压输电电压。110kV、66kV、35kV 属于高压配电电压;10kV 属于中压配电电压、0.4kV 属于低压配电电压。我国的标准额定电压有十几个，但在同一地区同一电网内不会全部用到，规划应该简化电压等级序列，避免重复降压，从而减少变电的投资和损耗。我国典型城市电网的电压序列包括1~2个输电电压等级和3个配电电压等级，例如500kV/220kV/110kV/10kV/0.4kV。

表1-1 我国电力系统的额定电压（单位：kV）

网络额定电压	发电机额定电压	变压器额定电压	
		一次绕组	二次绕组
0.38	0.4	0.38	0.4
3	3.15	3，3.15	3.15，3.3
6	6.3	6，6.3	6.3，6.6
10	10.5	10，10.5	10.5，11
	13.8	13.8	
	15.75	15.75	
	18	18	
	23	23	
35		35	38.5
110		110	121
220		220	242
330		330	345，363
500		500	525，550
750		750	788，825
1000		1000	1100

1. 网络的额定电压

网络的额定电压等于用户设备的额定电压，也等于母线的额定电压，或等于线路的额定电压，即通常所说的额定电压。具体数值见表1-1的第一列。

2. 发电机的额定电压

为了调整网络的实际电压，发电机通常运行在比网络额定电压高5%的状态下，所以发电机的额定电压规定比网络额定电压高5%。具体数值见表1-1的第二列。表中有的额定电压是发电机专用的。

3. 变压器的额定电压

变压器的额定电压是按照变压器的一次绕组和二次绕组分别规定的。变压器的一次绕组和二次绕组是根据功率的流向来规定的，具体为接收功率的一侧为一次绕组，输出功率的一侧为二次绕组。一次绕组相当于受电设备，额定电压应等于用户设备的额定电压，二次绕组相当于供电设备。对于双绕组升压变压器，低压绕组为一次绕组，高压绕组为二次绕组，一般用在发电厂和升压变电站；双绕组降压变压器，高压绕组为一次绕组，低压绕组为二次绕组，一般用在降压变电站。变压器额定电压的具体规定如下：

（1）变压器的一次绕组相当于用电设备，故其额定电压等于网络的额定电压，但当直接与发电机连接时应与发电机的额定电压一致，因而就等于发电机的额定电压。变压器一次绕组的额定电压见表1-1的第三列。

（2）变压器的二次绕组相当于供电设备，再考虑到变压器内部绕组的等值阻抗所引起的电压损耗，故：①当变压器的短路电压小于7%或直接与用户连接时，二次绕组额定电压比网络的高 5%。②当变压器的短路电压大于等于 7%时,二次绕组额定电压比网络的高 10%。

变压器二次绕组的额定电压见表 1-1 的第四列。

当变压器二次侧为 380V 低压配电网时,其二次侧额定电压规定为 400V。

4. 我国电力系统的平均额定电压

电力系统的平均额定电压 $U_{avN} \approx 1.05 U_N$,有些值并适当取整,具体为 3.15kV,6.3kV,10.5kV,37kV,115kV,230kV,345kV,525kV,788kV,1050kV。

在电力系统的计算中,特别是短路电流计算中,在采用标幺值时,为了使计算简单,其基准电压往往选用各级平均额定电压。

5. 变压器的分接头及其变比

为了调节电压,两绕组变压器的高压绕组以及三绕组变压器的高、中压绕组一般设有抽头,称为分接头,用百分数表示,即表示分接头电压与主抽头电压的差值为主抽头电压的百分之几,即为变压器的挡距。普通变压器的分接头挡距一般为±2.5%、±5%,带负荷可调变压器的分接头挡距一般为±1.25%、±1.5%、±2.5%。变压器的变比有额定变比和实际变比之分,其中,额定变比为变压器各侧主抽头额定电压之比,实际变比为变压器各侧实际所接分接头的额定电压之比。顺便指出,变压器的分接头均设在高、中压侧,这是因为高、中压侧绕组匝数比低压侧多,在容量相同的情况下,电压高,电流小,导线截面就小,故从制造工艺上来说,匝数多、截面小的绕组较容易设置分接头。

例 1-1 电力系统的部分接线示于图 1-2,各电压级的额定电压及功率输送方向已标明在图中。试求:

(1) 发电机及各变压器高、低压绕组的额定电压;

(2) 各变压器的额定变比;

(3) 设变压器 T1 工作于 2.5%抽头,T2 工作于主抽头,T3 工作于-2.5%抽头,T4 工作于+2.5%抽头时,求各变压器的实际变比。

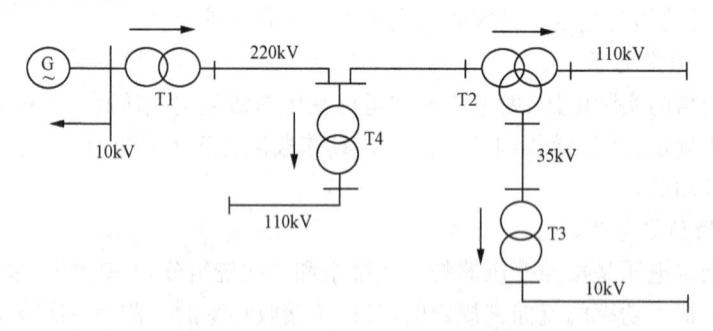

图 1-2 例 1-1 的电力系统图

解 (1) G:10.5kV;
  T1:低 10.5kV,高 242kV; T2:高 220kV,中 121kV,低 38.5kV;
  T3:高 35kV,低 10.5kV; T4:高 220kV,低 121kV。

(2) T1:242/10.5; T2:220/121/38.5;
  T3:35/10.5; T4:220/121。

(3) T1:242(1+0.025)/10.5; T2:220/121/38.5;
  T3:35(1-0.025)/10.5; T4:220(1+0.025)/121。

6. 额定电压与输电距离和传输功率的关系

输配电网络的电压等级应与系统的容量和供电范围相适应,当传输功率一定时,电压高,电流就小;反之电压低,电流就大。而电压高,绝缘要加强;电流大,导线截面要增大,且用于支撑的塔架结构要加强。二者都要投资,因此使用一个电压等级需要通过进行经济、技术比较来决定。表1-2列出了架空单回电力线路的电压与输送容量、输送距离的比较合适的范围。

表 1-2 架空单回电力线路的电压与输送容量、输送距离的关系

电压等级/kV	输送容量/(MV·A)	输送距离/km
3	0.1~1	1~3
6	0.1~1.2	4~15
10	0.2~10	6~20
35	2~10	20~50
110	10~50	50~150
220	100~500	100~300
330	200~800	200~600
500	1000~1500	150~850
750	2000~2500	500~1200
1000	4000~6000	1000~1500

7. 额定频率

电力系统中的许多用电设备的运行状况都同频率有密切的关系,尤其是电动机的转速,因此必须规定运行频率。世界各国所规定的频率并不完全相同,目前,主要有 50Hz 和 60Hz 两种。我国电力系统的额定频率规定为 50Hz,也就是工业用电的标准频率,简称工频。

1.1.3 电力系统运行的特点

(1) 电力生产的同时性。虽然近年来抽水蓄能、电池储能有较快的发展,但储能相对整个电力系统的规模还很小。因而电能的生产、输送、分配和消费实际上是同时进行的,即电力生产的同时性。任何时刻发电机所送出的功率等于用电设备所消耗的功率与输送过程中产生的功率损耗之和。电力生产的同时性为电力系统的调度控制提出了很高的要求。

(2) 电力生产的快速性。电能输送过程迅速,其传输速度与光速相同,每秒达到 3×10^5 km,即使相距几万千米,发、输、用基本上都是同时完成的。电力系统的暂态过程非常短促。从一种运行状态到另一种运行状态的过渡极为迅速,以毫秒甚至微秒计。

(3) 电力生产的重要性。电力生产与国民经济和人民生活密切相关。现代社会一切厂矿企业、事业单位、人民生活均离不开电能,如果发生大面积长时间的停电,将会对整个社会甚至国家安全造成严重后果。

(4) 系统规模与复杂性。电力系统是目前规模最大的人造能量系统,运行控制非常复杂。电力系统是一个复杂网络和巨系统,具有与天气系统、生态系统等巨系统类似的自然规律。

1.1.4 电力系统运行基本要求

(1) 保证安全可靠持续供电。要最大限度地满足用户用电的要求,对负荷按照不同级

别分别采取适当的技术措施来满足它们对供电可靠性的要求。正常运行和预想故障发生后,在保证人员设备安全前提下对非故障区域用户供电。除采取措施防止和减少事故的发生外,还必须配备足够的电源,完善电力系统的结构,提高电力系统的监视和控制能力,增强系统运行的稳定性。

(2) 保证电能的质量。电能与其他商品一样,也有质量指标。衡量电能质量的主要指标是电压、频率和谐波。

电能质量各项的具体指标是:

① 电压幅值。对于35kV及以上电压级允许变化范围为额定值的±5%,10kV及以下电压级允许变化范围为±7%。电动机:±5%;照明:+3%～-2.5%。

② 频率。我国电力系统的额定频率为50Hz,正常运行时允许的偏移为±(0.2～0.5)Hz。电力系统的运行频率偏离额定值过多,会给电力用户和电力部门自身都带来不良影响和危害。

③ 谐波。为保证电压质量,要求电压为正弦波形,但由于某些原因总会产生一些谐波,会造成电压波形的畸变。为此对电压正弦波形畸变率也有限制(波形畸变率是指各次谐波有效值平方和的方根对基波有效值的百分比),对于110kV及以上供电电压不超过2%,35～60kV供电电压不超过3%,6～10kV供电电压不超过4%,0.38kV电压不超过5%。

(3) 要有良好的经济性。电能的生产规模大,其消耗的一次能源占国民经济总消耗的比重很大,降低煤耗和降低网损是节约能源的重要途径。降低煤耗的具体方法有投入大容量机组,关停小机组;合理地安排各类发电厂的运行方式;加强管理,降低厂用电率。降低网损的主要方法有装设无功功率补偿设备,提高用户的功率因数,减少线路输送的无功功率,尽力实现无功功率就地平衡;合理地确定电力网的运行电压水平;组织变压器经济运行;对原有电网进行技术改造等。

(4) 电能生产要符合环境保护标准,限制二氧化碳、二氧化硫等污染物的排放量。在火电厂安装除尘去硫设备;扩大可再生能源发电的比例。

1.2 电力系统发展概况

1.2.1 电力系统的发展历程

从1882年在法国建成世界上第一个电力系统开始,电力系统得到了很大的发展。当时的系统是用直流发电机,使用1500～2000V直流电压,输送距离为57km,输送容量为1.5kW,供照明和驱动水泵使用。由于直流电压不能随意升高或降低,为了产生高电压,只能采用串联方式运行,这样的方式比较复杂,可靠性差,其发展受到了极大的限制。随着生产的发展和对电能需求的不断增长以及人们逐步掌握了多相交流电路原理,尤其是发明了交流发电机、变压器和交流电动机后,交流电的发电、变压、输送、分配和使用都很方便,而且经济、安全和可靠。因此,交流输电在很长一段时间内几乎完全代替了直流输电,交流制得到了大力发展,到1995年世界上交流输电的最高电压已达到1150kV,输送距离最长为1900km,最大的单机容量为1300MW。

当前,电力系统不仅在输电电压、输送距离和输送功率等方面得到了巨大的发展,而且在电源构成、网络规模和负荷成分等方面都有了很大变化。电源中有燃煤、燃油或燃烧天然气的火电厂,有利用水能的水电厂,有利用核能的核电厂,有利用风能、太阳能、潮汐能、地热能等各类电厂。负荷成分也越来越复杂,不仅有感应电动机等传统交流负荷,还出现了大量计算机、电动汽车等直流负荷以及空调等通过电力电子器件供电的负荷。

由于大机组、高电压输电的出现,电网的规模越来越大,所连接发电机的规模及数量也不断增加,从而出现了并列运行的同步发电机的稳定问题。为了解决这一危害电网安全的大问题,又重新发展了直流输电,目前直流输电主要用在超高压远距离输电、大电网的互联、通过海底向海岛输电等。现在的直流输电是把交流电整流后,变成直流电,通过直流线路送到负荷中心,然后经逆变把直流电又变成交流电,再供用户使用。

1.2.2 我国电力系统的建设现状

我国电力工业始于1882年,至1949年全国的总装机容量为1850MW,年发电量为430GW·h。新中国成立后,电力工业得到了突飞猛进的发展,到2022年底,全国的总装机容量256794万千瓦、年发电量88487亿千瓦时。全国共有百万千瓦以上规模的电厂556座,其中火电厂453座,水电厂87座,核电厂16座,风电厂4座,太阳能发电厂2座。最大火电厂为大唐集团内蒙古托克托发电公司,总装机为612万千瓦;最大水电厂为三峡水电厂,总装机为2250万千瓦;可再生能源发电特别是风力发电得到了较大发展,联网总装机达到了36564万千瓦。目前我国发电机的单机最大容量为核电1.75×10^6kW,火电1.24×10^6kW,水电10^6kW。

在电网建设方面,除西北电网为750/330/220kV网架外,其他电网(东北、华北、华东、华中、华南等)均形成了500/220kV网架。到2022年底,220kV及以上输电线路的总长度达到8.76×10^5km,其中750kV输电线路2.8×10^4km,500kV输电线路2.17×10^5km,330kV输电线路回路长度3.7×10^4km,220kV输电线路回路长度5.29×10^5km。"十四五"以来,我国重大输电通道工程建设稳步推进,2022年共建成投运5条特高压工程。至2022年底,我国共建成投运36项特高压输变电工程,其中国家电网建成投运16项交流特高压工程、16项直流特高压工程;南方电网建成投运4项直流特高压工程。

1.2.3 我国电力系统的发展展望

由于科学技术进步、环保意识增强等原因,电力系统正处于百年以来最大的一次升级换代过程中,出现了多个具有时代印记并将持续影响电力行业发展的概念名词,下面简要介绍近20年来最重要的3个关键词。

在21世纪初,智能电网的概念被提出。智能电网最本质的特点是电力和信息的双向流动性,并由此建立起一个高度自动化和广泛分布的能量交换网络;把计算机、大数据、人工智能、通信以及电力电子技术的优势引入电网,达到信息实时交换和设备层次上近乎瞬时的供需平衡。智能电网将加强电力交换系统的各个方面,智能电网将像互联网那样改变人们的生活和工作方式,并激励类似的变革。由于智能电网本身的复杂性,其涉及广泛的利益相关者,需要漫长的过渡、持续的研发和多种技术的长期共存。

2010年以来,综合能源系统成为一个研究热点。综合能源系统并非一个全新的概念,最早来源于热电协同优化领域。综合能源系统强调电能作为能源的一个子类，可以与天然气、热、氢等其他类型的能源协同发展，从而提高能源综合利用效率。相较于其他能源，电能的生产、使用、转换上更为方便，因此在综合能源系统的构建过程中，电力系统将占据核心地位。综合能源系统与智能电网概念的结合还进一步产生了能源互联网的概念。

综合能源系统概念

2021年以来，我国在"双碳"背景下提出了要构建新型电力系统。新型电力系统明确了电源以新能源为主体，其内涵非常丰富：将融合电力行业的先进理念、技术、市场和机制创新，与其他行业协同发展，通过广泛而深刻的经济社会系统性变革，可靠智能地实现广域地理空间下电力多尺度高效调配和多模式供需平衡，促成更多领域、更大范围的有机联系和精密协调，形成全社会节能增效、清洁低碳、安全高效的电力生产、传输和配用。新型电力系统具有"双高"的特点，即高比例可再生能源和高比例电力电子设备。新型电力系统相关的理论研究、技术攻关和工程应用还处于起步阶段。建设新型电力系统是当前这代电力工作者的光荣使命和历史机遇。

1.3 电力系统负荷

1.3.1 负荷的基本概念

电力系统中所有用电设备所消耗功率的总和称为电力系统负荷，也称为电力系统的综合用电负荷。主要的用电设备有异步电动机、同步电动机、电热电炉、整流设备、照明设备和空调等。

电力系统负荷，按用电的行政区域来说，有乡、县、市、省、几省联合电网的负荷，甚至全国的用电负荷。按用电的性质来说，有工业、农业、商业和人民生活用电负荷等。根据负荷的重要性以及对供电可靠性的要求，又可以把负荷分为Ⅰ级负荷、Ⅱ级负荷和Ⅲ级负荷，具体含义为：

（1）Ⅰ级负荷是指那些停电将造成人身和设备事故，产生废品，使生产秩序长期不能恢复，造成国民经济的重大损失，或产生严重政治影响，使人民生活发生混乱等的负荷。如医院、电台、通信、化工冶炼厂、自来水厂、电气化铁路和党政首脑机关等。

（2）Ⅱ级负荷是指那些停电将造成大量减产，使城市居民的正常活动及生活受到影响的负荷。如一般的工矿企业、商业中心、学校和高层电梯等。

（3）Ⅲ级负荷是指除那些Ⅰ级和Ⅱ级负荷以外的负荷，也就是对停电影响不大的其他负荷。如工厂的附属车间、小城镇和农村的公共负荷等。

对于以上三种级别的负荷，可以根据不同的具体情况，分别采取适当的技术措施来达到它们对供电可靠性的要求。例如，对于Ⅰ、Ⅱ级负荷要求采用有备用接线的方式，而且最好是双电源。

综合用电负荷加上电力网的功率损耗就是发电厂应该供给的功率，称为电力系统的供电负荷。供电负荷再加上发电厂厂用电消耗的功率就是发电厂应该发出的功率，称为电力系统的发电负荷。

1.3.2 负荷曲线

实际的负荷是随时间不断变化的，用以描述负荷随时间变化规律的曲线，称为负荷曲线。负荷曲线有不同的种类：从时间上分，有日负荷曲线、年负荷曲线和年持续负荷曲线；从性质上分，又有有功负荷曲线和无功负荷曲线。

(1) 日负荷曲线。它是描述负荷在一天内变化规律的曲线，图 1-3 给出了四个典型的日负荷曲线。图 1-3(a)中的最大值称为日最大负荷 P_{max}（又称峰荷），最小值称为日最小负荷 P_{min}（又称谷荷）。为了计算和描述的方便，实际上常把连续变化的曲线绘制成阶梯形，如图 1-3(b)所示。

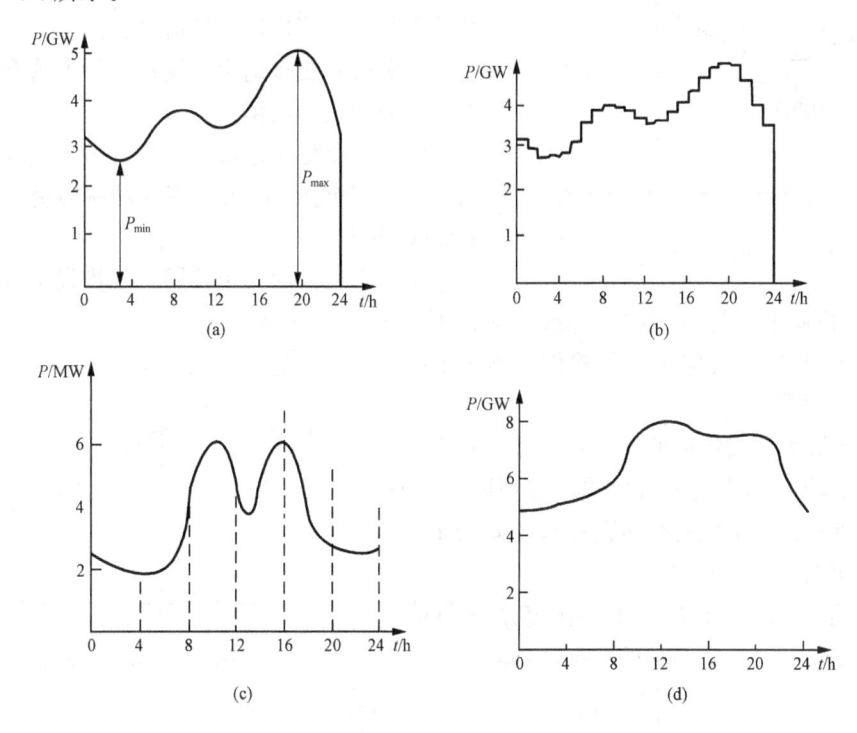

图 1-3 日负荷曲线

根据日负荷曲线可以计算一日的总耗电量，即

$$W_d = \int_0^{24} P dt \approx \sum_{i=1}^{24} P_{avi} \cdot \Delta t \tag{1-1}$$

式中，P_{avi} 为第 i 小时中的平均值，$\Delta t = 1$。

因而日平均负荷为

$$P_{av} = \frac{W_d}{24} = \frac{1}{24}\int_0^{24} P dt \approx \frac{1}{24}\sum_{i=1}^{24} P_{avi} \cdot \Delta t \tag{1-2}$$

不同性质的负荷，其负荷曲线是不同的，一般来说，负荷曲线的变化规律取决于负荷的性质、工矿企业的发展状况及其生产班次，天气状况（主要是温度与湿度）等。如实行一班制或二班制或三班制的工厂，其负荷曲线是完全不同的。图 1-3(c)是某实行一班制企业的日负荷曲线。影响一个地区或日负荷曲线最大值的一般是照明负荷，但是在夏季当气温较高且湿度较大的日子里，人们所需的制冷负荷，即空调负荷会使得日负荷曲线完全不同于其他时刻的日负荷曲线。图 1-3(d)就是某市 2007 年 7 月 5 日的日负荷曲线。它的最大负荷出现在上午 11 时左右，最小负荷出现在 6 日早晨 5 时左右，这是由于气温高、湿度大，人们在

10时后陆续打开了空调,而在下班后,办公室的空调陆续关闭,负荷有所降低,由于家庭空调有时在4～5时才关闭,因而这时的负荷最低。往往一个地区年负荷曲线的最大值也是夏季出现空调负荷最大值时或冬季最寒冷时。

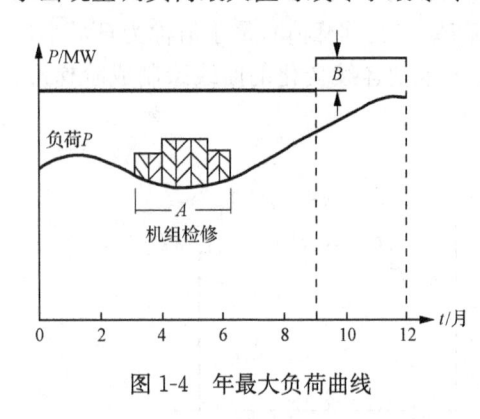

在电力系统中,由于时差和各用户用电时刻不尽相同等原因,使得电力系统的最大负荷总是小于各用户最大负荷之和,而电力系统的最小负荷总是大于各用户最小负荷之和。

日负荷曲线是确定系统日运行方式和安排日发电计划的主要依据。

(2) 年最大负荷曲线。它是描述负荷在一年内每月(每周或每日)最大有功功率负荷变化规律的曲线,如图1-4所示。

图1-4 年最大负荷曲线

年最大负荷曲线主要用来安排发电设备检修计划,同时也用来制订电厂的扩建或新建计划。为了保持供电的可靠性,发电设备的检修基本上安排在年负荷较小的时段。

(3) 年最大持续负荷曲线。它是按一年中系统负荷的数值大小及其持续小时数顺序排列而成的曲线,如图1-5所示。年最大持续负荷曲线主要用来安排发电计划和进行可靠性计算。

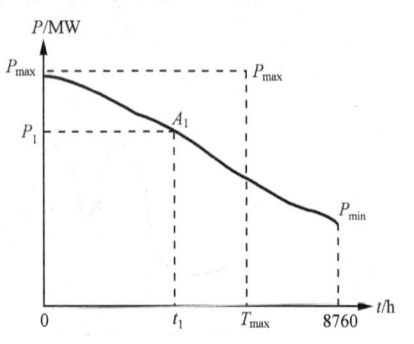

图1-5 年持续负荷曲线

根据年持续负荷曲线可以确定系统负荷全年8760h(按365天,每天24h)的耗电量,即

$$W = \int_0^{8760} P \mathrm{d}t \quad (1-3)$$

它的数值就等于曲线下所包围的面积。

如果负荷始终等于最大值$P_{\max}$,经过$T_{\max}$小时后所消耗的电能恰好等于全年的实际耗电量,则称$T_{\max}$为最大负荷利用小时数,即

$$T_{\max} = \frac{W}{P_{\max}} = \frac{1}{P_{\max}} \int_0^{8760} P \mathrm{d}t \quad (1-4)$$

根据电力系统的运行经验,各类负荷的$T_{\max}$的数值大体范围如表1-3所示。

在电网设计时,用户的负荷曲线往往是未知的,因而只能根据用户的性质,选择适当的$T_{\max}$值,从而近似地估算出用户的全年耗电量,即

$$W = P_{\max} T_{\max} \quad (1-5)$$

表1-3 各类用户的年最大负荷利用小时数

负荷类型	$T_{\max}$/h
户内照明及生活用电	2000～3000
一班制企业用电	1500～2200
二班制企业用电	3000～4500
三班制企业用电	6000～7000
农灌用电	1000～1500

1.3.3 需求侧响应

在智能电网中,电力公司积极寻求以不同于传统的方式来满足供需平衡。鼓励用户实现需求侧响应(demand response,DR)是有效的方法。需求侧响应的含义是:在正常用电时,用户用电功率能够随着电价的变化而变化;在供电不足时,能够促使用户减少用电。

居民负荷、商业负荷和高耗能产业中含有较大比例的可平移负荷,它们可以与电网友好合作,支持削峰填谷与故障情况下的减负荷,帮助系统实现功率平衡。例如,电热水器可在用电低谷(电价便宜)时加热;电动汽车可在用电低谷时充电,在用电高峰(电价昂贵)时将电输回电网。

电力公司对需求侧响应资源的管理和利用主要包括以下三个方面:①对各类需求侧响应资源进行小时级的管理,将用户需求侧响应考虑到机组组合、经济调度等环节中,实现电能在用户侧的优化配置,提升电力系统的运行效率和经济性;②通过对需求侧响应资源进行分钟级至秒级的管理,为电力系统提供频率调节、负荷跟踪、可再生能源消纳、发电系统充裕度提升、电力系统静态电压稳定性改善等辅助服务;③在电力系统突然发生大量电力缺额时,需求侧响应资源提供低频低压减载等紧急备用服务。

电力公司对需求侧响应资源的管理手段包括价格和激励措施两种。基于价格的管理手段主要包括分时电价、实时电价、尖峰电价、阶梯电价等;基于激励的管理手段包括直接负荷控制、可中断负荷、紧急需求侧响应、辅助服务计划等。需求侧响应的实现需要电力市场的支撑。

1.4 电力系统电源

电力系统中的电源主要为发电厂或发电站(简称电厂或电站),是将一次能源转换为电能(二次能源)的工厂。按利用能源的类别不同,发电厂可分为火力、水力、核能等传统发电厂以及风力、太阳能等新能源发电类型。大多数发电厂生产过程的共同特点是由原动机将各种形式的一次能源转换为机械能,再驱动发电机发电,而太阳能光伏发电是直接将一次能源转换为电能。

各类电厂由于设备容量、机组规格和使用的能源不同,因而有着不同的技术经济特性。在电力系统中必须结合它们的特点以及国家的能源政策合理地确定它们的运行方式,以便提高全系统的经济性和整体的社会效益。

1.4.1 传统能源发电

1. 火力发电厂

火力发电厂是将燃料燃烧产生热能转换为动能而带动发电机发电的电厂。火力发电厂是我国目前的主力发电厂。火力发电厂主要由锅炉、汽轮机和发电机组成。锅炉所用的燃料为煤(或油或天然气),锅炉产生蒸汽,送到汽轮机,靠蒸汽膨胀做功,将储存在过热蒸汽中的热能转变为汽轮机转子的机械能,带动同轴的发电机转子旋转发出电能。已作过功的蒸汽,经冷却后又重新回到锅炉,进行循环使用。

火力发电厂的主要特点是:

（1）火力发电厂的锅炉和汽轮机都有一个技术最小负荷，锅炉的技术最小负荷取决于锅炉燃烧的稳定性，其值为额定负荷的25%～70%，容量较大的锅炉对应较大的技术最小负荷，汽轮机的技术最小负荷为额定负荷的10%～15%。

（2）火力发电厂的锅炉和汽轮机的退出运行和再度投入不仅要多耗费能量，而且要花费时间，又易于损坏设备。大型发电机组由冷备用（指锅炉熄火状态）到开机并带满负荷需几小时到十几小时。

（3）火力发电厂的锅炉和汽轮机承担急剧变动的负荷时，与投入和退出相似，既要额外耗费能量，又要花费时间。因而应尽力承担较均匀不变的负荷。

（4）火力发电厂的锅炉和汽轮机有超临界压力（锅炉蒸汽压力22.11MPa，温度为550℃）、亚临界压力（锅炉蒸汽压力16.7MPa，温度为540℃）、超高压（锅炉蒸汽压力13.8MPa，温度为540℃）、高温高压（锅炉蒸汽压力9.9MPa，温度为540℃）、中温中压（锅炉蒸汽压力3.9MPa，温度为450℃）和低温低压之分。其中，高温高压及以上设备效率高，尤其是压力大和温度高的大机组的煤耗（发一度电所消耗的标准煤）较少，但可以灵活调节的范围窄。中温中压设备效率一般，但可以灵活调节的范围较宽。低温低压设备效率最低，技术经济指标最差，而且污染也大，一般不用它们调节，当前逐步开始淘汰该类机组。

（5）热电厂（与上述火电厂不同之处是，它把已做过功的蒸汽，从中间段抽出来供给热用户，或经热交换器将水加热后，把热水供给用户）与一般的火力发电厂的区别在于其技术最小出力是由其热负荷决定的，这个技术最小出力又称为强迫功率。正因为热电厂是抽气供热，所以其效率较高。

（6）火力发电厂建设周期短，投资少，发电利用小时数高，但厂用电率高，运行费用高。

（7）火电厂对空气和环境的污染较大。

2. 水力发电厂

水力发电厂是将水能转换为电能的电厂。能量转换过程为：水能—机械能—电能。实现方式一般是在河流上筑坝，提高水位以造成较高的水头；建造相应的水工设施，以有控制地获取集中的水流。在此基础上，经引水机构将集中的水流引入水电厂内的水轮机，驱动水轮机旋转，水能便被转化为水轮机的旋转机械能，同时与水轮机直接相连接的发电机将机械能转换为电能。

水力发电厂的主要特点是：

（1）水利枢纽往往具有多项功能，如灌溉、航运、供水、养殖、防洪和旅游等，因而水电厂在运行中应按水库的综合效益来考虑安排，为满足上述情况下的必须放水时，应尽力安排发电，这部分功率也是强迫功率。

（2）水力发电机的出力调整范围较宽，负荷增减速度相当快，退出运行和再度投入费时都很少，水电机组从静止状态到带满负荷运行只需4～5min，操作简便安全，额外消耗能量少，运行方便灵活。

（3）水电厂按其有无调节水库以及调节水库的大小或调节周期的长短分为无调节、日调节、季调节、年调节和多年调节。有调节水库水电厂的运行方式比较灵活，电虽然不能大量存储，但存水等于存电。具体运行主要取决于水库调度所给定的水电厂耗水量。洪水季节，给定的耗水量较大，为避免无益的溢洪弃水，往往满负荷运行。枯水季节，给定的耗水量较小，为尽可能有效利用这部分水量，节约火电厂的燃料消耗，往往承担急剧变动的负荷（即调频或调峰)。

(4) 水电厂建厂时的周期长、一次投资大(主要是水库建设),但运行时不消耗燃料,运行维护人员少,厂用电率低,即发电成本低,效率高。

(5) 水电厂的发电量受来水量(自然因素)影响大,故有季节性,即在丰水期可发电量多,在枯水期可发电量少。尤其是无调节水库水电厂任何时刻发出的功率都取决于河流的天然流量,受气候条件影响很大。

3. 核(原子能)电厂

核电厂是将铀、钍等核燃料裂变反应中产生能量转换为电能的发电厂。核电厂主要以反应堆的种类相区别,有压水堆核电厂、沸水堆核电厂、重水堆核电厂、气冷堆核电厂和快中子增殖堆核电厂等,目前应用最广泛的是压水反应堆。核电厂由核岛(主要是核蒸汽供应系统)、常规岛(主要是汽轮发动机组)和电厂配套设施三大部分组成。

核反应堆内,铀-235 在中子撞击下,使原子核裂变,产生巨大的能量,且主要是以热能的形式被高压水带至蒸汽发生器,产生蒸汽,送至汽轮机。

核电厂的特点是:

(1) 电厂的一次建设投资大,运行费用小。一座 1000MW 的核电厂一年仅需 130t 的天然铀或 28t 的 3% 的浓缩铀,避免了大量的运输费用。

(2) 核电厂反应堆的负荷基本上没有限制,因此,其技术最小负荷主要取决于汽轮机,也为额定负荷的 10%~15%。

(3) 核电厂的反应堆与汽轮机退出和再度投入或承担急剧变化的负荷时,也要额外耗费能量,花费时间,且易于损坏设备,因而最好带不变的负荷。

1.4.2 新能源发电

由于目前发电主要采用的煤、石油等化石能源储量有限,对环境的影响也较大,迫使人们寻找新的清洁、安全、可靠的可持续发展能源。新能源是指传统能源之外的各种能源形式,一般为在新技术基础上加以开发利用的可再生能源,如风能、太阳能、地热能、波浪能、洋流能和潮汐能以及生物质能、氢能等。当前新能源发电处于快速发展中,在未来电力系统中将成为主体的电源。

1. 风力发电

风能作为一种清洁的可再生能源,越来越受到世界各国的重视,已经成为主要的可再生能源形式。风力发电主要是由风机和发电机组成,它利用天然风吹转叶片(形如风轮),再透过增速机将旋转的速度提升,带动发电机的转子旋转而发电。风力发电机的风轮机多采用水平轴、三叶片结构。

风力发电机系统按照发电机运行的方式来分,主要有恒速恒频风机和变速恒频风机两大类。恒速恒频风机仅适用于较有限的风速区间,且需要吸收大量无功功率,已逐步退出历史舞台。变速恒频风机是目前主流的风机,具有代表性的有两种:采用异步机的双馈风机和采用同步机的永磁直驱风机。它们接入电网都采用电力电子装置,实现了转子转速与电网频率的解耦,能适应更广泛的风速区间,具有更高的风能利用效率;同时还具有较强的无功功率调节能力。

风力发电的特点如下:

(1)风力发电是可再生能源、清洁能源、绿色能源。风力发电可以降低有害气体的排放，保护环境，减少空气污染和全球气候变化。

(2)与传统动力工厂相比，建造和运营风力发电厂的成本低，没有燃料费用或废弃处理费等开销，发电成本低，是一种具有竞争力的能源。

(3)风力发电厂的投产周期比较短，通常几年内就可以收回投资，从而在更短的时间内提供一个良好的经济基础。

(4)属于间歇性电源，受天气影响大，出力具有波动性和随机性，是不稳定电源。通常需配置储能或与其他能源(光伏、水电)互补配合。

2. 光伏发电

光伏发电是利用半导体材料(如多晶硅)的光伏效应而将太阳能直接转变为电能的一种技术，由太阳能电池组件、控制系统、逆变器等组成。太阳能电池组件是太阳能电池经串联后进行封装保护形成的。作为清洁无污染的新能源，随着光伏组件成本大幅降低，光伏发电具有广阔的前景。光伏发电接入电网采用电力电子装置，具有较强的有功功率和无功功率调节能力。

光伏发电的特点如下：

(1)太阳能是取之不尽、用之不竭的能源；太阳能光伏发电是安全可靠的能源，不会受到能源危机和燃料市场不稳定因素的影响。

(2)太阳能光伏发电不会产生任何废弃物，并且不会产生噪音、温室及有毒气体，是理想的洁净能源。

(3)不需要燃料，太阳能不受资源分布地域的限制，可在用电处就近发电；安装较容易，维护简单，运行维护成本较低。

(4)太阳能光伏发电站的建设周期短，光伏组件使用寿命长，投资回收周期短。

(5)能量密度低，当大规模使用的时候，占用的面积会比较大。

(6)属于间歇性电源，地理分布、季节变化、昼夜交替会严重影响其发电，出力有波动性和随机性，是不稳定电源。通常需配置储能或与其他能源互补。

3. 生物质能发电

生物质能是太阳能以化学能形式储存在生物质中的能量形式，是以生物质为载体的能量。生物质能的转换技术主要包括直接氧化(燃烧)、热化学转换和生物转换。生物质能发电是利用农业、林业和工业的废弃物，以及城市垃圾为原料，采取直接燃烧或气化等方式发电，主要包括生物质燃气发电、甲醇发电、沼气发电，以及整体气化联合发电等形式。

生物质能发电的特点如下：

(1)生物质能发电所用能源污染小、清洁卫生，有利于环境保护。

(2)生物质能发电所需生物资源具有分散、不易收集、能源密度较低的自然特性，当地生物资源发电的原料必须具有足够的储存量，以保证持续供应。

(3)就地利用就地发电，不需外运燃料和远距离输电，适用于居住分散、人口稀少、负荷较小的农牧区及山区；装机容量一般较小，多为独立运行方式。

4. 海洋能发电

利用海洋所蕴藏的能量发电。海洋的能量包括海水动能(海流能、波浪能等)、表层海水与深层海水之间的温差所含能量、潮汐的能量等。海洋能蕴藏丰富，分布广，清洁无污染，但能量密度低,地域性强,因而开发困难并有一定的局限。目前,潮汐发电和小型波浪发电技术已经实用化。

1.4.3 其他类型电源

1. 抽水蓄能电站

抽水蓄能电站是以一定水量作为能量载体,通过能量转换向电力系统提供电能的电站。抽水蓄能电站的水并不放走,而是流向了下水库,利用可以兼具水泵和水轮机两种工作方式的蓄能机组,在电力负荷出现低谷时(夜间)做水泵运行,用系统中的多余电能将下水库的水抽到上水库贮存起来,在电力负荷出现高峰时(大多是傍晚)作水轮机运行,将上水库的水放下来发电。

在传统电力系统中,抽水蓄能电站被看作电源,本书将其归于储能(详见 1.6.1 节)。需要注意,混合式抽水蓄能电站是一种特殊的抽水蓄能电站,它既是电源,也是储能。混合式抽蓄能电站是兼具抽水蓄能和径流发电功能的水电站,电站上水库有充足的天然径流补给,既利用天然径流承担常规发电和水能综合利用等任务,又可增加调峰填谷、事故备用等储能电站任务。

2. 燃料电池

燃料电池(fuel cell)是一种把燃料所具有的化学能直接转换成电能的化学装置,又称电化学发电器。燃料电池通过电化学反应把燃料的化学能中的吉布斯自由能部分转换成电能,不受卡诺循环效应的限制,理论上可在接近 100% 的热效率下运行,具有很高的经济性。可再生能源制氢具有很好的发展前景,氢燃料电池受到关注。氢燃料电池在氢与氧结合生成水的同时将化学能转化为电能和热能,是一种安全高效的电源。燃料电池的阳极和阴极中间有一层坚韧的隔膜以隔绝氢气和氧气,有效规避了氢气和氧气直接接触发生燃烧和爆炸的危险。氢气进入燃料电池的阳极,在催化剂的作用下分解成氢离子和电子。随后,氢离子穿过隔膜到达阴极,在催化剂的作用下与氧气结合生成水,电子则通过外部电路向阴极移动形成电流。不同于传统的铅酸、锂电等储能电池,燃料电池类似于"发电机",且整个过程不存在机械传动部件,没有噪声和污染物排放。燃料电池的大规模应用还需要提高功率和寿命并降低成本。

3. 冷热电三联供

冷热电三联供(combined cooling, heating and power, CCHP)是指以天然气为主要燃料带动燃气轮机、微燃机或内燃机发电机等燃气发电设备运行,产生的电力供应用户的电力需求,系统发电后排出的余热通过余热回收利用设备(余热锅炉或者余热直燃机等)向用户供热、供冷,实现能量梯级利用。冷热电三联供作为分布式能源的一种,充分利用天然气的热能,综合用能效率可达 90% 以上,是公共建筑冷热电供应的一种新途径。由于冷热电三联供在能源转换效率方面所具有的突出优势,目前已经广泛应用于医院、商场、办公楼、学校、住宅小区和公共场所设施等场景。

1.4.4 不同类型电源的组合

在具体的某个电力系统中,可能包含上述多种电源的几种。这些电源在电力系统中应合理组合,使得在保证负荷需要的基础上,充分利用各种电源的特点,尽力减少一次能源消耗以及对环境的污染。

在具体安排时,一般应遵循以下规则:

(1)充分合理地利用水力资源,尽力避免弃水,对于强迫放水时,必须同时尽力发电。

(2)尽力降低火力发电的单位煤耗,减少有害气体的排放。

(3)大力发展可再生能源。在新型电力系统中,新能源发电厂为主体,也需要承担起传统发电厂支撑系统运行的作用,发展构网型的新能源发电厂。

1.5 电力网络

1.5.1 输电方式

电力系统的输电方式有两种:交流输电方式和直流输电方式。很长一段时间基本是交流输电,随着电网规模的越来越大,交流输电的局限性在生产中也表现得更为明显,特别是交流远距离输电所引起的同步电机稳定性的问题等。在这些方面,直流输电具有突出的优越性,再加上电力电子技术的发展,高压直流输电得到了较大的发展,形成了当今以交流为主,交、直流混合输电的格局。

1. 高压交流输电

随着用电需求不断增长,大型电厂的建立以及区域内用电与电源的不平衡,对高压输电的需求不断增加,从较低的110kV和220kV,直至当今的500kV、750kV和1000kV。

交流输电系统主要由升压变压器、输电线路和降压变压器所组成。发电厂出口电压一般不能太高,经升压变压器把电压升高,然后由输电线路把功率输送到用户端,最后经降压变压器把高电压降到用户可以使用的电压,为了供远近不同的用户,可以经几级降压,满足用户的需求。交流输电主要采用三相制,即三个幅值大小相同,相位相互差120°的三相交流电(目前世界上也出现了六相输电的实验线路,六相输电用六条输电线,输送六个幅值相等,相邻线路之间的相位差为60°的六相交流电。它的相间电压较三相输电降低,从而可以减少线间距离,节省输电线路的占地)。为了能够任意接通或切断电路,变压器和线路两端均装有断路器(也称开关),它的主要作用是:① 在正常情况下控制电力线路和变压器等电气设备的开断和关合;② 在故障情况下,通过继电保护或自动装置等启动切除短路电流,以保证系统的安全性。在低压输电系统中输电线路采用三相四线制,其中有一根中线,流过不平衡电流。在高压输电系统中输电线路采用三相三线制,即不设中线,但是为了防止雷电通过线路放电,一般在输电线上端架设有地线,以便保护电气设备。

由于输电功率和输电距离的逐步增大以及大系统的互联,都需要输电采用较高的电压等级,超高压330~750kV甚至特高压1000kV及以上的输电系统也随之产生。高压输电系统不仅能输送大容量电能而且能节约投资(电压越高单位容量造价越低),降低运行费用(电压越高线路损耗越低),因而得到了大力的发展。超、特高压输电线路均采用分裂导线,即一相线路不仅仅使用一根导线,而是使用2根、3根、4根或8根导线,相应的称为2分裂、3分裂、4分裂和8分裂。一般330kV线路采用2~4分裂,500kV线路采用4分裂,750kV线路采用8分裂。

2. 直流输电的接线与主要工作原理

20世纪中后期，随着高压大功率换流器技术的快速发展，直流输电又开始受到高度重视。目前，电力系统中发电和用电多为交流电，要采用直流输电，首先要解决换流问题。直流输电是将发电厂发出的交流电经过升压后由换流设备（整流器）变为直流，通过直流输电线路送到负荷端，再经换流设备（逆变器）变为交流，向交流系统供电。直流输电的接线方式有单极接线和双极接线两种方式，单极接线的原理如图1-6(a)和(b)所示，双极接线的原理如图1-7所示。

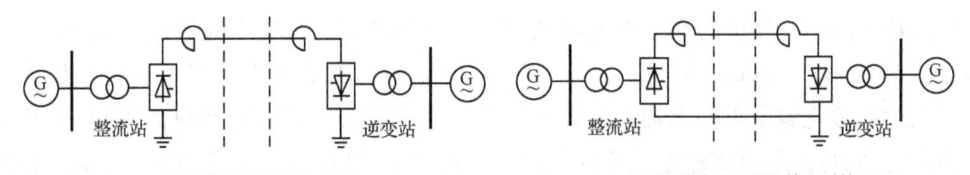

(a) 大地作为回路的输电系统

(b) 金属导线作为回路的输电系统

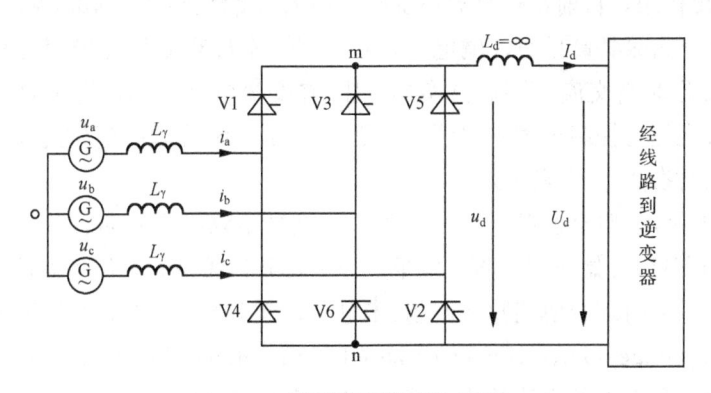

(c) 三相桥式整流器的等值电路图

图1-6 直流输电的单极接线原理

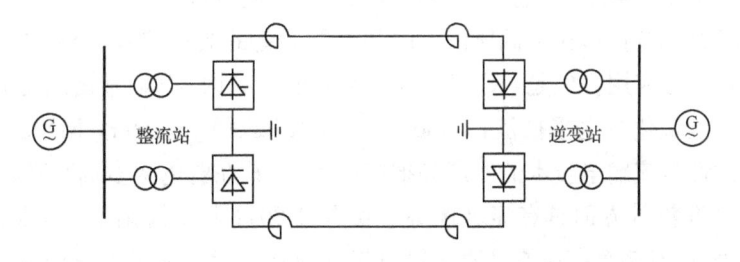

图1-7 直流输电的双极接线原理

图1-6(a)是利用大地作为回路组成的输电系统，它只用一根线路，比较经济，但地中电流较大，会引起沿途金属构件的腐蚀。图1-6(b)是金属导线作为回路组成的输电系统，克服了图1-6(a)接线的缺点。图1-7中高压直流母线对地电压为$+U_d$和$-U_d$，双极的直流电流基本平衡，地极中流过极少的不平衡电流。

每个图中包括两个换流站和直流线路。两个换流站的直流端分别接在直流线路两端。它们的交流端则分别连接到两个交流电力系统。换流站装有换流器（图1-6(c)），它由一个或多个换流桥串（并）联组成，换流桥目前一般采用三相桥式换流电路，每一个桥有六个桥臂,由于桥臂有可控的单向导通特性,所以称为阀或阀臂。为了能承受电压和电流,阀臂则由晶闸管或可控硅元件串并联构成。每个换流站既可作为整流站也可作为逆变站,它是根据输送功率的需要设定的。整流站把三相交流电变为直流,通过直流线路把直流电流和功率输送到逆变站,逆变站再把直流电流变为三相交流电流,送到交流系统。

直流输电技术的发展与采用的电力电子元器件密切相关,元器件的革命性突破是直流输电技术革新的主要推动力。

20世纪70年代,高压大功率晶闸管及其在直流输电系统的应用,促进了直流输电技术的发展。基于晶闸管换流的高压直流输电被称为电网换相式高压直流输电(line commutated converter high voltage direct current,LCC-HVDC),常简称为常规直流输电技术。晶闸管换流阀有效克服了汞换流阀制造技术复杂、价格昂贵、逆弧故障率较高等缺陷,基于晶闸管换流的超、特高压直流输电工程在我国已经得到了广泛应用,尤其是在远距离大容量输电方面发挥了突出作用。目前常规直流系统的最高电压等级达到±1100kV,最大容量达到1200万kW(昌吉—古泉特高压直流输电工程)。但是,常规直流系统采用的晶闸管没有自关断能力,正常工作时由交流电网提供换相电压,在交流电网较弱情况下容易引起换相失败;常规直流系统在运行控制过程中要消耗大量的无功功率,导致换流站的无功设备投资增加,并存在故障后暂态过电压等问题。

20世纪90年代,新型全控型半导体器件——绝缘栅双极型晶体管(insulated gate bipolar transistor,IGBT)开始应用于直流输电。以IGBT为代表的全控型器件具有可控开通和可控关断的能力,同时配合使用脉宽调制、多电平控制等技术,产生了基于电压源换流器的高压直流输电(voltage source converter based high voltage direct current,VSC-HVDC)技术,国内专家将这种新型的直流输电技术简称为柔性直流输电技术。IGBT换流器可实现自换相,从根本上避免了常规直流输电换相失败的问题,并且还可以独立解耦控制有功功率和无功功率。基于两电平/三电平结构的电压源型换流器,是对IGBT换流器的简单级联运行,具有控制简单的特点,在中低压配电网和电器设备的灵活控制、分布式电源的电网接入等领域已得到广泛应用。但是,IGBT耐压/耐流能力有限,很难直接满足高压大容量电能的传输要求。模块化多电平换流器(modular multilevel converter,MMC)的提出,促进了高压大容量柔性直流输电技术的发展和推广应用,尤其在弱电网多端互联、集中式新能源发电厂集群互补互济等方面具有显著优势。我国自2011年上海南汇±30kV柔性直流工程建成投运以来,已有多个高压柔性直流输电工程成功投运。前柔性直流系统的最高电压等级达到±800kV,最大容量达到800万kW(昆柳龙直流工程)。柔性直流输电也存在一些不足:成本明显高于常规直流;MMC换流器的开关器件数量多,拓扑结构较复杂;运行控制需兼顾子模块电容电压均衡控制、桥臂环流控制等新问题。

3. **直流输电和交流输电的比较**

直流输电线路一般用两根导线(图1-6(b)和图1-7),三相交流线路则需要三根导线。如果每根导线具有相同的截面积(包括分裂导线)和绝缘水平,那么直流线路每根导线输送的功率为

$$P_\mathrm{d} = U_\mathrm{d} I_\mathrm{d} \tag{1-6}$$

交流线路每根导线输送的功率为

$$P_\mathrm{a} = U_\mathrm{a} I_\mathrm{a} \cos\phi \tag{1-7}$$

式(1-6)和式(1-7)中，U_d 为直流线路的对地电压，U_a 为交流线路对地电压的有效值，I_d 为直流线路的电流，I_a 为交流线路的电流的有效值，$\cos\phi$ 为功率因数。

当两种线路采用相同的电流密度时，每根导线所载的电流相等，即 $I_\mathrm{d} = I_\mathrm{a}$。

如果交流和直流线路所需的绝缘水平按过电压倍数而定，分别为 $\sqrt{2} K_\mathrm{a} U_\mathrm{a}$ 和 $K_\mathrm{d} U_\mathrm{d}$。对于超高压架空线路，交流线路过电压倍数取 2~2.5 倍，直流线路则为 2 倍。假定电压倍数取相同数值，即 $K_\mathrm{d} = K_\mathrm{a}$，则当线路具有同样绝缘水平时，有

$$U_\mathrm{d} = \sqrt{2} U_\mathrm{a} \tag{1-8}$$

因此

$$\frac{P_\mathrm{d}}{P_\mathrm{a}} = \frac{U_\mathrm{d} I_\mathrm{d}}{U_\mathrm{a} I_\mathrm{a} \cos\phi} = \frac{\sqrt{2}}{\cos\phi} \tag{1-9}$$

在交流远距离输电情况下，功率因数一般较高，如取 0.945，可得

$$\frac{P_\mathrm{d}}{P_\mathrm{a}} = \frac{\sqrt{2}}{0.945} \approx 1.5 \tag{1-10}$$

也就是说，两根导线的直流线路的输送功率和三根导线的交流线路的输送功率相等。因此，单位长度的直流线路所需的有色金属和绝缘材料比交流线路节省三分之一，也就是说，在线路建造费用相同时，直流线路的输送功率约为交流线路输送功率的 1.5 倍。另外，由于直流线路少一根导线，在输送功率相同的条件下，直流线路功率损耗也比交流线路少三分之一。

以上两方面是直流线路的投资和运行费用都比交流线路低的主要原因。但是，直流输电系统两端的换流站设备比交流输电系统的变电站复杂，其造价比交流变电站高。直流输电系统的换流站的不少设备是交流变电站所没有的，如换流器和谐波滤波器以及平波电抗器等。谐波滤波器主要安装在交流侧，它是用来滤除换流器工作时产生的各次谐波电流和谐波电压。平波电抗器在直流侧的主电路中，它使得整流后的波形更加平直。

在输送功率相等的情况下，直流输电和交流输电相比，虽然换流站的费用比变电站的费用贵得多，但是直流输电的单位长度线路的造价比交流输电线路低。因此输电距离增加到一定值时，直流线路所节约的费用可正好抵偿换流站所增加的费用，这个输电距离称为交直流输电的等价距离，这个等价距离随着换流阀的耐压值和过流量逐年提高，造价逐年下降的趋势也在不断缩短，如 1968 年约为 1500km；1973 年约为 800km；1983 年约为 300km。

4. 直流输电的优缺点及其主要用途

1) 直流输电的主要优点

(1) 直流输电不存在系统稳定性问题。通过直流输电线连接两端交流系统，两个交流系统之间不需要保持同步运行。输电距离和容量不受两端交流系统同步运行稳定性限制，所以它可以极大地提高交流系统的稳定性。

(2) 线路造价和功率损耗都比交流少，线路越长，经济性越好。

(3) 直流线路的输送功率容易调节和控制（控制阀的开启度），直流输电系统的短路电流较小。

(4) 在稳态运行时没有电容电流，线路部分不需要无功功率补偿装置，且较长的海底电

缆交流输电很难实现,直流电缆线路就比较容易。

(5) 在导线几何尺寸和电压水平相当的情况下,电晕现象和无线通信干扰小。

2) 直流输电的主要缺点

(1) 换流器价格贵,在工作时消耗无功功率和产生谐波,因此需装设无功补偿和滤波装置,增加了投资。

(2) 交流电流有过零点,直流无零点,导致熄弧困难,直流高压断路器制造难度大。

(3) 以大地作为回路时,会引起沿途金属构件的腐蚀。

3) 直流输电的主要用途

(1) 远距离大功率输电。

(2) 交流系统之间的互联。

(3) 海底电缆输电。

(4) 使用地下电缆向城市输电。

(5) 作为限制短路电流的措施。

1.5.2 网络接线方式

电力系统的接线包括发电厂、变电站的主接线和电力网络的接线。发电厂、变电站的主接线一般有单母线、单母线分段、双母线、双母线带旁路母线、桥形、角形等接线方式。电力网络的接线通常按可靠性分为无备用和有备用两类。

1. 无备用接线

每一个负荷只能靠一条路径取得电能。优点是设备费用少,缺点是可靠性差。只要该路径中某段线路出了故障,故障线路及后续线路供电就中断。无备用接线主要有图1-8所示的三种方式(注:图中◎—上级变电站;○—变电站,图1-9同)。

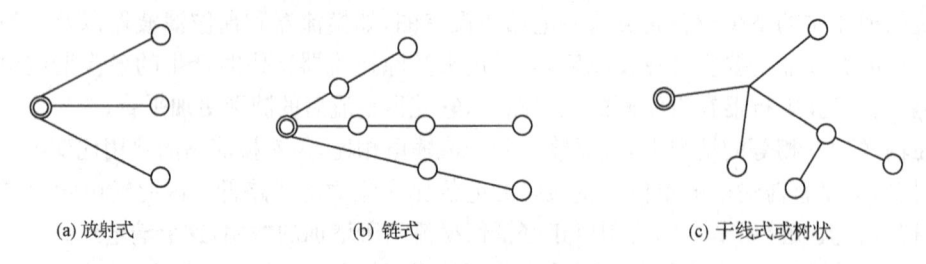

(a) 放射式　　(b) 链式　　(c) 干线式或树状

图1-8　几种无备用接线

2. 有备用接线

负荷可以从两条及以上路径取得电能。优点是可靠性高,当一个路径上出现故障时,用户可从另一路径获得电能,缺点是设备费用高。有备用接线主要有图1-9所示的三种方式。

在输电网络中,长距离输电线路一般采用双回线或多回线;位于负荷中心地区的大型发电厂和枢纽变电站一般采用环网甚至双回线环网连接。在配电网络中,接线方式常称为接线模式。高压配电网常见放射式、单联络"手拉手"等接线;中压配电网接线模式更丰富,还有多分段多联络、N供一备、花瓣形等接线。对于某个具体的配电网络,接线模式不宜过多,应选取几种标准接线来构建配电网络。城市地区常采用有备用接线;乡村地区常采用无备用接线。输电网络含有多个电源,采用闭环运行方式;而配电网络一般都采用开环运行方式。

(a) 双回线　　　　　　(b) 环网　　　　　　(c) 两端供电

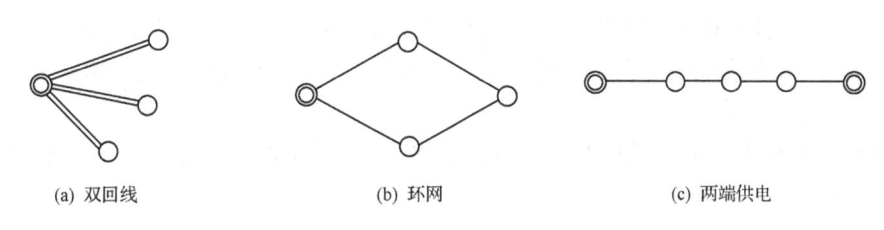

图 1-9　几种有备用接线

1.5.3　中性点接地方式

电力网络中性点是指星形接线的变压器或发电机的中性点。中性点的运行方式关系到绝缘水平、通信干扰、接地保护方式和电压等级等很多方面的一个综合性的技术问题。我国目前中性点的运行方式(或称接地方式)可以分为两大类：

(1) 中性点直接接地。
(2) 中性点不接地或经消弧线圈接地。

1. 中性点直接接地的电力网络

中性点直接接地的电力网络，其优点：首先是安全性好，因为系统单相接地时即为单相短路，保护装置可以立即控制断路器跳闸切除故障；其次是经济性好，因中性点直接接地系统在任何情况下，中性点电压不会升高，且不会出现中性点不接地系统单相接地时电弧过电压问题，这样网络绝缘水平可按相电压要求设计。其缺点：供电可靠性差。只要发生单相接地故障，故障线路的供电就会暂时中断。目前我国 110kV 及以上电力网络为了降低绝缘水平和投资费用而采用中性点直接接地方式。

2. 中性点不接地的电力网络

中性点不接地的电力网络，其优点是供电可靠性高，因为电力网络发生单相接地时，接地电流只是网络电容电流，比较小，可继续供电，故接地时保护装置不作用于断路器跳闸，只给出信号，电网可继续运行 1～2h，因而提高了供电可靠性。缺点是经济性差，因不接地网络发生单相接地时，接地相电位与地相同，使不接地相对地电压升高为线电压，故系统的绝缘水平应按线电压设计，这对于电压较高的系统费用增加很多。故不接地方式一般用在 35kV 及以下电网。此外，中性点不接地系统发生单相接地时，接地点流过电容电流，易出现电弧引起的谐振过电压。为了使电弧容易熄灭，在电容电流较大的 35kV 或 10kV 电网(即出线数较多或线路较长)，采用中性点经消弧线圈(电感线圈)接地。这是利用电感线圈中流过的感性电流与线路的电容电流在接地点相抵消，从而减少短路电流。一般消弧线圈设计成过补偿方式，即消弧线圈中流过的电流大于网络的电容电流，因而使得接地点电流变为感性，这样故障点熄弧后相电压恢复速度较慢，使接地点电弧不易重燃。

1.6　电力系统储能

储能设备能够将电能转化为其他形式的能量进行存储，并在必要时再将存储的能量重新转化为电能。抽水蓄能早已在电力系统得到广泛应用。近年来，随着新能源以及电动汽车技术的发展,电池储能也开始在电力系统得到大量应用。随着技术进步,储能设备的成本将逐渐降低,在电力系统中应用的规模也将日益增加,从而在更大程度上支撑电力系统的可持续发展。

储能方式可分为三大类:物理储能、电化学储能和电磁储能。下面将对这三种类型储能分别进行介绍。

1.6.1 物理储能

物理储能的应用时间较早,技术也相对较为成熟。物理储能具有规模大、循环寿命长和运行费用低等优点,但需要特殊的地理条件和场地,建设的局限性较大,且一次性投资费用较高。常见的物理储能包括抽水蓄能、压缩空气储能和飞轮储能。

1. 抽水蓄能

抽水蓄能电站通常由上水库、下水库和输水发电系统组成,上下水库之间存在一定的落差,工作原理如图1-10所示。抽水蓄能电站利用具有水泵和水轮机两种工作方式的蓄能机组,在系统负荷低谷时段做水泵运行,将多余的电能把下水库的水抽到上水库内,以水力势能的形式蓄能;在系统负荷高峰时段做水轮机运行,从上水库放水至下水库进行发电,将水力势能转换为需要的电能,为电网提供高峰电力。

抽水蓄能电站是目前技术最成熟的、应用最广泛的大规模储能技术,具有规模大、寿命长、运行费用低、无污染等优点,但对地理条件具有特殊的要求。抽水蓄能规模可以达到数百兆瓦,综合效率可达70%~85%。抽水蓄能启动速度较快,一般来说,抽水蓄能机组从停机到带满负荷只需1~3min,从空载到满负荷一般小于35s。抽水蓄能使用寿命可达50~100年,但建设成本高。

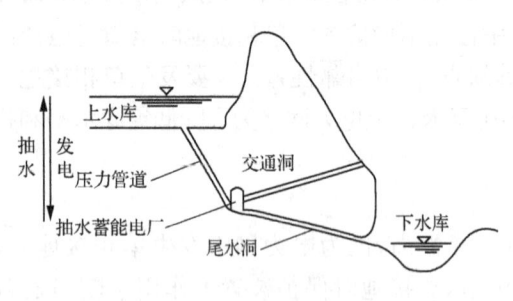

图1-10 抽水蓄能电站原理

在我国新型电力系统的建设中,抽水蓄能电站可提高风电光伏的利用和消纳,减少化石燃料的消耗,减轻风光出力间歇性对电网的不利影响;还有利于提高核电的发电量与经济效益。

2. 压缩空气储能

压缩空气储能是通过高度压缩的空气形式来进行电力储能。原理如图1-11所示。在工作过程中,压缩机和涡轮将交替地连接到电动机/发电机上,以便在不同的时间段内运行。在存储能量时,储能系统使用低成本电力驱动压缩机,将空气压缩到储气装置中;在释放能量时,储能系统释放存储的高压空气,经过能量转换装置使涡轮机膨胀以产生峰值功率。

压缩空气储能主要分为地下储气库式压缩

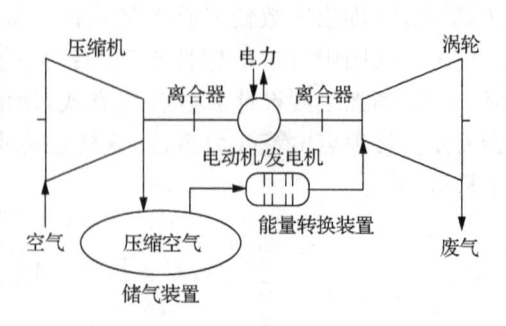

图1-11 压缩空气储能原理

空气储能和储气罐式压缩空气储能。地下储气库式压缩空气储能是将压缩空气储存在地下储气库中，该储层可能是含水层、盐腔或开采的硬岩洞穴。这种储能方式适用于大型储能系统，如城市储能系统、工业储能系统等。单台机组规模为100MW级，储气库的体积一般为10^5m^3以上。大型压缩空气储能系统一般用作削峰填谷和平衡电力负荷，也可以用于稳定可再生能源发电输出。

储气罐式压缩空气储能是将压缩空气储存在储气罐中，这种储能方式适用于小型储能系统。单台机组规模为10MW级，系统充气时间为5h，可以连续供电9h，其单位功率耗能约为4300～4400kJ/(kW·h)。它突破了大型传统压缩空气电站对储气洞穴的依赖，具有更大的灵活性。相比于大型电站，它更适合于城区的分布式供能和独立的小型电网等，用于电力需求侧管理、无间断电源等；同时它也可以建于风电场等可再生能源系统附近，调节稳定可再生能源电力的供应等。

同其他储能技术相比，压缩空气储能系统具有容量大、工作时间长、经济性能好、放电循环多等优点。但是传统的压缩空气储能系统仍然依赖燃烧化石燃料提供热源，燃烧产生的氮化物、硫化物和二氧化碳等污染物，与绿色可再生的能源发展要求有一定矛盾。

3. 飞轮储能

飞轮储能是一种利用电能加速一个放在真空环境中的、质量很大的转子，使电能以动能的形式储存起来。飞轮储能系统的基本结构由飞轮转子、轴承、电动/发电机、电力电子变流器和真空室五部分组成，如图1-12所示。当系统中有多余的电量需要存储时，系统中的高速电机带动飞轮加速转动，当飞轮达到设定的最大转速后，动能不变，系统处于能量保持状态，能量以动能形式储存在高速旋转的飞轮体中。当电力系统的电能供给不足时，给飞轮储能系统一个释放能量的控制信号，系统将会控制高速旋转的飞轮利用其惯性带动发电机，飞轮转子减速，动能转化为电能，并经过变流器在电网中输出适用于电网需求的电能。

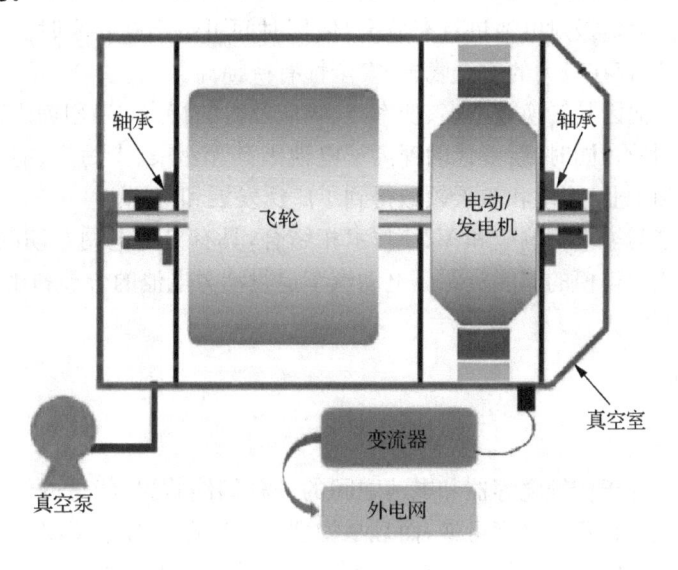

图1-12 飞轮储能原理

飞轮储能技术具有非常高的能量密度，为100～130W·h/kg；容量范围为3～133kW·h；飞轮储能具有很快速的充放电速度,能够在很短的时间内实现能量的转换;能量效率可达90%;使用寿命长达数十年。

飞轮储能系统可以在电网峰谷负荷不平衡的情况下,通过储存电网过剩的电力以及释放峰时需要的电力来维持电网的稳定;也可以平衡新能源发电瞬时的能量波动,从而提高能源利用效率。

1.6.2 电化学储能

电化学储能的基本原理是两种不同电位的金属在电解质中相互作用,产生电势差,促使电子流动,从而产生电流。这种电化学作用是通过电解质中的离子传递来实现的。离子在电解质中沿着浓度梯度移动,在两种金属之间形成电势差,驱动电子的过渡从其中一个金属移到另一个金属上,从而形成电流。

电化学储能系统一般由电池、双向变流器、控制装置和辅助设备(安全、环境保护设备)等组成。电化学储能具有环境适应性好、比能量高、效率高、响应时间短和循环寿命长等特点,在多能互补能源系统中应用十分广泛。此外,电化学储能还可以向系统提供有功和无功支撑,对于复杂电力系统的控制起关键作用。

电池根据使用的电极材料、电解液的不同,性能相差很大。目前已报道的电池储能器件有铅酸电池、锂离子电池、钠硫电池和液流电池等30多种,目前在电力系统应用最多的是锂离子电池,介绍如下。

锂离子电池由正极、负极、隔膜和电解液组成,在充放电过程中,Li^+作为载荷子在正负极之间穿梭并脱嵌。根据应用场景,锂离子电池可以分为3C消费电池、动力电池和储能电池。储能电池更注重高安全性、低成本和长循环寿命。

锂离子电池作为电化学储能的一种,能量密度已达460~600W·h/kg,约为铅酸电池的6~7倍。同时具有响应快,产业链成熟等优点。锂离子电池使用寿命长,可达6年以上,以磷酸铁锂离子电池为负极对电池进行充放电,使用时间可达10000小时。但由于锂离子电池采用有机电解液,存在较大的安全隐患,安全性有待提高。

锂离子储能电池因其转换效率高、功率高、响应及时的特点,广泛应用于电网调峰、调频和电力辅助服务领域。同时,新一代的锂离子电池因其无污染、少污染、能源多样化的特征在电动汽车行业和工业、军事和航天领域得到了广泛发展和应用。

电动汽车未来与需求侧响应和V2G技术相结合,具有参与电网互动的潜力,可能在电力系统负荷侧形成大规模的储能资源。电动汽车退役动力电池的合理利用也可为电力系统提供大量的储能资源。

1.6.3 电磁储能

1. 超级电容器储能

超级电容器是介于传统电容器和电池之间的一种储能装置,能量的储存主要是通过极化电解质。其储能过程不仅高度可逆,而且是物理变化过程。因此,超级电容器既能够反复充放电,又不会对比电容产生任何影响。超级电容器主要由电极、电解质、隔膜构成,如图1-13所示。

按储存电能的原理不同,超级电容器主要可分为两种类型:双电层电容器和法拉第准电容。其中,双电层电容器的应用最为广泛,它采用高比表面积活性炭作为电极材料,通过碳电极与电解液的固液相界面上的电荷分离而产生双电层电容,在充放电过程中发生的是电极/电解液界面的电荷吸脱附过程,而不是电化学反应。目前双电层超级电容器能量转换效率大于80%。成本较高,循环寿命可达到10万次以上。

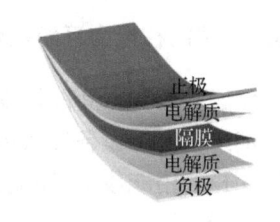

图1-13 超级电容器基本结构

法拉第准电容是基于双电层电容器发展出的一类超级电容器,由贵金属或贵金属氧化物电极组成。法拉第准电容的产生机理与电池反应相似,在相同电极面积的情况下,它的电容量是双电层电容的几倍,但双电层电容器瞬间大电流放电的功率特性比法拉第电容器好。

超级电容器具有循环寿命长、充放电频率高、工作温度范围宽、工作安全可靠、无须维护保养并且对环境无污染等特点。可广泛应用于辅助峰值功率、备用电源、存储再生能量、替代电源等不同的应用场景,在工业控制、风光发电、交通工具、智能水表、军工等领域也具有非常广阔的发展前景。

2. 超导电磁储能

超导电磁储能装置利用超导磁体将电能能量转换成电磁能进行存储(由电网经变流器供电励磁,在线圈中产生磁场),需要时再将电磁能返回电网或者其他负载,并通过变流器控制能量交换。原理如图1-14所示。

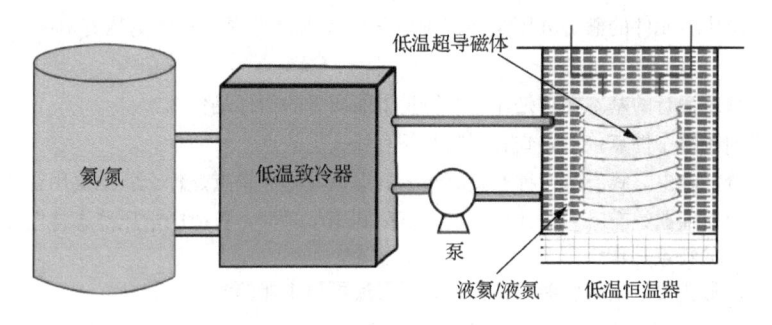

图1-14 超导电磁储能原理

在正常运行时,电网电流通过整流向超导电感充电,然后保持恒流运行(由于采用超导线圈储能,所储能量几乎可以无损耗地永久储存,直到需释放时为止)。在电网发生瞬态电压跌落或骤升、瞬态有功不平衡时,可从超导电感提取能量,经逆变转换为交流,并向电网输出可灵活调节的有功或无功功率,从而保障电网的瞬态电压稳定和有功平衡。

超导储能是一种大功率输出、响应快、安全性高和寿命长的储能技术,是目前唯一能将电能直接存储为电流的储能系统。超导线圈的电阻很小,欧姆损耗基本为零,从而能量转换损失较小,其转换效率超过90%;超导储能能够在毫秒级的时间内将几兆瓦的电能传输到电网中;超导储能系统不受地点限制,维护简单、污染小。

然而,超导储能系统的建设成本较高,超导所需低温也限制了其应用。因此超导储能可以实际应用的场景还比较少。

1.6.4 储能在电力系统的作用

储能设备接入新能源发电侧,能缓解间歇性新能源带来的运行问题,促进新能源消纳。储能设备接入用户侧,可依据峰谷电价施行"低储高发"的充放策略,降低用户的用能成本;还能结合分布式发电形成微电网,支撑微电网能量优化与离网运行。

微电网概念

储能设备接入电网侧,可以是独立的储能电站或与变电站结合。储能电站是以储能设备为核心,进行电能存储、转换和释放的电站。储能电站的功能特定和主要作用是:

(1)响应快速,适用负荷范围广,适合调峰,还能填谷,使得火电机组不必降低出力(甚至停机),并提高电网设备利用率和系统运行整体效率。

(2)具有很强的负荷跟随能力,可起调频作用。

(3)是有功热备用电源,可在很短时间内转换为发电并带满负荷,为系统频率稳定提供支撑。

(4)也是无功电源,能提供动态无功功率,为系统电压稳定提供支撑。

(5)从电网层面降低间歇性新能源发电的不利影响,促进消纳。

(6)降低对电源装机容量和电网容量的要求,推迟电源和电网的建设扩容,节省系统建设资金投入。

思 考 题

1-1 电力系统中各元件的额定电压是如何确定的?我国电力网络额定电压有哪些?平均额定电压有哪些?

1-2 对电力系统运行的基本要求是什么?衡量电能质量的指标是什么?

1-3 我国电力系统中性点接地方式有哪些?各有什么优缺点?

1-4 电力系统的输电方式有哪两种?直流输电的组成及其优缺点是什么?主要用在什么场合?

1-5 电力系统负荷曲线有哪些?什么是最大负荷利用小时数?负荷的电压静态特性如何描述?

1-6 各类电厂的特点是什么?

1-7 可再生能源主要包括哪些能源?为什么要发展可再生能源?

习 题

1-1 某电力系统的接线示于题 1-1 图,网络的额定电压已在图中标明。

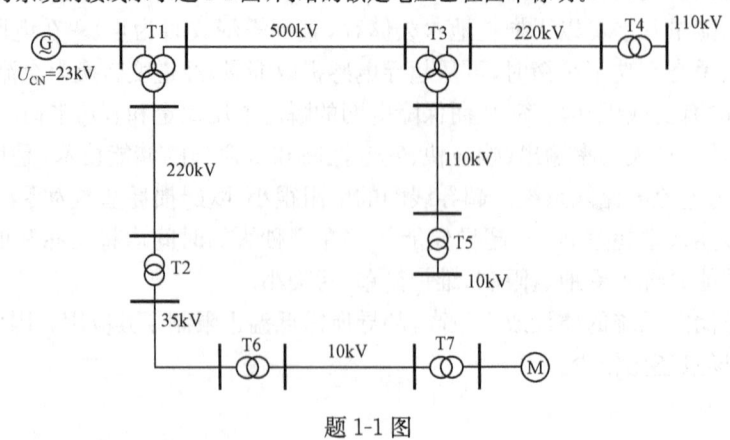

题 1-1 图

(1) 求发电机、电动机和变压器高、中、低压绕组的额定电压；

(2) 求各变压器的额定变比；

(3) 若变压器 T1 高压侧工作于+2.5%抽头，中压侧工作于+2.5%抽头；变压器 T2 工作于-1.5%抽头；变压器 T3 高压侧工作于-1.5%抽头，中压侧工作于-2.5%抽头；变压器 T4 工作于-2.5%抽头；变压器 T5 工作于-1.5%抽头；变压器 T6 工作于+2.5%抽头；变压器 T7 工作于-2.5%抽头时，求各变压器的实际变比。

1-2 某企业用电的年持续用电负荷如题 1-2 图所示，试求该企业全年的耗电量及最大负荷利用小时数 T_{max}。

(答案：6.18×10^9 kW·h，6867h)

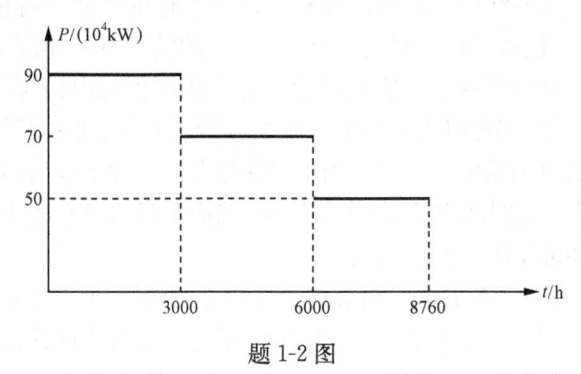

题 1-2 图

第 2 章 电力系统元件的等值电路与参数计算

本章介绍线路、变压器、发电机、负荷、储能这五种电力系统主要元件以及电网的等值电路与参数计算。在电力系统的分析研究中常常采用数学模拟的方法。数学模拟是首先建立描述电力系统运行状态的数学模型,然后再对它进行分析的方法。等值电路与参数是数学模型的基本内容。数学模型是针对特定问题在一定简化条件下得到的,且不是唯一的。

在介绍元件等值电路和参数前,应该明确电力系统课程与电路课程的不同。在电路课程所学到的分析计算方法都可以用于电力系统的分析,但是电力系统还是与电路课程存在一些区别。首先,最明显的是电力系统中习惯采用电压和功率作为基本物理量,而电路中采用的是电压和电流;其次,电力系统公式中的功率一般都是指三相的,电压是线电压,而电路中的功率一般都是指单相的,电压是相电压。

电力系统的运行状态基本上是三相对称的或者是可转换为三相对称的,因此,只要研究一相的情况就可以了。为了便于应用一相等值电路代表三相进行分析计算,常把三角形电路转化为星形电路。等值电路中的参数是计及了其余两相影响(如相间互感)的等值到一相的参数。

2.1　电力线路的等值电路与参数计算

2.1.1　电力线路简介

电力线路是构成电力网的主要元件,按照敷设方式可以分为架空线路和地下电缆线路两种。架空线路造价较低、检修方便,是构成电网的首选;电缆敷设在地下,造价较高、检修维护相对更困难,主要在不适合采用架空线的场合使用。在输电网中以架空线路为主;在城市配电网中,由于市容景观以及更高供电可靠性的要求,更多地采用了地下电缆线路。

1. 架空线路

架空线路由导线、杆塔、绝缘子、避雷线与金具等构成,其中,导线的作用是传输电能。导线的材料主要有铝、铜、钢和铝合金等,目前大量使用的是铝导线,材料标号为 L。由于多股线优于单股线,架空线路大都采用多股线,即绞线,铝绞线的标号为 LJ。而铝绞线的机械性能差,因此往往将铝和钢组合起来形成钢芯铝绞线,其标号为 LGJ。钢芯铝绞线架空线路的截面如图 2-1 所示。

在国家标准中,导线型号后所跟的数字分别表示导线载流部分和支撑部分的截面积。例如,LGJ-400/50 表示的钢芯铝绞线,其铝线部分的额定截面积为 400mm²,

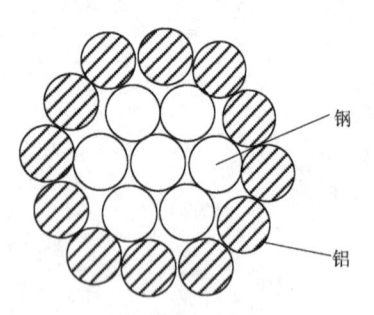

图 2-1　架空钢芯铝绞线的截面

钢线部分额定截面积为 50mm²。

在超过 220kV 电压等级的线路中，为提高输送能力需要减小电抗，同时为抑制电晕，需要直径很大的导线，此时可以采用分裂导线和扩径导线。

分裂导线是将每相导线分裂成若干根，每根为钢芯铝绞线，一般按正多边形顶点的规则分散排列，构成分裂导线。分裂根数一般为 2~8 根。

扩径导线是人为地扩大导线直径，但不增大载流部分截面积的导线。例如，LGJK-300 的扩径导线，其载流量相当于 LGJ-300/40 的普通导线，而其直径相当于 LGJ-400/50 的普通导线。

2. 电缆线路

电缆线路的结构包括导体、绝缘层和保护层三部分。电缆导体通常采用铝或铜的多股线，以便弯曲存放和施工。根据电缆中导体数目的不同可以将电缆分为单芯、三芯和四芯电缆。三芯电缆最为常用，单芯电缆一般都是大截面积的导线才采用，例如，截面积达到 400mm² 的电缆一般采用单芯，值得注意的是单芯电缆只能构成线路的一相，三条单芯电缆才能构成一回线路。在采用地下排管敷设电缆时，三芯电缆构成的一回线路只需一个排管孔，而单芯电缆构成的一回线路则需要占用三个排管孔。三芯电缆线路的截面如图 2-2 所示。与架空线路显著不同的是电缆线路的三相导体间的距离远小于同电压等级的架空线路。

电力系统中的架空线和电缆线路

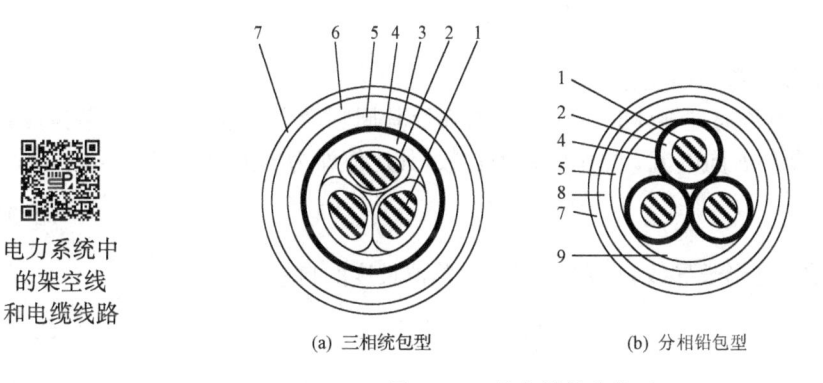

(a) 三相统包型　　　(b) 分相铅包型

图 2-2　三芯电缆线路截面

1. 导体；2. 相绝缘；3. 纸绝缘；4. 铅包皮；5. 麻衬；6. 钢带铠甲；7. 麻被；8. 钢丝铠甲；9. 填充物

2.1.2　电力线路的参数计算

电力线路有四个参数，分别是反映线路通过电流时产生有功功率损耗的电阻、反映载流导线产生磁场效应的电感（电抗）、反映线路带电时绝缘介质中产生泄漏电流及导线附近空气游离而产生有功功率损失的电导、反映带电导线周围电场效应的电容（电纳）。电缆由工厂按标准规格制造，可根据厂家提供的数据或者通过实测求得其参数，不予讨论。这里着重介绍架空线路的参数计算方法及其影响因素。

电力线路的参数通常可以认为是沿线路全长均匀分布的，每单位长度的参数为电阻 r_0、电感 L_0、电导 g_0 及电容 C_0，其一相等值电路示于图 2-3。

1. 电阻

有色金属导线单位长度的直流电阻可如下计算：

$$r = \frac{\rho}{S} \tag{2-1}$$

式中，r 的单位为 Ω/km；ρ 为导线电阻率，单位为 $\Omega \cdot \text{mm}^2/\text{km}$；$S$ 为导线载流部分的额定截面积，单位为 mm^2。

值得注意的是，在应用公式(2-1)计算时，不用导线材料的标准电阻率而用略微增大了的计算值，如铜用 $18.8\Omega \cdot \text{mm}^2/\text{km}$，铝用 $31.5\Omega \cdot \text{mm}^2/\text{km}$。

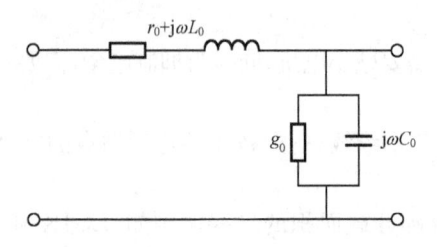

图 2-3 单位长线路的一相等值电路

这是考虑到以下原因：① 通过导线的是三相工频交流电流，由于集肤效应和邻近效应，交流电阻比直流电阻略大；② 导线由于多股绞线的扭绞，其实际长度比线路长度长 2%～3%；③ 导线的实际截面积比额定截面积略小。

除了按式(2-1)计算电阻值外，工程计算中还可以直接从有关手册中查出导线的电阻值。这两种方法所得结果都是指温度为 20℃时的电阻值，当线路运行的环境温度不是 20℃时，若要求较高精度则须加以修正，修正公式如下：

$$r_t = r_{20}[1 + \alpha(t - 20)] \tag{2-2}$$

式中，r_t 为 t℃时的电阻值；r_{20} 为 20℃时的电阻值；α 为电阻温度系数，对于铜，$\alpha = 0.00382$，对于铝，$\alpha = 0.0036$。

2. 电抗

1) 基本公式

三相线路的电感分为自感和互感。

首先，讨论自感。电流通过导体时将在导体内部及其周围产生磁场。当磁导率为常数时，则与导体交链的磁链 Ψ 同电流 i 的比值就为常数，其比值即为导体的自感

$$L = \frac{\Psi}{i} \tag{2-3}$$

长度为 l、半径为 r 的圆柱形长导线，当 $l \gg r$ 时，每单位长度的自感为

$$L = \frac{\mu_0}{2\pi}\left(\ln\frac{2l}{D_s} - 1\right) \tag{2-4}$$

式中，μ_0 为真空磁导率；$D_s = re^{-\frac{1}{4}} = 0.779r$ 为计及圆柱形导线内部电感的导线等值半径，称为自几何均距；自感 L 单位为 H/m。

其次，讨论互感。设导体 A 和导体 B 相邻，导体 B 中的电流 i_B 产生与导体 A 相交链的磁链为 Ψ_{AB}，则定义互感

$$M_{AB} = \frac{\Psi_{AB}}{i_B} \tag{2-5}$$

两条平行的、长度为 l 的圆柱形长导线，导线轴线间的距离为 D，每单位长度的互感为

$$M = \frac{\mu_0}{2\pi}\left(\ln\frac{2l}{D} - 1\right) \tag{2-6}$$

式中，互感 M 的单位为 H/m。

2) 线路的等值电感

在上述单导线电感公式的基础上推导三相线路的电感公式。三相架空线路的各相导线半径均为 r，自几何均距为 D_s，三相导线的排列方式为等边三角形对称排列，各相导线轴线间的距离为 D。当线路通过三相对称正弦交流电流时，与 a 相导线相交链的磁链为

$$\Psi_a = Li_a + M(i_b+i_c) = \frac{\mu_0}{2\pi}\Big[\Big(\ln\frac{2l}{D_s}-1\Big)i_a + \Big(\ln\frac{2l}{D}-1\Big)(i_b+i_c)\Big]$$

由于三相电流对称,所以 $i_a + i_b + i_c = 0$,因此可得

$$\Psi_a = \frac{\mu_0}{2\pi}\ln\frac{D}{D_s}i_a \tag{2-7}$$

由式(2-3),a 相等值电感为

$$L_a = \frac{\Psi_a}{i_a} = \frac{\mu_0}{2\pi}\ln\frac{D}{D_s} \tag{2-8}$$

显然,由于三相导线排列完全对称;b、c 相的电感与 a 相的相同。

但是,实际线路也存在不对称的排列,例如,三相导线水平排列或垂直排列。此时,由于各相间距离不相等,各相导线所交链的磁链及各相等值电感都不同,这将引起三相参数不对称。实际线路采用导线换位的方式来使三相保持尽量对称。导线换位及经过一个整循环换位的示意图见图 2-4。

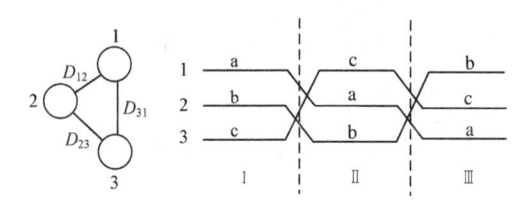

图 2-4 线路导线换位示意图

当Ⅰ、Ⅱ、Ⅲ段线路长度相等时,三相导线 a、b、c 处于 1、2、3 位置的长度也相等,这样就可使各相平均电感接近相等。

a 相的平均电感为

$$L_a = \frac{\Psi_a}{i_a} = \frac{\mu_0}{2\pi}\ln\frac{D_{eq}}{D_s} \tag{2-9}$$

式中,$D_{eq} = \sqrt[3]{D_{12}D_{23}D_{31}}$ 称为三相导线间的互几何均距,对于三相水平排列的线路,$D_{eq} = \sqrt[3]{DD2D} = 1.26D$。可以看出,式(2-8)是式(2-9)在三相导线完全对称时的特例,此时 $D_{eq} = D$。

上述公式都是按单股导线推导得到的。对于多股绞线,自几何均距与导线的材料和结构(如股数)有关,若多股绞线的计算半径为 r,则 $D_s = (0.724 \sim 0.771)r$。钢芯铝线的 $D_s = (0.77 \sim 0.9)r$。

3) 分裂导线线路的等值电感

图 2-5 给出了分裂导线的示意图。

图 2-5(a)中 d 称为分裂间距。线路各相间的距离通常比分裂间距大得多,因此可认为,不同相任意导线间的距离都近似地等于该两相分裂导线重心间的距离,例如,$D_{a1b1} \approx D_{a1b2} \approx D_{a1b3} \approx D_{12}$,$D_{a2b1} \approx D_{a2b2} \approx D_{a2b3} \approx D_{23}$。

推导分裂导线线路的电感计算公式之前,应先讨论分裂导线的自几何均距的计算方法。分裂导线的自几何均距 D_{sb} 与分裂间距及分裂根数有关。

当分裂根数为 2 时

$$D_{sb} = \sqrt[4]{(D_sd)^2} = \sqrt{D_sd} \tag{2-10}$$

(a) 一相分裂导线

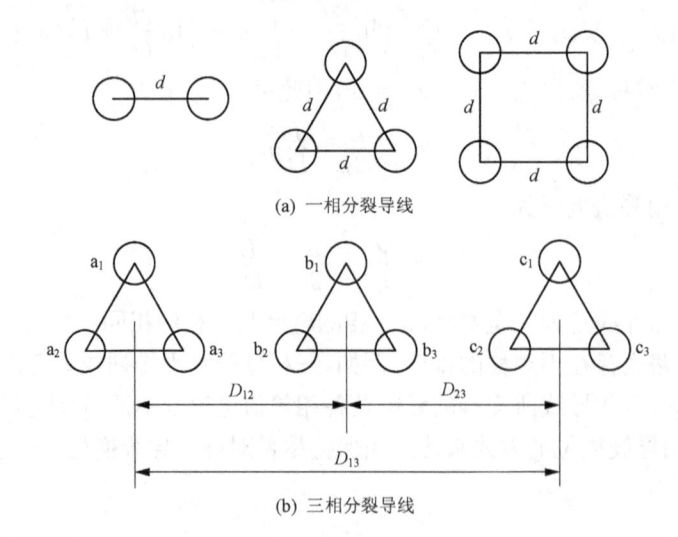

(b) 三相分裂导线

图 2-5 分裂导线的布置

当分裂根数为 3 时
$$D_{sb} = \sqrt[9]{(D_s dd)^3} = \sqrt[3]{D_s d^2} \tag{2-11}$$

当分裂根数为 4 时
$$D_{sb} = \sqrt[16]{(D_s dd\sqrt{2}d)^4} = 1.09\sqrt[4]{D_s d^3} \tag{2-12}$$

自几何均距 D_{sb} 计算得到后，分裂导线的一相等值电感的计算公式只需在单导线公式基础上，用 D_{sb} 去代替式(2-9)中的单导线自几何均距 D_s，即可得到

$$L = \frac{\mu_0}{2\pi} \ln \frac{D_{eq}}{D_{sb}} \tag{2-13}$$

对比式(2-13)和式(2-9)可以看出，式(2-9)是式(2-13)在分裂数为 1 时的特例。

由于分裂间距 d 通常比每根导线的自几何均距大得多，因而分裂导线的自几何均距 D_{sb} 也比单导线自几何均距 D_s 大，从而起到扩大导线等效半径的作用，因此分裂导线线路的等值电感较小。

在上述分析中引入了自几何均距和互几何均距的概念。自几何均距指导体的等效半径，而通过分裂的方式可以更大幅度地增加导体的等效半径；互几何均距指等效的相间距离，当三相完全对称排列时，其等于相间距离。

4) 线路的等值电抗

求得电感后，在额定频率 f_N 下线路每相的等值电抗为
$$x = 2\pi f_N L$$

$f_N = 50\text{Hz}, \mu_0 = 4\pi \times 10^{-7}\text{H/m}$，单导线线路的电抗为

$$x = 0.0628\ln\frac{D_{eq}}{D_s} = 0.1445\lg\frac{D_{eq}}{D_s} \ (\Omega/\text{km}) \tag{2-14}$$

分裂导线线路的电抗为

$$x = 0.0628\ln\frac{D_{eq}}{D_{sb}} = 0.1445\lg\frac{D_{eq}}{D_{sb}} \ (\Omega/\text{km}) \tag{2-15}$$

需要指出，虽然相间距离、导线截面等与线路结构有关的参数对电抗大小有影响，但这

些数值均在对数符号内,所以各种线路的电抗变化不是很大。一般单导线线路每千米电抗为 0.4Ω 左右。分裂导线线路等效增大了导线半径,其电抗大小明显小于单导线,分裂数越多,电抗越小。当分裂根数为 2、3、4 根时,分裂导线每千米的电抗分别为 0.33Ω、0.30Ω、0.28Ω 左右。

钢导线与铝和铜导线的主要差别在于导磁。由于集肤效应及导线内部磁导率均随导线通过的电流大小而变化,因此,它的电阻和电抗均不是恒定的。钢导线的阻抗采用试验来测定。

3. 电导

架空线路的电导是用来反映泄漏电流和电晕引起的有功损耗的一种参数。一般线路绝缘良好,泄漏电流很小,可以将其忽略,主要只考虑电晕引起的功率损耗。电晕现象就是架空线路带有高电压的情况下,当导线表面的电场强度超过空气击穿强度时,导体附近的空气游离而产生局部放电的现象。这时会发出咝咝声,并产生臭氧,夜间还可看到紫色的晕光。

电晕临界电压是电力线路运行时的一个重要参数,是指线路开始出现电晕的电压。当导线等边三角形排列时,U_{cr} 为

$$U_{cr} = 49.3 m_1 m_2 \delta r \lg \frac{D}{r} \tag{2-16}$$

式中,U_{cr} 的单位为 kV;m_1 为考虑导线表面状况的粗糙系数,表面光滑的单导线 $m_1=1$,多股绞线 m_1 可取 0.9;m_2 为考虑气象状况的系数,干燥和晴朗的天气 $m_2=1$,雨、雪、雾等的恶劣天气 $m_2=0.8\sim1$;D 为相间距离;r 为导线的计算半径,单位为 cm;δ 为空气的相对密度,其计算公式为

$$\delta = \frac{3.92p}{273+t} \tag{2-17}$$

式中,p 为大气压力,单位为 Pa;t 为大气温度,单位为℃。当 $t=25$℃,$p=76$Pa 时,$\delta=1$。

如果线路是水平排列的,靠两边的两根导线的电晕临界电压比等边三角形排列时的值偏高 6%,而中间导线的临界电压则低 4%。

当气象条件不利或运行电压过高时,运行电压可能超过临界电压而产生电晕。运行电压超过临界电压越多,电晕损耗也越大。如果三相线路每千米的电晕损耗为 ΔP_g,则每相单位长度等值电导

$$g = \frac{\Delta P_g}{U^2} \times 10^{-3} \tag{2-18}$$

式中,电导的单位为 S/km;电晕损耗的单位为 kW/km;线电压 U 的单位为 kV。

由于电晕不但增加有功功率损耗,还会干扰无线电通信,因此在线路设计时总是尽量避免在正常气象条件下发生电晕。分析式(2-16)可知,相间距离 D 和导线半径 r 是线路结构方面能影响 U_{cr} 的两个因素。增大 D 会增大杆塔尺寸,会提高线路的造价和占用更多的线路走廊,且 D 在对数符号内对 U_{cr} 的影响不大,因此不考虑。U_{cr} 差不多与 r 成正比,所以增大导线等效半径是控制电晕的有效方法。在线路设计时,对 220kV 以下线路,导线半径选择需要考虑避免电晕的条件;对 220kV 及以上线路,常通过采用分裂导线来增大导线等效半径,特殊情况下也采用扩径导线。

由于正常运行时线路一般不会发生电晕,因此在一般的电力系统计算中可以忽略电晕损耗。

4. 电纳

1) 基本公式

线路的电容用来反映导线带电时在其周围介质中建立的电场效应。当导体带有电荷时，若周围介质的介电系数 ε 为常数，则导体所带的电荷 q 与导体的电位 U 的比值为常数，其就是导体的电容

$$C = \frac{q}{U} \tag{2-19}$$

首先讨论线路相与相之间的分布电容。图 2-6 所示为两条带电荷的平行长导线 M 和 N，导线半径为 r，导线轴线间距离为 D，两导线每单位长度所带的电荷分别为 $+q$ 和 $-q$。

若 $D \gg r$，并忽略导线间静电感应的影响，则两导线周围的电场分布与位于导线几何轴线上的线电荷的电场分布相同。若选 O 点为电位参考点，当线电荷 $+q$ 单独作用时，空间任意点 P 点的电位为

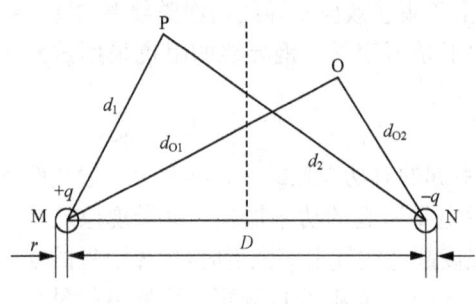

图 2-6 带电的平行长导线

$$U_{P1} = \frac{q}{2\pi\varepsilon} \ln \frac{d_{O1}}{d_1} \tag{2-20}$$

式中，ε 为介电常数。

当线电荷 $-q$ 单独作用时，在 P 点产生的电位为

$$U_{P2} = -\frac{q}{2\pi\varepsilon} \ln \frac{d_{O2}}{d_2}$$

由于介电系数为常数，当线电荷 $+q$ 和 $-q$ 同时存在时，可利用叠加原理求得 P 点的电位为

$$U_P = U_{P1} + U_{P2} = \frac{q}{2\pi\varepsilon}\left(\ln\frac{d_{O1}}{d_1} - \ln\frac{d_{O2}}{d_2}\right) = \frac{q}{2\pi\varepsilon}\ln\frac{d_2 d_{O1}}{d_1 d_{O2}} \tag{2-21}$$

若选图 2-6 中虚线所示的两线电荷中心线作为电位参考点，则式(2-21)简化为

$$U_P = \frac{q}{2\pi\varepsilon} \ln \frac{d_2}{d_1} \tag{2-22}$$

式(2-22)应用于导线 M 的表面，便有 $d_1 = r$ 和 $d_2 = D - r$，计及 $D \gg r$，可得导线 M 的电位为

$$U_M = \frac{q}{2\pi\varepsilon} \ln \frac{D-r}{r} \approx \frac{q}{2\pi\varepsilon} \ln \frac{D}{r} \tag{2-23}$$

对于正弦交流电路，利用上述公式时，电荷和电位都是瞬时值或相量。

2) 线路的等值电容

三相架空线路的相与相之间以及相与大地之间都具有分布电容。

在静电场计算中，大地与地面平行的带电导体电场的影响可用导体的镜像来代替，因此三相架空线可用图 2-7 所示的一个六导线系统来代替。

三相线路的 a、b、c 三导线上每单位长度的电荷分别为 $+q_a$、$+q_b$、$+q_c$，三相导线的镜像 a′、b′、c′ 上的电荷分别为 $-q_a$、$-q_b$、$-q_c$。此外，假设沿线均匀分布，选地面作为电位参考点。

同样,利用叠加原理分别计算三对导线电荷单独作用时在 a 相导线产生的电位,然后相加便得到 a 相的对地电位。

导线整循环换位的情况如前面的图 2-4 所示,对于第 I 段,a、b、c 三相导线分别处于位置 1、2、3,则

$$U_{aI} = \frac{1}{2\pi\varepsilon}\left(q_a \ln \frac{H_1}{r} + q_b \ln \frac{H_{12}}{D_{12}} + q_c \ln \frac{H_{13}}{D_{13}}\right)$$

对于第 II 段,a、b、c 三相分别处于位置 2、3、1 时

$$U_{aII} = \frac{1}{2\pi\varepsilon}\left(q_a \ln \frac{H_2}{r} + q_b \ln \frac{H_{23}}{D_{23}} + q_c \ln \frac{H_{12}}{D_{12}}\right)$$

对于第 III 段,a、b、c 三相分别处于位置 3、1、2 时

$$U_{aIII} = \frac{1}{2\pi\varepsilon}\left(q_a \ln \frac{H_3}{r} + q_b \ln \frac{H_{13}}{D_{13}} + q_c \ln \frac{H_{23}}{D_{23}}\right)$$

以上三式中距离 H_1、H_2、H_3、H_{12}、H_{23}、H_{13} 及 D_{12}、D_{23}、D_{31} 等的含义见图 2-7。

如果忽略沿线电压降,那么不论处于换位循环中的哪一线段,同一相导线的对地电位都是相等的。这样,在换位循环中的不同线段导线上的电荷将不相等。在近似计算中,可以认为线段单位长度导线的电荷都相等,而导线对地电位却不相等。取 a 相电位为各段电位的平均值,并计及 $q_a + q_b + q_c = 0$,有

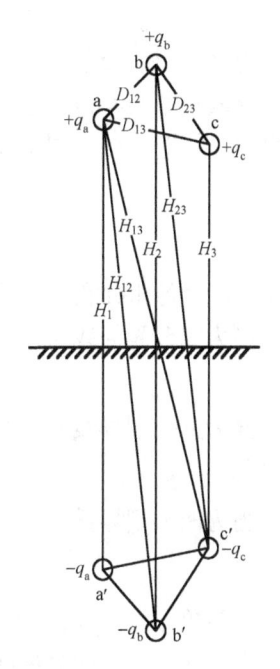

图 2-7 架空线导线及其镜像

$$U_a = \frac{1}{3}(U_{aI} + U_{aII} + U_{aIII})$$

$$= \frac{q_a}{2\pi\varepsilon}\left[\ln \frac{\sqrt[3]{D_{12}D_{23}D_{13}}}{r} - \ln \sqrt[3]{\frac{H_{12}H_{23}H_{13}}{H_1 H_2 H_3}}\right] \quad (2-24)$$

每相等值电容为

$$C = \frac{q_a}{U_a} = \frac{2\pi\varepsilon}{\ln \frac{D_{eq}}{r} - \ln \sqrt[3]{\frac{H_{12}H_{23}H_{13}}{H_1 H_2 H_3}}} \quad (2-25)$$

空气的介电系数 ε 与真空介电系数 ε_0 近似相等,即 $\varepsilon \approx \varepsilon_0 = 8.85 \times 10^{-12} \text{F/m}$,并改用常用对数后有

$$C = \frac{0.0241}{\lg \frac{D_{eq}}{r} - \lg \sqrt[3]{\frac{H_{12}H_{23}H_{13}}{H_1 H_2 H_3}}} \times 10^{-6} \quad \text{(F/km)} \quad (2-26)$$

式(2-26)分母的第二项,反映了大地对电场的影响。由于线路导线离地面的高度一般比各相间的距离要大得多,某相导线与其镜像间的距离(H_1、H_2、H_3)差不多等于它与其他相的镜像间的距离(H_{12}、H_{23}、H_{13}),因此,式(2-26)分母第二项的值很小,在一般计算中可略去,式(2-26)简化为

$$C = \frac{0.0241}{\lg \frac{D_{eq}}{r}} \times 10^{-6} \quad \text{(F/km)} \quad (2-27)$$

3) 分裂导线的等值电容

分裂导线的线路和单导线线路一样,可以用所有导线及其镜像构成的多导体系统来进

行电容计算,利用式(2-23)导出经循环换位的每相等值电容算式。由于相间距离比分裂间距大得多,各相分裂导线重心间的距离可以代替相间距离。各导线与各镜像间的距离,取为各相导线重心与其镜像重心间的距离。同样,由于导线离地高度比相间距离大得多,在一般计算中,式(2-26)分母中的第二项也忽略不计,得到与式(2-27)类似的公式

$$C = \frac{0.0241}{\lg \frac{D_{eq}}{r_{eq}}} \times 10^{-6} \quad (F/km) \tag{2-28}$$

式中,D_{eq}为各相分裂导线重心间的几何均距;r_{eq}为一相导线组的等值半径。

当为二分裂导线时

$$r_{eq} = \sqrt{rd} \tag{2-29}$$

当为三分裂导线时

$$r_{eq} = \sqrt[9]{(rd^2)^3} = \sqrt[3]{rd^2} \tag{2-30}$$

当为四分裂导线时

$$r_{eq} = \sqrt[16]{(r\sqrt{2}d^3)^4} = 1.09\sqrt[4]{rd^3} \tag{2-31}$$

当为单导线时,$r_{eq}=r$,即等于导线的半径。

由于分裂导线的分裂间距d比导线半径r大得多,一相导线组的等值半径也比导线半径大得多,所以分裂导线的电容比单导线的电容大。

4) 线路的等值电纳

在额定频率下,线路每单位长度的一相等值电纳为

$$b = 2\pi f_N C = \frac{7.58}{\lg \frac{D_{eq}}{r_{eq}}} \times 10^{-6} \quad (S/km) \tag{2-32}$$

与电抗一样,由于与线路结构有关的参数D_{eq}/r_{eq}是在对数符号内,因此各电压等级线路的电纳值变化不大。单导线线路的电纳大约为2.8×10^{-6}S/km;对于分裂导线线路,当分裂根数分别为2根、3根和4根时,每千米电纳分别约为3.4×10^{-6}S、3.8×10^{-6}S和4.1×10^{-6}S。

例 2-1 220kV架空线路,导线型号为LGJ-400,导线计算直径为27mm,导线水平排列,相间距离为6m。试求该线路单位长度的电阻、电抗和电纳。

解 (1) 线路电阻

$$r = \frac{\rho}{S} = \frac{31.5}{400} = 0.079(\Omega/km)$$

(2) 线路的电抗

$$x = 0.1445\lg\frac{D_{eq}}{D_s} = 0.1445\times\lg\frac{1.26\times6000}{0.9\times27\times0.5} = 0.405(\Omega/km)$$

(3) 线路的电纳

$$b = \frac{7.58}{\lg\frac{D_{eq}}{r}}\times10^{-6} = \frac{7.58}{\lg\frac{1.26\times6000}{27\times0.5}}\times10^{-6} = 2.76\times10^{-6}(S/km)$$

2.1.3 电力线路的等值电路

1. 分布参数等值电路

设有长度为l的架空线路,其参数沿线路均匀分布,单位长度的阻抗和导纳分别为

$z_0 = r_0 + \mathrm{j}\omega L_0 = r_0 + \mathrm{j}x_0$，$y_0 = g_0 + \mathrm{j}\omega C_0 = g_0 + \mathrm{j}b_0$。在距离末端 x 处取一微段 $\mathrm{d}x$，可作出线路的等值电路如图 2-8 所示。

在正弦电压作用下处于稳态时，电流 $\dot{I}$ 在 $\mathrm{d}x$ 微段阻抗中的电压降

$$\frac{\mathrm{d}\dot{U}}{\mathrm{d}x} = \dot{I}(r_0 + \mathrm{j}\omega L_0) \tag{2-33}$$

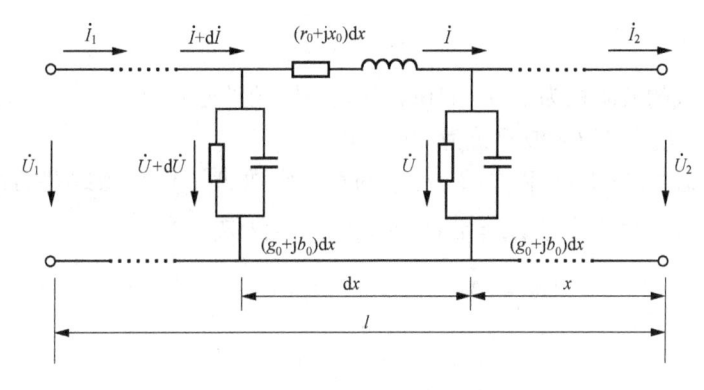

图 2-8 线路的分布参数等值电路

流入 $\mathrm{d}x$ 微段并联导纳中的电流 $\mathrm{d}\dot{I} = (\dot{U}+\mathrm{d}\dot{U})(g_0+\mathrm{j}\omega C_0)\mathrm{d}x$ 略去二阶微小量，便得

$$\frac{\mathrm{d}\dot{I}}{\mathrm{d}x} = \dot{U}(g_0 + \mathrm{j}\omega C_0) \tag{2-34}$$

将式(2-33)对 x 求导数，并计及式(2-34)消去电流，便得

$$\frac{\mathrm{d}^2\dot{U}}{\mathrm{d}x^2} = (g_0 + \mathrm{j}\omega C_0)(r_0 + \mathrm{j}\omega L_0)\dot{U} \tag{2-35}$$

式(2-35)为二阶常系数齐次微分方程，其通解为

$$\dot{U} = A_1 \mathrm{e}^{\gamma x} + A_2 \mathrm{e}^{-\gamma x} \tag{2-36}$$

将式(2-36)代入式(2-33)，便得电流

$$\dot{I} = \frac{A_1}{Z_c}\mathrm{e}^{\gamma x} - \frac{A_2}{Z_c}\mathrm{e}^{-\gamma x} \tag{2-37}$$

式中，A_1 和 A_2 是积分常数，应由边界条件确定。

$$\gamma = \sqrt{(g_0 + \mathrm{j}\omega C_0)(r_0 + \mathrm{j}\omega L_0)} = \beta + \mathrm{j}\alpha \tag{2-38}$$

$$Z_c = \sqrt{\frac{r_0 + \mathrm{j}\omega L_0}{g_0 + \mathrm{j}\omega C_0}} = R_c + \mathrm{j}X_c = |Z_c|\mathrm{e}^{\mathrm{j}\theta_c} \tag{2-39}$$

γ 称为线路的传播常数，因为 z_0 和 y_0 的幅角均在 $0°\sim90°$，故 γ 的幅角也在 $0°\sim90°$，由此可知 β 和 α 都是正的。Z_c 称为线路的波阻抗（或特性阻抗）。传播常数和波阻抗与线路的参数和频率有关。

对于高压架空线

$$g_0 \approx 0, \quad r_0 \ll \omega L_0$$

$$\gamma = \beta + \mathrm{j}\alpha \approx \sqrt{\mathrm{j}\omega C_0(r_0 + \mathrm{j}\omega L_0)} \approx \frac{r_0}{2}\sqrt{\frac{C_0}{L_0}} + \mathrm{j}\omega\sqrt{L_0 C_0} \tag{2-40}$$

$$Z_c = R_c + jX_c \approx \sqrt{\frac{r_0 + j\omega L_0}{j\omega C_0}} \approx \sqrt{\frac{L_0}{C_0}} - j\frac{1}{2}\frac{r_0}{\omega\sqrt{L_0 C_0}} \tag{2-41}$$

由式(2-41)可以看出,架空线的波阻抗接近于纯电阻,略呈电容性。略去电阻和电导时 $X_c = 0$ 和 $\beta = 0$,便有

$$\gamma = j\alpha = j\omega\sqrt{L_0 C_0} \tag{2-42}$$

$$Z_c = R_c = \sqrt{\frac{L_0}{C_0}} \tag{2-43}$$

单导线架空线的波阻抗为 $370\sim410\Omega$,分裂导线的波阻抗则为 $270\sim310\Omega$。电缆线路由于其 C_0 较大而 L_0 又较小,波阻抗为 $30\sim50\Omega$。

长线方程稳态解式(2-36)和式(2-37)中的积分常数 A_1、A_2 可由线路的边界条件确定。当 $x=0$ 时,$\dot{U} = \dot{U}_2$ 和 $\dot{I} = \dot{I}_2$,由式(2-36)和式(2-37)得

$$\dot{U}_2 = A_1 + A_2, \qquad \dot{I}_2 = \frac{A_1 - A_2}{Z_c}$$

由此可以解出

$$\begin{cases} A_1 = \frac{1}{2}(\dot{U}_2 + Z_c \dot{I}_2) \\ A_2 = \frac{1}{2}(\dot{U}_2 - Z_c \dot{I}_2) \end{cases} \tag{2-44}$$

将 A_1、A_2 代入式(2-36)和式(2-37)便得

$$\begin{cases} \dot{U} = \frac{1}{2}(\dot{U}_2 + Z_c \dot{I}_2)e^{\gamma x} + \frac{1}{2}(\dot{U}_2 - Z_c \dot{I}_2)e^{-\gamma x} \\ \dot{I} = \frac{1}{2Z_c}(\dot{U}_2 + Z_c \dot{I}_2)e^{\gamma x} - \frac{1}{2Z_c}(\dot{U}_2 - Z_c \dot{I}_2)e^{-\gamma x} \end{cases} \tag{2-45}$$

式(2-45)可用双曲线函数写成

$$\begin{cases} \dot{U} = \dot{U}_2 \mathrm{ch}\gamma x + \dot{I}_2 Z_c \mathrm{sh}\gamma x \\ \dot{I} = \frac{\dot{U}_2}{Z_c}\mathrm{sh}\gamma x + \dot{I}_2 \mathrm{ch}\gamma x \end{cases} \tag{2-46}$$

当 $x=l$ 时,可分别得到线路首端电压、电流与末端电压、电流的关系

$$\begin{cases} \dot{U}_1 = \dot{U}_2 \mathrm{ch}\gamma l + \dot{I}_2 Z_c \mathrm{sh}\gamma l \\ \dot{I}_1 = \frac{\dot{U}_2}{Z_c}\mathrm{sh}\gamma l + \dot{I}_2 \mathrm{ch}\gamma l \end{cases} \tag{2-47}$$

将上述方程同二端口网络的通用方程

$$\begin{cases} \dot{U}_1 = \dot{A}\dot{U}_2 + \dot{B}\dot{I}_2 \\ \dot{I}_1 = \dot{C}\dot{U}_2 + \dot{D}\dot{I}_2 \end{cases} \tag{2-48}$$

相对照,若取 $\dot{A} = \dot{D} = \mathrm{ch}\gamma l$,$\dot{B} = Z_c \mathrm{sh}\gamma l$ 和 $\dot{C} = \frac{\mathrm{sh}\gamma l}{Z_c}$,线路就是对称的无源二端口网络,可用对称的等值电路来表示。

2. 集中参数等值电路

由于分布参数等值电路十分复杂,而且理论上需要图 2-8 中无限多个单元串联才能精

确计算,而实际计算中往往只关心线路两端的电压和功率,因此采用集中参数等值电路得到广泛的应用。

根据电路课程知识,线路既可以采用 Π 型等值电路表示,也可以采用 T 型等值电路。实际计算中大多采用 Π 型电路,以下只对 Π 型电路的参数计算进一步讨论。

线路两端电压和电流的关系如式(2-47)所示,它是制定集中参数等值电路的依据,线路的 Π 型等值电路如图 2-9 所示。

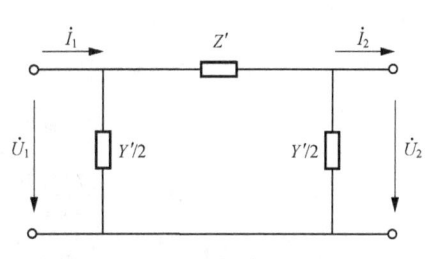

图 2-9 线路的集中参数等值电路

等值电路中的参数为

$$\begin{cases} Z' = \dot{B} = Z_c \mathrm{sh}\gamma l \\ Y' = \dfrac{2(\dot{A}-1)}{\dot{B}} = \dfrac{2(\mathrm{ch}\gamma l - 1)}{Z_c \mathrm{sh}\gamma l} \end{cases} \tag{2-49}$$

由于式(2-49)中的复数双曲线函数的计算很不方便,还需要做一些简化。令 $Z = (r_0 + jx_0)l$ 和 $Y = (g_0 + jb_0)l$ 分别代表全线的总阻抗和总导纳,将式(2-49)改写为

$$\begin{cases} Z' = K_Z Z \\ Y' = K_Y Y \end{cases} \tag{2-50}$$

式中

$$\begin{cases} K_Z = \dfrac{\mathrm{sh}\sqrt{ZY}}{\sqrt{ZY}} \\ K_Y = \dfrac{2(\mathrm{ch}\gamma l - 1)}{\sqrt{ZY}\,\mathrm{sh}\gamma l} \end{cases} \tag{2-51}$$

可见,将全线路的总阻抗 Z 和总导纳 Y 分别乘以修正系数 K_Z 和 K_Y,即可求得 Π 型等值电路的精确参数。实际计算中常略去线路的电导,并利用下列公式计算参数:

$$\begin{cases} Z' \approx k_r r_0 l + \mathrm{j} k_x x_0 l \\ Y' \approx \mathrm{j} k_b b_0 l \end{cases} \tag{2-52}$$

式中

$$\begin{cases} k_r = 1 - \dfrac{1}{3} x_0 b_0 l^2 \\ k_x = 1 - \dfrac{1}{6}\left(x_0 b_0 - r_0^2 \dfrac{b_0}{x_0}\right) l^2 \\ k_b = 1 + \dfrac{1}{12} x_0 b_0 l^2 \end{cases} \tag{2-53}$$

在计算 Π 型等值电路的参数时,可以直接用线路参数单位长度值乘以长度作为线路总阻抗和总导纳的近似值,也可以按式(2-52)和式(2-53)对近似参数进行修正,或者用式(2-49)计算其精确值。下面通过例题对三种计算结果进行比较。

例 2-2 220kV 架空线路参数为:$r_0 = 0.05\Omega/\mathrm{km}, x_0 = 0.417\Omega/\mathrm{km}, b_0 = 2.73\times 10^{-6}\mathrm{S/km}$。试分别计算长度为 100km、200km、300km、400km 线路的 Π 型等值电路参数的近似值、修正值和精确值。

解 100km 线路的参数计算如下:

(1) 近似值

$$Z' = (r_0 + jx_0)l = (0.05 + j0.417) \times 100 = 5 + j41.7(\Omega)$$
$$Y' = (g_0 + jb_0)l = (0 + j2.73 \times 10^{-6}) \times 100 = j2.73 \times 10^{-4}(S)$$

(2) 修正值

$$k_r = 1 - \frac{1}{3}x_0 b_0 l^2 = 1 - \frac{1}{3} \times 0.417 \times 2.73 \times 10^{-6} \times 100^2 = 0.9962$$

$$k_x = 1 - \frac{1}{6}\left(x_0 b_0 - r_0^2 \frac{b_0}{x_0}\right)l^2 = 1 - \frac{1}{6} \times \left(0.417 \times 2.73 \times 10^{-6}\right.$$
$$\left. - 0.05^2 \times \frac{2.73 \times 10^{-6}}{0.417}\right) \times 100^2 = 0.9981$$

$$k_b = 1 + \frac{1}{12}x_0 b_0 l^2 = 1 + \frac{1}{12} \times 0.417 \times 2.73 \times 10^{-6} \times 100^2 = 1.0095$$

$$Z' = (k_r r_0 + jk_x x_0)l = (0.9962 \times 0.05 + j0.9981 \times 0.417) \times 100$$
$$= 4.981 + j41.621(\Omega)$$

$$Y' = jk_b b_0 l = j1.001 \times 2.73 \times 10^{-6} \times 100 = j2.7326 \times 10^{-4}(S)$$

(3) 精确值

$$Z_c = \sqrt{(r_0 + jx_0)/(g_0 + jb_0)} = \sqrt{(0.05 + j0.417)/(j2.73 \times 10^{-6})}$$
$$= 391.528 - j23.389(\Omega)$$

$$\gamma = \sqrt{(r_0 + jx_0)(g_0 + jb_0)} = \sqrt{(0.05 + j0.417)(j2.73 \times 10^{-6})}$$
$$= (0.639 + j10.689) \times 10^{-4}(\text{km}^{-1})$$

$$\gamma l = (0.639 + j10.689) \times 10^{-4} \times 100 = 0.00639 + j0.10689$$

$$\text{sh}\gamma l = \text{sh}(0.00639 + j0.10689)$$
$$= \text{sh}0.00639\cos 0.10689 + j\text{ch}0.00639\sin 0.10689 = 0.00635 + j0.10669$$

$$\text{ch}\gamma l = \text{ch}(0.00639 + j0.10689)$$
$$= \text{ch}0.00639\cos 0.10689 + j\text{sh}0.00639\sin 0.10689 = 0.9943 + j0.00068$$

Π型等值电路的精确参数为

$$Z' = Z_c \text{sh}\gamma l = (391.528 - j23.389) \times (0.00635 + j0.10669) = 4.982 + j41.624(\Omega)$$

$$Y' = \frac{2(\text{ch}\gamma l - 1)}{Z_c \text{sh}\gamma l} = \frac{2 \times (0.9943 + j0.00068 - 1)}{4.982 + j41.624}$$
$$= (0.0003 + j2.7326) \times 10^{-4}(S)$$

不同长度的Π型等值电路计算结果列于下表：

l/km		Z'/Ω	Y'/S
100	近似值	5+j41.7	j2.73×10⁻⁴
	修正值	4.981+j41.621	j2.7326×10⁻⁴
	精确值	4.982+j41.624	(0.0003+j2.7326)×10⁻⁴
200	近似值	10+j83.4	j5.46×10⁻⁴
	修正值	9.8482+j82.7761	j5.4807×10⁻⁴
	精确值	9.8487+j82.7775	(0.0025+j5.4808)×10⁻⁴
300	近似值	15+j125.1	j8.19×10⁻⁴
	修正值	14.4877+j122.9945	j8.2599×10⁻⁴
	精确值	14.4916+j123.0049	(0.0086+j8.2606)×10⁻⁴
400	近似值	20+j166.8	j10.92×10⁻⁴
	修正值	18.7857+j161.8092	j11.0858×10⁻⁴
	精确值	18.8021+j161.8531	(0.0206+j11.0888)×10⁻⁴

由例题 2-2 的计算结果可见,参数近似值的误差百分比随线路长度的增大而增大,其中电阻的误差最大,电抗次之,电纳最小。参数的修正值同精确值的误差也是随线路长度增大而增大,但是修正后的参数已非常接近精确参数,修正效果显著。此外,即使线路的电导为零,等值电路的精确参数中仍有一个数值很小的电导,实际计算时可以忽略。在工程计算中,既要保证必要的精度,又要尽可能地简化计算,根据线路长度分以下三种情况来处理。

1) 短线路

短线路是指长度不超过 100km 的架空线和不长的电缆。在电压不高时(35kV 及以下),线路电纳较小,可以略去。此时就只用一个串联阻抗代表,阻抗值采用近似参数计算得到,短线路的等值电路如图 2-10 所示。

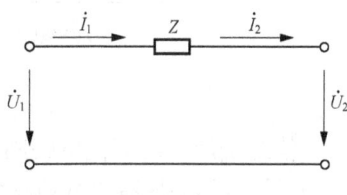

图 2-10 短线路的等值电路

2) 中等长度线路

中等长度线路是指长度在 100～300km 的架空线和不超过 100km 的电缆线路。这种线路的电纳 B 一般不能略去,采用集中参数的 Π 型或 T 型等值电路,电力系统计算中习惯采用 Π 型等值电路。在 Π 型等值电路中,除串联线路总阻抗 $Z = R + jX$,还将线路的总导纳 $Y = G + jB$ 的各一半分别并联在线路的始末端,如图 2-11 所示。阻抗值采用近似参数计算得到。

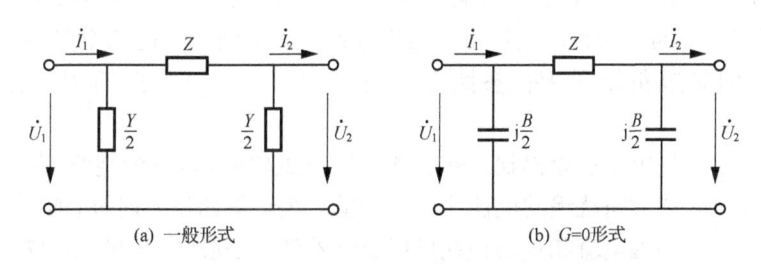

(a) 一般形式　　(b) G=0形式

图 2-11 中等长度线路的 Π 型等值电路

3) 长线路

长线路是指长度超过 300km 的架空线路或者超过 100km 的电缆线路,在采用集中参数等值电路计算时必须考虑其分布特性。虽然可以采用式(2-49)计算其精确值,但是双曲线函数计算不方便,因此一般采用修正参数式(2-52)和式(2-53)来近似计算。

此外还可以将长线路看作多个中等长度线路串联,采用串级连接的多个 Π 型电路的方式来模拟计算。在采用近似参数时,每一个 Π 型电路代替长度为 200～300km 的一段架空线路;在采用修正参数时,一个 Π 型电路可代替 500～600km 长的架空线路。

2.2 变压器的等值电路与参数计算

2.2.1 变压器的等值电路

在电力系统的分析计算中,双绕组变压器的近似等值电路如图 2-12(a)所示。与电机学不同,该等值电路习惯将励磁支路前移到电源侧,并将二次绕组的阻抗折算到一次侧与一次绕组的阻抗合并,用等值阻抗 $R_T + jX_T$ 来表示。

(a) 双绕组变压器   (b) 三绕组变压器

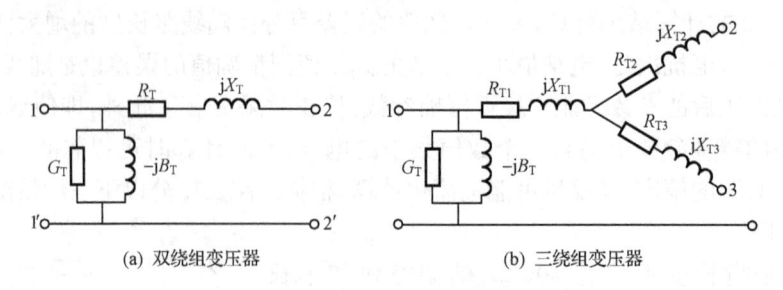

图 2-12 变压器的等值电路

三绕组变压器的等值电路同样也采用这种励磁支路前移的方式,其星形等值支路如图 2-12(b)所示,图中所有参数值均为折算到一次侧的值。

从图 2-12 中可以看出,变压器与线路等值电路的相同点是都包括串联的阻抗支路和并联的导纳支路,但是二者的并联支路有所不同,线路是容性的,将发出无功,而变压器是感性,将吸收无功,因此线路等值电路中的电纳 B 前没有负号,而变压器等值电路中的 B 前有负号。需要指出,图 2-12 的变压器等值电路省略了反映变比的理想变压器。

2.2.2 双绕组变压器的参数计算

变压器的参数包括等值电路中的电阻 R_T、电抗 X_T、电导 G_T 和电纳 B_T 以及变压器的变比 k。变压器的前四个参数可以从出厂铭牌数据计算得到。与前四个参数一一对应的四个铭牌数据分别是短路损耗 P_K、短路电压百分比 $U_K\%$、空载损耗 P_0、空载电流百分比 $I_0\%$。

参数 R_T 和 X_T 从短路试验得到。变压器做短路试验时,将一侧绕组短接,在另一侧绕组施加较小的电压,使短路绕组的电流达到额定值。由于短路试验时,所加电压比绕组的额定电压小得多,这时励磁电流和铁心损耗可以忽略不计,试验所得结果只反映了 R_T 和 X_T。

参数 G_T 和 B_T 可从空载试验得到。变压器空载试验时,将一侧绕组开路,在另一侧绕组施加额定电压。此时由于绕组开路,R_T 和 X_T 所在绕组支路没有电流,试验所得结果只反映励磁支路的 G_T 和 B_T。

1. 电阻 R_T

变压器短路试验时外加电压较小,相应的铁损很小,可以认为短路损耗即等于变压器通过额定电流时原、副边绕组电阻的总损耗,即铜损

$$P_K = 3I_N^2 R_T \tag{2-54}$$

于是

$$R_T = \frac{P_K}{3I_N^2} \tag{2-55}$$

电力系统计算中习惯用容量和电压,可把式(2-55)改写为

$$R_T = \frac{P_K U_N^2}{S_N^2} \times 10^3 \tag{2-56}$$

式中,R_T 单位为 Ω;P_K 的单位为 kW;U_N 为额定线电压,单位为 kV;S_N 为三相额定容量,单位为 kV·A。本节后各式中 S_N 和 U_N 的含义及单位均与式(2-56)相同。

需要指出,U_N 在变压器不同侧是不同的,因此,变压器参数有名值计算存在归算问题,

原则是:采用哪侧电压则计算结果就是归算到哪一侧的值,例如,110/11kV变压器,U_N 取 110kV 时,所求得的 R_T 为归算到 110kV 侧值。

2. 电抗 X_T

当变压器通过额定电流时,在电抗 X_T 上产生电压降的大小,一般采用额定电压的百分数表示,即

$$U_X\% = \frac{\sqrt{3} I_N X_T}{U_N} \times 100$$

于是

$$X_T = \frac{U_X\%}{100} \frac{U_N}{\sqrt{3} I_N} = \frac{U_X\%}{100} \frac{U_N^2}{S_N} \times 10^3 \tag{2-57}$$

变压器铭牌上给出的短路电压百分数 $U_K\%$,是变压器通过额定电流时在阻抗上产生的电压降的百分数,即

$$U_K\% = \frac{\sqrt{3} I_N Z_T}{U_N} \times 100$$

大容量变压器的绕组电阻比电抗小得多,如 110kV 的 25000kV·A 变压器,$X_T/R_T \approx 16$,可以近似地认为产生电抗上的电压降百分数 $U_X\% \approx U_K\%$,所以有

$$X_T = \frac{U_K\%}{100} \frac{U_N^2}{S_N} \times 10^3 \tag{2-58}$$

3. 电导 G_T

变压器的电导用来表示铁心损耗。由于空载试验时绕组中的电流很小,铜损可以忽略不计,因此,可以近似认为变压器此时的空载损耗等于铁损,即 $P_{Fe} \approx P_0$,于是

$$G_T = \frac{P_{Fe}}{U_N^2} \times 10^{-3} = \frac{P_0}{U_N^2} \times 10^{-3} \tag{2-59}$$

式中,P_{Fe} 和 P_0 的单位均为 kW,G_T 的单位为 S。

值得注意的是,在变压器实际运行中,铜损与变压器的负荷大小有关,必须根据流过变压器的电流计算;而铁损与电压有关,电压越高,铁损越大。一般运行电压与额定电压相差不大,故铁损可以直接近似使用空载损耗值。

4. 电纳 B_T

变压器运行时将从系统吸收无功功率用于励磁,变压器的电纳代表变压器的励磁功率。变压器空载电流包含有功分量和无功分量,与励磁功率对应的是无功分量。由于有功分量很小,无功分量和空载电流在数值上几乎相等。根据变压器铭牌上给出的空载电流百分比 $I_0\%$ 可以算出

$$B_T = \frac{I_0\%}{100} \frac{\sqrt{3} I_N}{U_N} = \frac{I_0\%}{100} \frac{S_N}{U_N^2} \times 10^{-3} \tag{2-60}$$

式中,B_T 单位为 S。

例 2-3 双绕组降压变压器 SFL₁31500/35,变比为 35/11,铭牌数据为:$P_K = 177$kW,$U_K\% = 8$,$P_0 = 30$kW,$I_0\% = 1.2$。试计算归算到高压侧的变压器参数。

解 由型号知 $S_N = 31500$kV·A,高压侧额定电压 $U_N = 35$kV。各参数如下:

$$R_T = \frac{P_K U_N^2}{S_N^2} \times 10^3 = \frac{177 \times 35^2}{31500^2} \times 10^3 = 0.219(\Omega)$$

$$X_T = \frac{U_K\%}{100} \frac{U_N^2}{S_N} \times 10^3 = \frac{8 \times 35^2}{100 \times 31500} \times 10^3 = 3.111(\Omega)$$

$$G_T = \frac{P_0}{U_N^2} \times 10^{-3} = \frac{30}{35^2} \times 10^{-3} = 2.449 \times 10^{-5}(S)$$

$$B_T = \frac{I_0\%}{100} \frac{S_N}{U_N^2} \times 10^{-3} = \frac{1.2 \times 31500}{100 \times 35^2} \times 10^{-3} = 30.857 \times 10^{-5}(S)$$

2.2.3 三绕组变压器的参数计算

三绕组变压器的等值电路见前面的图 2-12(b)。三绕组变压器的参数计算方式与双绕组变压器的类似，即也需要通过短路试验和空载试验来确定其参数。在参数计算中，导纳的计算与双绕组变压器完全相同，而阻抗的计算方式有所不同，下面介绍如何计算阻抗。

1. 电阻 R_1、R_2、R_3

三绕组变压器的短路试验方法是依次令一个绕组开路，剩下两个绕组按双绕组变压器来做短路试验，三次测得的短路损耗分别为 $P_{K(1-2)}$、$P_{K(2-3)}$、$P_{K(3-1)}$。

$$\begin{cases} P_{K(1-2)} = 3I_N^2 R_1 + 3I_N^2 R_2 = P_{K1} + P_{K2} \\ P_{K(2-3)} = 3I_N^2 R_2 + 3I_N^2 R_3 = P_{K2} + P_{K3} \\ P_{K(3-1)} = 3I_N^2 R_3 + 3I_N^2 R_1 = P_{K3} + P_{K1} \end{cases} \quad (2\text{-}61)$$

式中，P_{K1}、P_{K2}、P_{K3} 分别为各绕组短路损耗，解方程得到

$$\begin{cases} P_{K1} = \frac{1}{2}(P_{K(1-2)} + P_{K(3-1)} - P_{K(2-3)}) \\ P_{K2} = \frac{1}{2}(P_{K(1-2)} + P_{K(2-3)} - P_{K(3-1)}) \\ P_{K3} = \frac{1}{2}(P_{K(2-3)} + P_{K(3-1)} - P_{K(1-2)}) \end{cases} \quad (2\text{-}62)$$

求出各绕组的短路损耗后，便可仿照双绕组变压器电阻计算公式逐一计算三个绕组的电阻，统一的公式如下：

$$R_i = \frac{P_{Ki} U_N^2}{S_N^2} \times 10^3, \quad i = 1, 2, 3 \quad (2\text{-}63)$$

式中，R 的单位为 Ω，该公式与双绕组变压器 R_T 计算形式相同。

需要注意，上述公式都是在三个绕组的额定容量都相等的情况下推出的。但是，实际中变压器的三个绕组容量可以不相等，这是由于三绕组变压器的不同侧需要传输的功率大小可能不同，因此有的绕组容量可造得更小一些从而降低造价。三绕组变压器按高、中、低压绕组容量比一般有 100/100/50、100/50/100、100/100/66.7、100/66.7/100 四种形式。变压器铭牌上的额定容量是指容量最大的一个绕组的容量，也就是高压绕组的容量。公式(2-63)中的 P_{K1}、P_{K2}、P_{K3} 是指绕组流过与变压器额定容量 S_N 相对应的额定电流 I_N 时所产生的损耗。做短路试验时，三个绕组容量不相等的变压器将受到较小容量绕组额定电流的限制。在此情况下，要应用式(2-62)及式(2-63)计算，必须先对短路试验的数据进行预处理折算。若试验值为 $P'_{K(1-2)}$、$P'_{K(2-3)}$、$P'_{K(3-1)}$，且编号 1 为高压绕组，则

$$\begin{cases} P_{K(1\text{-}2)} = P'_{K(1\text{-}2)} \left(\dfrac{S_N}{S_{2N}}\right)^2 \\ P_{K(2\text{-}3)} = P'_{K(2\text{-}3)} \left(\dfrac{S_N}{\min\{S_{2N}, S_{3N}\}}\right)^2 \\ P_{K(3\text{-}1)} = P'_{K(3\text{-}1)} \left(\dfrac{S_N}{S_{3N}}\right)^2 \end{cases} \quad (2\text{-}64)$$

实际中也存在另外一种情况,即变压器制造厂家只提供一个最大短路损耗 $P_{K\cdot\max}$,它是两个 100% 容量的绕组通过额定电流,另一个绕组空载时的损耗。根据变压器设计中按电流密度相等选择各绕组导线截面积的原则,利用这个数据可以确定额定容量 S_N 的绕组的电阻为

$$R_{(S_N)} = \dfrac{P_{K\cdot\max} U_N^2}{2 S_N^2} \times 10^3 \quad (2\text{-}65)$$

若另一绕组容量为 S'_N,则其电阻为

$$R_{(S'_N)} = \dfrac{S_N}{S'_N} R_{(S_N)} \quad (2\text{-}66)$$

2. 电抗 X_1、X_2、X_3

三绕组变压器和双绕组变压器一样,可近似认为电抗上的电压降就等于短路电压。在给出短路电压 $U_{K(1\text{-}2)}\%$、$U_{K(2\text{-}3)}\%$、$U_{K(3\text{-}1)}\%$ 后,与电阻的计算公式相似,各绕组的短路电压分别为

$$\begin{cases} U_{K1}\% = \dfrac{1}{2}(U_{K(1\text{-}2)}\% + U_{K(3\text{-}1)}\% - U_{K(2\text{-}3)}\%) \\ U_{K2}\% = \dfrac{1}{2}(U_{K(1\text{-}2)}\% + U_{K(2\text{-}3)}\% - U_{K(3\text{-}1)}\%) \\ U_{K3}\% = \dfrac{1}{2}(U_{K(2\text{-}3)}\% + U_{K(3\text{-}1)}\% - U_{K(1\text{-}2)}\%) \end{cases} \quad (2\text{-}67)$$

各绕组的等值电抗为

$$X_i = \dfrac{U_{Ki}\%}{100} \dfrac{U_N^2}{S_N} \times 10^3, \quad i = 1, 2, 3 \quad (2\text{-}68)$$

与电阻计算不同,手册和制造厂提供的短路电压值,不论变压器各绕组容量大小是否相同,一般都已折算为与变压器最大绕组容量即额定容量相对应的值,因此,可以直接用式(2-67)及式(2-68)计算。

各绕组等值电抗的相对大小,与三个绕组在铁心上的排列有关。高压绕组因绝缘要求排在最外层,中压和低压绕组都有可能排在中层或者内层。其中,升压变压器是低压绕组排在中层,这样与高、中压绕组均有紧密联系,有利于功率从低压侧向高、中压侧传送。降压变压器的中压绕组位于中层,与高压绕组紧密联系,有利于功率从高压侧向中压侧传送,同时由于 X_1 和 X_3 数值较大,也有利于限制低压侧的短路电流。

值得注意的是,排在中层的绕组,计算所得的等值电抗较小,甚至是一个较小的负值,这是由于另两绕组对中间绕组的互感较大,互感与自感相互抵消的缘故,若互感大于自感,电抗就为负值。

例 2-4 有一容量比为 30/30/20MV·A,额定电压为 110/38.5/11kV 的三绕组变压器。工厂给出的试验数据为 $P'_{K(1\text{-}2)} = 454\text{kW}$,$P'_{K(2\text{-}3)} = 273\text{kW}$,$P'_{K(3\text{-}1)} = 243\text{kW}$,$U_{K(1\text{-}2)}\% = 11.55$,$U_{K(2\text{-}3)}\% = 8.47$,$U_{K(3\text{-}1)}\% = 20.55$,$P_0 = 67.4\text{kW}$,$I_0\% = 1.91$。试求归算到 110kV 侧的变压器参数。

解 (1) 计算各绕组电阻。

先折算短路损耗

$$P_{K(1-2)} = P'_{K(1-2)} \left(\frac{S_N}{S_{2N}}\right)^2 = 454 \times \left(\frac{30}{30}\right)^2 = 454 (\text{kW})$$

$$P_{K(3-1)} = P'_{K(3-1)} \left(\frac{S_N}{S_{3N}}\right)^2 = 243 \times \left(\frac{30}{20}\right)^2 = 547 (\text{kW})$$

$$P_{K(2-3)} = P'_{K(2-3)} \left(\frac{S_N}{S_{3N}}\right)^2 = 273 \times \left(\frac{30}{20}\right)^2 = 614 (\text{kW})$$

各绕组的短路损耗为

$$P_{K1} = \frac{1}{2}(P_{K(1-2)} + P_{K(3-1)} - P_{K(2-3)}) = \frac{1}{2} \times (454 + 547 - 614) = 194 (\text{kW})$$

$$P_{K2} = \frac{1}{2}(P_{K(1-2)} + P_{K(2-3)} - P_{K(3-1)}) = \frac{1}{2} \times (454 + 614 - 547) = 261 (\text{kW})$$

$$P_{K3} = \frac{1}{2}(P_{K(2-3)} + P_{K(3-1)} - P_{K(1-2)}) = \frac{1}{2} \times (614 + 547 - 454) = 354 (\text{kW})$$

各绕组的电阻为

$$R_1 = \frac{P_{K1} U_N^2}{10^3 S_N^2} = \frac{194 \times 110^2}{10^3 \times 30^2} = 2.61 (\Omega)$$

$$R_2 = \frac{P_{K2} U_N^2}{10^3 S_N^2} = \frac{260 \times 110^2}{10^3 \times 30^2} = 3.51 (\Omega)$$

$$R_3 = \frac{P_{K3} U_N^2}{10^3 S_N^2} = \frac{353 \times 110^2}{10^3 \times 30^2} = 4.76 (\Omega)$$

(2) 计算各绕组等值电抗

$$U_{K1}\% = \frac{1}{2}(U_{K(1-2)}\% + U_{K(3-1)}\% - U_{K(2-3)}\%)$$

$$= \frac{1}{2} \times (11.55 + 20.55 - 8.47) = 11.82$$

$$U_{K2}\% = \frac{1}{2}(U_{K(1-2)}\% + U_{K(2-3)}\% - U_{K(3-1)}\%)$$

$$= \frac{1}{2} \times (11.55 + 8.47 - 20.55) = -0.265$$

$$U_{K3}\% = \frac{1}{2}(U_{K(2-3)}\% + U_{K(3-1)}\% - U_{K(1-2)}\%)$$

$$= \frac{1}{2} \times (8.47 + 20.55 - 11.55) = 8.74$$

各绕组等值电抗为

$$X_1 = \frac{U_{K1}\% U_N^2}{100 S_N} = \frac{11.82 \times 110^2}{100 \times 30} = 47.67 (\Omega)$$

$$X_2 = \frac{U_{K2}\% U_N^2}{100 S_N} = \frac{-0.265 \times 110^2}{100 \times 30} = -1.07 (\Omega)$$

$$X_3 = \frac{U_{K3}\% U_N^2}{100 S_N} = \frac{8.74 \times 110^2}{100 \times 30} = 35.25 (\Omega)$$

(3) 计算变压器导纳

$$G_T = \frac{P_0}{10^3 U_N^2} = \frac{67.4}{10^3 \times 110^2} = 5.57 \times 10^{-6} (\text{S})$$

$$B_T = \frac{I_0\%}{100} \frac{S_N}{U_N^2} = \frac{1.91}{100} \times \frac{30}{110^2} = 47.4 \times 10^{-6} (\text{S})$$

2.2.4 自耦变压器的参数计算

自耦变压器与普通变压器相比，不同侧间既有磁的联系，又有电的联系，具有功率传输效率高、造价相对较低的优点。自耦变压器的等值电路及其参数计算的原理和普通变压器相同。为消除铁心饱和引起的三次谐波,三绕组自耦变压器的第三绕组(低压绕组)通常接成三角形。第三绕组的容量比变压器的高、中压绕组的容量小,与容量不相同的三绕组变压器相同,其短路试验时电流受到最小容量的第三绕组的限制,因此计算电阻时需要对短路试验数据折算,折算方法同三绕组变压器的方法。

2.3 发电机的等值电路与参数计算

2.3.1 发电机概述

在电力系统中,发电机既是有功功率电源也是主要的无功功率电源。现代电力系统普遍采用三相交流同步发电机,其电枢绕组布置在定子上,励磁绕组布置在转子上,转子由汽轮机或水轮机构成的原动机驱动旋转,将原动机提供的能量转化为电能。转子转速 $n(\text{r/min})$ 与电网频率 $f(\text{Hz})$ 之间的关系如下:

$$n = \frac{60f}{p} \tag{2-69}$$

式中,p 为极对数。

在我国额定频率为 50Hz,当 $f=50$Hz 时,对应的转速为同步转速。

同步发电机按转子磁极的形状,可分为隐极式和凸极式。

火力发电厂的汽轮发电机采用隐极式转子磁极,其气隙均匀,转子做成圆柱形,机械强度高,适合于汽轮机的高速旋转,一般汽轮机组的额定转速可达到3000r/min(1对极时)或1500r/min(2对极时)。

水轮发电机转子采用凸极式,这种形式的磁极气隙不均匀,极弧下气隙较小,极间部分较大,旋转时的空气阻力较大,适合于水轮机组的低速旋转。另外,凸极式转子上除励磁绕组外,还常装有阻尼绕组,以减小负序电流对同步发电机产生的转子过热和振荡。

同步发电机是把原动机输入的机械能转化为电能。发电机输出有功功率的调整是通过调整原动机的机械功率来实现的,对于汽轮发电机是调整汽轮机气门开度,对于水轮发电机是调整水轮机导叶开度。发电机组都有自动调速系统,可根据运行工况按设定要求进行自动转速调节。

通过改变发电机的励磁电流,可以调节发电机的端电压和输出的无功功率。励磁绕组的直流电压由励磁电源供给,励磁系统配置有自动励磁调节器,可根据运行工况按要求进行自动励磁调节。

2.3.2 发电机的稳态等值电路

1. 等值电路与功率方程

隐极式发电机与凸极式发电机的等值电路略有不同,以下以隐极式发电机为例介绍发电机的稳态等值电路。

隐极式发电机的定子直轴同步电抗 x_d 等于交轴同步电抗 x_q。由电机学可知,当正常稳态运行时,隐极式同步发电机的等值电路如图 2-13(a)所示。

图 2-13 中,r 为定子绕组电阻,$\dot{U}$ 为端电压,$\dot{I}$ 为定子电流,$\dot{E}_\text{q}$ 为空载电势,由等值电路可直接写出它们间的关系式

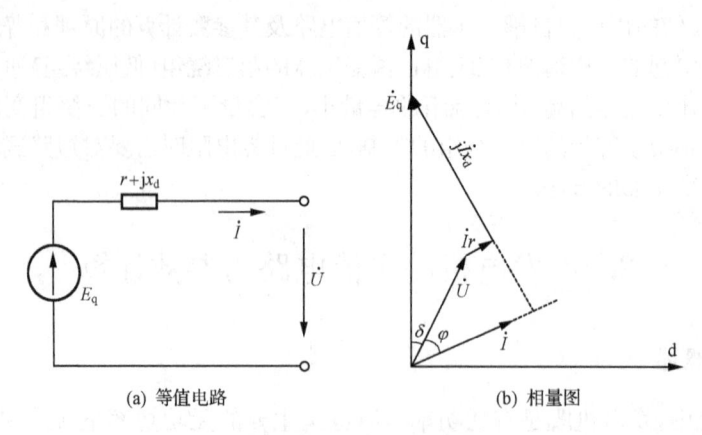

图 2-13 隐极式发电机等值电路和相量图

$$\dot{E}_q = \dot{U} + (r + jx_d)\dot{I} \tag{2-70}$$

根据式(2-70)画出对应的相量图,如图 2-13(b)所示。$\dot{E}_q$ 方向为交轴(q 轴)方向,而滞后 90°的就是直轴(d 轴)方向。$\dot{E}_q$ 与 $\dot{U}$ 的相位差 δ 为功率角,$\dot{U}$ 与 $\dot{I}$ 的相位差 φ 为功率因数角。

取 d、q 轴正方向分别与实、虚轴正方向一致,则可得发电机端电压和输出电流表示的发电机输出功率为

$$P + jQ = \dot{U}\overset{*}{I} = UI(\cos\varphi + j\sin\varphi) \tag{2-71}$$

式中,$\overset{*}{I}$ 是 $\dot{I}$ 的共轭,由式(2-71)有

$$P = UI\cos\varphi \tag{2-72}$$

$$Q = UI\sin\varphi \tag{2-73}$$

若用发电机内电势和端电压来表示发电机的输出功率,则由相量图 2-13(b)可推导出隐极式发电机的功率方程

$$P = UI\cos\varphi = \frac{E_q U}{x_d}\sin\delta \tag{2-74}$$

$$Q = UI\sin\varphi = \frac{E_q U}{x_d}\cos\delta - \frac{U^2}{x_d} \tag{2-75}$$

推导过程中取 $r = 0$,这是由于定子绕组电阻很小,常忽略不计。

式(2-74)和式(2-75)中,电压单位为 kV,功率为三相功率,单位为 MW 或 Mvar,电抗 x_d 的单位为 Ω。

在稳态分析计算时,发电机模型非常简单,一般可以用其发出的有功功率 P 和无功功率 Q,或有功功率 P 及其端电压 U 来表示。

2. 运行约束与 P-Q 极限

同步发电机在运行中,输出的有功功率和无功功率是要受定子绕组温升、励磁绕组温升、原动机功率等的约束。这些约束条件决定了输出有功功率、无功功率的上、下限值。发电机运行中主要约束如下:

(1) 有功功率约束。原动机和发电机的出力和机械强度都是按额定有功功率 P_N 设计的,虽有一定裕度,但在运行中不宜超过 P_N,其运行上限为 P_{max}。由于原动机和锅炉等方面存在技术最小负荷,所以发电机的输出有功功率也有一下限值 P_{min}。

(2) 定子绕组电流约束。定子绕组导体的截面积、发电机的冷却系统都是按照额定电流设计的,运行中定子电流不可大于额定电流,也就限制了发电机的视在功率。

(3) 励磁绕组电流约束。如果励磁绕组电流超过额定励磁电流,励磁绕组温升会超过允许温升,所以运行中励磁电流不可大于其额定值。

(4) 发电机进相运行时约束。发电机正常运行时同时输出有功功率和无功功率,而有些特殊情况下根据系统要求需要输出有功功率同时吸收无功功率,此时功率因数超前,称为进相运行。进相运行时,定子端部的漏磁将大于滞后功率因数运行时的漏磁,会在定子端部铁心及金属板等处感生过大的涡流,导致温度升高,温度不能超过允许值,这就要求限制吸收的无功功率。同时,进相运行时容易发生不稳定情况,需要限制此种情况下输出的有功功率和吸收的无功功率。

以下采用相量图来进行分析,假定隐极发电机连接在恒压母线上,母线电压为 U_N。发电机的等值电路和相量图示于图 2-14。

图 2-14(b)中的 C 点是额定运行点。相量 $\overline{OC}$ 的长度代表空载电势 $\dot{E}_q$,它正比于发电机的额定励磁电流。电压降相量 $\overline{AC}$ 的长度代表 $x_d \dot{I}_N$,正比于定子额定全电流,代表发电机的额定视在功率 S_{GN},它在纵轴上的投影 $\overline{AD}$ 的长度代表 P_{GN},在横轴上的投影 $\overline{AB}$ 的长度则代表 Q_{GN}。

当改变功率因数时,发电机发出的有功功率 P 和无功功率 Q 要受定子电流额定值(额定视在功率)、转子电流额定值(空载电势)、原动机出力(额定有功功率)的限制。在图 2-14(b)中,以 A 为圆心,AC 为半径的圆弧表示额定视在功率的限制;以 O 为圆心,OC 为半径的圆弧表示额定转子电流的限制;而水平线 DC 表示原动机出力的限制。

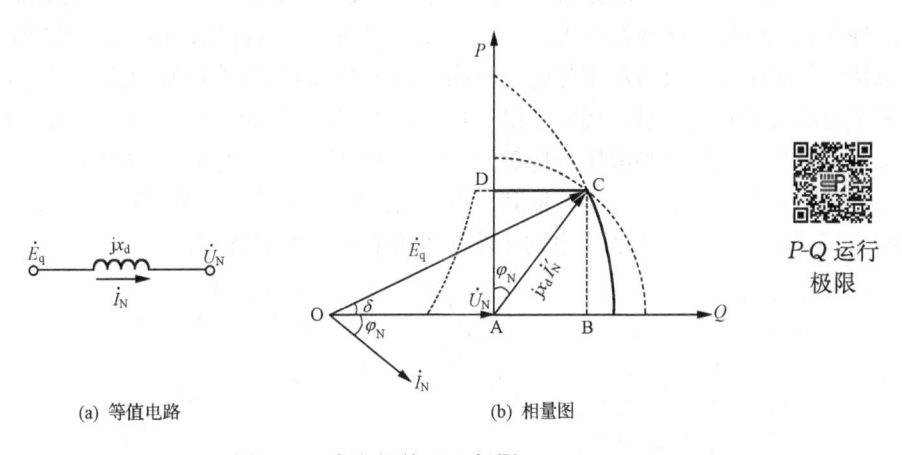

图 2-14 发电机的 P-Q 极限

这些限制条件在图中用粗线画出,这就是发电机的 P-Q 极限曲线。可以看出,发电机只有在额定电压、电流和功率因数(即运行点 C)下运行时,视在功率才能达到额定值,使其容量得到最充分的利用。发电机降低功率因数运行时,其无功功率输出将受转子电流的限制。

发电机进相运行时吸收无功功率,此时 δ 角增大,为保证静态稳定,发电机的有功输出应随着电势的下降(即发电机吸收无功功率的增加)逐渐减小。图 2-14(b)中在 P-Q 平面的第Ⅱ

象限用虚线示意地画出了按静态稳定约束所确定的运行范围。此外,发电机进相运行对定子端部温升的影响随发电机的类型、结构、容量和冷却方式的不同而异,不易精确计算,一般通过现场试验来确定其进相运行的允许范围。

2.3.3 发电机电抗参数的计算

制造厂家提供的发电机电抗是以其额定阻抗 Z_N 为基准的电抗百分值

$$X_G\% = \frac{X_G}{Z_N} \times 100 = \frac{\sqrt{3}\,I_N X_G}{U_N} \times 100 = \frac{S_N X_G}{U_N^2} \times 100$$

于是

$$X_G = \frac{X_G\%}{100} \frac{U_N^2}{S_N} = \frac{X_G\%}{100} \frac{U_N^2 \cos\varphi_N}{P_N} \tag{2-76}$$

式中,X_G 为发电机电抗,单位 Ω;$X_G\%$ 为发电机电抗百分值;U_N 为发电机的额定电压,单位 kV;S_N 为发电机的额定视在功率,单位 MV·A;P_N 为发电机的额定有功功率,单位 MW;I_N 为发电机的额定电流,单位 kA;$\cos\varphi_N$ 为发电机的额定功率因数。

2.4 负荷特性与负荷模型

在电力系统计算中,经常把连接于一条母线上的所有用户的各种用电设备等值成综合负荷,挂在该母线上。这种综合负荷的功率大小不等,性质也不完全相同。一个综合负荷可能代表一个企业、一个学校或一个城市甚至一个大的地区。

综合负荷的功率一般是要随系统的运行参数(主要是电压和频率)变化而变化的,反映这种变化规律的曲线或数学表达式称为负荷特性。负荷特性包括静态特性和动态特性。静态特性代表稳态下负荷功率与电压和频率的关系;动态特性反映暂态下负荷功率随电压和频率急剧变化时的关系。当频率维持额定值不变时,负荷功率与电压的关系称为负荷的电压静态特性。当负荷端电压维持额定值不变时,负荷功率与频率的关系称为负荷的频率静态特性。各类用户的负荷特性依其用电设备的组成情况不同而不同,一般需通过实测确定。图 2-15 表示某 10kV 电压供电的中小工业综合负荷的静态特性。

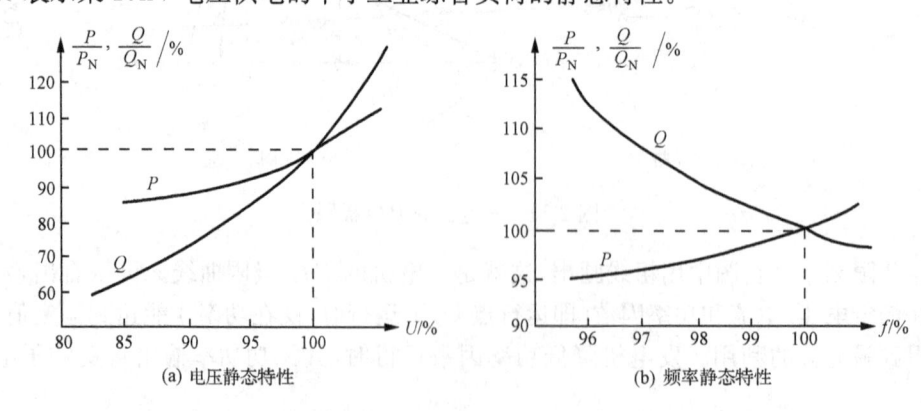

图 2-15 10kV 中小工业综合负荷的静态特性

负荷模型是对负荷特性所作的物理模拟或数学描述,在电力系统的分析计算中经常应用。根据负荷的特性，负荷模型也可分为静态模型和动态模型。

负荷的电压静态模型常用二次多项式表示，即

$$P = P_N[a_p(U/U_N)^2 + b_p(U/U_N) + c_p] \tag{2-77}$$

$$Q = Q_N[a_q(U/U_N)^2 + b_q(U/U_N) + c_q] \tag{2-78}$$

式中，U_N 为额定电压，P_N 和 Q_N 为额定电压时的有功和无功功率，a_p、b_p、c_p 为有功功率表达式的系数，a_q、b_q、c_q 为无功功率表达式的系数，这些系数分别应满足相加等于 1，即

$$a_p + b_p + c_p = 1 \tag{2-79}$$

$$a_q + b_q + c_q = 1 \tag{2-80}$$

从公式(2-77)和式(2-78)可见，负荷的有功和无功功率都由三个部分组成，第一部分与电压平方成正比，代表恒定阻抗消耗的功率；第二部分与电压成正比，代表与恒定电流负荷相对应的功率；第三部分为恒功率分量。

如果既考虑负荷的电压也考虑频率的静态特性，则二次多项式可变为

$$P = P_N[a_p(U/U_N)^2 + b_p(U/U_N) + c_p](1 + k_{pf}\Delta f) \tag{2-81}$$

$$Q = Q_N[a_q(U/U_N)^2 + b_q(U/U_N) + c_q](1 + k_{qf}\Delta f) \tag{2-82}$$

负荷的动态特性模型常用电动机模型来表示，有一阶机械暂态模型、三阶机电暂态模型和五阶电磁暂态模型。对于负荷的动态模型，无论是物理模型还是数学模型，都有模型结构和模型参数的确定问题。由于综合负荷所代表的用电设备数量很大，分布很广，种类繁多，其工作状态又带有随机性和时变性(甚至是跃变性)，连接各类用电设备的配电网结构也可能发生变化并含有分布式发电。因此，如何建立一个既准确又实用的负荷模型，是具有挑战性的问题。

在不同的电力系统分析场景下，负荷的模型有所不同。在第 3 章潮流计算中，等值为节点流出功率；在第 4 章调频计算中，采用负荷的频率静态特性；在第 5 章短路计算中，可等值为含电压源和电抗的等值支路。

2.5 风光新能源发电及储能的模型

与传统发电机完全可控不同，风光新能源发电出力具有间歇性，有功功率随风光自然条件变化而波动。为充分利用可再生能源，发电系统常跟踪风光的变化，在设备容量允许范围内实现最大有功出力。对于某一时间断面的稳态模型，新能源发电的有功功率是已知数据。实际中更关心随时间变化的模型，可以用典型日发电曲线和年发电曲线来刻画新能源的波动，也可以进行新能源功率预测，建模描述风速或光照等数据与新能源有功出力间的量化关系。预测模型不仅要考虑风光的随机性，还要考虑不同新能源发电出力间的相关性。

风光发电及电化学储能一般通过电力电子装置接入电力系统，图 2-16 是光伏发电系统通过电力电子接口并网的示意图。

在图 2-16 中，光伏阵列产生的直流电经逆变器变为交流电，具备有功功率与无功功率。逆变器是光伏的电力电子接口。

电力电子接口是新能源发电与传统发电机的一个明显不同，它既是一次设备又是二次设备，具有很强的有功无功调节控制能力。对于有功功率，光伏通常以当前光照强度下光伏阵列最大功率点跟踪(maximum power point tracking，MPPT)模式运行；风机通常以最大

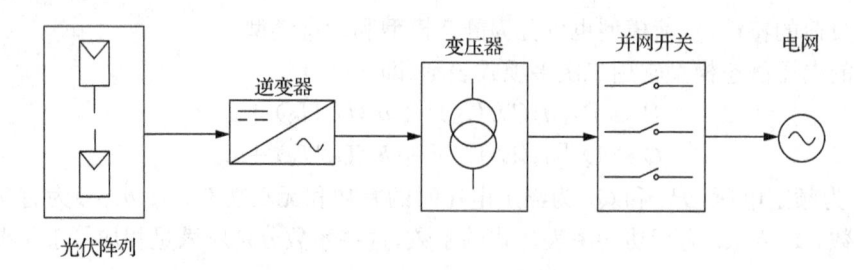

图 2-16 光伏发电并网示意图

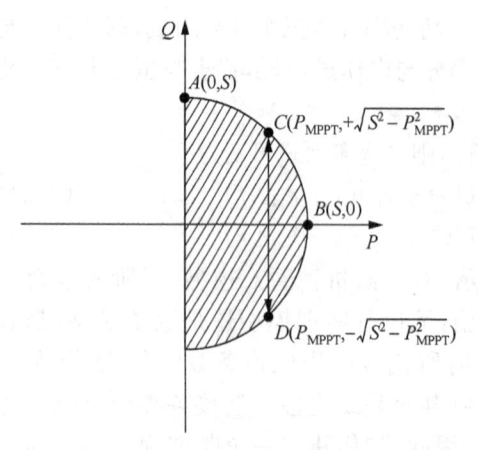

图 2-17 光伏发电的 P-Q 极限

风功率跟踪模式运行；电化学储能在视在功率不超过装置容量前提下可自由发出或吸收有功，但受到电池实时荷电状态(state of charge, SOC)的限制。对于无功功率，能在视在功率不超过装置容量前提下按系统需求自由调节无功。光伏发电的 P-Q 极限如图 2-17 中阴影部分所示。当某时刻有功功率输出为 P_{MPPT} 时，光伏发电系统可在图中双向箭头标识的直线部分内发出或吸收无功功率。

永磁直驱风机具有全功率的电力电子接口，属于全功率变流型风机，其有功无功输出特性与光伏类似。双馈风机较为特殊，其能量分两部分接入电网：一部分经发电机定子电路直接接入电网；另一部分经转子电路通过电力电子接口接入电网。这样做的好处是节约成本，所采用电力电子设备容量较小，一般为风机整机额定功率的 20%~30%。但也导致双馈风机的无功调节能力相对有限。

储能配置在电力系统不同位置具有不同的作用。配置在新能源发电侧，可以平抑波动性改善发电曲线；配置在电网侧，可以参与有功平衡和电网潮流优化；配置在负荷侧，可以削峰填谷改善负荷曲线；配置在微电网侧，可以支撑微电网能量优化与离网运行。在电力系统分析中，储能建模需考虑配置位置的不同。电网侧公共储能电站可单独建模；新能源发电侧储能可随新能源共同等效建模。

新能源发电厂及储能电站在正常运行下的稳态模型，主要取决于电力电子接口的控制方式。当采用恒功率因数控制方式时，有功功率 P 和无功功率 Q 给定，电压幅值 U 和电压相角 θ 待求。当采用恒电压控制方式时，P 和 U 给定，θ 和 Q 待求；当采用无功电压下垂控制方式时，只有 P 给定，θ、Q 和 U 待求，但 Q 和 U 满足下垂控制曲线。在短路计算中，新能源发电厂及储能电站的模型同样取决于电力电子接口的控制方式，常等效为受控电流源。

2.6 电力系统的等值电路及其标幺值计算

在前面已经给出了线路、变压器、发电机、负荷和储能的等值电路及其参数计算方法，电力系统是由这些元件构成的一个整体。直观地考虑，对于电网只需画出各元件的等值电路并按照其连接关系将它们连在一起就可构成电网的等值电路。然而实际电网由不同电压等级的元件通过变压器的电磁耦合连接构成的,前面介绍的参数计算方法所得的元件参数均为实际值,也就是有名值。在电网等值电路中,采用有名值参数时需要将其归算到同一个电压等级,才能将等值电路连接起来。这在复杂系统有时是很困难的,因而更多地采用标幺值来表示元件的参数。

2.6.1 标幺制的概念

在一般的电路计算中,电压、电流、功率和阻抗的单位分别用 V、A、W、Ω 表示,这种用实际有名单位表示物理量的方法称为有名单位制。在电力系统计算中,还广泛地采用标幺制(per unit,p.u.)。标幺制是相对单位制的一种,在标幺制中各物理量都用标幺值表示。标幺值的定义为

$$\text{标幺值} = \frac{\text{有名值}}{\text{基准值}} \tag{2-83}$$

式中,基准值采用与有名值相同单位,所以标幺值是没有量纲的数值,一般用变量后带 * 表示,在不引起混淆的地方,也可以不带。对于同一个实际有名值,基准值选得不同,其标幺值也就不同。因此,当给出一个量的标幺值时,还需同时说明它的基准值,否则,标幺值的意义是不明确的。

当选定电压、电流、功率和阻抗的基准值分别为 U_B、I_B、S_B 和 Z_B,相应的标幺值如下:

$$\begin{cases} U_* = \dfrac{U}{U_B} \\ I_* = \dfrac{I}{I_B} \\ S_* = \dfrac{S}{S_B} = \dfrac{P+jQ}{S_B} = \dfrac{P}{S_B} + j\dfrac{Q}{S_B} = P_* + jQ_* \\ Z_* = \dfrac{Z}{Z_B} = \dfrac{R+jX}{Z_B} = \dfrac{R}{Z_B} + j\dfrac{X}{Z_B} = R_* + jX_* \end{cases} \tag{2-84}$$

2.6.2 基准值的选择

基准值的选择,除了要求基准值与有名值同单位外,原则上可以是任意的。但是,采用标幺值是为了简化计算和便于对计算结果作出分析评价。因此,采用基准值时应考虑尽量能实现这些目的。

在单相电路中,电压 U_P、电流 I、功率 S_P 和阻抗 Z 这四个物理量之间存在以下关系:

$$U_P = ZI, \quad S_P = U_P I$$

如果选择这四个物理量的基准值使它们满足

$$\begin{cases} U_{P \cdot B} = Z_B I_B \\ S_{P \cdot B} = U_{P \cdot B} I_B \end{cases} \tag{2-85}$$

即与有名值的关系具有完全相同的方程式,则在标幺制中有

$$\begin{cases} U_{P*} = Z_* I_* \\ S_{P*} = U_{P*} I_* \end{cases} \tag{2-86}$$

式(2-86)可以看出,只要基准值的选择满足公式(2-85),则在标幺制中,电路各物理量之间的基本关系就与有名制中的完全相同。因而有名单位制中的有关公式就可以直接应用到标幺制中。

四个基准值为两个方程所约束,电力系统中一般给定功率和电压的基准值,电流和阻抗的基准值则由式(2-85)求出。

在电力系统分析中,习惯上采用线电压 U、线电流(即相电流)I、三相功率 S 和一相等值阻抗 Z。各物理量之间存在下列关系:

$$\begin{cases} U = \sqrt{3}ZI = \sqrt{3}U_P \\ S = \sqrt{3}UI = 3S_P \end{cases} \quad (2\text{-}87)$$

同单相电路一样,应使各量基准值之间的关系与其有名值之间的关系具有相同的方程式,即

$$\begin{cases} U_B = \sqrt{3}Z_B I_B = \sqrt{3}U_{P \cdot B} \\ S_B = \sqrt{3}U_B I_B = 3U_{P \cdot B} I_B = 3S_{P \cdot B} \end{cases} \quad (2\text{-}88)$$

这样,在标幺制中便有

$$\begin{cases} U_* = Z_* I_* = U_{P*} \\ S_* = U_* I_* = S_{P*} \end{cases} \quad (2\text{-}89)$$

由此可见,在标幺制中,三相电路的计算公式与单相电路的计算公式完全相同,线电压和相电压的标幺值相等,三相功率和单相功率的标幺值相等。这样就简化了公式,给计算带来了方便。在选择基准值时,习惯上也只选定 U_B 和 S_B,Z_B 和 I_B 可由下式得出:

$$\begin{cases} Z_B = \dfrac{U_B}{\sqrt{3}I_B} = \dfrac{U_B^2}{S_B} \\ I_B = \dfrac{S_B}{\sqrt{3}U_B} \end{cases}$$

标幺值计算所得结果最后还要换算成有名值,其换算公式正好与有名值换算为标幺值相反,分别为

$$\begin{cases} U = U_* U_B \\ I = I_* I_B = I_* \dfrac{S_B}{\sqrt{3}Z_B} \\ S = S_* S_B \\ Z = (R_* + jX_*)\dfrac{U_B^2}{S_B} \end{cases} \quad (2\text{-}90)$$

2.6.3 不同基准值标幺值间的换算

在电力系统计算中,在制定标幺值的等值电路时,各元件的参数必须按统一的基准值进行归算。然而,从手册和产品说明书中查得的电机和电器的阻抗值,一般都是以各自的额定容量和额定电压为基准的标幺值。由于各元件的额定值可能不同,因此,必须把不同基准值的标幺阻抗换算成统一基准值的标幺值。

进行换算时先把额定标幺值还原为有名值,例如电抗按式(2-90)有

$$X_{(\text{有名值})} = X_{(N)*} Z_B = X_{(N)*} \dfrac{U_N^2}{S_N}$$

若统一选定的基准电压和基准功率分别为 U_B 和 S_B,那么以此为基准的标幺电抗值应为

$$X_{(B)*} = X_{(有名值)}\frac{1}{Z_B} = X_{(有名值)}\frac{S_B}{U_B^2} = X_{(N)*}\frac{U_N^2}{S_N}\frac{S_B}{U_B^2} \tag{2-91}$$

式(2-91)可用于发电机和变压器的标幺电抗的计算。对于系统中用来限制短路电流的电抗器,其额定标幺电抗是以额定电压和额定电流为基准值来表示的。因此,它的换算公式为

$$\begin{cases} X_{R(有名值)} = X_{R(N)*}\dfrac{U_N}{\sqrt{3}\,I_N} \\ X_{R(B)*} = X_{R(有名值)}\dfrac{S_B}{U_B^2} = X_{R(N)*}\dfrac{U_N}{\sqrt{3}\,I_N}\dfrac{S_B}{U_B^2} \end{cases} \tag{2-92}$$

2.6.4 多级电压网络的标幺值计算

实际电力系统一般是由许多不同电压等级的线路通过变压器连接组成的。图 2-18 (a) 表示了由三个不同电压等级组成的输电系统,其中,R 为电抗器,C 为电缆线路。

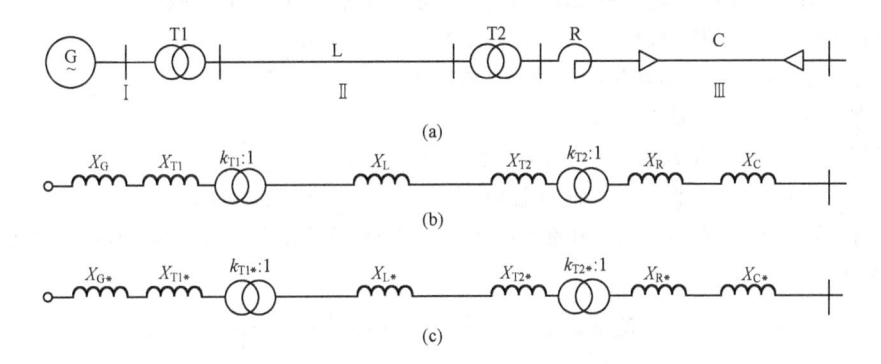

图 2-18 三段不同电压等级的输电系统

不计各元件电阻和变压器励磁支路,得到各元件电抗有名值表示的等值电路如图 2-18 (b)所示。其中变压器的漏抗均归算到原边,图中 X_L、X_C 分别为架空线路 L 和电缆线路 C 电抗的有名值。变压器的电抗有名值为

$$X_{T(N)*} = \frac{U_K\%}{100}$$

发电机和电抗器的电抗有名值为

$$X_G = X_{G(N)*}\frac{U_{G(N)}^2}{S_{G(N)}}, \quad X_{T1} = X_{T1(N)*}\frac{U_{T1(N\text{I})}^2}{S_{T1(N)}}, \quad k_{T1} = \frac{U_{T1(N\text{I})}}{U_{T1(N\text{II})}}$$

$$X_R = \frac{X_R\%}{100}\frac{U_{R(N)}}{\sqrt{3}\,I_{R(N)}}, \quad X_{T2} = X_{T2(N)*}\frac{U_{T2(N\text{II})}^2}{S_{T2(N)}}, \quad k_{T2} = \frac{U_{T2(N\text{II})}}{U_{T2(N\text{III})}}$$

整个系统应统一选取一个基准功率 S_B。由于三段电路的电压等级不同,需要对各段电路分别选基准电压,三段的基准电压分别 $U_{B(\text{I})}$、$U_{B(\text{II})}$ 和 $U_{B(\text{III})}$。

选定基准值以后,可对每一元件都按本段的基准值公式(2-89)将其电抗的实际有名值换算成标幺值,即

$$X_{G*} = X_G\frac{S_B}{U_{B(\text{I})}^2}, \quad X_{T1*} = X_{T1}\frac{S_B}{U_{B(\text{I})}^2}, \quad X_{L*} = X_L\frac{S_B}{U_{B(\text{II})}^2}$$

$$X_{T2*} = X_{T2} \frac{S_B}{U_{B(\mathrm{II})}^2}, \quad X_{R*} = X_R \frac{S_B}{U_{B(\mathrm{II})}^2}, \quad X_{C*} = X_C \frac{S_B}{U_{B(\mathrm{II})}^2}$$

用标幺值参数作出的等值电路示于图 2-18(c),图中理想变压器的变比也要用标幺值表示。对于变压器 T1,变比的标幺值为

$$k_{T1*} = \frac{k_{T1}}{k_{B(\mathrm{I}-\mathrm{II})}} = \frac{U_{T1(N\mathrm{I})}/U_{T1(N\mathrm{II})}}{U_{B(\mathrm{I})}/U_{B(\mathrm{II})}} \tag{2-93}$$

式中,$k_{B(\mathrm{I}-\mathrm{II})} = U_{B(\mathrm{I})}/U_{B(\mathrm{II})}$ 为第 I 段和第 II 段的基准电压之比,称为基准变比(标准变比)。

变压器 T2 的变比标幺值为

$$k_{T2*} = \frac{k_{T2}}{k_{B(\mathrm{II}-\mathrm{III})}} = \frac{U_{T2(N\mathrm{II})}/U_{T2(N\mathrm{III})}}{U_{B(\mathrm{II})}/U_{B(\mathrm{III})}} \tag{2-94}$$

在实际计算中,希望把该电压级的额定电压作为基准电压,因为这样可以从计算结果清晰地看到实际电压偏离额定值的程度,用例 2-5 说明。

例 2-5 试计算图 2-18(a)输电系统各元件电抗的标幺值,已知各元件的参数如下:

发电机:$S_{G(N)} = 30\mathrm{MV \cdot A}$,$U_{G(N)} = 10.5\mathrm{kV}$,$X_{G(N)*} = 0.26$;

变压器 T1:$S_{T1(N)} = 31.5\mathrm{MV \cdot A}$,$U_K\% = 10.5$,$k_{T1} = 10.5/121$;

变压器 T2:$S_{T2(N)} = 15\mathrm{MV \cdot A}$,$U_K\% = 10.5$,$k_{T2} = 110/6.6$;

电抗器:$U_{R(N)} = 6\mathrm{kV}$,$I_{R(N)} = 0.3\mathrm{kA}$,$X_R\% = 5$;

架空线路长 40km,每千米电抗为 0.4Ω;电缆线路长 2km,每千米电抗为 0.08Ω。

解 先选择基准值。取全系统的基准功率 $S_B = 100\mathrm{MV \cdot A}$。各级基准电压选择该级额定电压,即 6kV、10kV、110kV。

$$X_1 = X_{G(B)*} = X_{G(N)*} \frac{U_{G(N)}^2}{S_{G(N)}} \frac{S_B}{U_{B(\mathrm{I})}^2} = 0.26 \times \frac{10.5^2}{30} \times \frac{100}{10^2} = 0.956$$

$$X_2 = X_{T1(B)*} = \frac{U_K\%}{100} \frac{U_{T1(N\mathrm{I})}^2}{S_{T1(N)}} \frac{S_B}{U_{B(\mathrm{I})}^2} = \frac{10.5}{100} \times \frac{10.5^2}{31.5} \times \frac{100}{10^2} = 0.368$$

$$X_3 = X_{L(B)*} = X_L \frac{S_B}{U_{B(\mathrm{II})}^2} = 0.4 \times 40 \times \frac{100}{110^2} = 0.132$$

$$X_4 = X_{T2(B)*} = \frac{U_K\%}{100} \frac{U_{T2(N\mathrm{II})}^2}{S_{T2(N)}} \frac{S_B}{U_{B(\mathrm{II})}^2} = \frac{10.5}{100} \times \frac{110^2}{15} \times \frac{100}{110^2} = 0.7$$

$$X_5 = X_{R(B)*} = \frac{X_R\%}{100} \frac{U_{R(N)}}{\sqrt{3}I_{R(N)}} \frac{S_B}{U_{B(\mathrm{III})}^2} = \frac{5}{100} \times \frac{6}{\sqrt{3} \times 0.3} \times \frac{100}{6^2} = 1.604$$

$$X_6 = X_{C(B)*} = X_C \frac{S_B}{U_{B(\mathrm{III})}^2} = 0.08 \times 2 \times \frac{100}{6^2} = 0.444$$

变压器变比的标幺值为

$$k_{T1*} = \frac{U_{T1(N\mathrm{I})}/U_{T1(N\mathrm{II})}}{U_{B(\mathrm{I})}/U_{B(\mathrm{II})}} = \frac{10.5/121}{10/110} = 0.955$$

$$k_{T2*} = \frac{U_{T2(N\mathrm{II})}/U_{T2(N\mathrm{III})}}{U_{B(\mathrm{II})}/U_{B(\mathrm{III})}} = \frac{110/6.6}{110/6} = 0.909$$

计算结果表示于图 2-19 中,每个电抗用两个数表示,横线以上的数代表电抗的标号,横线以下的数表示它的标幺值。

可以看出,当第 I、II 段基准电压之比 $k_{B(\mathrm{I}-\mathrm{II})}$ 不等于变压器 T1 的变比 k_{T1} 时,k_{T1*} 就不等于 1,在标幺参数等值电路中就需要串联理想变压器。在工程计算中有时采用各电压等级的平均额定电压 U_{av} 作为基准电压。为消去理想变压器,近似认为变压器的实际变比

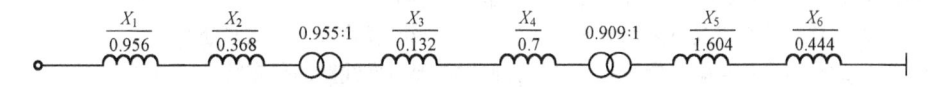

图 2-19 精确计算时的等值电路(含理想变压器)

也是平均额定电压之比,这时非标准变比的值就为 1。这种标幺值的近似计算方法主要在短路计算中采用。

例 2-6 给定各基准功率 $S_B=100\text{MV·A}$,其基准电压等于各级平均额定电压,即 6.3kV、10.5kV、115kV,并近似认为变压器的实际变比为各级平均额定电压之比,试计算例 2-5。

解 按题给条件,各元件电抗的标幺值为

$$X_1 = X_{G(B)*} = X_{G(N)*}\frac{S_B}{S_{G(N)}} = 0.26 \times \frac{100}{30} = 0.867$$

$$X_2 = X_{T1(B)*} = \frac{U_K\%}{100}\frac{S_B}{S_{T1(N)}} = \frac{10.5}{100} \times \frac{100}{31.5} = 0.333$$

$$X_3 = X_{L(B)*} = X_L \frac{S_B}{U_{B(II)}^2} = 0.4 \times 40 \times \frac{100}{115^2} = 0.121$$

$$X_4 = X_{T2(B)*} = \frac{U_K\%}{100}\frac{S_B}{S_{T2(N)}} = \frac{10.5}{100} \times \frac{100}{15} = 0.7$$

$$X_5 = X_{R(B)*} = \frac{X_R\%}{100}\frac{U_{R(N)}}{\sqrt{3}I_{R(N)}}\frac{S_B}{U_{B(III)}^2} = \frac{5}{100} \times \frac{6}{\sqrt{3} \times 0.3} \times \frac{100}{6.3^2} = 1.455$$

$$X_6 = X_{C(B)*} = X_C \frac{S_B}{U_{B(III)}^2} = 0.08 \times 2 \times \frac{100}{6.3^2} = 0.403$$

等值电路结果见图 2-20。

图 2-20 近似计算时的等值电路

采用标幺制,具有如下优点:

(1) 易于比较电力系统各元件的特性和参数。同一类型的电机,尽管容量不同,参数有名值也不相同,但是换算成以各自额定功率和额定电压为基准的标幺值以后,参数数值都有一定范围。例如隐极同步电机,$x_d = x_q = 1.5 \sim 2.0$;凸极同步电机,$x_d = 0.7 \sim 1.0$。同一类型电机用标幺值画出的空载特性基本上一样。

(2) 采用标幺制,能够简化计算公式。例如,交流电路中有一些量同频率有关,而频率 f 和电气角速度 $\omega = 2\pi f$ 也可以用标幺值表示。如果选取额定频率 f_N 和相应的同步角速度 $\omega_N = 2\pi f_N$ 作为基准值,则 $f_* = f/f_N$ 和 $\omega_* = \omega/\omega_N = f_*$。用标幺值表示的电抗、磁链和电势分别为 $X_* = \omega_* L_*$,$\Psi_* = I_* L_*$ 和 $E_* = \omega_* \Psi_*$,当频率为额定值时,$f_* = \omega_* = 1$,则有 $X_* = L_*$,$\Psi_* = I_* X_*$ 和 $E_* = \Psi_*$。这些关系常可使某些计算公式简化。

(3) 采用标幺制,能在一定程度上简化计算工作。只要基准值选得得当,许多物理量的标幺值就处在某一范围内。用有名值表示时有些数值不等的量,在标幺制中其数值却相等。例如,在对称三相系统中,线电压和相电压的标幺值相等;当电压等于基准值时,电流标幺值和功率标幺值相等;变压器阻抗标幺值不论归算到哪一侧都一样,并等于短路电压标幺值。

思 考 题

2-1 电力线路有哪些参数?这几个参数分别由什么物理原因而产生?这些参数主要受哪些因素的

影响？当导线等效半径增大时，这几个参数的变化趋势如何？

2-2 电力线路在什么情况下采用分裂导线？采用分裂导线将带来哪些好处？

2-3 线路的分布参数与集中参数有何区别？何时需要考虑线路的分布特性？

2-4 变压器有哪些参数？这几个参数分别由什么物理原因而产生？

2-5 变压器参数归算的含义是什么？如何归算？

2-6 三绕组变压器参数计算相对双绕组变压器主要有哪些不同点和相同点？

2-7 电力元件等值电路中的参数，例如线路电导和变压器电阻，在真实设备中存在吗？

2-8 某个电力元件的等值电路是唯一的吗？请举例说明。

2-9 电力元件等值电路中的参数，其值越大对工程实际有利还是不利？

2-10 实验物理与理论物理这两种研究手段相辅相成，空载试验和短路试验的设计，与变压器的等值电路模型有何关系？

习　题

2-1 有一 110kV 架空线路，导线采用轻型钢芯铝绞线 LGJQ-500，直径 30.16mm，线路的三相导线水平排列，尺寸如题 2-1 图所示，线路长 100km。试计算该线路的等值电路参数。

（答案：$R=6.3\Omega, X=40.65\Omega, B=2.739\times10^{-4}$ S）

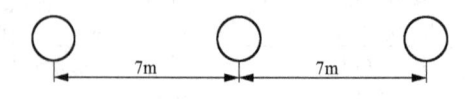

题 2-1 图

2-2 将例 2-1 中的架空线路改用二分裂导线，采用 LGJQ-240 型号导线，已知该导线外直径为 21.88mm，两根之间的距离 $d=300$mm，试重新计算该线路的等值电路参数。

（答案：$R=6.5625\Omega, X=31.94\Omega, B=3.47\times10^{-4}$ S）

2-3 有 SFL$_1$-31500/35 型双绕组变压器，其额定变比为 35/11，铭牌参数分别为：$P_0=30$kW, $I_0\%=1.2$, $P_K=177.2$kW, $U_K\%=8$，求归算到高压侧的变压器有名值参数。

（答案：$R_T=0.219\Omega, X_T=3.11\Omega, G_T=2.45\times10^{-5}$ S, $B_T=3.086\times10^{-4}$ S）

2-4 有 SFSL-31500/110 型三绕组变压器，其额定变比为 110/38.5/11，额定容量比为 100/100/66.7，空载损耗 80kW，励磁功率 850kvar，短路损耗 $P_{K(1-2)}=450$kW, $P_{K(1-3)}=240$kW, $P_{K(2-3)}=270$kW，短路电压 $U_{K(1-2)}\%=11.55, U_{K(1-3)}\%=21, U_{K(2-3)}\%=8.5$。试求变压器归算到高压侧的参数。

（答案：$R_{T1}=2.333\Omega, R_{T2}=3.155\Omega, R_{T3}=4.246\Omega, X_{T1}=46.191\Omega, X_{T2}=-1.825\Omega$

$X_{T3}=34.475\Omega, G_T=6.612\times10^{-6}$ S, $B_T=7.025\times10^{-5}$ S）

2-5 有一台额定电压为 10.5/121/242kV 的三相三绕组自耦变压器，其额定容量为 100/100/50MV·A，$I_0\%=1.243, P_0=132$kW。短路电压和短路损耗分别为 $U_{K(1-2)}\%=12.20, U_{K(1-3)}\%=6.00, U_{K(2-3)}\%=8.93, P_{K(1-2)}=343.0$kW, $P_{K(1-3)}=251.5$kW, $P_{K(2-3)}=285.0$kW。试求变压器的阻抗、导纳，并做 Γ 型等值电路，等值电路中所有参数都归算到高压侧。

（答案：$R_{T1}=0.612\Omega, R_{T2}=1.397\Omega, R_{T3}=5.279\Omega, X_{T1}=27.144\Omega, X_{T2}=44.304\Omega$

$X_{T3}=7.994\Omega, G_T=2.254\times10^{-6}$ S, $B_T=21.225\times10^{-6}$ S）

2-6 三台型号为 SFSL-6300 单相三绕组变压器组成三相变压器组，每台变压器的额定电压为 121/38.5/11kV，$P_0=12.5$kW, $I_0\%=1.4$; $P'_{K(1-2)}=63$kW, $P'_{K(2-3)}=51$kW, $P'_{K(1-3)}=63$kW; $U_{K(1-2)}\%=17, U_{K(2-3)}\%=6, U_{K(1-3)}\%=10.5$。试求三相接成 YN,yn,d 时变压器组的等值电路及归算到低压侧的参数有名值。

（答案：$R_{T1}=0.038\Omega, R_{T2}=0.0258\Omega, R_{T3}=0.0258\Omega, X_{T1}=0.668\Omega, X_{T2}=0.400\Omega$

$X_{T3}=-0.016\Omega, G_T=3.099\times10^{-4}$ S, $B_T=2.187\times10^{-3}$ S）

2-7 电力网络接线如题 2-7 图所示。试做以有名制表示的归算至 220kV 侧的网络等值电路和数学模型。做等值电路时,变压器的电阻、导纳,35kV 电压等级以下线路的导纳都可略去。

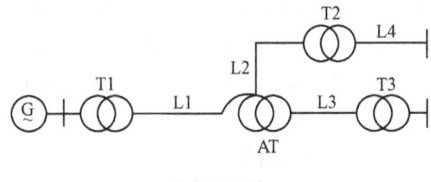

题 2-7 图

图中各元件的技术数据如下:

发电机 G:容量为 200MV·A,额定电压 13.8kV,$X_G\% = 30$;

变压器 T1:容量为 200MV·A,额定电压为 13.8/242kV,$P_0 = 294$kW,$I_0\% = 2.5$,$P_K = 1005$kW,$U_K\% = 14$;

变压器 T2:容量为 160MV·A,额定电压为 110/11kV,$P_0 = 130$kW,$I_0\% = 2.5$,$P_K = 310$kW,$U_K\% = 10.5$;

变压器 T3:容量为 80MV·A,额定电压为 35/6.6kV,$P_0 = 39$kW,$I_0\% = 3$,$P_K = 122$kW,$U_K\% = 8$;

自耦变压器 AT:容量为 200MV·A,额定电压为 220/121/38.5kV,$P_0 = 185$kW,$I_0\% = 1.4$,$P'_{K1} = 228$kW,$P'_{K3} = 98$kW,$P'_{K2} = 202$kW;$U_{K(1-2)}\% = 9$,$U_{K(2-3)}\% = 20$,$U_{K(1-3)}\% = 30$。

架空线 L1:型号为 LGJ-400/50,电压为 220kV,长度为 120km,$r = 0.08\Omega/\text{km}$,$x = 0.406\Omega/\text{km}$,$b = 2.81 \times 10^{-6}$S/km;

架空线 L2:型号为 LGJ-300/40,电压为 110kV,长度为 50km,$r = 0.105\Omega/\text{km}$,$x = 0.383\Omega/\text{km}$,$b = 2.98 \times 10^{-6}$S/km;

架空线 L3:型号为 LGJ-185/30,电压为 35kV,长度为 20km,$r = 0.17\Omega/\text{km}$,$x = 0.38\Omega/\text{km}$。

电缆 L4:型号为 ZLQ2-10/3×70,电压为 10kV,长度为 5km,$r = 0.45\Omega/\text{km}$,$x = 0.08\Omega/\text{km}$。

(答案:发电机 G:$X_G = 87.85\Omega$　　变压器 T1:$X_{T1} = 40.99\Omega$

变压器 T2:$X_{T2} = 26.25\Omega$　变压器 T3:$X_{T3} = 40\Omega$

自耦变压器 AT:$X_{AT1} = 22.99\Omega, X_{AT2} = -1.21\Omega, X_{AT3} = 49.61\Omega$

架空线 L1:$R = 9.6\Omega$,　$X = 48.72\Omega$,　$B/2 = 1.686 \times 10^{-4}$S

架空线 L2:$R = 17.36\Omega$,　$X = 63.31\Omega$,　$B/2 = 2.254 \times 10^{-5}$S

架空线 L3:$R = 111.02\Omega$,　$X = 248.16\Omega$

电缆 L4:　$R = 743.8\Omega$,　$X = 132.23\Omega$)

2-8 对题 2-7 的电力系统,若选各电压等级的额定电压作为基准电压,试做含理想变压器的等值电路并计算其参数的标幺值。(取基准容量 $S_B = 100$MV·A)

(答案:发电机 G:$X_{G*} = 0.15$　　变压器 T1:$X_{T1*} = 0.0847, k_{T1*} = 0.909:1$

变压器 T2:$X_{T2*} = 0.066$　变压器 T3:$X_{T3*} = 0.1, k_{T2*} = k_{T3*} = 0.909:1$

自耦变压器 AT:$X_{AT1*} = 0.048, X_{AT2*} = -0.0025, X_{AT3*} = 0.103$

$k_{AT12*} = 0.909:1, k_{AT13*} = 0.909:1$

架空线 L1:$R_* = 0.0198$,　$X_* = 0.101$,　$B_*/2 = 8.16 \times 10^{-2}$

架空线 L2:$R_* = 0.0434$,　$X_* = 0.158$,　$B_*/2 = 9.015 \times 10^{-3}$

架空线 L3:$R_* = 0.278$,　$X_* = 0.6204$

电缆 L4:　$R_* = 2.25$,　$X_* = 0.4$)

2-9 若各电压等级选平均额定电压为基准电压,并近似认为各元件的额定电压等于平均额定电压,重做上题的等值电路并计算其参数标幺值。(取基准容量 $S_B = 100$MV·A)

(答案：发电机 G：$X_{G*}=0.15$ 变压器 T1：$X_{T1*}=0.07$
变压器 T2：$X_{T2*}=0.066$ 变压器 T3：$X_{T3*}=0.1$
自耦变压器 AT：$X_{AT1*}=0.048, X_{AT2*}=-0.003, X_{AT3*}=0.103$
架空线 L1：$R_*=0.018$, $X_*=0.092$, $B_*/2=8.92\times10^{-2}$
架空线 L2：$R_*=0.0397$, $X_*=0.145$, $B_*/2=9.853\times10^{-3}$
架空线 L3：$R_*=0.248$, $X_*=0.555$
电缆 L4： $R_*=2.041$, $X_*=0.363$)

第 3 章 简单电力系统的潮流计算

本章介绍简单电力系统潮流计算的基本原理和手工计算方法,这是复杂电力系统采用计算机进行潮流计算的基础。潮流计算是电力系统分析中最基本的计算,其任务是对给定的运行条件确定系统的运行状态,如各母线上的电压、网络中的功率分布及功率损耗等。本章首先通过介绍网络元件的电压降落和功率损耗计算方法,明确交流电力系统功率传输的基本规律;然后循序渐进地给出开式网络、配电网络和简单闭式网络的潮流计算方法;最后简要介绍新型电力系统背景下的潮流计算。

3.1 单一元件的功率损耗和电压降落

电力网络的元件主要指线路和变压器,以下分别研究其功率损耗和电压降落。

3.1.1 电力线路的功率损耗和电压降落

1. 线路的功率损耗

线路的等值电路示于图 3-1。

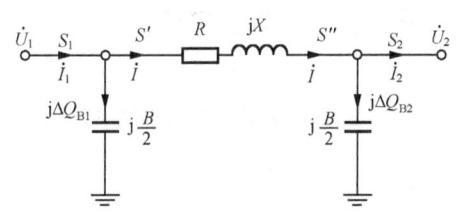

图 3-1 线路的等值电路

图 3-1 中的等值电路忽略了对地的电导,功率为三相功率,电压为线电压。值得注意的是,阻抗两端通过的电流相同,均为 $\dot{I}$,阻抗两端的功率则不同,分别为 S' 和 S''。

电力线路传输功率时产生的功率损耗既包括有功功率损耗,又包括无功功率损耗。线路功率损耗分为电流通过等值电路中串联阻抗时产生的功率损耗和电压施加于对地导纳时产生的损耗,以下分别讨论。

1) 串联阻抗支路的功率损耗

电流在线路的电阻和电抗上产生的功率损耗为

$$\Delta S_L = \Delta P_L + j\Delta Q_L = I^2(R+jX) = \frac{P''^2+Q''^2}{U_2^2}(R+jX) \tag{3-1}$$

若电流用首端功率和电压计算,则

$$\Delta S_L = \frac{P'^2+Q'^2}{U_1^2}(R+jX) \tag{3-2}$$

从式(3-2)看出,串联支路功率损耗的计算非常简单,等同于电路课程中学过的 I^2 乘以 Z。值得注意的是,由于采用功率和电压表示电流、而线路存在功率损耗和电压损耗,因此线路两端功率和电压是不同的,在使用以上公式时功率和电压必须是同一端的。

式(3-2)还表明,如果元件不传输有功功率、只传输无功功率,仍然会在元件上产生有功功率的损耗。因此,避免大量无功功率的流动是电力系统节能降损的一项重要措施。

2) 并联电容支路的功率损耗

在外加电压作用下,线路电容将产生无功功率 ΔQ_B。由于线路的对地并联支路是容性的,即在运行时发出无功功率,因此,作为无功功率损耗 ΔQ_L 应取正号,而 ΔQ_B 应取负号。ΔQ_B 的计算公式如下:

$$\Delta Q_{B1} = -\frac{1}{2}BU_1^2, \quad \Delta Q_{B2} = -\frac{1}{2}BU_2^2 \tag{3-3}$$

从式(3-3)看出,并联支路的功率损耗计算也非常简单,等同于电路课程中学过的 U^2 乘以 Y。同理,该公式中的功率和电压也必须取同一端的。

线路首端的输入功率为

$$S_1 = S' + j\Delta Q_{B1}$$

末端的输出功率为

$$S_2 = S'' - j\Delta Q_{B2}$$

线路末端输出有功功率 P_2 与首端输入有功功率 P_1 之比称为线路输电效率。

$$输电效率 = \frac{P_2}{P_1} \times 100\% \tag{3-4}$$

本章公式中单位如下:阻抗为 Ω,导纳为 S,电压为 kV,功率为 MV·A。

2. 线路的电压降落

设网络元件的一相等值电路如图 3-2 所示,其中 R 和 X 分别为一相的电阻和等值电抗,$\dot{U}$ 和 $\dot{I}$ 表示相电压和相电流。

1) 电压降落的概念与相量图

网络元件的电压降落是指元件首末端两点电压的相量差,由等值电路可知

图 3-2 网络元件的等值电路

$$\dot{U}_1 - \dot{U}_2 = (R + jX)\dot{I} \tag{3-5}$$

以 $\dot{U}_2$ 为参考轴,已知 $\dot{I}$ 和 $\cos\varphi_2$,可作出如图 3-3(a)所示的相量图。

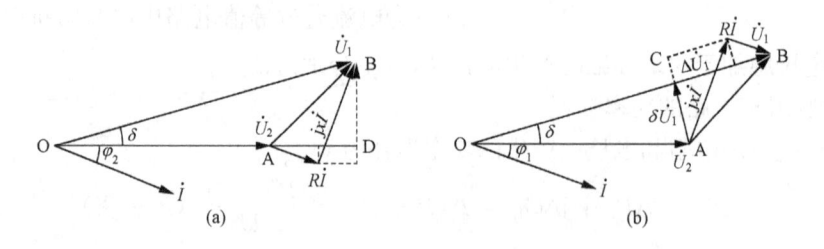

图 3-3 电压降落相量图

图 3-3(a)中 $\overline{AB}$ 就是电压降落相量 $(R+jX)\dot{I}$。把电压降落相量分解为与电压相量 $\dot{U}_2$ 同方向和相垂直的两个分量 $\overline{AD}$ 及 $\overline{DB}$,这两个分量的绝对值分别记为 ΔU_2 和 δU_2,即 $\Delta U_2 = AD$ 及 $\delta U_2 = DB$,电压降落可以表示为

$$\dot{U}_1 - \dot{U}_2 = (R+jX)\dot{I} = \Delta \dot{U}_2 + \delta \dot{U}_2 \tag{3-6}$$

$\Delta \dot{U}_2$ 和 $\delta \dot{U}_2$ 分别称为电压降落的纵分量和横分量,由相量图可知

$$\begin{cases} \Delta U_2 = RI\cos\varphi_2 + XI\sin\varphi_2 \\ \delta U_2 = XI\cos\varphi_2 - RI\sin\varphi_2 \end{cases} \quad (3\text{-}7)$$

在电力系统分析中,习惯用功率进行运算。与电压 $\dot{U}$ 和电流 $\dot{I}$ 相对应的一相功率为

$$S'' = \dot{U}_2 \overset{*}{I} = P'' + jQ'' = U_2 I\cos\varphi_2 + jU_2 I\sin\varphi_2$$

用功率代替电流,可将式(3-7)改写为

$$\begin{cases} \Delta U_2 = \dfrac{P''R + Q''X}{U_2} \\ \delta U_2 = \dfrac{P''X - Q''R}{U_2} \end{cases} \quad (3\text{-}8)$$

必须注意,与功率损耗计算时一样,式(3-8)中的功率和电压也必须取同一端的。则元件首端的相电压为

$$\begin{aligned} \dot{U}_1 &= \dot{U}_2 + \Delta \dot{U}_2 + \delta \dot{U}_2 \\ &= U_2 + \dfrac{P''R + Q''X}{U_2} + j\dfrac{P''X - Q''R}{U_2} = U_1 \angle \delta \end{aligned} \quad (3\text{-}9)$$

$$U_1 = \sqrt{(U_2 + \Delta U_2)^2 + (\delta U_2)^2} \quad (3\text{-}10)$$

$$\delta = \arctan \dfrac{\delta U_2}{U_2 + \Delta U_2} \quad (3\text{-}11)$$

式中,δ 为元件首末端电压相量的相位差。

同样,若以 $\dot{U}_1$ 作参考轴,并且已知电流 $\dot{I}$ 和 $\cos\varphi_1$ 时,也可以把电压降落相量分解为与 $\dot{U}_1$ 同方向和垂直的两个分量,如图 3-3(b)所示。

$$\dot{U}_1 - \dot{U}_2 = (R + jX)\dot{I} = \Delta \dot{U}_1 + \delta \dot{U}_1 \quad (3\text{-}12)$$

如果再用一相功率表示电流

$$S' = \dot{U}_1 \overset{*}{I} = P' + jQ' = U_1 I\cos\varphi_1 + jU_1 I\sin\varphi_1$$

于是

$$\begin{cases} \Delta U_1 = \dfrac{P'R + Q'X}{U_1} \\ \delta U_1 = \dfrac{P'X - Q'R}{U_1} \end{cases} \quad (3\text{-}13)$$

而元件末端的相电压为

$$\begin{aligned} \dot{U}_2 &= \dot{U}_1 - \Delta \dot{U}_1 - \delta \dot{U}_1 \\ &= U_1 - \dfrac{P'R + Q'X}{U_1} - j\dfrac{P'X - Q'R}{U_1} = U_2 \angle -\delta \end{aligned} \quad (3\text{-}14)$$

$$U_2 = \sqrt{(U_1 - \Delta U_1)^2 + (\delta U_1)^2} \quad (3\text{-}15)$$

$$\delta = \arctan \dfrac{\delta U_1}{U_1 - \Delta U_1} \quad (3\text{-}16)$$

从上述推导可以看出,电压降落相量既可以按照 $\dot{U}_2$ 作参考轴分解,也可以按照 $\dot{U}_1$ 作参考轴分解,如图 3-4 所示。值得注意的是,这两种分解的纵分量和横分量分别都不相等,即 $\Delta U_1 \neq \Delta U_2$,$\delta U_1 \neq \delta U_2$。

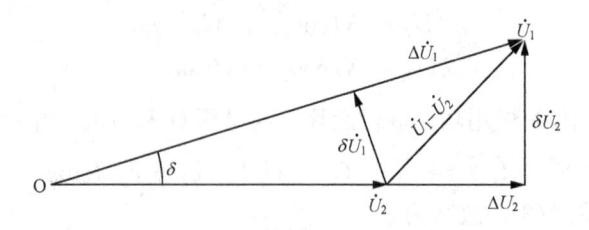

图 3-4　电压降落相量的两种分解

上述公式虽然是从一相等值电路按单相功率和相电压推导得到的,但是也适用于三相的情况,即采用三相功率和线电压表示的计算公式与之完全相同。并且上述公式都是按电流落后于电压,即功率因数角 φ 为正的情况下导出的。此外,本书所有公式中,当 Q 为无功功率时其值为正,当 Q 为容性无功功率时其数值为负。

2) 电压降落与功率传输的关系

电压降落的公式揭示了交流电力系统功率传输的基本规律。从式(3-8)和式(3-13)看出,元件两端的电压幅值差主要由电压降落的纵分量决定,电压的相角差则由横分量确定。在高压输电线的参数中,由于电抗比电阻大得多,若忽略电阻,便得 $\Delta U = \dfrac{QX}{U}, \delta U = \dfrac{PX}{U}$。

这说明在纯电抗元件中,电压降落的纵分量是因传送无功功率而产生,电压降落的横分量则因传送有功功率产生。也就是说,元件两端存在电压幅值差是传送无功功率的条件,存在电压相角差则是传送有功功率的条件。无功功率总是从电压幅值较高的一端流向电压幅值较低的一端,有功功率则从电压相位超前的一端流向电压相位滞后的一端。

实际的网络元件都存在电阻,电流有功分量流过电阻将会增加电压降落纵分量,电流的无功分量流过电阻则将使电压降落横分量有所减少。

3) 电压损耗和电压偏移

在讨论电网的电压水平和电能质量时,电压损耗和电压偏移是两个常用的概念。电压损耗、电压偏移与电压降落这三个概念不能混淆,电压损耗和电压偏移的定义如下。

电压损耗定义为元件两端间电压幅值的绝对值之差,也用 ΔU 表示。电压损耗的概念可以用图 3-5 表示。

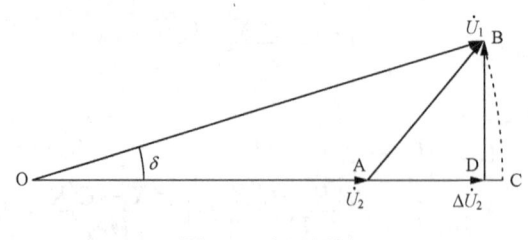

图 3-5　电压损耗

由图 3-5 可知

$$\Delta U = U_1 - U_2$$

电压损耗 ΔU 用 AC 的长度表示。当两点电压之间的相角差 δ 比较小时,AC 与 AD 的长度相差不大,电压损耗近似等于电压降落的纵分量。电压损耗还常用该元件额定电压的百分数表示。由于传送功率时在网络元件中要产生电压损耗。同一电压等级的电网中各节点的电压是不相等的。在工程实际中,常需计算某负荷点到电源点的总电压损耗,总电压损耗等于从电源点到该负荷点所经各串联元件电压损耗的代数和。

电力网实际电压幅值的高低对用户用电设备的工作有密切影响,而电压相位则对用户没有什么影响。用电设备都按工作在额定电压附近进行设计和制造,为了衡量电压质量,必须知道节点的电压偏移。电压偏移是指网络中某节点的实际电压同该节点的额定电压之差,也可以用额定电压的百分数表示

$$电压偏移(\%) = \frac{U - U_N}{U_N} \times 100 \tag{3-17}$$

电压偏移是电能质量的一个重要指标,国家标准规定了不同电压等级的允许电压偏移。

3.1.2 变压器的功率损耗和电压降落

变压器的等值电路如图 3-6 所示。

变压器的等值电路与线路的区别在于只有一个对地并联支路。串联支路的电阻和电抗产生的功率损耗,其计算方法与线路相同。

与线路的容性不同,变压器的对地并联支路是感性的,即运行时消耗无功功率。并联支路损耗主要是变压器的励磁功率,由等值电路中励磁支路的导纳确定

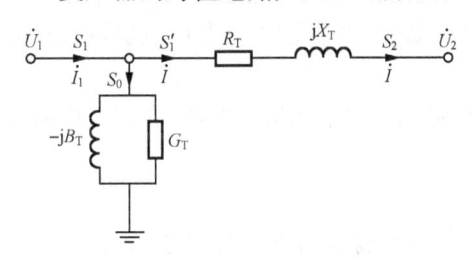

图 3-6 变压器的等值电路

$$S_0 = (G_T + jB_T)U^2$$

由于正常运行时电压与额定电压相差不大,因此实际计算中可近似采用额定电压计算,即变压器的励磁损耗可以近似用恒定的空载损耗代替,即

$$S_0 = P_0 + jQ_0 = P_0 + j\frac{I_0\%}{100}S_N \tag{3-18}$$

式中,P_0 为变压器的空载损耗,单位为 kW;$I_0\%$ 为空载电流的百分数;S_N 为变压器的额定容量,单位为 MV·A。

3.1.3 输电线路的并联电抗器和串联电容器

超高压输电线路,有大量的容性充电功率,距离越长充电功率越大,如 100km 长的 500kV 线路容性充电功率为 100~120Mvar,为同样长的 220kV 线路的 6~7 倍,这么大的充电功率给电力系统的运行带来了很大的麻烦,如线路空载或轻载时引起的线路末端电压升高和操作过电压。为了防止这种情况的发生,一般在输电线路两端并接高压电抗器。此外,为了提高线路的输送功率,减少线路电抗,在输电线中间串联电容器,这时总的电抗为线路电抗 X_L 减去电容的容抗 X_C,具体接线原理如图 3-7 所示。

超高压交流输电线路并联电抗器和串联电容器的主要作用如下。

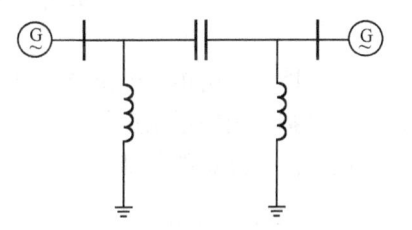

图 3-7 超高压输电线路的接线原理

1. 并联高压电抗器

高压电抗器并接在输电线路两端，它的主要作用是：

(1) 限制工频电压升高。超高压输电线路一般距离较长，再加上使用分裂导线，故充电功率很大，当线路空载时，线路中流的是电容电流，它在线路电抗上引起的压降与首端电压接近同方向，故使得末端电压升高，严重时可达首端电压的 1.5 倍以上。但当线路末端并联高压电抗器后，在线路空载时，这电抗器仍接在线路上，它使得线路中流的容性电流减少，因而降低了末端电压。并联电抗器的容量与空载线路电容无功功率的比值称为补偿度。一般选补偿度在 60% 左右。

(2) 降低操作过电压。由于高压电抗器降低了空载线路的电压升高，因而降低了各种操作过程中的电压强制分量，对线路的各种操作过电压都有限制作用。

(3) 避免长距离输送无功功率，降低输电的有功损耗。电网在输送功率时，在电阻上将产生有功损耗，损耗的大小不仅与所输送的有功的平方成正比，而且与所输送的无功的平方也成正比。为了减少有功损耗，尽力使无功就地平衡，不要远距离输送无功，并联电抗器可吸收线路容性无功，避免它输送到远方，降低了整个电网的损耗。

此外，并联高压电抗器还能消除发电机出现自励磁现象和限制潜供电流，有利于单相自动重合闸等。

2. 串联补偿电容器

高压输电线路长度较长，等值电抗较大，它的静态稳定输送功率与它的电抗成反比，具体如下式所示：

$$P = \frac{U_1 U_2}{X}\sin\delta \qquad (3\text{-}19)$$

式中，U_1 为线路首端等值电源的电压；U_2 为线路末端等值电源的电压；δ 为线路两端电源电压的相角差；X 为线路电抗和两端等值电源的电抗之和。

式(3-19)的 $P_{\max} = \dfrac{U_1 U_2}{X}$ 为线路的极限输送功率，也就是静态稳定极限。

当线路中安装了串联补偿电容器后，线路输送功率由式(3-19)变为

$$P = \frac{U_1 U_2}{X - X_C}\sin\delta \qquad (3\text{-}20)$$

式中，X_C 为串联补偿电容器的容抗。由此可见，安装了串联补偿电容器后，线路的极限输送功率提高了。

3.2 开式网络的潮流计算

开式网络是由单一电源点通过辐射状网络向多个负荷点供电的网络。我国配电系统正常运行时都采用辐射状运行，适合使用开式网络的潮流计算方法。开式网络潮流计算也是闭式网络潮流计算的基础。

3.2.1 潮流计算的预备知识

1. 节点的运算负荷

在进行潮流计算前一般先要对网络的等值电路作简化处理。以图 3-8(a) 的开式网络为

例介绍运算负荷的概念和简化方法。图中电源点 1 通过线路向负荷节点 2、3 和 4 供电。由于电力系统正常运行在额定电压附近,因此可以将线路等值电路中的对地支路分别用额定电压下的充电功率代替。简化后的等值电路分别见图 3-8(b)。

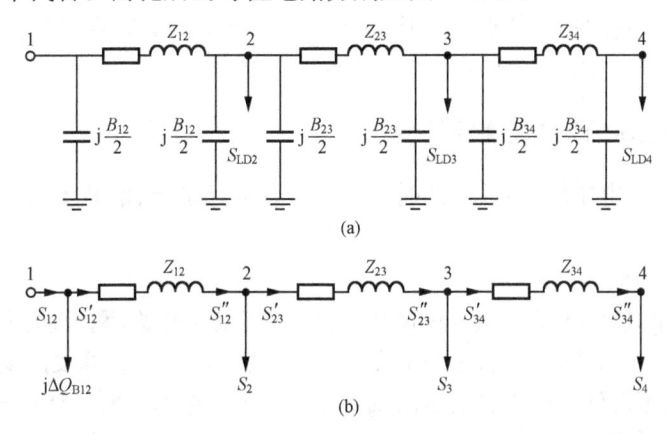

图 3-8 开式网络和运算负荷

简化的具体做法是,对每段线路首末端的节点都分别加上该段线路充电功率的一半,并将其与相应节点的负荷功率合并,得到

$$\begin{cases} S_2 = S_{LD2} + j\Delta Q_{B12} + j\Delta Q_{B23} = P_{LD2} + j[Q_{LD2} - \frac{1}{2}(B_{12} + B_{23})U_N^2] \\ S_3 = S_{LD3} + j\Delta Q_{B23} + j\Delta Q_{B34} = P_{LD3} + j[Q_{LD3} - \frac{1}{2}(B_{23} + B_{34})U_N^2] \\ S_4 = S_{LD4} + j\Delta Q_{B34} = P_{LD4} + j(Q_{LD4} - \frac{1}{2}B_{34}U_N^2) \end{cases}$$

S_2、S_3 和 S_4 习惯上称为电力网的运算负荷。此时,原网络已经简化为由三个集中的阻抗元件相串联、四个节点接有集中负荷的等值网络。

另外,对于网络中并联接入的变压器支路,也可以简化为运算负荷。方法是首先采用额定电压计算变压器的励磁损耗,其次采用额定电压和实际负荷电流计算绕组损耗,再次将变压器损耗与低压侧负荷合并得到变压器高压侧的总负荷,最后与线路并联导纳充电功率合并得到运算负荷。在中压配电网络中,一般都采用这种方法来处理配电变压器。

2. 潮流计算中的节点类型

开式网络的潮流计算就是根据给定的网络接线和其他已知条件,计算网络中的功率分布、功率损耗和未知的节点电压。已知条件是根据设备量测数据或系统控制策略而确定的节点相关数据,按节点已知数据的不同,一般把潮流计算中的节点划分为 PQ 节点、PV 节点和平衡节点。

(1) PQ 节点是指有功功率 P 和无功功率 Q 皆为给定量的节点,节点电压(包括电压幅值 U 和相角 θ)为待求变量;电力系统中绝大多数节点属于这一类型。

(2) PV 节点是指有功功率 P 和节点电压 U 为给定量的节点,节点的无功功率 Q 和电压相角 θ 为待求变量;这一类节点的数目较少。在电力系统中,发电厂节点和装有大型无功补偿的变电站节点都可以处理成 PV 节点,这些节点的特点是具有自动调压能力,通过无功调整保持节点电压恒定。

(3)平衡节点是指电压幅值 U 和相角 θ 为给定量的节点,也可称为 $V\theta$ 节点,节点的有功功率 P 和无功功率 Q 为待求变量;平衡节点是人为指定的,有且只有一个。在电力系统中,通常选择拥有大容量发电机接入的节点或外部电网的等值节点。

对于开式网络,它的平衡节点就是其电源点,例如图 3-8 中的节点 1;而其他节点一般为 PQ 节点,例如图 3-8 中的节点 2、节点 3 和节点 4。

3.2.2 只含一级电压的开式网潮流计算

先研究只有一级电压的开式网,此时线路上不含变压器支路,仅有几个负荷,分以下两种情况讨论。

1. 已知末端电压

在图 3-8(b)中,已知末端节点 4 的电压,可以从节点 4 开始,利用前面介绍的单一元件功率损耗和电压降落的计算方法,采用节点 4 的电压和功率 S''_{34} 计算线路支路 3-4 的电压损耗和功率损耗,从而得到节点 3 的电压以及支路 2-3 末端的功率 S''_{23},计算 S''_{23} 时需注意还要加上节点 3 的运算负荷 S_3;然后按同样方法依次计算支路 2-3 和支路 1-2 的电压降落和功率损耗,直到计算到首端得到节点 1 的电压和首端功率 S_{12}。在不要求特别精确时,电压计算中的电压损耗可近似采用电压降落的纵分量代替。

2. 已知首端电压

电力系统在多数情况下是已知电源点电压和负荷节点的功率,要求确定各负荷点电压和网络中的功率分布。在这种情况下的潮流计算方法如下。

由于功率损耗和电压降落的计算公式都要求采用同一端的功率和电压,当已知首端电压时,就无法直接利用公式计算,此时需采用迭代计算的办法。迭代过程分为两步,以下以图 3-8(b)网络为例介绍迭代计算的过程。

第一步,从末端节点 4 开始向电源点 1 方向计算功率分布。因为各负荷节点的实际电压未知,而正常稳态运行实际电压总在额定电压附近,因此第一次迭代时各节点电压的初值均采用额定电压代替实际电压,从末端到首端依次算出各段线路阻抗中的功率损耗和功率分布。

对于支路 3-4

$$S'_{34} = S''_{34} + \Delta S_{34} = S_4 + \frac{P''^2_{34} + Q''^2_{34}}{U_N^2}(R_3 + jX_3)$$

对于支路 2-3

$$S'_{23} = S''_{23} + \Delta S_{23} = S_3 + S'_{34} + \frac{P''^2_{23} + Q''^2_{23}}{U_N^2}(R_2 + jX_2)$$

同样也可以求出支路 1-2 的功率 S'_{12} 和 S_{12}。

第二步,从电源点 1 开始向末端负荷点 4 方向计算节点电压。计算中必须利用第一步求得的功率分布以及已知的首端电压顺着功率传送方向,依次计算各段支路的电压降落,并求出各节点电压。节点 2 的计算公式如下:

$$\begin{cases} \Delta U_{12} = (P'_{12}R_{12} + Q'_{12}X_{12})/U_1 \\ \delta U_{12} = (P'_{12}X_{12} - Q'_{12}R_{12})/U_1 \\ U_2 = \sqrt{(U_1 - \Delta U_{12})^2 + (\delta U_{12})^2} \end{cases}$$

电压损耗计算也可以忽略电压降落的横分量

$$U_2 = U_1 - \Delta U_{12}$$

最后按照相同方法依次计算节点 3、4 的电压。

通过以上两个步骤便完成了第一轮迭代计算,一般计算到此为止。如果要求精度较高,则重复以上迭代计算。需注意的是,在下一轮计算功率损耗时应利用上一轮第二步所求得的节点电压。多次迭代后计算结果将逼近精确结果。

3.2.3 含两级电压的开式网潮流计算

含两级电压的开式电力网及其等值电路如图 3-9 所示。

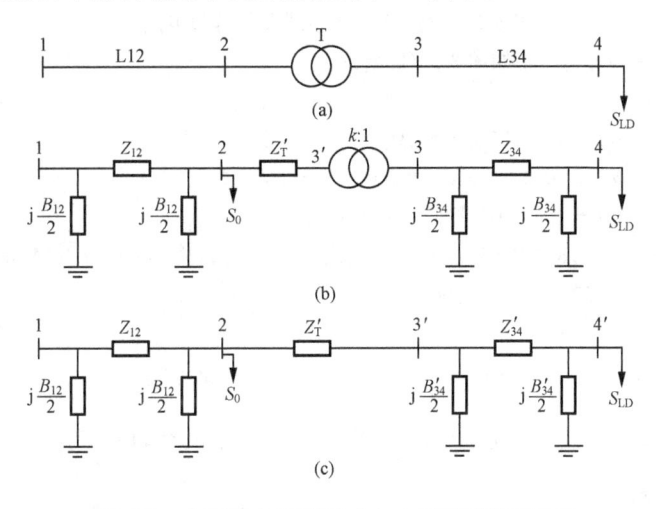

图 3-9 含两级电压的开式电力网及其等值电路

图 3-9(b)中变压器阻抗已归算到线路 L12 的电压等级,已知首端实际电压 U_1 和末端功率 S_{LD},求各节点电压和网络的功率分布。

潮流计算仍可采用前面所讲单一电压开式网在已知首端电压时的迭代计算方法。首先假定实际电压初值为额定电压由末端向首端逐步算出各点的功率,然后用求得的首端功率和首端实际电压依次往后推算出各节点的电压。不同之处在于需要处理理想变压器,理想变压器两侧功率不变,只需要采用变比计算另一侧电压。

此外,另一种处理方法是将变压器二次侧的线路参数也归算到变压器高压侧,例如,图 3-9 中线路 L34 的归算公式如下:

$$Z'_{34} = R'_{34} + jX'_{34}, \quad R'_{34} = k^2 R_{34}, \quad X'_{34} = k^2 X_{34}, \quad B'_{34} = B_{34}/k^2$$

归算后得到图 3-9(c)的等值电路。此时,已经没有变压器,这种等值电路的电压和功率计算与单一电压等级的开式网络完全一样,计算结束后,还需要将图 3-9(c)中节点 $3'$ 和 $4'$ 的电压还原到实际电压。

在手工潮流计算中,上述两种处理方法都可采用,但是第一种方法更为方便,因为该方法在无须线路参数折算的情况下还能直接求出网络各点的实际电压。

例 3-1 电力系统如图 3-10 所示,已知线路额定电压 110kV,长度 30km,导线参数 $r_0 = 0.2\Omega/\text{km}$, $x_0 = 0.4\Omega/\text{km}$, $b_0 = 2 \times 10^{-6} \text{S/km}$; 变压器额定变比为 110/11, $S_N = 40\text{MV} \cdot \text{A}$, $P_0 = 80\text{kW}$, $P_K = 200\text{kW}$, $U_K\% = 8$, $I_0\% = 3$,分接头在额定挡;负荷 S_{LDB} 为 $10 + j3\text{MV} \cdot \text{A}$, S_{LDC} 为 $20 + j10\text{MV} \cdot \text{A}$。母线 A 实际电压为 112kV。计算变压器、线路的损耗和母线 A 输出的功率以及母线 B、C 的电压。

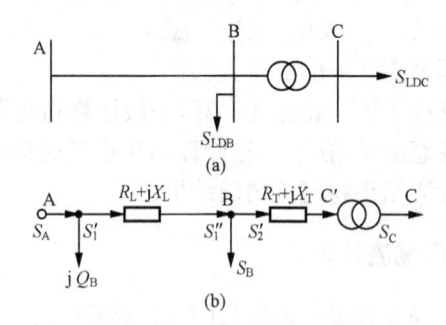

图 3-10 例 3-1 系统接线及其等值电路

解 (1) 画出系统的等值电路如图 3-10(b) 所示。

(2) 元件参数计算。

$$R_L = r_0 l = 0.2 \times 30 = 6(\Omega)$$
$$X_L = x_0 l = 0.4 \times 30 = 12(\Omega)$$
$$B_L = b_0 l = 2 \times 10^{-6} \times 30 = 0.6 \times 10^{-4}(S)$$
$$\Delta Q_B = -0.5 \times B_L U_N^2 = -0.5 \times 0.6 \times 10^{-4} \times 110^2 = -0.363(\text{Mvar})$$
$$R_T = \frac{P_K U_N^2}{S_N^2} \times 10^3 = \frac{200 \times 110^2}{40000^2} \times 10^3 = 1.5125(\Omega)$$
$$X_T = \frac{U_K\% U_N^2}{100 S_N} \times 10^3 = \frac{8 \times 110^2}{100 \times 40000} \times 10^3 = 24.2(\Omega)$$
$$S_0 = P_0 + jQ_0 = 0.08 + j\frac{3 \times 40}{100} = 0.08 + j1.2(\text{MV·A})$$

(3) 计算运算负荷。

$$S_B = S_{LDB} + j\Delta Q_B + S_0 = 10 + j3 - j0.363 + 0.08 + j1.2$$
$$= 10.08 + j3.837(\text{MV·A})$$
$$j\Delta Q_B = -j0.363 \text{Mvar}$$
$$S_C = S_{LDC} = 20 + j10 \text{MV·A}$$

(4) 假设母线 C 电压为额定电压 10kV,母线 B 电压为额定电压 110kV,第一轮计算求变压器串联支路和线路的功率损耗和功率分布。

计算 U_C':

$$U_C' = U_C \times k = 10 \times 110/11 = 100(\text{kV})$$

由母线 C 到母线 B,计算变压器的功率损耗:

$$\Delta S_T = \frac{P_C'^2 + Q_C'^2}{U_C'^2}(R_T + jX_T) = \frac{20^2 + 10^2}{100^2} \times (1.5125 + j24.2)$$
$$= 0.076 + j1.21(\text{MV·A})$$
$$S_2' = S_C + \Delta S_T = 20 + j10 + 0.076 + j1.21$$
$$= 20.076 + j11.21(\text{MV·A})$$

变压器总损耗

$$\Delta S_{TA} = \Delta S_T + S_0 = 0.156 + j2.41(\text{MV·A})$$

由母线 B 到母线 A,计算线路的功率损耗

$$S_1'' = S_2' + S_B = 20.076 + j11.21 + 10.08 + j3.837 = 30.156 + j15.047(\text{MV·A})$$
$$\Delta S_L = \frac{P_1''^2 + Q_1''^2}{U_B^2}(R_L + jX_L) = \frac{30.156^2 + 15.047^2}{110^2} \times (6 + j12) = 0.563 + j1.126(\text{MV·A})$$
$$S_1' = S_1'' + \Delta S_L = 30.156 + j15.047 + 0.563 + j1.126 = 30.719 + j16.173(\text{MV·A})$$

$$S_A = S_1' + j\Delta Q_B = 30.719 + j16.173 - j0.363 = 30.719 + j15.810 (\text{MV·A})$$

(5) 根据已知的线路始端电压 $U_A = 112\text{kV}$ 以及上述求得的功率 S_1' 和 S_2'，按相反顺序求出母线 B 和母线 C 电压。

$$\Delta U_L = \frac{P_1' R_L + Q_1' X_L}{U_A} = \frac{30.719 \times 6 + 16.173 \times 12}{112} = 3.379 (\text{kV})$$

$$\delta U_L = \frac{P_1' X_L - Q_1' R_L}{U_A} = \frac{30.719 \times 12 - 16.173 \times 6}{112} = 2.425 (\text{kV})$$

$$U_B = \sqrt{(U_A - \Delta U_{12})^2 + (\delta U_{12})^2} = \sqrt{(112 - 3.379)^2 + 2.425^2} = 108.649 (\text{kV})$$

$$\Delta U_T = \frac{P_2' R_T + Q_2' X_T}{U_B} = \frac{20.076 \times 1.5125 + 11.21 \times 24.2}{108.649} = 2.776 (\text{kV})$$

$$\delta U_T = \frac{P_2' X_T - Q_2' R_T}{U_B} = \frac{20.076 \times 24.2 - 11.21 \times 1.5125}{108.649} = 4.316 (\text{kV})$$

$$U_{C'} = \sqrt{(U_B - \Delta U_{2C'})^2 + (\delta U_{2C'})^2} = \sqrt{(108.649 - 2.776)^2 + 4.316^2} = 105.960 (\text{kV})$$

则母线 C 电压为

$$U_C = U_{C'}/k = 10.596 \text{kV}$$

(6) 利用求得的线路各点电压，重新计算功率分布和电压降落，经过两轮迭代计算，线路始端功率误差小于 0.1%，最后一次迭代结果可作为最终计算结果，此时

$$U_B = 108.660 \text{kV}$$
$$U_C = 10.600 \text{kV}$$
$$S_A = 30.722 + j15.701 \text{MV·A}$$
$$\Delta S_L = 0.575 + j1.150 \text{MV·A}$$
$$\Delta S_T = 0.147 + j2.277 \text{MV·A}$$

例 3-1 的计算结果对比

需要指出，如果在上述计算中都将电压降落的横分量略去不计，所得的结果同计及电压降落横纵分量的计算结果相比较，误差很小。

3.3 配电网络的潮流计算

配电网络一般采用环网建设、辐射运行的原则，其典型运行方式是从变电站的馈电线路出口向树状网络上的多个负荷节点供电，馈线出口可以看作网络的单一供电电源点，因此其本质上也是开式网络。配电网络潮流计算可以按照馈线树为单位分别进行计算。

配电网络供电的最明显拓扑特征是树，馈线树的电源点是树的根节点，树中不存在任何闭合回路，功率的传递方向是完全确定的，任一条支路按照电流方向都有确定的始节点和终节点。除根节点外，树中的节点分为叶节点和非叶节点两类。叶节点为该支路的终节点，只与一条支路连接。而非叶节点与两条或两条以上的支路连接，它作为一条支路的终节点，又兼作另一条或多条支路的始节点。对于图 3-11 所示的网络，1 是电源点，即根节点，节点 4、5、6、8 和 9 为叶节点，节点 2、3 和 7 为非叶节点。

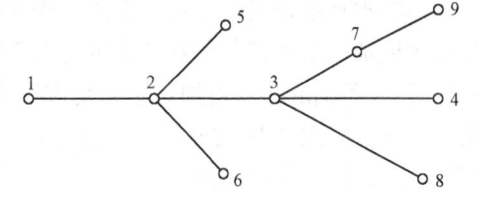

图 3-11 树状配电网络供电方式

在配电网潮流计算中，通常是已知分布在馈线树上各点的负荷和首端电压，所以潮流计算方法与已知首端电压的简单开式网络类似。具体步骤如下：

第一步,从与叶节点连接的支路开始向根节点计算功率,该支路的末端功率即为叶节点功率,利用这个功率和对应的节点电压计算支路功率损耗,求得支路的首端功率。对于第一轮的迭代计算,叶节点电压初值取额定电压。当以某节点为始节点的各支路都计算完毕后,便想象将这些支路都拆去,使该节点成为新的叶节点,其节点功率等于原有的负荷功率与以该节点为始节点的各支路首端功率之和。这样计算便可延续下去,直到全部支路计算完毕。这一步骤的计算公式如下:

$$S''^{(k)}_{ij} = S^{(k)}_j + \sum_{m \in N_j} S'^{(k)}_{jm} \tag{3-21}$$

$$\Delta S^{(k)}_{ij} = \frac{P''^{(k)2}_{ij} + Q''^{(k)2}_{ij}}{U^{(k)2}_j}(r_{ij} + jx_{ij}) \tag{3-22}$$

$$S'^{(k)}_{ij} = S''^{(k)}_{ij} + \Delta S^{(k)}_{ij} \tag{3-23}$$

式中,k 为迭代次数;N_j 为由节点 j 供电的所有相连节点的集合。在图 3-11 中,对于节点 2,$N_2=\{5,3,6\}$;对于节点 7,$N_7=\{9\}$;对于所有的叶节点,N_j 为空集。

第二步,利用第一步所得的电源点出口首端功率和电源点已知电压,从电源点开始逐条支路向网络末端进行计算,直到求得各支路终节点的电压,其计算公式为

$$U^{(k+1)}_j = \sqrt{\left(U^{(k+1)}_i - \frac{P'^{(k)}_{ij}r_{ij} + Q'^{(k)}_{ij}x_{ij}}{U^{(k+1)}_i}\right)^2 + \left(\frac{P'^{(k)}_{ij}x_{ij} - Q'^{(k)}_{ij}r_{ij}}{U^{(k+1)}_i}\right)^2} \tag{3-24}$$

迭代中,式(3-24)计算也可忽略电压降落横分量。

对于规模不大的网络采用上述公式计算并不复杂,可手工计算。精度要求不是很高时,作一轮迭代计算即可。若给定误差为 ε,则以 $\max\{|U^{(k+1)}_i - U^{(k)}_i|\} < \varepsilon$ 作为迭代收敛的依据。

对于规模较大的网络一般用计算机进行计算。在迭代开始前,先要解决支路的计算顺序问题。下面介绍两种常用的确定支路计算顺序的方法。

第一种方法是按与叶节点连接支路排序,并将已排序支路拆除,在此过程中会不断出现新的叶节点,将与其连接的支路又加入排序行列。这样就可以全部排列好从叶节点向电源点计算功率损耗的支路顺序,其逆序就是进行电压计算的支路顺序。以图 3-11 所示树状网络为例,设从任意一个末端叶节点 9 开始,选支路 7-9 作为第一条支路。拆除该支路,节点 7 就变成叶节点,支路 3-7 便作为第二条支路,拆除 3-7 时没有出现新的叶节点。接着拆除 3-4 和 3-8 支路,此时 3 成为叶节点,于是拆除 2-3 支路,接下去是 2-5 和 2-6 支路,最后是 1-2。值得注意的是,选择拆除支路时可以有多种选择,因此最终存在多种不同的排序方案。

第二种是逐条追加支路的方法。先从根节点开始接出第一条支路,引出一个新节点,以后每次追加的支路都必须从已出现的节点接出,按该原则逐条追加支路,直到全部支路追加完毕时,所得到的支路追加顺序即是进行电压计算的支路顺序,其逆序则是功率损耗计算的支路顺序。对图 3-11 的网络,可行的排序方案也不止一种,例如 1-2、2-5、2-3、3-7、7-9、3-4、3-8、2-6 就是一种可行的顺序。

确定计算顺序后,再按照普通开式网络潮流计算的方法进行计算就可以完成配电网络的潮流计算。这种按一定排序方式前推后推迭代进行潮流计算的方法具有公式简单、收敛迅速的优点,广泛应用于树状配电网络的潮流计算。

3.4 简单闭式网络的潮流计算

与配电网不同,输电网正常运行时一般都合环运行,称为闭式网络。闭式网络是相对开式网络而言的,它包括两端供电网络和环形网络,本节将分别介绍这两种网络中功率分布计算的原理和方法。

3.4.1 两端供电网络

两端供电网络具有两个供电电源点,如图 3-12 所示,a、b 为两电源点。

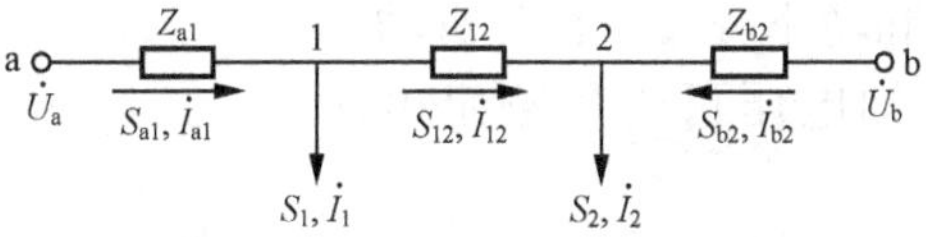

图 3-12 两端供电网络

负荷点电流为 $\dot{I}_1$ 和 $\dot{I}_2$,若电源电压 $\dot{U}_a \neq \dot{U}_b$,根据基尔霍夫电压定律和电流定律,可写出下列方程:

$$\begin{cases} \dot{U}_a - \dot{U}_b = Z_{a1} \dot{I}_{a1} + Z_{12} \dot{I}_{12} - Z_{b2} \dot{I}_{b2} \\ \dot{I}_{a1} - \dot{I}_{12} = \dot{I}_1 \\ \dot{I}_{12} + \dot{I}_{b2} = \dot{I}_2 \end{cases} \tag{3-25}$$

由此可解出

$$\begin{cases} \dot{I}_{a1} = \dfrac{(Z_{12} + Z_{b2})\dot{I}_1 + Z_{b2}\dot{I}_2}{Z_{a1} + Z_{12} + Z_{b2}} + \dfrac{\dot{U}_a - \dot{U}_b}{Z_{a1} + Z_{12} + Z_{b2}} \\ \dot{I}_{b2} = \dfrac{Z_{a1}\dot{I}_1 + (Z_{a1} + Z_{12})\dot{I}_2}{Z_{a1} + Z_{12} + Z_{b2}} - \dfrac{\dot{U}_a - \dot{U}_b}{Z_{a1} + Z_{12} + Z_{b2}} \end{cases} \tag{3-26}$$

在电力网的实际计算中,负荷点的已知量一般是功率,而不是电流。为了求取网络中的功率分布,可以先采用近似的算法,忽略网络中的功率损耗,都用额定电压 U_N 来计算功率,令 $\dot{U} = U_N \angle 0°$,有 $S \approx U_N \overset{*}{I}$,对式(3-26)的各量取共轭值,然后全式乘以 U_N,就得到

$$\begin{cases} S_{a1} = \dfrac{(\overset{*}{Z}_{12} + \overset{*}{Z}_{b2})S_1 + \overset{*}{Z}_{b2}S_2}{\overset{*}{Z}_{a1} + \overset{*}{Z}_{12} + \overset{*}{Z}_{b2}} + \dfrac{(\overset{*}{U}_a - \overset{*}{U}_b)U_N}{\overset{*}{Z}_{a1} + \overset{*}{Z}_{12} + \overset{*}{Z}_{b2}} = S_{a1,LD} + S_c \\ S_{b2} = \dfrac{\overset{*}{Z}_{a1}S_1 + (\overset{*}{Z}_{a1} + \overset{*}{Z}_{12})S_2}{\overset{*}{Z}_{a1} + \overset{*}{Z}_{12} + \overset{*}{Z}_{b2}} - \dfrac{(\overset{*}{U}_a - \overset{*}{U}_b)U_N}{\overset{*}{Z}_{a1} + \overset{*}{Z}_{12} + \overset{*}{Z}_{b2}} = S_{b2,LD} - S_c \end{cases} \tag{3-27}$$

由式(3-27)可见,每个电源点送出的功率都包含两个分量,第一个分量由网络参数和负荷功率确定,每一个负荷的功率都以该负荷点到两个电源点间的阻抗共轭值成反比的关系分配给两个电源点。第二个分量称为循环功率,记为 S_c,它由两个供电点的电压差引起。当两端电压相等时,循环功率为零,式(3-27)右端只剩下前一项,该项结构与力学中杠杆原理类似,可类比为一根承担多个集中负荷的横梁,其两个支点的反作用力就相当于电源点输出的功率。

求出供电点输出的功率 S_{a1} 和 S_{b2} 之后,就可在线路上各点按线路功率和负荷功率相平衡的条件,求出整个电力网中的功率分布。例如,根据节点 1 的功率平衡可得

$$S_{12} = S_{a1} - S_1$$

在电力网中功率由两个方向流入的节点称为功率分点,并用符号▼标出,例如图 3-13(a)中的节点 2。有时有功功率和无功功率分点可能出现在不同节点,通常就用▼和▽分别表示有功功率和无功功率分点。

在不计功率损耗求出电力网络功率分布之后,可想象在功率分点(节点 2)将网络解开,此时形成两个开式网,见图 3-13(b)。将功率分点处的负荷 S_2 也分成 S_{b2} 和 S_{12} 两部分(满足 $S_2 = S_{12} + S_{b2}$),分别挂在两个开式网的终端。然后按照上节方法分别计算两个开式网的功率损耗和功率分布。在计算功率损耗时,网络中各点的未知电压可先用额定电压代替。

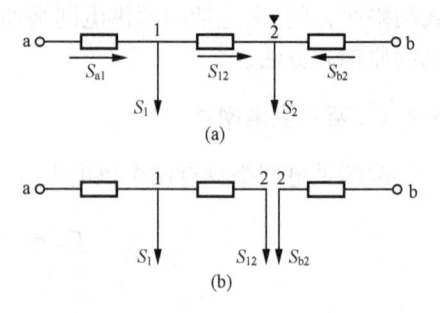

当有功功率分点和无功功率分点不一致时,常选电压较低的分点将网络解开。在 110kV 及以上电网中,一般是无功分点电压最低,故应在无功分点将环网解开。在具有分支线的闭式电力网中,功率分点只是干线的电压最低点,不一定是整个电力网的电压最低点。

图 3-13 两端供电网络的功率分布

对于接有 n 个负荷的两端供电网络,可以进一步推广得到

$$\begin{cases} S_{a1} = \dfrac{\sum\limits_{i=1}^{n} \overset{*}{Z}_i S_i}{\overset{*}{Z}_\Sigma} + \dfrac{(\overset{*}{U}_a - \overset{*}{U}_b) U_N}{\overset{*}{Z}_\Sigma} = S_{a1,\text{LD}} + S_c \\ S_{bk} = \dfrac{\sum\limits_{i=1}^{n} \overset{*}{Z}'_i S_i}{\overset{*}{Z}_\Sigma} - \dfrac{(\overset{*}{U}_a - \overset{*}{U}_b) U_N}{\overset{*}{Z}_\Sigma} = S_{bk,\text{LD}} - S_c \end{cases} \quad (3\text{-}28)$$

式中,Z_Σ 为整条线路的总阻抗,Z_i 和 Z'_i 分别为第 i 个负荷点到供电点 a 和 b 的总阻抗。

由于循环功率与负荷无关,所以有 $S_{a1,\text{LD}} + S_{bk,\text{LD}} = \sum\limits_{i=1}^{k} S_i$,可以由此检验计算结果是否正确。

网络各段线路的电抗和电阻的比值都相等的网络称为均一电力网,而电力系统设计往往采用均一网络。在两端供电的均一电力网中,若供电点的电压也相等,则式(3-28)便简化为

$$\begin{cases} S_{a1} = \dfrac{\sum\limits_{i=1}^{k} S_i R_i \left(1 - j\dfrac{X_i}{R_i}\right)}{R_\Sigma \left(1 - j\dfrac{X_\Sigma}{R_\Sigma}\right)} = \dfrac{\sum\limits_{i=1}^{k} S_i R_i}{R_\Sigma} = \dfrac{\sum\limits_{i=1}^{k} P_i R_i}{R_\Sigma} + j\dfrac{\sum\limits_{i=1}^{k} Q_i R_i}{R_\Sigma} \\ S_{bk} = \dfrac{\sum\limits_{i=1}^{k} S_i R'_i}{R_\Sigma} = \dfrac{\sum\limits_{i=1}^{k} P_i R'_i}{R_\Sigma} + j\dfrac{\sum\limits_{i=1}^{k} Q_i R'_i}{R_\Sigma} \end{cases} \quad (3\text{-}29)$$

由此可见在均一电力网中有功功率和无功功率的分布彼此无关,而且可以只利用各线段的电阻(或电抗)分别计算。对于各段单位长度的阻抗值都相等的均一网络,式(3-28)便可以简化为

第 3 章 简单电力系统的潮流计算

$$\begin{cases} S_{\mathrm{a}1} = \dfrac{\sum\limits_{i=1}^{k} S_i \overset{*}{Z}_0 l_i}{\overset{*}{Z}_0 l_\Sigma} = \dfrac{\sum\limits_{i=1}^{k} S_i l_i}{l_\Sigma} = \dfrac{\sum\limits_{i=1}^{k} P_i l_i}{l_\Sigma} + \mathrm{j}\dfrac{\sum\limits_{i=1}^{k} Q_i l_i}{l_\Sigma} \\ S_{\mathrm{b}k} = \dfrac{\sum\limits_{i=1}^{k} S_i l'_i}{l_\Sigma} = \dfrac{\sum\limits_{i=1}^{k} P_i l'_i}{l_\Sigma} + \mathrm{j}\dfrac{\sum\limits_{i=1}^{k} Q_i l'_i}{l_\Sigma} \end{cases} \quad (3\text{-}30)$$

式中,Z_0 为单位长度的阻抗,l_Σ 为整条线路的总长度,l_i 和 l'_i 分别为从第 i 个负荷点到供电点 a 和 b 的长度。

式(3-30)表明,在这种均一电力网中,有功功率和无功功率分布只由各段线路的长度来决定,计算得到了极大简化。

3.4.2 不含变压器的简单环网

简单环网是指每一节点都只同两条支路相接的环形网络,例如图 3-14 所示的网络,功率从节点 1 流向节点 2 和节点 3。

单电源供电的简单环网可以在电源点拆开看作是供电点电压相等的两端供电网络。图 3-14 网络就从节点 1 拆开,再采用两端供电网络的潮流计算方法来处理,由式(3-28)得到如下功率分布:

$$\begin{cases} S_{12} = \dfrac{S_3 \overset{*}{Z}_{13} + S_2(\overset{*}{Z}_{13} + \overset{*}{Z}_{23})}{\overset{*}{Z}_{12} + \overset{*}{Z}_{23} + \overset{*}{Z}_{13}} \\ S_{13} = \dfrac{S_2 \overset{*}{Z}_{12} + S_3(\overset{*}{Z}_{12} + \overset{*}{Z}_{23})}{\overset{*}{Z}_{12} + \overset{*}{Z}_{23} + \overset{*}{Z}_{13}} \end{cases} \quad (3\text{-}31)$$

显然,由于拆开的两个电源点实际为同一点,它们的电压一定相等,因此不存在循环功率,即 $S_{\mathrm{c}} = 0$。

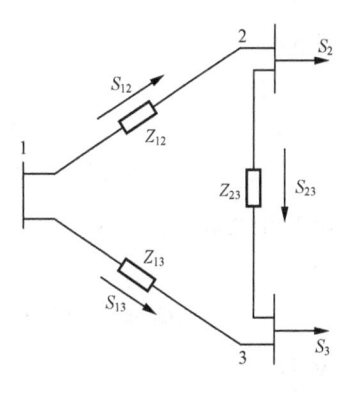

图 3-14 简单环网的功率分布

可以看出,功率在环形网络中是与阻抗成反比分布的,这种分布称为功率的自然分布。

此外,当简单环网中存在多个电源点时给定功率的电源点可以当作负荷点处理,而把给定电压的电源点都一分为二,这样便得到若干个已知供电点电压的两端供电网络。再采用两端供电网络的潮流计算方法来处理。

例 3-2 110kV 环网示于图 3-15(a),导线型号均为 LGJ-95,已知:线路 AB 段为 40km,AC 段为 30km,BC 段为 30km;LGJ-95 导线参数:$r_0=0.33\Omega/\mathrm{km}$,$x_0=0.429\Omega/\mathrm{km}$,$b_0=2.65\times10^{-6}\mathrm{S/km}$。变电站负荷为 $S_{\mathrm{LDB}}=20+\mathrm{j}15\mathrm{MV}\cdot\mathrm{A}$,$S_{\mathrm{LDC}}=10+\mathrm{j}10\mathrm{MV}\cdot\mathrm{A}$;电源点 A 点电压为 115kV。试求 B、C 点的电压;A 点所需注入功率以及电网的功率分布。

解 (1) 计算参数及运算负荷。从母线 A 将环网拆为两端供电网络,如图 3-15(b)所示。
计算线路参数如下:
线路 AB

$$R_{\mathrm{AB}} = 0.33 \times 40 = 13.2(\Omega)$$
$$X_{\mathrm{AB}} = 0.429 \times 40 = 17.16(\Omega)$$
$$\frac{1}{2}B_{\mathrm{AB}} = 0.5 \times 2.65 \times 10^{-6} \times 40 = 0.53 \times 10^{-4}(\mathrm{S})$$

(a) 网络接线

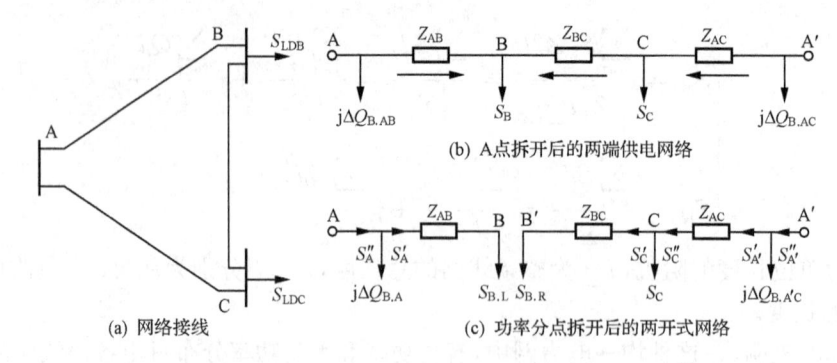

(b) A点拆开后的两端供电网络

(c) 功率分点拆开后的两开式网络

图 3-15 例 3-3 环网及其等值电路

线路 AC

$$R_{AC} = 0.33 \times 30 = 9.9(\Omega)$$

$$X_{AC} = 0.429 \times 30 = 12.87(\Omega)$$

$$\frac{1}{2}B_{AC} = 0.5 \times 2.65 \times 10^{-6} \times 30 = 0.398 \times 10^{-4}(S)$$

线路 BC

$$R_{BC} = 0.33 \times 30 = 9.9(\Omega)$$

$$X_{BC} = 0.429 \times 30 = 12.87(\Omega)$$

$$\frac{1}{2}B_{BC} = 0.5 \times 2.65 \times 10^{-6} \times 30 = 0.398 \times 10^{-4}(S)$$

计算线路电容功率如下：

AB 段

$$j\Delta Q_{B.AB} = -U_N^2 \times \frac{1}{2}B_{AB} = -110^2 \times 0.53 \times 10^{-4} = -0.641(\text{Mvar})$$

AC 段

$$j\Delta Q_{B.AC} = -U_N^2 \times \frac{1}{2}B_{AC} = -110^2 \times 0.398 \times 10^{-4} = -0.482(\text{Mvar})$$

BC 段

$$j\Delta Q_{B.BC} = j\Delta Q_{B.AC} = -0.482\text{Mvar}$$

计算各点运算负荷

$$S_B = S_{LDB} + j\Delta Q_{B.AB} - j\Delta Q_{B.AC} = 20 + j(15 - 0.641 - 0.482)$$
$$= 20 + j13.877(\text{MV·A})$$

$$S_C = S_{LDC} + j\Delta Q_{B.AC} + j\Delta Q_{B.BC} = 10 + j(10 - 0.482 - 0.482)$$
$$= 10 + j9.036(\text{MV·A})$$

(2) 计算功率分点。求不计功率损耗时的近似计算功率分布，因为网络是均一网络，故

$$P_{AB} = \frac{\sum P_i l_i}{l_\Sigma} = \frac{20 \times 60 + 10 \times 30}{100} = 15(\text{MW})$$

$$P_{A'C} = \frac{\sum P_i l_i}{l_\Sigma} = \frac{10 \times 70 + 20 \times 40}{100} = 15(\text{MW})$$

$$P_{CB} = 15 - 10 = 5(\text{MW})$$

$$Q_{AB} = \frac{\sum Q_i l_i}{l_\Sigma} = \frac{13.877 \times 60 + 9.036 \times 30}{100} = 11.037(\text{Mvar})$$

$$Q_{A'C} = \frac{9.036 \times 70 + 13.877 \times 40}{100} = 11.876(\text{Mvar})$$

$$Q_{CB} = 2.840 \text{Mvar}$$

因为 P_{CB} 和 Q_{CB} 都大于 0,所以有功功率和无功功率的分点都在节点 B。在 B 点把原网络分成两个开式网,如图 3-15(c)所示。左侧网络末端功率 $S'_{BL}=15+\text{j}11.037\text{MV}\cdot\text{A}$,右侧网络末端功率 $S'_{BR}=5+\text{j}2.840\text{MV}\cdot\text{A}$。经验算,$S'_{BL}+S'_{BR}=20+\text{j}13.877\text{MV}\cdot\text{A}$,等于 S_B。

以下对两个开式网分别进行潮流计算。

(3) A-B 网络潮流计算。由于已知首端电压和末端功率,因此采用迭代计算方法,只作一次迭代。

第一步:B 到 A 推功率,B 点电压初值用额定电压 110kV。

$$\Delta S_{AB} = \frac{P'^2_{BL}+Q'^2_{BL}}{U_B^2}(R_{AB}+\text{j}X_{AB}) = \frac{15^2+11.037^2}{110^2} \times (13.2+\text{j}17.16)$$

$$= 0.378+\text{j}0.492(\text{MV}\cdot\text{A})$$

$$S'_A = S'_{BL}+\Delta S_{AB} = (15+\text{j}11.037)+(0.378+\text{j}0.492)$$

$$= 15.378+\text{j}11.529(\text{MV}\cdot\text{A})$$

第二步:A 到 B 推电压。

$$\Delta U_{AB} = \frac{P'_A R_{AB}+Q'_A X_{AB}}{U_A} + \text{j}\frac{P'_A X_{AB}-Q'_A R_{AB}}{U_A}$$

$$= \frac{15.378 \times 13.2 + 11.529 \times 17.16}{115} + \text{j}\frac{15.378 \times 17.16 - 11.529 \times 13.2}{115}$$

$$= 3.486+\text{j}0.971(\text{kV})$$

$$U_B = \sqrt{(115-3.486)^2+0.971^2} = 111.518(\text{kV})$$

上述两步已完成第一次迭代,第二次迭代采用第一次迭代求得的 B 点电压计算。
重复以上两步,迭代多次后所得到的 U_B 和 S'_A 为最终结果,本例题只迭代一次。

$$S''_A = S'_A + \text{j}\Delta Q_{BAB} = (15.378+\text{j}11.529) - \text{j}0.641$$

$$= 15.378+\text{j}10.888(\text{MV}\cdot\text{A})$$

(4) A'-C-B' 网络潮流计算。

第一步:B' 到 C 推功率,B' 点电压初值用额定电压 110kV。

$$\Delta S_{B'C} = \frac{P'^2_{BR}+Q'^2_{BR}}{U^2_{B'}}(R_{B'C}+\text{j}X_{B'C}) = \frac{5^2+2.840^2}{110^2} \times (9.9+\text{j}12.87)$$

$$= 0.027+\text{j}0.035(\text{MV}\cdot\text{A})$$

$$S'_C = S'_{BR}+\Delta S_{B'C} = (5+\text{j}2.840)+(0.027+\text{j}0.035)$$

$$= 5.027+\text{j}2.875(\text{MV}\cdot\text{A})$$

第二步:C 到 A' 推功率。

$$S''_C = S'_C + S_C = (5.027+\text{j}2.875)+(10+\text{j}9.036)$$

$$= 15.027+\text{j}11.911(\text{MV}\cdot\text{A})$$

$$\Delta S_{CA'} = \frac{P''^2_C+Q''^2_C}{U_C^2}(R_{CA'}+\text{j}X_{CA'}) = \frac{15.027^2+11.911^2}{110^2} \times (9.9+\text{j}12.87)$$

$$= 0.301+\text{j}0.391(\text{MV}\cdot\text{A})$$

$$S'_{A'} = S''_C+\Delta S_{CA'} = (15.027+\text{j}11.911)+(0.301+\text{j}0.391)$$

$$= 15.328+\text{j}12.302(\text{MV}\cdot\text{A})$$

第三步:A' 到 C 推电压。

$$\Delta U_{A'C} = \frac{P'_{A'} R_{A'C}+Q'_{A'} X_{A'C}}{U_{A'}} + \text{j}\frac{P'_{A'} X_{A'C}-Q'_{A'} R_{A'C}}{U_{A'}}$$

$$= \frac{15.328 \times 9.9 + 12.302 \times 12.87}{115} + \text{j}\frac{15.328 \times 12.87 - 12.302 \times 9.9}{115}$$

$$= 2.696+\text{j}0.656(\text{kV})$$

$$U_C = \sqrt{(115-2.696)^2 + 0.656^2} = 112.306(\text{kV})$$

第四步：C 到 B′ 推电压。

$$\Delta U_{B'C} = \frac{P'_C R_{B'C} + Q'_C X_{B'C}}{U_C} + j\frac{P'_C X_{B'C} - Q'_C R_{B'C}}{U_C}$$

$$= \frac{5.027 \times 9.9 + 2.875 \times 12.87}{112.306} + j\frac{5.027 \times 12.87 - 2.875 \times 9.9}{112.306}$$

$$= 0.773 + j0.323(\text{kV})$$

$$U_{B'} = \sqrt{(112.306-0.773)^2 + 0.323^2} = 111.534(\text{kV})$$

以上完成第一次迭代，第二次迭代采用第一次迭代求得的 B′ 点电压计算。

重复以上两步，迭代多次后所得到的 U_B 和 S'_A 为最终结果，本例题只迭代一次。

$$S''_{A'} = S'_{A'} + j\Delta Q_{B\,AC} = (15.328 + j12.302) - j0.482$$

$$= 15.328 + j11.820(\text{MV·A})$$

A 点注入功率为

$$S''_A + S''_{A'} = (15.378 + j10.888) + (15.328 + j11.820)$$

$$= 30.706 + j22.708(\text{MV·A})$$

值得注意的是，两侧开式网络所求得的 B 点电压并不完全相等，但误差很小，可取任一端求得的电压作为 B 点电压。

可以看出，环网先被拆解为两端供电网络，两端供电网络又被拆解为两个开式网络，问题逐步得到求解。这种试图将未知问题转换为一个已知问题，再利用已知问题的解决方法来求解是科学研究的一个常用手段。

潮流的可视化展示

3.4.3 含变压器的简单环网

变电站内一般都有多台变压器，变压器并列运行时从高压侧母线到低压侧母线就构成了含变压器的环网。图 3-16(a)为两台升压变压器并列运行的接线图，两台变压器实际变比分别为 k_1 和 k_2。忽略励磁支路的等值电路见图 3-16(b)。该网络的潮流计算方法也是先将等值电路从 A 点拆开，得到如图 3-16(c)所示的只有一个负荷节点的两端供电网络。

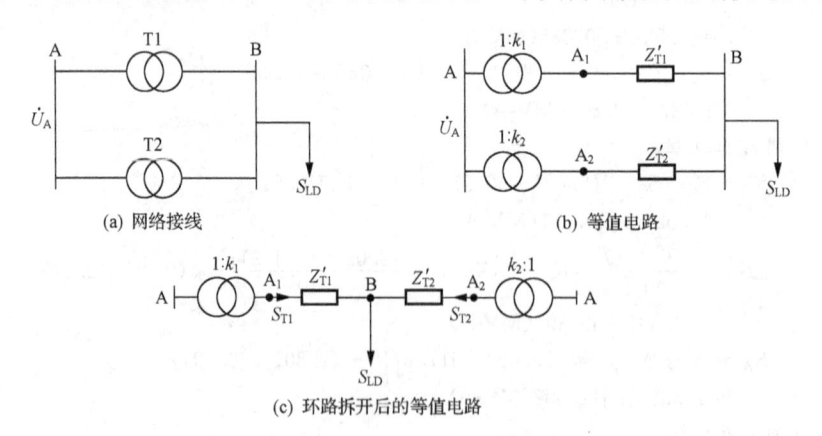

(a) 网络接线

(b) 等值电路

(c) 环路拆开后的等值电路

图 3-16 变压器并列运行时的功率分布

已知变压器一次侧的实际电压 $\dot{U}_A$，有 $\dot{U}_{A1} = k_1\dot{U}_A$ 和 $\dot{U}_{A2} = k_2\dot{U}_A$。两端功率根据公式(3-28)可得

$$\begin{cases} S_{T1} = \dfrac{\overset{*}{Z}'_{T2} S_{LD}}{\overset{*}{Z}'_{T1}+\overset{*}{Z}'_{T2}} + \dfrac{(\overset{*}{U}_{A1}-\overset{*}{U}_{A2})U_{N\cdot H}}{\overset{*}{Z}'_{T1}+\overset{*}{Z}'_{T2}} \\ S_{T2} = \dfrac{\overset{*}{Z}'_{T1} S_{LD}}{\overset{*}{Z}'_{T1}+\overset{*}{Z}'_{T2}} + \dfrac{(\overset{*}{U}_{A2}-\overset{*}{U}_{A1})U_{N\cdot H}}{\overset{*}{Z}'_{T1}+\overset{*}{Z}'_{T2}} \end{cases} \tag{3-32}$$

式中，$U_{N\cdot H}$ 为高压侧的额定电压。

假定循环功率方向从 A_1 到 A_2，则循环功率为

$$S_c = \dfrac{(\overset{*}{U}_{A1}-\overset{*}{U}_{A2})U_{N\cdot H}}{\overset{*}{Z}'_{T1}+\overset{*}{Z}'_{T2}} = \dfrac{\Delta \overset{*}{E}' U_{N\cdot H}}{\overset{*}{Z}'_{T1}+\overset{*}{Z}'_{T2}} \tag{3-33}$$

$\Delta \dot{E}'$ 称为环路电势

$$\Delta \dot{E}' = \dot{U}_{A1} - \dot{U}_{A2} = \dot{U}_A(k_1-k_2) = \dot{U}_A k_2\left(\dfrac{k_1}{k_2}-1\right) \tag{3-34}$$

当并列运行的两变压器的变比相等时，环路电势和循环功率均等于零。当变压器的变比不等时，环路电势和循环功率将产生，且二者的作用方向是一致的。

环路电势的计算可由环路的开口电压确定，既可在高压侧开口，也可在低压侧开口，但应与阻抗归算的电压等级一致，分别如图 3-17(a)、(b)所示。

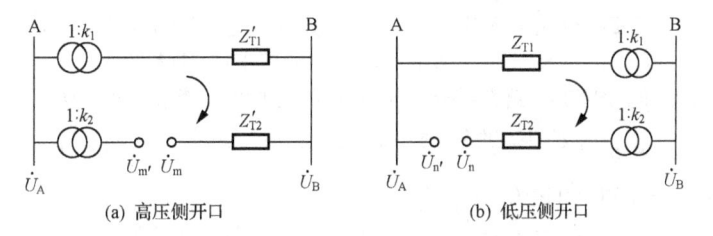

图 3-17 环路电势

归算到高压侧时

$$\Delta \dot{E}' = \dot{U}_m - \dot{U}_{m'} = \dot{U}_A(k_1-k_2) = \dot{U}_{m'}\left(\dfrac{k_1}{k_2}-1\right) = \dot{U}_{m'}(k_\Sigma - 1) \tag{3-35}$$

归算到低压侧时

$$\Delta \dot{E}' = \dot{U}_n - \dot{U}_{n'} = \dot{U}_{n'}\left(\dfrac{k_1}{k_2}-1\right) = \dot{U}_{n'}(k_\Sigma - 1) \tag{3-36}$$

式(3-35)和式(3-36)中的 $k_\Sigma = k_1/k_2$，称为环路的等值变比。如果 $\dot{U}'_{m'}$ 和 $\dot{U}_{n'}$ 未知，也可分别以相应电压级的额定电压 $U_{N\cdot H}$ 和 $U_{N\cdot L}$ 代替，于是循环功率变为

$$S_c \approx \dfrac{U_{N\cdot H}^2 (k_\Sigma - 1)}{\overset{*}{Z}'_{T1}+\overset{*}{Z}'_{T2}} \approx \dfrac{U_{N\cdot L}^2 (k_\Sigma - 1)}{\overset{*}{Z}_{T1}+\overset{*}{Z}_{T2}}$$

例 3-3 如图 3-18 所示为电源经两台变压器和线路向负荷供电的两级电压环形网络，变压器变比分别为 T1：$k_1=110/10$，T2：$k_2=116/10$，变压器归算到低压侧的阻抗与线路阻抗之和为 $Z_{T1}=Z_{T2}=j2\Omega$，导纳忽略不计。已知用户负荷为 $S_L=16+j12$ MV·A，低压侧母线电压为 10kV，求功率分布及高压侧电压。

解 本题采用本节所讲的近似方法进行计算。

(1) 假设变压器变比相等，因两台变压器阻抗相等，故

$$S_a = S'_a = \dfrac{1}{2} \times (16+j12) = 8+j6 (\text{MV·A})$$

(a) 网络接线

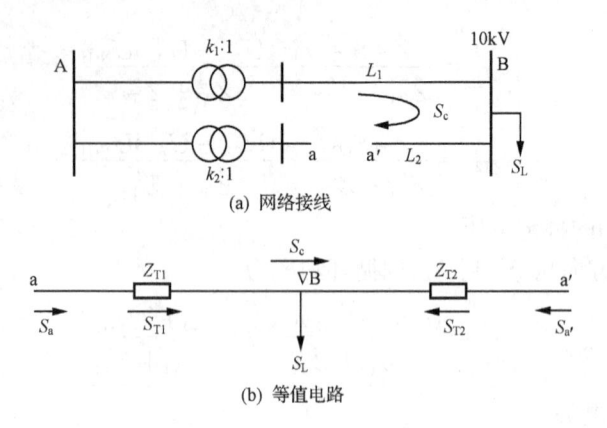

(b) 等值电路

图 3-18 例 3-3 的环形网络及等值电路

(2) 求循环功率。在 aa' 将网络断开，则 a' 点电压为 10kV，而 a 点电压为 $10 \times k_1/k_2$，由两端电压降落引起的循环功率为

$$S_c = \frac{U_N \left(U_{a'} - U_B \frac{k_1}{k_2}\right)}{Z_{T1} + Z_{T2}} = \frac{10 \times \left(10 - 10 \times \frac{110}{116}\right)}{-j2 - j2} = j1.29 (\text{MV·A})$$

(3) 循环功率的方向如图 3-18(b) 所示，于是可得网络的实际功率分布

$$S_{T1} = S_a + S_c = 8 + j6 + j1.29 = 8 + j7.29 (\text{MV·A})$$
$$S_{T2} = S_a - S_c = 8 + j6 - j1.29 = 8 + j4.71 (\text{MV·A})$$

(4) 计算高压侧电压。忽略电压降落横分量时，阻抗 Z_{T1} 上的电压降落纵分量为

$$\Delta U_{T1} = \frac{P_{T1} R_{T1} + Q_{T1} X_{T1}}{U_B} = \frac{8 \times 0 + 7.29 \times 2}{10} = 1.46 (\text{kV})$$

始端 A 点归算到低压侧的电压为

$$U'_A = U_B + \Delta U_{T1} = 10 + 1.46 = 11.46 (\text{kV})$$

则高压侧的实际电压为

$$U_A = kU'_A = \frac{110}{10} \times 11.46 = 126 (\text{kV})$$

(5) 计算功率损耗及始端 A 点的功率。

在 B 点(功率分点)将环形网络拆开为两个开式网，两个阻抗中的功率损耗为

$$\Delta S_{T1} = \frac{P_{T1}^2 + Q_{T1}^2}{U_N^2} Z_{T1} = \frac{8^2 + 7.29^2}{10^2} \times j2 = j2.34 (\text{MV·A})$$

$$\Delta S_{T2} = \frac{P_{T2}^2 + Q_{T2}^2}{U_N^2} Z_{T2} = \frac{8^2 + 4.71^2}{10^2} \times j2 = j1.72 (\text{MV·A})$$

始端 A 点的总功率为

$$S_A = S_L + \Delta S_{T1} + \Delta S_{T2} = 16 + j12 + j2.34 + j1.72$$
$$= 16 + j16.06 (\text{MV·A})$$

在含多电压等级环网中，环路电势和循环功率确定方法如下：首先将环路的等值变比 k_Σ 设为1，从环路的任一点出发，沿选定的环路方向绕行一周，每经过一个变压器，遇电压升高乘以变比，遇电压降低则除以变比，回到出发点时，k_Σ 就计算完毕。然后计算环路电势和循环功率，公式为

$$\Delta \dot{E} \approx U_N (k_\Sigma - 1) \tag{3-37}$$

$$\overset{*}{S}_c \approx \frac{\Delta \overset{*}{E} U_N}{\overset{*}{Z}_\Sigma} \tag{3-38}$$

式中,$\check{Z}_\Sigma$ 为环网总阻抗的共轭值,U_N 是归算参数的电压等级的额定电压。可见,若 $k_\Sigma=1$,则 $\Delta \dot{E}$ 和 S_c 都为零,表明在环网中运行的各变压器的变比是相匹配的;若 $k_\Sigma \neq 1$,则出现循环功率,表明此时变压器的变比是不匹配的。

以下以图 3-19 所示有三级电压的环网为例说明计算过程。

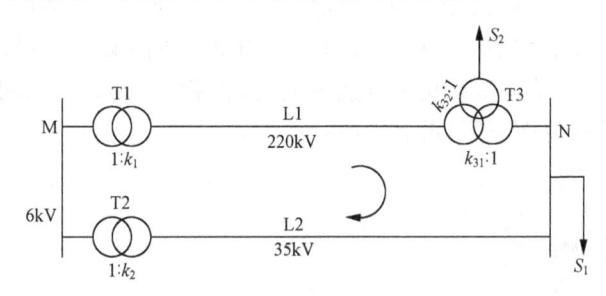

图 3-19 三级电压的环网

发电机端 6kV 母线经两台不同的升压变压器连入系统,变压器 T1、T2、T3 的变比分别为 $k_1=242/6.3$,$k_2=37.5/6.3$,$k_{31}=220/37.5$,$k_{32}=220/121$。环路电势作用方向选为顺时针方向,计算 k_Σ。

将 k_Σ 的初值设为 1,然后从母线 N 点出发顺时针方向绕行一周,首先经过变压器 T2,电压降低,除以变比 k_2 后得 0.168;然后经过变压器 T1,电压升高,乘以变比 k_1 得 6.453;最后经过变压器 T3 回到母线 N,电压降低,再除以变比 k_{31},得到 $k_\Sigma=1.1$。该算例计算结果表明,k_Σ 大于 1,将出现顺时针方向的循环功率,环路中变压器的变比是不匹配的。

在电力系统运行中,也可以通过上述原理主动改变系统的功率分布,例如当环网中的功率分布在经济上不太合理时,可以调整变压器变比产生某一指定方向的循环功率来改善功率分布。

3.5 新型电力系统背景下的潮流计算

在新型电力系统中,新能源大规模开发、直流输电工程建设和电力电子装置大量应用对系统潮流带来较大的影响,特别是分布式电源接入彻底改变了配电网单向潮流的特征。风光出力的不确定性、交直流混合电网以及电力电子的灵活控制策略,使潮流计算也变得更复杂。本节主要从分布式电源和交直流混合电网两方面,简要介绍新型电力系统背景下潮流计算面临的问题与解决方法。

3.5.1 考虑分布式电源的配电网时序潮流计算

光伏、风电等分布式电源正在广泛接入配电网,这使传统配电网由无源网络变为有源网络,单向潮流变为双向潮流,对电压和网损也产生重要影响。因此,有必要分析含分布式电源的配电网潮流。

对于那些主要提供能量而不参与电网电压控制的分布式电源,可近似认为其发出的有功功率和无功功率是已知的。由于其功率流向与负荷功率相反,为简化计算,将分布式电源当作负的负荷,与接入节点的原有负荷功率叠加得到节点净功率,视为 PQ 节点再进行潮流计算。如果分布式电源参与调压且能保持节点电压恒定,则视为 PV 节点。对于含有分布式电源的配电网,平衡节点一般仍然是连接上级电源的节点。

时序潮流不仅能得到单一时刻的系统运行状态,还能连续跟踪一段时间内的系统运行状态。时序潮流考虑了随时间变化的负荷和发电功率,计算确定某一时间段内的节点电压、网络功率分布和系统损耗等数据。

某晴天光伏时序出力曲线如图 3-20 所示。从太阳升起时,光伏电源开始出力,接着光伏输出功率随光照强度的增加而平稳上升,并于中午前后到达峰值。此时,光伏电源功率与负荷功率叠加后,该接入节点负荷功率可能为负值,潮流可能由该节点向前反送。午后光伏出力随着光照强度的降低而下降,没有光照后变为 0。

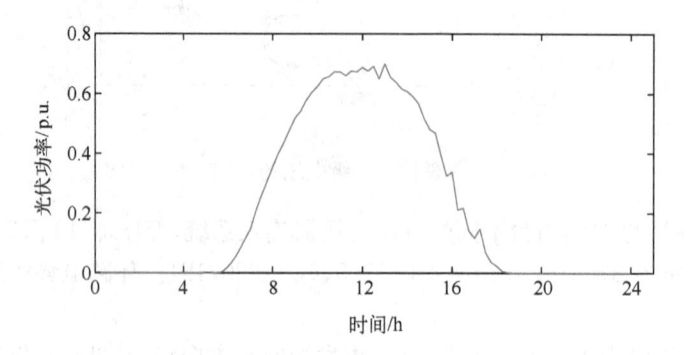

图 3-20 光伏出力日曲线

随着不同时刻分布式电源的出力变化,节点电压分布也随之变化,以图 3-21 的一回典型 10kV 配电网馈线为例分析。

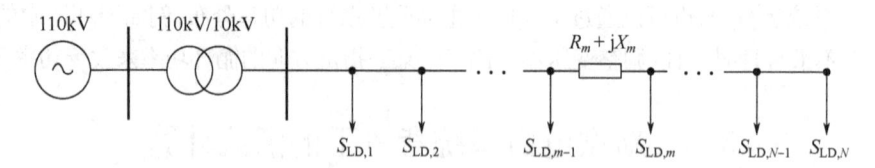

图 3-21 典型 10kV 馈线

忽略功率损耗,仅分析各节点间电压关系。线路上任意两相邻节点间电压降落纵分量以及 m 节点的电压幅值分别如式(3-39)与式(3-40)所示:

$$\Delta U_m = \frac{\sum_{i=m}^{N} P_{LD,i} R_m + \sum_{i=m}^{N} Q_{LD,i} X_m}{U_{m-1}} \quad (3-39)$$

$$U_m = U_0 - \sum_{i=1}^{m} \frac{\sum_{j=i}^{N} P_{LD,j} R_j + \sum_{j=i}^{N} Q_j X_{LD,j}}{U_{i-1}} \quad (3-40)$$

假设在 n 节点处装设容量为 S_{DG} 的分布式电源并保持以功率因数 1.0 并网运行。因此,此时 n 节点的净负荷大小为 $(P_{LD,n} - P_{PV}) + jQ_{LD,n}$。此时,按照节点 n 相对 m 的接入位置,具体分析分布式电源接入对节点 m 的影响。

1)节点 n 位于节点 m 下游

此时,m 点电压以及 $m-1$ 节点与 m 节点之间的电压降落纵分量可分别由式(3-41)与式(3-42)计算得到：

$$U_{m1} = U_0 - \sum_{i=1}^{m} \frac{R_i (\sum_{j=i}^{N} P_{\text{LD},j} - P_{\text{DG}}) + X_i \sum_{j=i}^{N} Q_{\text{LD},j}}{U_{i-1}} \tag{3-41}$$

$$\Delta U_{m1} = \frac{R_m (\sum_{i=m}^{N} P_{\text{LD},i} - P_{\text{DG}}) + X_m \sum_{i=m}^{N} Q_{\text{LD},i}}{U_{m-1}} \tag{3-42}$$

2) 节点 n 位于节点 m 上游

此时，m 点电压以及 $m-1$ 节点与 m 节点之间的电压降落纵分量可分别由式(3-43)与式(3-44)计算得到：

$$U_{m1} = U_0 - \sum_{i=1}^{n} \frac{R_i (\sum_{j=i}^{N} P_{\text{LD},j} - P_{\text{DG}}) + X_i \sum_{j=i}^{N} Q_{\text{LD},j}}{U_{i-1}} - \sum_{i=n}^{m} \frac{R_i \sum_{j=i}^{N} P_{\text{LD},j} + X_i \sum_{j=i}^{N} Q_{\text{LD},j}}{U_{i-1}} \tag{3-43}$$

$$\Delta U_{m1} = \frac{R_m \sum_{i=m}^{N} P_{\text{LD},i} + X_m \sum_{i=m}^{N} Q_{\text{LD},i}}{U_{m-1}} \tag{3-44}$$

综合分析上述情况，分布式电源接入后配电网各节点电压的分布变化情况总体上可分为三类：

(1) 分布式电源出力较小、小于安装节点负荷功率。线路各节点电压由首节点开始逐渐减低，但总体降低幅度较低、趋势更加平稳。

(2) 分布式电源出力大于安装节点下游馈线总体负荷需求。在分布式电源安装节点前节点电压逐渐降低，在分布式电源安装节点处电压抬升后继续逐渐降低。

(3) 分布式电源出力大于所在馈线整体负荷需求。此时馈线由电源安装节点发生功率倒送，电源安装节点电压为极大值，由该节点向线路两侧电压幅值开始逐步下降。

例 3-4 展示了含分布式光伏配电网的时序潮流计算过程。

例 3-4 10kV 配电网络的电网结构如图 3-22 所示。分布式光伏接入 3 节点，已知线路参数如下：$Z_{12} = 1.2 + \text{j}2.4\Omega$，$Z_{23} = 1.0 + \text{j}2.0\Omega$，$Z_{24} = 1.5 + \text{j}3.0\Omega$。光伏时序曲线和各节点负荷时序曲线如图 3-23 所示。设母线 1 的电压为 10kV，分布式光伏的功率因数为 0.95，节点 2 负荷功率因数为 0.83，节点 3 负荷功率因数为 0.86，节点 4 负荷功率因数为 0.8，线路始端功率允许误差为 0.3%。下面分别针对 13 时、16 时和 20 时，计算不同时刻的功率和电压。

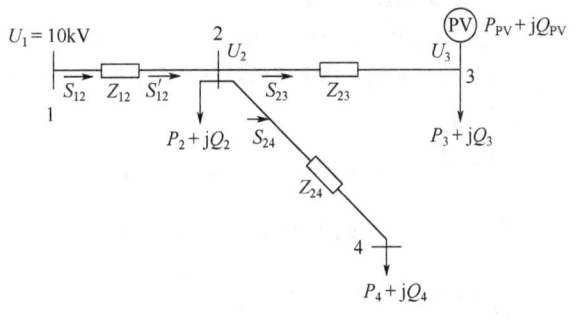

图 3-22 例 3-4 网络结构

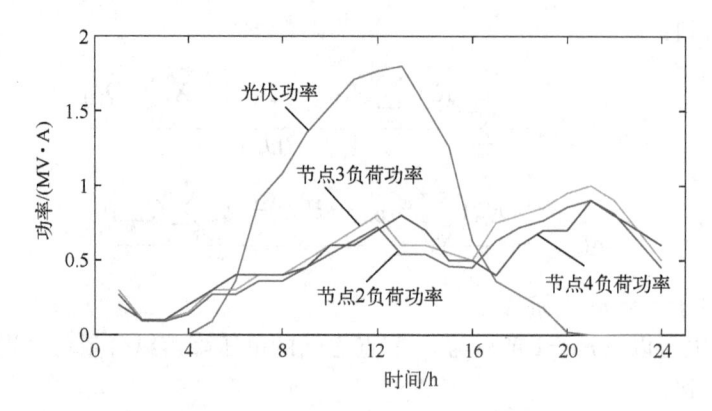

图 3-23 分布式光伏和各节点时序功率曲线

解 (1) 假设各节点电压均为额定电压,功率损耗计算的支路顺序为 3-2、4-2、2-1,第一轮计算依上列支路顺序计算各支路的功率损耗和功率分布。

由时序功率曲线可知,13 时光伏功率为 $S_{PV}=1.71+j0.5620 \text{MV·A}$,节点 2 负荷功率为 $S_2=0.4493+j0.2995 \text{MV·A}$,节点 3 负荷功率为 $S_3=0.5145+j0.3087 \text{MV·A}$,节点 4 负荷功率为 $S_4=0.64+j0.48 \text{MV·A}$。

将节点 3 光伏功率等效为负的负荷功率并与原负荷功率进行叠加,得 $S_3'=-1.1955-j0.2533 \text{MV·A}$。

$$\Delta S_{23} = \frac{P_3'^2+Q_3'^2}{U_N^2}(R_{23}+jX_{23})$$
$$= \frac{1.1955^2+0.2533^2}{10^2} \times (1+j2) = 0.0149+j0.0299 (\text{MV·A})$$

$$\Delta S_{24} = \frac{P_4^2+Q_4^2}{U_N^2}(R_{24}+jX_{24})$$
$$= \frac{0.64^2+0.48^2}{10^2} \times (1.5+j3) = 0.0096+j0.0192 (\text{MV·A})$$

则

$$S_{23} = S_3'+\Delta S_{23} = -1.1806-j0.2234 \text{ MV·A}$$
$$S_{24} = S_4+\Delta S_{24} = 0.6496+j0.4992 \text{MV·A}$$
$$S_{12}' = S_{23}+S_{24}+S_2 = -0.0817+j0.5753 \text{MV·A}$$

又

$$\Delta S_{12} = \frac{P_{12}'^2+Q_{12}'^2}{U_N^2}(R_{12}+jX_{12}) = \frac{0.0817^2+0.5753^2}{10^2} \times (1.2+j2.4)$$
$$= 0.0041+j0.0081 (\text{MV·A})$$
$$S_{12} = S_{12}'+\Delta S_{12} = -0.0776+j0.5834 \text{MV·A}$$

(2) 用已知的线路始端电压 $U_1=10\text{kV}$ 及上述求得的线路始端功率 S_{12},按上列相反的顺序求出线路各点电压,计算中忽略电压降落横分量。

$$\Delta U_{12} = \frac{P_{12}R_{12}+Q_{12}X_{12}}{U_1} = 0.1307\text{kV} \Rightarrow U_2 \approx U_1-\Delta U_{12} = 9.8693\text{kV}$$

$$\Delta U_{24} = \frac{P_{24}R_{24}+Q_{24}X_{24}}{U_2} = 0.2505\text{kV} \Rightarrow U_4 \approx U_2-\Delta U_{24} = 9.6188\text{kV}$$

$$\Delta U_{23} = \frac{P_{23}R_{23}+Q_{23}X_{23}}{U_2} = -0.1649\text{kV} \Rightarrow U_3 \approx U_2-\Delta U_{23} = 10.0342\text{kV}$$

(3) 根据上述求得的线路各点电压,重新计算各线路的功率损耗和线路始端功率。

$$\Delta S_{23} = \frac{1.1955^2 + 0.2533^2}{10.0342^2} \times (1+j2) = 0.0148 + j0.0297(\text{MV}\cdot\text{A})$$

$$\Delta S_{24} = \frac{0.64^2 + 0.48^2}{9.6188^2} \times (1.5+j3) = 0.0104 + j0.0208(\text{MV}\cdot\text{A})$$

故
$$S_{23} = S_3' + \Delta S_{23} = -1.1807 - j0.2236 \text{ MV}\cdot\text{A}$$
$$S_{24} = S_4 + \Delta S_{24} = 0.6504 + j0.5008 \text{MV}\cdot\text{A}$$

则
$$S_{12}' = S_{23} + S_{24} + S_2 = -0.0810 + j0.5766 \text{MV}\cdot\text{A}$$

又
$$\Delta S_{12} = \frac{0.0810^2 + 0.5766^2}{9.8693^2} \times (1.2+j2.4) = 0.0042 + j0.0084(\text{MV}\cdot\text{A})$$

从而可得线路始端功率
$$S_{12} = S_{12}' + \Delta S_{12} = -0.0768 + j0.5850 \text{MV}\cdot\text{A}$$

经过两轮迭代计算,结果与(1)所得的计算结果比较相差小于 0.3%,计算到此结束。最后一次迭代结果可作为最终计算结果。

不同时刻下各节点电压和光伏接入节点前支路功率和功率损耗如表 3-1 所示。

表 3-1 不同时刻下各节点电压和光伏接入节点前支路功率和功率损耗

时刻	13h	16h	20h
$S_{12}/(\text{MV}\cdot\text{A})$	$-0.0768+j0.5850$	$0.6186+j0.6378$	$2.1732+j1.5893$
$S_{23}/(\text{MV}\cdot\text{A})$	$-1.1807-j0.2236$	$-0.1694+j0.0612$	$0.8059+j0.5032$
$\Delta S_{12}/(\text{MV}\cdot\text{A})$	$0.0042+j0.0084$	$0.0095+j0.0189$	$0.0871+j0.1742$
$\Delta S_{23}/(\text{MV}\cdot\text{A})$	$0.0148+j0.0297$	$0.0003+j0.0007$	$0.0103+j0.0206$
U_2/kV	9.8693	9.7731	9.3579
U_3/kV	10.0342	9.778	9.1642
U_4/kV	9.6188	9.6168	9.1264

当光伏接入容量较大情况下,在正午光伏出力较大时(如 13h),可能会出现向上级电网倒送情况:光伏接入点前各支路潮流反向;接入点前各节点电压升高明显,末端电压高于首端电压;网络损耗可能会增加。

在光伏接入点源荷匹配时刻(如 16h),接入点净功率将显著降低。光伏接入点前支路损耗降低;光伏接入点前节点电压相对无光伏时升高。

在夜间光伏出力很小或不发电(如 20h),由于负荷达到峰值,导致上级电网向下传输功率较大;线路末端电压较低;网络损耗较大。

3.5.2 简单交直流混合网络的潮流计算

直流电源和直流负荷大量出现,电力电子柔性直流输配电技术不断发展,推动了直流电网的发展,与现有交流网络结合形成了交直流混合网络。交直流混合系统除含有交流节点外,还有直流节点和换流器。换流器属于电力电子设备,其控制策略是潮流计算中必须考虑的因素。本节的潮流计算方法是基于前面纯交流系统手工潮流计算方法的扩展。

1. 换流器的稳态模型

换流器是实现交流系统和直流系统互联的关键设备。换流器是电力电子装置。换流器直流侧一般并联有较大的直流滤波电容,稳定运行情况下直流侧电压平稳,换流器交流侧出口调制电压三相对称。

电压源型换流器因具有灵活可控性和双向潮流的特点而受到广泛应用,图 3-24 给出了基于 IGBT 的换流器模型结构。$U_{\text{VSC,dc}}$、$I_{\text{VSC,dc}}$、$P_{\text{VSC,dc}}$ 分别为换流器直流侧电压、电流和功率,$\dot{E}_{\text{VSC}}$ 为换流器出口调制电压,$\dot{U}_{\text{VSC,ac}}$ 为换流器交流侧并网电压,$P_{\text{VSC,ac}}$、$Q_{\text{VSC,ac}}$ 为换流器注入网络的有功功率和无功功率,R_{VSC} 为换流器出口处交流电阻,X_{VSC} 为换流器出口处交流电抗。

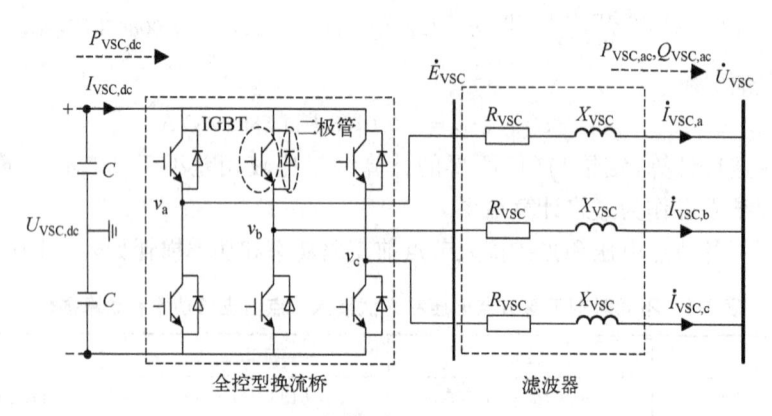

图 3-24 电压源型换流器模型结构

换流器交流侧出口电压幅值与直流侧电压存在如下关系:

$$E_{\text{VSC}} = \frac{\sqrt{3}}{2\sqrt{2}} M U_{\text{VSC,dc}} \tag{3-45}$$

式中,M 是换流器的调制系数,是换流器的重要控制参数。

换流器在运行过程中会产生能量损耗,有功损耗大小与传输的功率大小、电流值大小相关,可近似认为换流器的有功损耗与流过换流器的有功功率成正比例关系,进而得到换流器的运行效率。

$$P_{\text{loss}} = \eta P_{\text{VSC}} \tag{3-46}$$

式中,η 为换流器的损耗系数,取值范围一般为 1%～10%,P_{VSC} 取换流器的流入功率。

2. 简单交直流混合网络的潮流计算

交直流混合系统区别于纯交流系统,除含有交流节点外,还有换流器直流节点,换流器的控制策略直接影响交流侧和直流侧在潮流计算中的节点类型。

通过对换流器的控制系统施加不同的控制信号,可以对直流侧电压、换流器调制系数、交流侧有功功率、无功功率、电压幅值、电压相角等变量进行灵活控制,由于这些变量存在耦合关系,一般同时控制其中的两个状态量,根据控制状态量的不同,存在表 3-2 中的多种控制方式。其中,采用 MΦ 控制时,换流器的调制系数为控制量,此时只有换流器交流侧出口电压和直流侧电压之间的比例关系确定,换流器更像是一条支路,不适宜采用节点类型来描述。

表 3-2 换流器的控制方式

控制方式	控制变量	交流侧节点类型	直流侧节点类型
PQ 控制	交流侧有功功率和无功功率	PQ 节点	恒 P 节点
PU_{ac} 控制	交流侧有功功率和交流侧电压	PV 节点	恒 P 节点
$U_{dc}Q$ 控制	直流侧电压和交流侧无功功率	PQ 节点	恒 V 节点
$U_{dc}U_{ac}$ 控制	直流侧电压和交流侧电压	PV 节点	恒 V 节点
$U_{ac}\theta$ 控制	交流侧电压和交流侧相角	平衡节点	恒 P 节点
MΦ 控制	换流器调制参数幅值与相角	—	—

确定交流侧和直流侧的节点类型后,就可开展潮流计算。交直流混合网络的潮流计算以原有交流潮流计算方法为参照,在原有算法的基础上进一步拓展,如交替迭代法。交替迭代法可分解为以下 3 个环节:首先,以换流器为边界,把交直流混合网络划分为仅含交流设备的网络和仅含直流设备的网络;然后,根据换流器的控制策略对换流器进行等效处理,并分别对交流网络和直流网络开展潮流计算;最后,结合换流器控制策略判断前述潮流计算结果是否满足收敛条件,如果不满足,一般需要在交流网络和直流网络的边界处交互相关数据,并开展迭代计算,直至满足收敛条件。交替迭代法计算思路清晰,编程相对简单,可以将写好的直流程序模块直接添加到原有交流程序上,提高工作效率,但该方法收敛性较差。例 3-5 展示了 $U_{dc}Q$ 控制方式下,基于交替迭代法的简单交直流混合网络潮流计算。

例 3-5 某交直流混合配电网如图 3-25 所示,交流侧额定电压 10kV,直流侧额定电压 0.75kV,电压源型换流器的损耗系数为 5%。已知母线 1 的电压为 10.5kV,从上级系统获得电能后向交流负荷 S_2 和 S_3、直流负荷 P_5 供电。线路参数如下:$Z_{12} = 1.2 + j2.4\Omega$,$Z_{23} = 1.0 + j2.0\Omega$,$R_{45} = 0.2\Omega$。节点负荷功率如下:$S_2 = 0.3 + j0.2$MV·A,$S_3 = 0.5 + j0.3$MV·A,$P_5 = 0.2$MW。

对换流器交流侧无功功率和直流侧电压进行控制,将直流侧母线 4 的电压稳定在 0.8kV,当换流器交流侧的无功功率分别为 0 var 和 −0.5 Mvar 时,分别计算系统功率和电压分布、交流侧网损。线路始端功率允许误差 0.1%。

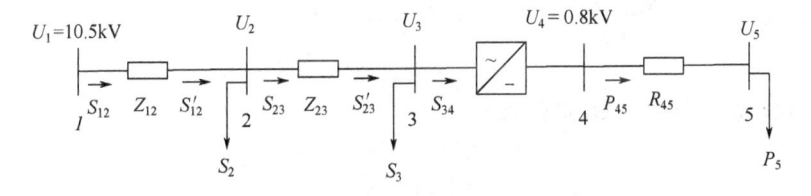

图 3-25 例 3-5 网络结构

解 将交直流混合网络划分为交流网络和直流网络,分别开展潮流计算。

(1)对直流网络开展潮流计算,此时已知首端电压和末端功率,采用类似交流网络的潮流计算方法。假设母线 5 电压为额定电压,计算支路 R_{45} 的功率损耗和功率分布。

$$\Delta P_{45} = \frac{P_5^2}{U_{dc,N}^2}R_{45} = \frac{0.2^2}{0.75^2} \times 0.2 = 0.0142(\text{MW})$$

$$P_{45} = P_5 + \Delta P_{45} = 0.2142\text{MW}$$

用已知的母线 4 电压 $U_4 = 0.8$kV 及上述功率分布,计算母线 5 的电压。

$$\Delta U_5 = \frac{P_{45}R_{45}}{U_4} = \frac{0.2142 \times 0.2}{0.8} = 0.0536(\text{kV}) \Rightarrow U_5 = 0.7464\text{kV}$$

经验算,一轮迭代计算已经能够满足误差要求。

(2) 计算流经换流器的功率。

换流器的有功功率从交流侧流入,从直流侧流出,当损耗系数为 5% 时,流入换流器的有功功率为

$$P_{\text{VSC}} = \frac{P_{45}}{1-\eta} = \frac{0.2142}{1-0.05} = 0.2255(\text{MW})$$

当换流器交流侧的无功功率为 0var 时,

$$S_{34} = P_{\text{VSC}} = 0.2255\text{MV·A}$$

当换流器交流侧的无功功率为 -0.5Mvar 时,

$$S_{34} = P_{\text{VSC}} + jQ_{\text{VSC}} = 0.2255 - j0.5\text{MV·A}$$

(3) 对交流网络开展潮流计算,此时已知首端电压和末端功率。

首先,计算 $S_{34} = P_{\text{VSC}} = 0.2255\text{MV·A}$ 时交流侧的功率和电压分布。

假设母线 2 和母线 3 的电压为额定电压,计算支路 Z_{12} 和 Z_{23} 的功率损耗和功率分布。

$$S'_{23} = S_{34} + S_3 = 0.7255 + j0.3\text{MV·A}$$

$$\Delta S_{23} = \frac{P'^2_{23} + Q'^2_{23}}{U^2_{\text{ac,N}}} Z_{23} = \frac{0.7255^2 + 0.3^2}{10^2} \times (1+j2)$$

$$= 0.0062 + j0.0123(\text{MV·A})$$

$$S_{23} = S'_{23} + \Delta S_{23} = 0.7317 + j0.3123\text{MV·A}$$

$$S'_{12} = S_{23} + S_2 = 1.0317 + j0.5123\text{MV·A}$$

$$\Delta S_{12} = \frac{P'^2_{12} + Q'^2_{12}}{U^2_{\text{ac,N}}} Z_{12} = \frac{1.0255^2 + 0.5^2}{10^2} \times (1.2+j2.4)$$

$$= 0.0159 + j0.0318(\text{MV·A})$$

$$S_{12} = S'_{12} + \Delta S_{12} = 1.0476 + j0.5442\text{MV·A}$$

用已知的母线 1 电压 $U_1 = 10.5\text{kV}$ 及上述功率分布,计算母线 2 和母线 3 的电压,计算中忽略电压降落横向分量。

$$\Delta U_{12} = \frac{P_{12}R_{12} + Q_{12}X_{12}}{U_1} = \frac{1.0476 \times 1.2 + 0.5442 \times 2.4}{10.5} = 0.2441(\text{kV})$$

$$\Rightarrow U_2 = 10.2559\text{kV}$$

$$\Delta U_{23} = \frac{P_{23}R_{23} + Q_{23}X_{23}}{U_2} = \frac{0.7317 \times 1 + 0.3123 \times 2}{10.2559} = 0.1322(\text{kV})$$

$$\Rightarrow U_3 = 10.1236\text{kV}$$

经过两轮迭代计算,能够满足误差要求,此时

$$U_2 = 10.2564\text{kV}$$
$$U_3 = 10.1243\text{kV}$$
$$S_{12} = 1.0466 + j0.5423\text{MV·A}$$
$$S_{23} = 0.7315 + j0.3120\text{MV·A}$$

此时交流侧网损为

$$P_{\text{loss,ac}} = \Delta P_{12} + \Delta P_{23} = 0.0221\text{MW}$$

然后,计算 $S_{34} = 0.2255 - j0.5\text{MV·A}$ 时交流侧的功率和电压分布,得到

$$U_2 = 10.3730\text{kV}$$
$$U_3 = 10.3391\text{kV}$$
$$S_{12} = 1.0426 + j0.0343\text{MV·A}$$
$$S_{23} = 0.7308 - j0.1894\text{MV·A}$$

此时交流侧网损为

$$P_{\text{loss,ac}} = 0.0172\text{MW}$$

由计算结果可知,在负荷相同的情况下,通过对换流器的无功功率进行灵活控制,交流侧的网损降低了22.17%。通过电力电子装置的灵活控制,不仅能降低网损,还能获得改善电能质量、提高系统稳定性等多种效益。

思 考 题

3-1 线路与变压器的功率损耗和电压降落计算分别有何相同点和不同点?

3-2 变压器负载率大小是如何影响变压器功率损耗大小的?

3-3 线路在什么情况下能够成为无功功率的电源?

3-4 采用运算负荷简化计算的条件是什么?

3-5 开式网络的潮流计算方法在已知首端电压时与已知末端电压时有何相同点和不同点?

3-6 三相交流输电系统的潮流流动规律是哪两个?它们分别与其他哪些能量系统的规律类似?

3-7 两端供电网络的功率分布规律与什么力学规律类似?为什么?

3-8 两端供电的闭式网络可化为开式网络进行潮流计算,环网可化为两端供电网络进行潮流计算,如何理解和应用这种方法?

习 题

3-1 架空线路长60km,电压等级为110kV,线路参数 $R=21.6\Omega, X=33\Omega, B=1.1\times10^{-4}$S。已知线路末端运行电压为106kV,负荷为80MW,功率因数为0.85。试计算输电线路的电压降落和电压损耗。

(答案:电压降落:$\Delta U=31.54$kV, $\delta U=14.93$kV;电压损耗:29.41%或32.35kV)

3-2 若题3-1中线路电压等级为220kV,线路末端电压为208kV,在其他参数不变的情况下计算下列两种情况下的线路电压降落和电压损耗。

(1) 考虑线路电纳情况下;(2) 忽略线路电纳情况下。

(答案:(1) 电压降落:$\Delta U=15.79$kV, $\delta U=7.79$kV;电压损耗:7.25%或15.94kV

(2) 电压降落:$\Delta U=16.17$kV, $\delta U=7.54$kV;电压损耗:7.41%或16.3kV)

3-3 电网结构如题3-3图所示,额定电压为35kV,首端电压 $U_1=38.5$kV。图中各节点的负荷及各线路参数如下:

$S_2=3+\text{j}2\text{MV}\cdot\text{A}$, $S_3=5+\text{j}3\text{MV}\cdot\text{A}$, $S_4=2+\text{j}3\text{MV}\cdot\text{A}$

$Z_{12}=1.2+\text{j}2.4\Omega$, $Z_{23}=1+\text{j}2\Omega$, $Z_{24}=2+\text{j}4\Omega$

试计算图中电网的功率和电压分布。

(答案:$S_{23}=5.028+\text{j}3.056, S_{24}=2.021+\text{j}3.042, S_{12}=10.212+\text{j}8.424$

$U_2=37.66$kV, $U_3=37.36$kV, $U_4=37.23$kV)

3-4 一简单电网由线路和变压器组成,变压器的变比为110/10,归算到变压器高压侧的等值电路如题3-4图所示,首端电压在最大负荷时保持在118kV,最小负荷时为113kV。分别计算末端负荷为 $S_{\max}=40+\text{j}30\text{MV}\cdot\text{A}$ 和 $S_{\min}=20+\text{j}15\text{MV}\cdot\text{A}$ 时变压器低压侧的实际电压。

(答案:$U_{\max}=10.21$kV, $U_{\min}=10.55$kV)

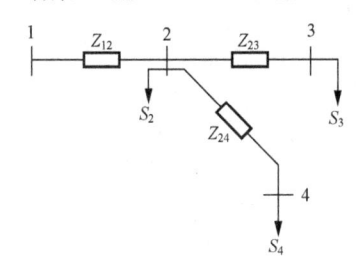

题3-3图　　　　题3-4图

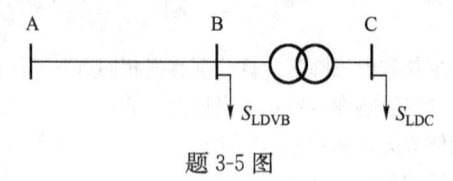

3-5 输电系统如题 3-5 图所示,已知线路额定电压为 110kV,长度为 30km,导线参数 $r_0=0.2\Omega/\text{km}$, $x_0=0.4\Omega/\text{km}$, $b_0=2\times 10^{-6}\text{S/km}$;变压器额定变比为 110/11, $S_N=40\text{MV}\cdot\text{A}$, $\Delta P_0=80\text{kW}$, $\Delta P_S=200\text{kW}$, $V_S\%=8$, $I_0\%=3$,分接头在额定挡;负荷为 S_{LDB} 为 $10+j3\text{MV}\cdot\text{A}$, S_{LDC} 为 $20+j10\text{MV}\cdot\text{A}$;母线 C 实际电压为 10kV。计算变压器、线路的损耗和母线 A 输出的功率;计算母线 A、B 的电压。

题 3-5 图

(答案:变压器损耗 $=0.156+j2.41\text{MV}\cdot\text{A}$
　　　线路损耗 $=0.644+j1.289\text{MV}\cdot\text{A}$
　　　母线 A 输出的功率 $=30.8+j15.973\text{MV}\cdot\text{A}$
　　　母线 A、B 的电压 $V_A=106.379\text{kV}$, $V_B=102.83\text{kV}$)

3-6 简单电力环网如题 3-6 图所示,电网各元件型号及参数如下:变压器型号为 $\text{SFL}_1\text{-}31500/35$,额定变比为 35/11,铭牌参数分别为: $P_0=30\text{kW}$, $I_0\%=1.2$, $P_K=177.2\text{kW}$, $U_K\%=8$;线路 AC 段: $l=30\text{km}$, $r_0=0.27\Omega/\text{km}$, $x_0=0.42\Omega/\text{km}$,线路 BC 段: $l=30\text{km}$, $r_0=0.27\Omega/\text{km}$, $x_0=0.42\Omega/\text{km}$,线路 AB 段: $l=40\text{km}$, $r_0=0.27\Omega/\text{km}$, $x_0=0.42\Omega/\text{km}$,各段线路的导纳均可略去;负荷为 $S_D=2.5+j1.8\text{MV}\cdot\text{A}$, $S_B=5+j3\text{MV}\cdot\text{A}$;母线 D 额定电压为 10kV,母线 C 实际运行电压为 34kV,试求网络的功率分布和 D 点电压。

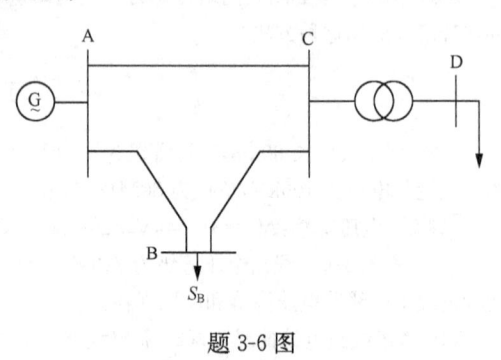

题 3-6 图

(答案: $S_{AB}=3.76+j2.462\text{MV}\cdot\text{A}$, $S_{AC}=3.772+j2.745\text{MV}\cdot\text{A}$, $S_{CB}=1.24+j0.538\text{MV}\cdot\text{A}$
　　　功率分点为 B, D 点电压为 10.63kV)

第4章 电力系统的正常运行与控制

本章介绍电力系统的正常运行与控制。电力系统在正常运行状态下,负荷会随时变化,为保证系统安全可靠运行并满足用户对电能质量的要求,必须采取控制手段对系统进行调节。电压和频率是衡量电能质量的两个重要指标。电压水平主要取决于系统中的无功功率平衡;频率主要取决于系统中的有功功率平衡。在保证安全可靠和电能质量的条件下还应该追求更好的经济性,对于电力系统,运行经济性主要体现在如何降低能量损耗上。

实际电网中频率与电压变化曲线

4.1 电力系统的无功平衡和电压调整控制

本节内容为电力系统各元件的无功功率电压特性、无功功率平衡和各种调压手段的原理及应用等。

4.1.1 电力系统的无功功率平衡

系统中各种无功电源的无功功率输出应能满足系统负荷和网络损耗在额定电压下对无功功率的需求,否则电压就会偏离额定值。系统中无功功率平衡的关系式为

$$Q_{GC} - Q_{LD} - Q_L = Q_{res} \tag{4-1}$$

式中,Q_{GC} 为电源能输出的无功功率之和,Q_{LD} 为无功负荷之和,Q_L 为网络无功功率损耗之和,Q_{res} 为系统的无功功率备用。一般 Q_{res} 应达到系统无功负荷的15%~20%。

1. 无功负荷和无功损耗

1) 无功负荷

异步电动机在电力系统负荷(特别是无功负荷)中占很大的比重,因此,系统无功负荷的电压特性主要由异步电动机决定。异步电动机的简化等值电路示于图4-1。异步电动机所消耗的无功功率为

$$Q_M = Q_m + Q_\sigma = \frac{U^2}{X_m} + I^2 X_\sigma \tag{4-2}$$

式中,Q_m 为励磁电抗 X_m 的无功功率,与电压 U 近似成二次曲线关系。当电压较高时,由于磁饱和的原因 X_m 将变小,因此,Q_m 随 U 变化的曲线稍高于二次曲线。Q_σ 为漏抗 X_σ 中的无功功率,如果负载功率不变,则 $P_M = I^2 R(1-s)/s$ 为常数,由于电压降低时转差 s 将变大,因此在漏抗 X_σ 中的无功损耗 Q_σ 也要增大。将这两部分无功功率随电压的变化规律综合在一起,便可得到图4-2所示的无功-电压特性曲线。图中 β 为电动机的负载系数,指电动机实际负荷同额定负荷之比。

从图4-2看出,在额定电压附近,电动机的无功功率

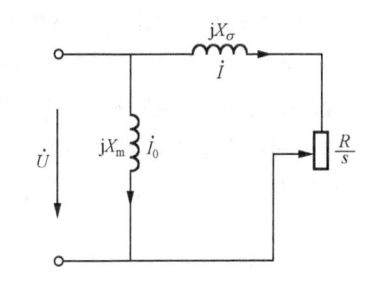

图4-1 异步电动机的简化等值电路

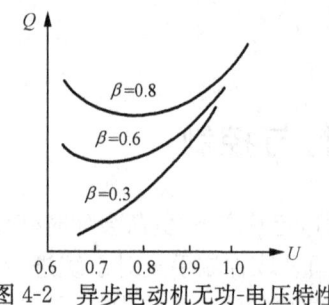

图 4-2 异步电动机无功-电压特性

随电压的升高而增加,随电压的降低而减少。但是当电压过低时,无功功率随电压下降反而具有上升的性质,需要从系统吸收更多的无功功率,这种性质对于系统的无功平衡和电压稳定是非常不利的。因此,在电力系统运行中应该尽量避免电压下降过大,引起无功功率缺额加剧,进而出现电压崩溃的危险。

2) 变压器的无功损耗

变压器的无功损耗为

$$Q_{LT} = Q_0 + Q_T = U^2 B_T + \left(\frac{S}{U}\right)^2 X_T$$

$$\approx \frac{I_0\%}{100}S_N + \frac{U_K\% S^2}{100 S_N}\left(\frac{U_N}{U}\right)^2 \tag{4-3}$$

式中,Q_0 为励磁损耗,Q_T 为漏抗中的损耗,励磁损耗与电压平方成正比。当视在功率不变时,漏抗损耗也与电压平方成正比。因此,变压器的无功损耗电压特性也与异步电动机的相似。

励磁损耗 Q_0 的大小近似等于空载电流 I_0 百分比,约为 1%~2%;漏抗损耗在变压器满载时近似等于短路电压 U_K 百分比,约为 10%。因此在额定满载下运行时,无功功率的损耗为额定容量的 10%~12%。若从电源到用户需要经过多级变压,则变压器中无功损耗就相当可观,由此,也需尽力减少变压层次。

3) 线路的无功损耗

线路的无功损耗包括等值电路中串联电抗的无功功率和并联电容的无功功率两部分。线路串联电抗中的无功损耗 ΔQ_L 与所通过电流的平方成正比,即

$$\Delta Q_L = \frac{P_1^2 + Q_1^2}{U_1^2}X = \frac{P_2^2 + Q_2^2}{U_2^2}X$$

线路电容的充电功率

$$\Delta Q_B = -\frac{B}{2}(U_1^2 + U_2^2)$$

综合这两部分无功损耗,线路的无功总损耗为

$$\Delta Q_L + \Delta Q_B = \frac{P_1^2 + Q_1^2}{U_1^2}X - \frac{U_1^2 + U_2^2}{2}B \tag{4-4}$$

与变压器不同,线路的并联支路是容性的,是发出无功功率的,所以对系统而言,线路表现出来既可以是无功负荷,又可以是无功电源。35kV 及以下架空线路的充电功率很小,一般情况下这种线路都是消耗无功功率的。110kV 及以上的架空线路当传输功率较大时,电抗中消耗的无功功率将大于电容中产生的无功功率,线路成为无功负荷;当传输的功率较小时,电容中产生的无功功率,除了抵偿电抗中的损耗以外还有多余,这时线路就成为无功电源。当较长的超高压(500~750kV)输电线轻载时,这种现象尤为明显。为了防止在这种情况下网络电压过高,一般在大型变电站装设有并联电抗器,用于吸收输电线路的充电功率。我国有关技术导则规定,对于 330~500kV 电网,并联电抗器的总容量应达到超高压线路充电功率的 90%以上。

2. 无功电源

电力系统的无功功率电源,除了发电机以外,还有同步调相机、静电电容器、静止无功补

偿器和静止无功发生器,这四种装置又称为无功补偿装置。

调相机和电容器是两种最早出现的无功补偿装置。静止无功补偿器和静止无功发生器是采用电力电子器件的两种新型无功电源,也是构成灵活交流输电系统的基本装置。静止无功补偿器对应了传统的电容器,静止无功发生器对应了传统的调相机。

1) 发电机

发电机既是唯一的有功功率电源,又是最基本的无功功率电源。发电机在额定状态下运行时,可发出无功功率

$$Q_{GN} = S_{GN}\sin\varphi_N = P_{GN}\tan\varphi_N \tag{4-5}$$

式中,S_{GN}、P_{GN}、φ_N 分别为发电机额定的视在功率、有功功率和功率因数角。

发电机发出无功功率受到 P-Q 极限曲线(见第 2 章)的限制。发电机只有在额定电压、电流和功率因数下运行时,视在功率才能达到额定值,使其容量得到最充分的利用。发电机降低功率因数运行时,其无功功率输出将受转子电流的限制。

发电机正常运行时发出无功功率,需要时也可以进相运行,从而吸收系统中多余的无功功率,主要是线路电容产生的无功功率。安排发电机进相运行时吸收无功功率的大小受到稳定和定子端部发热温升的限制。

2) 同步调相机

同步调相机相当于是只能发出无功的发电机。在过励磁运行时,它向系统供给无功功率,起无功电源的作用;在欠励磁运行时,它从系统吸收无功功率,起无功负荷作用。欠励磁最大容量只有过励磁容量的 50% 左右。

调相机的主要优点是,能平滑的改变输出或吸收的无功功率进行电压调节。特别是有强行励磁装置时,在系统故障情况下,还能调整系统的电压,有利于提高系统的稳定性。但是同步调相机也存在明显的缺点,由于其是旋转机械,运行维护比较复杂。它的有功功率损耗较大,在满负荷时为额定容量的 1.5%~5%,容量越小,百分值越大,故同步调相机宜于大容量集中使用。同步调相机的最大缺点是投资和运行成本大。此外,同步调相机的响应速度较慢,难以适应动态无功控制的要求,已逐渐被各种静止无功补偿装置所取代。

3) 电容器

静电电容器是目前最广泛使用的无功补偿装置。电容器供给的无功功率 Q_C 与所在节点的电压 U 的平方成正比,即 $Q_C = U^2/X_C$,X_C 为电容器的电抗。

为了在运行中调节电容器的功率,可将电容器连接成若干组,根据负荷的变化分组投入或切除,实现补偿功率的调节,当然这种调节还是台阶型的,不是连续的。电容器的装设容量可大可小,而且既可集中使用,又可分散装设来就地供应无功功率,以降低网络的电能损耗。电容器每单位容量的投资费用较小且与总容量的大小无关,运行时功率损耗亦较小。此外由于它没有旋转部件,维护也较方便。因此,电容器是目前最广泛使用的补偿设备。

电容器作为补偿设备的缺点主要是无功功率的调节性能相对较差,它无法实现输出的连续调节。尤其是当电压下降时,电容器供给系统的无功功率将减少。因此,当系统发生故障电压下降时,电容器无功输出的减少将导致电压继续下降。所以为了保证不发生严重的电压稳定问题,电网应该保持足够的旋转无功储备,例如发电机、调相机或其他不受电压下降影响的无功电源。

4) 静止无功补偿器

调相机的无功调节是连续的,但是投资大;静电电容器虽然投资小,但是无功调节不连续。为了吸取二者的优点,人们研究出了静止无功补偿器(static var compensator,SVC)。SVC 最早出现在 20 世纪 70 年代,它是由静电电容器与电抗器并联组成的,既可以通过电容器发出无功,又可以通过电抗器吸收无功,再配以调节装置,就能够平滑地改变输出或吸收的无功功率。

常见的静止无功补偿器有饱和电抗器(SR)型、晶闸管控制电抗器(TCR)型和晶闸管投切电容器(TSC)型三种,其原理分别如图 4-3(a)、(b)、(c)所示,其伏安特性分别如图 4-4(a)、(b)、(c)所示。

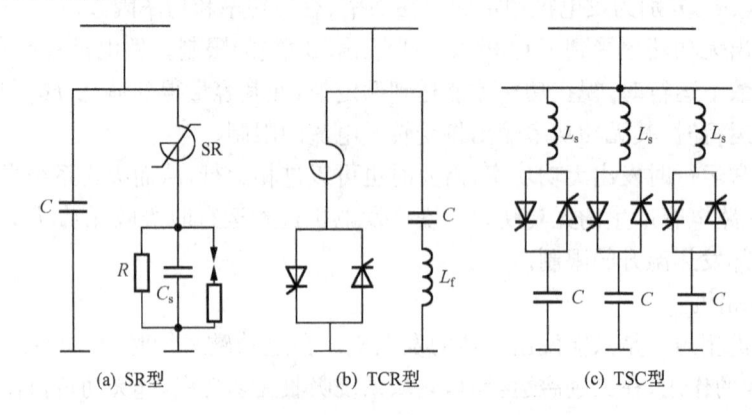

图 4-3 静止无功补偿器原理

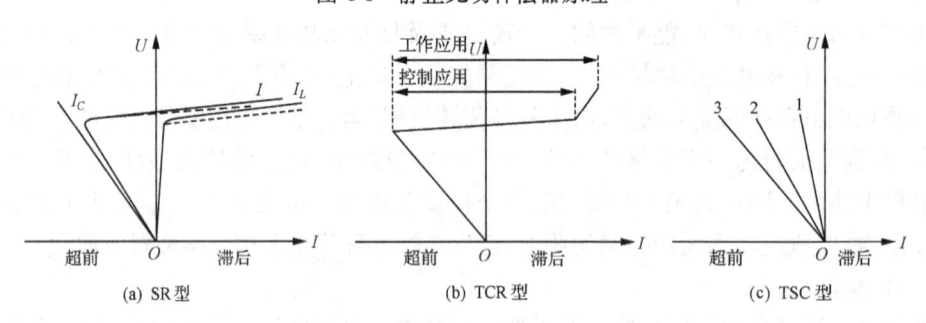

图 4-4 静止无功补偿器伏安特性

SVC 能够在电压变化时快速平滑地调节无功,以满足动态无功补偿的需要。与同步调相机相比,运行维护简单,功率损耗较小,响应时间较短,对于冲击负荷有较强的适应性,TCR 型和 TSC 型静止补偿器还能做到分相补偿以适应不平衡的负荷变化。由于 SVC 调节性能好、投资不大,20 世纪 70 年代以来,在国外已被大量使用,在我国电力系统中也将得到日益广泛的应用。

SVC 虽然具有很多优点,但是仍然与电容器一样,存在当系统电压越低时反而提供的无功功率越少的缺点。这是由于其本质上还是依靠静电电容器产生无功功率的缘故,这也是无源无功补偿设备无法克服的缺点。静止无功发生器 SVG 则是除调相机外的、一种新型的有源无功补偿器。

5) 静止无功发生器

静止无功发生器(static var generator,SVG),也称为静止同步补偿器(static synchronous compensator，STATCOM）或静止调相机（STATCON），它的主体部分是一个电压源型逆变器，其原理如图 4-5 所示。

逆变器中六个可关断晶闸管（GTO）分别与六个二极管反向并联，适当控制 GTO 的通断，可以把电容上的直流电压转换成为与电力系统电压同步的三相交流电压，逆变器的交流侧通过电抗器或变压器并联接入系统。适当控制逆变器的输出电压 $\dot{U}_\mathrm{a}$，使得其与系统电压同相位，当 $\dot{U}_\mathrm{a} > \dot{U}_\mathrm{A}/k$ 时，向系统输出无功功率；当 $\dot{U}_\mathrm{a} < \dot{U}_\mathrm{A}/k$，由系统吸收无功功率。由于 $\dot{U}_\mathrm{a}$ 的控制完全由 SVG 内部控制，不依赖于系统电压，所以 SVG 相对 SVC 最重要的一个优点是在电压较低时仍可向系统注入较大的无功功率，此外 SVG 还具有响应速度更快、运行范围更宽、谐波电流含量更少以及储能元件（例如电容器）的容量远小于 SVG 无功容量的优点。

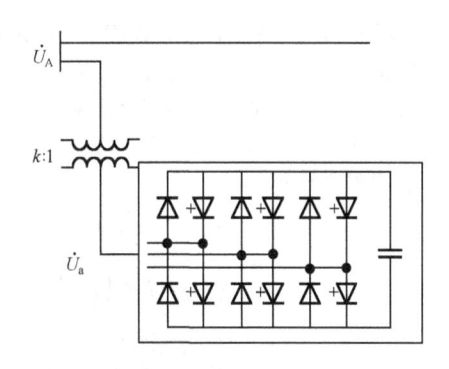

图 4-5 静止无功发生器 SVG 原理

6）电力电子新型无功电源

随着新能源电源装机规模的不断增大以及电力电子技术的飞速发展，电力系统中电力电子装置的建设规模也随之不断提升。例如，风电光伏及储能的电力电子接口、柔性直流输电设备、柔性互联装置等。这些设备可以在一定范围内调节自身输入/输出电能的功率因数，从而具备向系统输出无功功率与吸收无功功率的功能，因此可以被视作是一类新型的无功电源，工作原理与 5）中的 SVG 原理基本相同。

具体而言，在装置运行的 P-Q 极限内，这些新型无功电源的有功功率与无功功率可以分别独立调节。同时，为充分利用可再生资源的电能供应能力，风力与光伏发电系统的电力电子接口通常以最大功率点追踪模式运行，其输出或吸收的最大无功功率不仅受限于装置容量，还受限于此时输出的有功功率。

例 4-1 系统接线如图 4-6 所示，图中各元件参数如下。

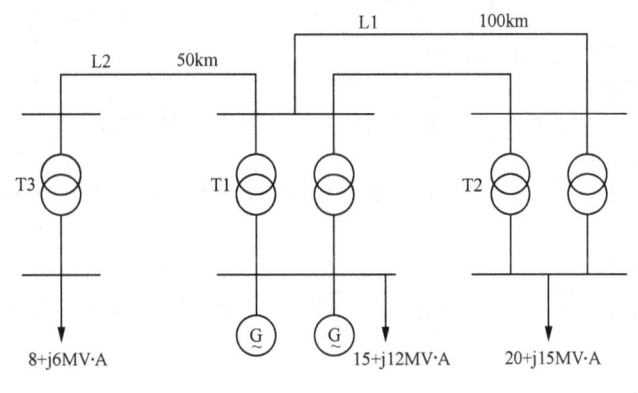

图 4-6 例 4-1 系统接线图

发电机 G：$P_\mathrm{GN} = 2 \times 25\mathrm{MW}$，$U_\mathrm{N} = 10.5\mathrm{kV}$，$\cos\varphi = 0.85$；
变压器 T1：$2 \times 20\mathrm{MV \cdot A}$，$10.5/121\mathrm{kV}$，$P_0 = 27.5\ \mathrm{kW}$，$P_\mathrm{K} = 104\mathrm{kW}$，$I_0\% = 0.9$，$U_\mathrm{K}\% = 10.5$；
变压器 T2：$2 \times 16\mathrm{MV \cdot A}$，$115.5/11\mathrm{kV}$，$P_0 = 23.5\mathrm{kW}$，$P_\mathrm{K} = 86\mathrm{kW}$，$I_0\% = 0.9$，$U_\mathrm{K}\% = 10.5$；

变压器 T3：10MV·A，110/11kV，$P_0=16.5$kW，$P_K=59$kW，$I_0\%=1.0$，$U_K\%=10.5$；

线路 L1、L2：$r_1=0.422\Omega/\text{km}$，$x_1=0.429\Omega/\text{km}$，$b_1=2.66\times10^{-6}$S/km。

变电站负荷、发电机机端负荷和线路长度均示于图中，试计算系统的无功功率平衡。

解 （1）输电系统参数计算。

① 线路参数如下：

$$Z_{L1}=\frac{1}{2}\times(0.422+j0.429)\times100=21.1+j21.45(\Omega)$$

$$\frac{Y_{L1}}{2}=2\times\left(j\frac{2.66\times10^{-6}}{2}\right)\times100=j0.266\times10^{-3}(\text{S})$$

$$Z_{L2}=(0.422+j0.429)\times50=21.1+j21.45(\Omega)$$

$$\frac{Y_{L2}}{2}=\left(j\frac{1}{2}\times2.66\times10^{-6}\right)\times50=j0.0665\times10^{-3}(\text{S})$$

② 变压器参数如下：

T1（单台）

$R_{T1}=3.81\Omega$，$X_{T1}=76.87\Omega$　　额定负荷下的损耗

$P_0=0.0275$MW，$Q_0=\dfrac{Z\%}{100}S_N=0.18$Mvar

$P_K=0.104$MW，$Q_K=\dfrac{U_k\%}{100}S_N=2.1$Mvar

T2（单台）

$R_{T2}=4.48\Omega$，$X_{T2}=87.55\Omega$　　额定负荷下的损耗

$P_0=0.0235$MW，$Q_0=0.144$Mvar

$P_K=0.086$MW，$Q_K=1.68$Mvar

T3

$R_{T3}=7.14\Omega$，$X_{T3}=127.1\Omega$　　额定负荷下的损耗

$P_0=0.0165$MW，$Q_0=0.10$Mvar

$P_K=0.059$MW，$Q_K=1.05$Mvar

（2）无补偿的功率平衡计算。

变压器 T2 中的功率损耗为

$$\Delta S_{T2}=2(P_0+jQ_0)+2\left[\frac{S^2}{(2S_N)^2}P_K+j\frac{S^2}{(2S_N)^2}Q_K\right]$$

$$=2\times(0.0235+j0.144)+2\times\left[\frac{20^2+15^2}{(2\times16)^2}\times0.086+j\frac{20^2+15^2}{(2\times16)^2}\times1.68\right]$$

$$=0.152+j2.34(\text{MV·A})$$

线路 L1 末端充电功率为

$$\Delta S_{y1}=-j0.266\times10^{-3}\times110^2=-j3.22(\text{Mvar})$$

通过线路 L1 传输的功率为

$$S_1=(20+j15)+(0.152+j2.34)-j3.22=20.15+j14.12(\text{MV·A})$$

线路 L1 上的功率损耗为

$$\Delta S_{L1}=\frac{P_1^2+Q_1^2}{U_N^2}(R_{L1}+jX_{L1})=\frac{20.15^2+14.12^2}{110^2}\times(21.1+j21.45)$$

$$=1.056+j1.07(\text{MV·A})$$

线路 L1 始端的充电功率

$$\Delta S_{y1}=-j3.22\text{Mvar}$$

线路 L1 始端功率

$$S_{L1}=20.15+j14.12+1.056+j1.07-j3.22=21.21+j11.97(\text{MV·A})$$

变压器 T3 中的功率损耗

$$\Delta S_{T3} = P_0 + jQ_0 + \frac{S^2}{S_N^2}P_K + j\frac{S^2}{S_N^2}Q_K$$

$$= 0.0165 + j0.10 + \frac{8^2+6^2}{10^2} \times 0.059 + j\frac{8^2+6^2}{10^2} \times 1.05$$

$$= 0.076 + j1.15 (\text{MV·A})$$

线路 L2 的末端充电功率

$$\Delta S_{y2} = -j0.0665 \times 10^{-3} \times 110^2 = -j0.805 (\text{Mvar})$$

通过线路 L2 传输的功率

$$S_2 = 8 + j6 + 0.076 + j1.15 - j0.805 = 8.08 + j6.35 (\text{MV·A})$$

线路 L2 上的功率损耗

$$\Delta S_{L2} = \frac{P_2^2 + Q_2^2}{U_N^2}(R_{L2} + jX_{L2}) = \frac{8.08^2 + j6.35^2}{110^2} \times (21.1 + j21.45)$$

$$= 0.184 + j0.187 (\text{MV·A})$$

线路 L2 的始端充电功率

$$\Delta S_{y2} = -j0.805 \text{MV·A}$$

线路 L2 始端功率

$$S_{L2} = 8.08 + j6.35 + 0.184 + j0.187 - j0.805 = 8.26 + j5.73 (\text{MV·A})$$

变压器 T1 高压侧的等值负荷功率

$$S = S_{L1} + S_{L2} = 21.21 + j11.97 + 8.26 + j5.73 = 29.47 + j17.7 (\text{MV·A})$$

变压器 T1 的功率损耗

$$\Delta S_{T1} = 2(P_0 + jQ_0) + 2\left[\frac{S^2}{(2S_N)^2}P_K + j\frac{S^2}{(2S_N)^2}Q_K\right]$$

$$= 2 \times (0.0275 + j0.18) + 2 \times \left[\frac{29.47^2 + 17.7^2}{(2 \times 20)^2} \times 0.104 + j\frac{29.47^2 + 17.7^2}{(2 \times 20)^2} \times 2.1\right]$$

$$= 0.209 + j3.46 (\text{MV·A})$$

发电机应发功率

$$S'_G = 29.47 + j17.7 + 0.209 + j3.46 + 15 + j12 = 44.68 + j33.16 (\text{MV·A})$$

若发电机在满足有功需求时按额定功率因数运行,其输出功率为

$$S_G = 44.68 + j44.68 \tan\varphi_N = 44.68 + j27.69 (\text{MV·A})$$

此时无功缺额为

$$33.16 - 27.69 = 5.47 (\text{Mvar})$$

(3) 无功补偿及无功功率平衡计算。

现拟在 T2 低压侧补偿 5Mvar 的无功功率,则功率因数由补偿前的 0.8 提高到补偿后的 0.894。

补偿后 T2 的负荷功率为 20+j10MV·A,此时

$$\Delta S'_{T2} = 2 \times (0.0235 + j0.144) + 2 \times \left[\frac{20^2 + 10^2}{(2 \times 16)^2} \times 0.086 + j\frac{20^2 + 10^2}{(2 \times 16)^2} \times 1.68\right]$$

$$= 0.131 + j1.93 (\text{MV·A})$$

通过线路 L1 传输的功率

$$S'_1 = 20 + j10 + 0.131 + j1.93 - j3.22 = 21.13 + j8.71 (\text{MV·A})$$

线路 L1 上的功率损耗

$$\Delta S'_{L1} = \frac{21.13^2 + 8.71^2}{110^2} \times (21.1 + j21.45) = 0.911 + j0.93 (\text{MV·A})$$

线路 L1 的始端功率

$$S'_{L1} = 20.13 + j8.71 + 0.911 + j0.93 - j3.22 = 21.04 + j6.42 (\text{MV·A})$$

变压器 T1 高压侧的等值负荷功率

$$S'_1 = 21.04 + j6.42 + 8.26 + j5.73 = 29.3 + j12.15 (\text{MV·A})$$

变压器 T1 中的功率损耗

$$\Delta S'_{T1} = 2\times(0.0275+j0.18)+2\times\left[\frac{29.3^2+12.15^2}{(2\times 20)^2}\times 0.104+j\frac{29.3^2+12.15^2}{(2\times 20)^2}\times 2.1\right]$$
$$= 0.186+j3.001(\text{MV}\cdot\text{A})$$

发电机应发功率
$$S'_G = 29.3+j12.15+0.186+j3.001+15+j12 = 44.49+j27.15(\text{MV}\cdot\text{A})$$

此时发电机的功率因数为 0.854。计算结果表明，所选补偿容量是适宜的。

3. 无功平衡和电压水平的关系

在电力系统在运行中，电源的无功出力实际上在任何时刻都同负荷的无功功率和网络的无功损耗之和相等。但是问题的关键在于无功平衡是在什么电压水平下实现的。结论是应该在系统电压水平正常的前提下进行无功平衡计算。

用一个简单网络为例来说明。隐极发电机经过一段线路向负荷供电，该网络的等值电路和相量图如图 4-7 所示。

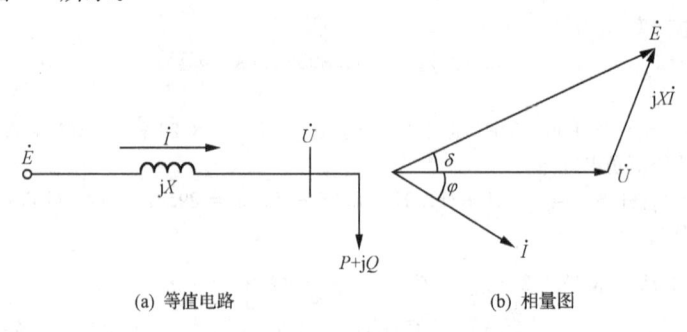

图 4-7 无功功率和电压的关系

X 为发电机和线路电抗之和，各元件的电阻忽略不计。当发电机和负荷的有功功率 P 为一定值时，根据发电机功率方程(2-74)和式(2-75)得到

$$Q = \sqrt{\left(\frac{EU}{X}\right)^2 - P^2} - \frac{U^2}{X} \tag{4-6}$$

当电势 E 为一定值时，发电机无功电压特性为一条向下开口的抛物线，如图 4-8 曲线 1 所示。

负荷的无功电压特性如图 4-8 中曲线 2 所示。这两条曲线的交点 a 确定了负荷节点的电压值 U_a，表示系统在电压 U_a 下达到了无功功率平衡。

当负荷增加后，负荷的无功电压特性如曲线 2′所示。如果系统的无功电源没有相应增加，电源的无功电压特性仍然是曲线 1。曲线 1 和 2′的交点 a′就代表了新的无功平衡点，此时电压从 U_a 下降到 $U_{a'}$，即系统在更低的电压下实现了新的无功平衡。

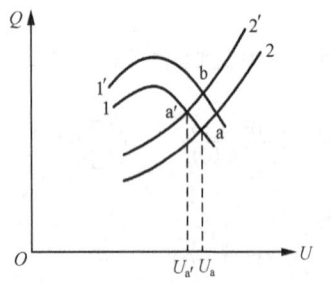

图 4-8 按无功功率平衡确定电压

如果发电机具有充足的无功备用，通过调节励磁电流，增大发电机的电势 E，则发电机的无功特性曲线将上移到曲线 1′的位置，从而使曲线 1′和 2′的交点 b 所确定的运行点电压就能达到或接近原来的数值 U_a。由此可见，如果系统的无功电源比较充足，能满足较高电压水平下无功平衡的需要，系统就有较高的运行电压水平；反之，无功不足就反映为运行电压水平偏低。因此，实现在额定电压下的系统无功功率平衡是系统运行的目标，应根据这个目标配

置必要的无功补偿装置。在控制好用户功率因数的条件下就地装设无功补偿装置都能够有效地抵偿无功需求,维持额定电压下的无功平衡。这种平衡不仅是保证电压质量的基本条件,同时也可以降低网络的有功损耗。

4.1.2 电力系统的电压调整

1. 电压调整的必要性

1) 允许电压偏移

电压偏移是衡量电能质量的一个重要指标,电压偏移过大将严重影响用电设备的寿命和安全,降低生产的质量和数量,甚至引起系统性的电压稳定问题,造成大面积停电。以下具体说明。

各种用电设备在设计制造时都有一个额定电压,这些设备在额定电压下运行将具有最佳的性能。电压过高或过低将对用电设备产生不良影响。电力系统常见的用电设备是异步电动机、电热设备、照明灯以及家用电器等。异步电动机的电磁转矩是与其端电压平方成正比的,当电压降低10%时,转矩大约要降低19%。如果电动机所拖动机械负载的阻力矩不变,电压降低时,电动机的转差增大,定子电流也随之增大,发热增加,绕组温度增高,加速绝缘老化,影响电动机的使用寿命。当端电压太低时,电动机可能由于转矩太小而失速甚至停转。电炉等电热设备的出力大致与电压的平方成正比,电压降低就会延长电炉的冶炼时间,降低生产率。电压降低时,照明灯发光不足甚至无法启动;电压偏高时,照明设备的寿命将要缩短。电压过高将使用电设备绝缘受损,带来安全隐患。

电压偏移过大不仅影响用户的正常工作,同时对电力系统本身也有不利影响。当电压降低时,网络损耗加大,甚至危及电力系统运行的稳定性;而电压过高时,各种供电设备的绝缘可能受到损害,还可能增加电晕损耗等。当系统无功短缺、电压水平低下时,系统的电压稳定非常脆弱,可能因为外部扰动产生电压崩溃导致系统瓦解的严重事故。

电力系统的负荷是不断变化的,造成网络中的电压损耗也在不断变化。要严格保证所有负荷点在任何时刻都维持额定电压是不可能的,因此,运行中系统各节点出现电压偏移是不可避免的。另外,大多数用电设备在设计制造时也允许运行电压在额定电压上下的一定范围内。因此,从总体上考虑,合理的规定允许电压偏移是必要的,具体规定参见第1章所述。

2) 中枢点的电压管理

要使网络中各负荷点电压都达到要求,就必须采取电压调整措施。但是,由于负荷点数目众多且分散,不可能也没有必要对每一负荷点的电压进行监视和调整。实际系统中总是通过对一些主要的供电点电压进行监视和调整来达到全系统负荷点对电压偏移的要求。这些主要供电点称为中枢点,例如区域性电厂的高压母线、枢纽变电站的二次母线以及有大量地方负荷的发电机母线。

一个中枢点一般向多个负荷点供电,这时,中枢点的电压允许范围就能够根据各个负荷点对电压要求范围再加上相应的负荷点到中枢点的电压损耗来确定。由于各负荷点到中枢点的电压损耗各不相同,因而由各负荷点确定的中枢点的电压范围也不相同,各负荷点对中枢点电压要求范围的共同区域就是中枢点的电压允许变化范围。也就是说,当中枢点的实际电压在这个范围内变化时,各负荷点的电压要求都能够满足。显然,中枢点的电压允许变化范围小于各负荷点的电压要求范围。

中枢点的电压允许变化范围也可以按两种极端情况确定:在地区负荷最大时,电压最低负荷点的允许电压下限加上到中枢点的电压损耗等于中枢点的最低电压；在地区负荷最小时，电压最高负荷点的允许电压上限加上到中枢点的电压损耗等于中枢点的最高电压。当中枢点的电压能满足这两个负荷点的要求时，其他各点的电压基本上都能满足。

如果中枢点是发电机电压母线，则除了上述要求外，还应受厂用电设备与发电机的最高允许电压以及为保持系统稳定的最低允许电压的限制。

中枢点的调压方式一般被分为逆调压、顺调压和常调压三类。

逆调压是一种在最大负荷时升高中枢点电压到 $1.05U_N$，在最小负荷时保持为额定电压 U_N 的调压方式。

顺调压是一种在最大负荷时允许中枢点电压稍低一些，但是不低于 $1.025U_N$，在最小负荷时允许中枢点电压稍高一些，但是不高于 $1.075U_N$ 的调压方式。

常调压，也称恒调压，即在任何负荷下中枢点电压均保持在一个小范围内基本不变，常调压范围一般是 $1.02U_N \sim 1.05U_N$。

中枢点采用逆调压可以改善负荷点的电压质量。在大负荷时，线路电压损耗也大，若提高中枢点电压，可以抵偿掉部分电压损耗，使负荷点的电压不致过低；在小负荷时，线路电压损耗也小，适当降低中枢点电压就可使负荷点电压不致过高。因此调压效果最好，反之，顺调压的效果就最差。

从调压实现的难易程度来看，由于从发电厂到某些中枢点（例如枢纽变电站）也有电压损耗。若发电机电压一定，则在大负荷时，电压损耗大，中枢点电压自然要低一些；在小负荷时，电压损耗小，中枢点电压要高一些。中枢点电压的这种自然变化规律与逆调压的要求恰好相反，所以从调压的角度来看，逆调压的要求较高，较难实现，必须附加一些调压手段。顺调压则比较容易实现。

2. 电压调整的措施

以图 4-9 所示的电力系统为例来分析电力系统的调压措施及其原理。

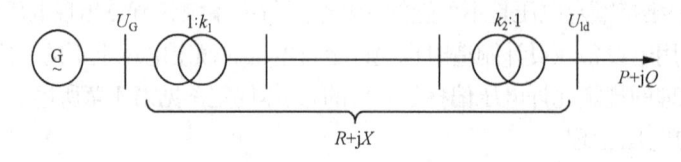

图 4-9 电压调整原理

发电机通过升压变压器、线路和降压变压器向用户供电，升压变压器和降压变压器的变比分别为 k_1 和 k_2，变压器和线路的总电阻和总电抗分别为 R 和 X。元件的导纳支路和网络损耗忽略不计，末端负荷节点的电压 U_{ld} 的计算公式为

$$U_{ld} = \frac{(U_G k_1 - \Delta U)}{k_2} \approx \frac{U_G k_1 - \dfrac{PR + QX}{U}}{k_2} \tag{4-7}$$

由式(4-7)可见，为了调整末端用户端电压 U_{ld}，可行的措施如下：

(1) 改变发电机端电压 U_G；

(2) 改变变压器的变比；

(3) 改变无功功率的分布，主要是并联无功补偿装置；

(4) 改变线路参数，主要是串联电容器减小线路电抗和增大导线截面减小电阻。

上述措施(3)、(4)都是为了减小线路的电压损耗。

1) 发电机调压

现代大中型同步发电机都装有自动励磁调节装置,可以根据运行情况调节励磁电流来改变其端电压达到调压的目的。对于不同类型的供电网络,发电机调压所起的作用是不同的。

对于供电路径不长、不经升压直接供电的小型配电网,发电机调压是最经济合理的调压措施,此时不必额外再增加调压设备,改变机端电压就能够满足负荷点的电压要求,且不增加投资,应优先采用。

对于线路较长、有多电压级的供电系统,单靠发电机不能满足负荷点的电压要求。这是因为从发电厂到最远处的负荷点之间,电压损耗的数值和变化幅度都比较大。单靠发电机调压是不能解决问题的,还需采用其他调压措施。

对于大型电力系统,一般有很多台发电机并网运行。若采用发电机调压,一是会引起系统中无功功率的较大变化,二是受到发电机无功容量储备的限制。所以在大型电力系统正常稳态运行中,发电机调压一般只作为一种辅助性的调压措施。

2) 变压器变比调压

改变变压器的变比可以升高或降低次级绕组的电压。在双绕组变压器的高压侧绕组和三绕组变压器的高压侧和中压侧绕组均设有若干个分接头可供选择,其中对应额定电压 U_N 的称为主接头。改变变压器的变比调压需要根据调压要求适当选择分接头。下面介绍双绕组降压变压器分接头的选择方法。

设双绕组降压变压器的实际变比为 $k = U_{1t}/U_{2N}$,高压侧功率为 $P + jQ$,高压侧实际电压为 U_1,归算到高压侧的变压器阻抗为 $R_T + jX_T$,归算到高压侧的变压器电压损耗为 ΔU_T,低压侧要求得到的电压为 U_2,则电压损耗为

$$\begin{cases} \Delta U_T = \dfrac{PR_T + QX_T}{U_1} \\ U_2 = \dfrac{U_1 - \Delta U_T}{k} \end{cases} \tag{4-8}$$

把 k 代入式(4-8),得到高压侧分接头电压

$$U_{1t} = \frac{U_1 - \Delta U_T}{U_2} U_{2N} \tag{4-9}$$

当变压器负载不同时,高压侧电压 U_1、电压损耗 ΔU_T 以及低压侧所要求的电压 U_2 都要发生变化。通过计算可以求出在不同负荷下满足低压侧调压要求所应选择的高压侧分接头电压。若变压器为有载调压变压器,它可以在不停电的条件下带负荷改变分接头的位置,故可按计算结果归整后选择分接头。若变压器为普通的双绕组变压器,它只能在停电条件下设定分接头位置,在正常运行中不能随意停电,因而在一段时间内只能使用一个固定的分接头。

升压变压器分接头选择方法与降压变压器的情况基本相同,但因为升压变压器中功率方向是从低压侧送往高压侧的,所以式(4-9)中 ΔU_T 前的符号应相反,即应将电压损耗和高压侧电压相加。因而有

$$U_{1t} = \frac{U_1 + \Delta U_T}{U_2} U_{2N} \tag{4-10}$$

式中,U_2 为变压器低压侧的实际电压,U_1 为高压侧所要求的电压。

上述选择双绕组变压器分接头的计算公式也适用于三绕组变压器分接头的选择,三绕组变压器需根据变压器的运行要求分别逐个进行。对于三绕组降压变压器,一般是先根据低压侧对电压的要求来选定高压侧的分接头,再按中压侧对电压的要求和已选定的高压侧分接头电压来选择中压侧的分接头。对于三绕组升压变压器,低压侧为电源,其他两侧可以分别按照两台升压变压器来选择分接头。

3) 无功补偿调压

无功功率的产生基本上不消耗能源,但是无功功率沿电力网传送却要引起有功功率损耗和电压损耗。合理的配置无功功率补偿,改变网络的无功潮流分布,可以减少网络中的有功损耗和电压损耗。以下讨论如何按调压要求选择无功补偿容量的方法。

图 4-10 所示为一简单电力网,给定供电点电压 U_1 和负荷点功率 $P+\mathrm{j}Q$,线路电容和变压器的励磁功率忽略不计。

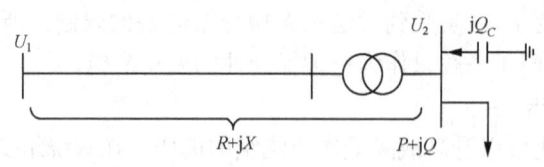

图 4-10 简单电力网的无功功率补偿

在未加补偿装置前若不计电压降落的横分量,便有

$$U_1 = U_2' + \frac{PR+QX}{U_2'}$$

式中,U_2' 为归算到高压侧的变电站低压母线电压。在变电站低压侧设置容量为 Q_C 的无功补偿设备后,网络传送到负荷点的无功功率将变为 $Q-Q_C$,这时变电站低压母线的归算电压也相应变为 U_{2c}',故有

$$U_1 = U_{2c}' + \frac{PR+(Q-Q_C)X}{U_{2c}'}$$

如果补偿前后 U_1 保持不变,则有

$$U_2' + \frac{PR+QX}{U_2'} = U_{2c}' + \frac{PR+(Q-Q_C)X}{U_{2c}'} \tag{4-11}$$

由此可求得使变电站低压母线的归算电压从 U_2' 改变到 U_{2c}' 时所需要的无功补偿为

$$Q_C = \frac{U_{2c}'}{X}\left[(U_{2c}'-U_2') + \left(\frac{PR+QX}{U_{2c}'} - \frac{PR+QX}{U_2'}\right)\right] \tag{4-12}$$

式(4-12)方括号中第二项的数值一般很小,可以略去,式(4-12)便简化为

$$Q_C = \frac{U_{2c}'}{X}(U_{2c}'-U_2') \tag{4-13}$$

变压器变比为 k,经过补偿后变电站低压侧要求保持的实际电压为 U_{2c},则 $U_{2c}' = kU_{2c}$。将其代入式(4-13),可得

$$Q_C = \frac{kU_{2c}}{X}(kU_{2c}-U_2') = \frac{k^2 U_{2c}}{X}\left(U_{2c}-\frac{U_2'}{k}\right) \tag{4-14}$$

由此可见,补偿容量与调压要求和降压变压器的变比选择均有关。变比 k 的选择原则是在满足调压要求下使无功补偿容量为最小。

例 4-2 某简单输电系统的接线图和等值电路分别示于图 4-11。忽略系统的功率损耗。升压变电站高压侧母线 i 的电压为 116kV。降压变电站低压母线 j 要求常调压,电压保持(10.5±0.2)kV,试配合降压变压器分接头的选择确定 j 母线上装设的电容器的容量。变压器为普通变压器。

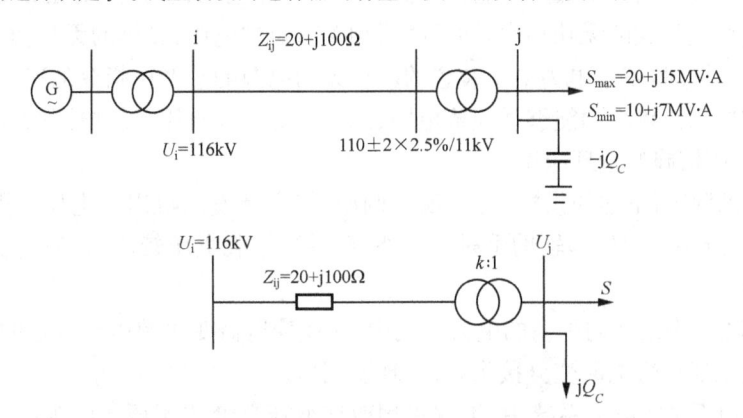

图 4-11 例 4-2 系统接线和等值电路

解 设置补偿设备前,变电站低压侧归算到高压侧的电压为

$$U'_{j\max} = U_i - \frac{P_{j\max}R_{ij} + Q_{j\max}X_{ij}}{U_i} = 116 - \frac{20 \times 20 + 15 \times 100}{116} = 99.62(\text{kV})$$

$$U'_{j\min} = U_i - \frac{P_{j\min}R_{ij} + Q_{j\min}X_{ij}}{U_i} = 116 - \frac{10 \times 20 + 7 \times 100}{116} = 108.2(\text{kV})$$

装设电容器,按常调压要求确定最小负荷时补偿设备全部退出运行条件下降压变压器分接头电压

$$U_t = \frac{U_{2N}U'_{j\min}}{U_{j\min}} = 108.2 \times \frac{11}{10.5} = 113.35(\text{kV})$$

选用+2.5%分接头,即分接头电压为 112.75kV,并按最大负荷时调压要求确定补偿容量为

$$Q_C = \frac{U_{jc\max}}{X_{ij}}\left(U_{jc\max} - \frac{U_{jc\max}}{k}\right)k^2$$

$$= \frac{10.5}{100} \times \left(10.5 - 99.62 \times \frac{11}{112.75}\right) \times \left(\frac{112.75}{11}\right)^2 = 8.62(\text{Mvar})$$

选取补偿容量为 9Mvar,校验变电站低压侧实际电压

$$U_{jc\max} = \frac{U'_{jc\max}}{k} = \left(116 - \frac{20 \times 20 + (15-9) \times 100}{116}\right) \times \frac{11}{112.75}$$

$$= 107.4 \times \frac{11}{112.75} = 10.48(\text{kV})$$

$$U_{jc\min} = \frac{U'_{jc\min}}{k} = 108.2 \times \frac{11}{112.75} = 10.56(\text{kV})$$

可见,$U_{jc\max}$ 和 $U_{jc\min}$ 都在母线 j 常调压规定的电压允许范围内,故所选电容器能满足调压要求。

4) 线路串联电容器调压

改变线路参数调压可以针对电阻 R 或电抗 X,但是增大导线半径减小 R 很不经济。因此一般是通过在线路上串联电容以抵消电抗,减小电压损耗中 QX/U 分量的 X,从而达到提高线路末端电压的目的。这种调压措施常用在较长的 35kV 和 10kV 线路中。值得注意的是,在超高电压输电线路中也有串联电容器,它的目的不是调压,而是通过减小电抗提高线路的传输容量,两者不要混淆。

5) 电力电子新型无功电源调压

随着可再生能源发电装置/储能设备电力电子接口、柔性直流输电设备、柔性互联装置等新型无功电源接入电力系统,通过调节这些设备的无功功率输出即可实现电力系统的电压调节。根据电压损耗计算式 QX/U，当节点电压较低时，可以在 P-Q 极限范围内令这些设备进一步向系统发出无功，进而抬升节点电压；当节点电压较高时，则在 P-Q 极限范围内进一步增大向系统吸收的无功功率，即可降低相关节点的电压，具体的无功功率计算方法与3)中讲解类似。同时，基于电力电子装置的新型无功电源响应调压指令的速度较快，根据新型无功电源的接入位置不同能够适应输电网、配电网等不同电压等级电网的各类调压需求。

6) 各种调压措施的合理应用

(1) 发电机调压，不增加投资，可实现逆调压，但它受发电机出口电压上限和无功出力的限制，在大系统中一般作为辅助手段。此外，在系统轻载电压较高时，发电机可进相运行吸收无功功率。

(2) 在无功充裕或无功平衡的电力系统中，改变变压器变比调压有良好的效果，应优先采用。有载变压器可带电改变分接头，可实现逆调压。

(3) 在无功不足的电力系统中，不宜采用改变变压器变比调压。因为改变变压器的变比从本质上并没有增加系统的无功功率而是以减少其他地方的无功功率来补充某地由于无功功率不足而造成的电压低下，其他地方则有可能因此而造成无功功率不足，不能从根本上解决整个电网的电压质量问题。因此，在无功功率不足的电力系统中，先应采用无功补偿装置补偿无功的缺额。并联无功补偿既可调压又可降低有功损耗，在无功负荷较大时应尽力先投入无功功率补偿装置平衡无功缺额。

(4) 串联电容器调压一般用在供电电压为 35kV 或 10kV、负荷波动大而频繁、功率因数又很低的配电线路上。超高压线路上串联电容器不是为了调压，而是为了减小电抗，增加输送功率。

(5) 超高压系统并联电抗器调压。为了减少输电损耗，现代电力系统利用超高压甚至特高压进行远距离输送电力，这种电力线路产生的电容无功功率是相当可观的，在线路空载或轻载时，它会造成线路末端电压升高，为了防止出现过电压损坏电器设备，因而需要在超高压线路的两端以及高压变电站装设并联电抗器。

(6) 10kV 及以下系统，包括电缆线路，由于电阻比较大，为了调压应采用增大导线截面积的方法。此外，对接入了电力电子新型无功电源的 10kV 及以下系统，也可以通过调节这些电源电力电子接口的无功功率输入/输出量调节各节点电压。

值得指出的是，对于实际电力系统的调压问题，工程上常采用技术经济比较的方法选择合理的调压方案。从更高的角度来看，现代电力系统的调压问题是一个综合优化问题。它的目标函数可以是有功网损最小，或者是电压监测点电压越限的平方和最小。它的等式约束条件是潮流方程，不等式约束是各监测点电压的上下限约束、各无功电源的上下限约束以及各变压器变比的上下限约束。这个优化问题可采用数学优化方法或人工智能方法求解，得到更为科学和优化的调压方案。

4.2 电力系统的有功平衡和频率调整控制

4.2.1 电力系统的频率特性

电力系统稳态运行时，系统有功功率随频率变化时的特性称为电力系统的有功功率-频率静态特性,简称功频静特性。以下首先讨论负荷的频率特性,其次讨论发电机的频率特性,最后在此基础上导出系统的频率特性。

1. 系统负荷的有功功率-频率静态特性

当系统频率发生变化时,系统中的有功功率负荷也将随之发生变化,系统有功功率负荷随频率的变化特性称为负荷的有功功率-频率静态特性。

再根据有功功率与频率的关系,可将负荷分为几类,包括与频率变化无关的负荷,如照明、电弧炉、整流设备等;与频率的一次方成正比的负荷,如球磨机、切削机床、压缩机等;与频率的二次方成正比的负荷,如变压器涡流损耗;与频率的三次方成正比的负荷,如通风机、循环水泵等;与频率的更高次方成正比的负荷,如给水泵等。

因此,整个系统负荷的有功功率与频率的关系可写成

$$P_D = a_0 P_{DN} + a_1 P_{DN}\left(\frac{f}{f_N}\right) + a_2 P_{DN}\left(\frac{f}{f_N}\right)^2 + a_3 P_{DN}\left(\frac{f}{f_N}\right)^3 + \cdots \quad (4\text{-}15)$$

式中,P_D 为频率等于 f 时系统的有功负荷,P_{DN} 为频率等于额定频率 f_N 时整个系统的有功负荷,a_i 为与频率 i 次方成正比的负荷在 P_{DN} 中所占比例,且 $a_0 + a_1 + a_2 + \cdots = 1$。由于与频率更高次成正比的负荷比重很小,式(4-15)通常只取到频率的三次方为止。以 P_{DN} 和 f_N 分别为功率和频率的基准值,用 P_{DN} 去除式(4-15)的各项,便得到标幺值表示的负荷功频静特性

$$P_{D*} = a_0 + a_1 f_* + a_2 f_*^2 + a_3 f_*^3 + \cdots \quad (4\text{-}16)$$

式中,$f_* = \dfrac{f}{f_N}$。当频率在额定值附近时,负荷的功频静特性可用一条直线近似表示,如图 4-12 所示。图中直线的斜率

$$K_D = \tan\beta = \frac{\Delta P_D}{\Delta f} \quad (4\text{-}17)$$

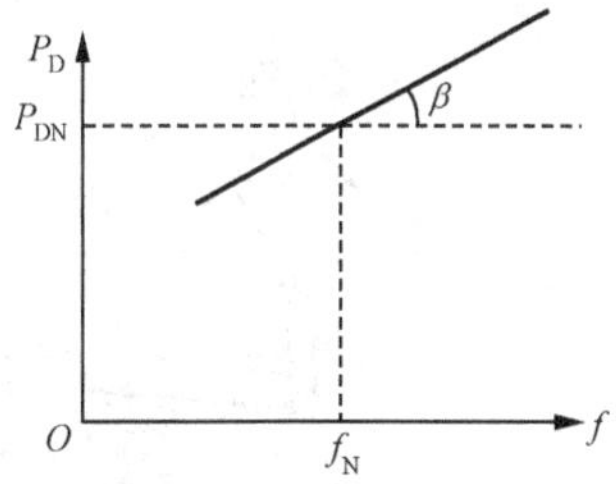

图 4-12 有功负荷的功频静态特性

或用标幺值表示

$$K_{D*} = \frac{\Delta P_D/P_{DN}}{\Delta f/f_N} = \frac{\mathrm{d}P_{D*}}{\mathrm{d}f_*} = K_D \frac{f_N}{P_{DN}} \quad (4\text{-}18)$$

K_D、K_{D*} 称为负荷频率调节效应系数或简称为频率调节效应。应该注意,K_{D*} 的基准功率是负荷的额定功率。

实际系统的 K_{D*} 范围一般是 1~3,含义是频率变化 1% 时,负荷有功相应变化 1%~3%。K_{D*} 是调度部门按频率减负载方案和低频率事故时减载恢复频率的计算依据。

需要注意的是,K_{D*} 无法整定,通常由试验或计算求得,K_{D*} 的大小取决于全系统各类负荷的比重,不同系统或同一系统不同时刻 K_{D*} 值都可能不同。

例 4-3 某电力系统有功负荷 1000MW,与频率无关的负荷占 20%,与频率的一次方成正比的负荷占 40%,与频率的二次方成正比的负荷占 30%,与频率的三次方成正比的负荷占 10%,试求:

(1) 该系统负荷的频率调节效应系数;
(2) 当系统频率从 50Hz 降为 49.8Hz 时,负荷将会减少多少?

解 (1) 按已知条件写出负荷的有功功率-频率静态特性为

$$P_D = a_0 P_{DN} + a_1 P_{DN}\frac{f}{f_N} + a_2 P_{DN}\left(\frac{f}{f_N}\right)^2 + a_3 P_{DN}\left(\frac{f}{f_N}\right)^3$$

$$P_{D*} = a_0 + a_1 f_* + a_2 f_*^2 + a_3 f_*^3 = 0.2 + 0.4 f_* + 0.3 f_*^2 + 0.1 f_*^3$$

$$K_{D*} = \frac{\Delta P_D/P_{DN}}{\Delta f/f_N} = \frac{dP_{D*}}{df_*} = 0.4 + 0.6f_* + 0.3f_*^2$$

当系统频率等于额定频率,即 $f_* = 1$ 时

$$K_{D*} = 0.4 + 0.6 + 0.3 = 1.3$$

$$K_D = K_{D*} \frac{P_{DN}}{f_N} = 1.3 \times \frac{1000}{50} = 26(\text{MW/Hz})$$

(2) 当频率下降为 49.8Hz 时,$f_* = \frac{49.8}{50} = 0.996$,系统的负荷

$$P_{D*} = 0.2 + 0.4 \times 0.996 + 0.3 \times 0.996^2 + 0.1 \times 0.996^3 = 0.9948$$

$$\Delta P_{D*} = 1 - 0.9948 = 0.0052$$

负荷将减少

$$\Delta P_D = \Delta P_{D*} P_{DN} = 0.0052 \times 1000 = 5.2(\text{MW})$$

2. 发电机组的有功功率-频率静态特性

1) 发电机组的调速系统

发电机能够通过改变有功功率的输出来调整系统的频率,发电机调频的原理是依靠机组的调速系统。因此有必要研究调速系统的工作原理。

调速系统的种类很多。离心式的机械液压调速系统比较直观,便于说明调速器的工作过程。离心飞摆式调速系统的结构原理如图 4-13 所示。

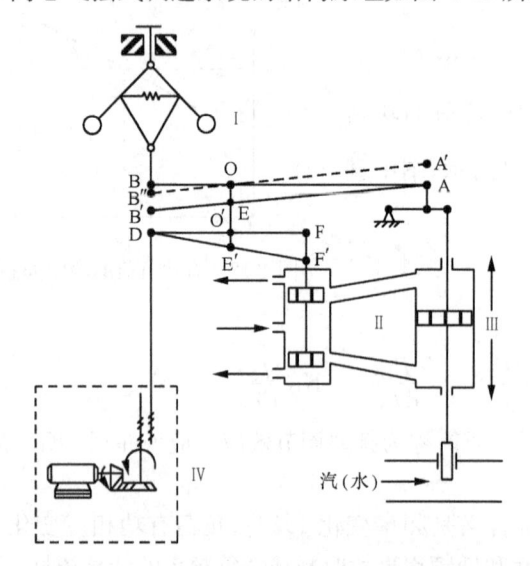

Ⅰ 转速测量元件:离心飞摆;
Ⅱ 放大元件:错油门;
Ⅲ 执行机构:油动机(接力器);
Ⅳ 转速控制机构:同步器(调频器)

图 4-13 离心飞摆式调速系统示意图

离心飞摆式调速系统由转速测量元件、放大元件、执行机构和转速控制机构四个部分组成。转速测量元件由离心飞摆、弹簧和套筒组成,它由机组大轴带动,能直接感知原动机转速的变化。当原动机运行在某一恒定转速时,作用到飞摆上的离心力、重力及弹簧力在飞摆处于某一位置时达到平衡,套筒位于 B 点,杠杆 AOB 和 DEF 处在某平衡位置,错油门活塞正好堵住两个油孔,使高压油不能进入油动机(接力器),油动机活塞上、下两侧的油压相等,所以活塞不能移动,从而使进气阀门的开度也固定不变。当负荷增加时,发电机的有功功率输出也应随之增大,此时原动机的转速(频率)降低,因而使飞摆的离心力减小。在弹簧力和重力作用下,飞摆靠拢到新的位置才能重新到达各力的平衡,于是套筒从 B 点下降到 B′点。

此时油动机还未动作,所以杠杆 AOB 中的 A 点仍在原处不动,整个杠杆便以 A 点为支点转动,使 O 点下降到 O′点。杠杆 DEF 的 D 点是固定的,于是 F 点下移,错油门Ⅱ的活塞随之向下移动,打开了通向油动机Ⅲ的油孔,压力油便进入油动机活塞的下部,将活塞向上推,增大调节气门(或导水翼)的开度,增加进汽(水)量,使原动机的输入功率增加,结果机组的转速(频率)便开始回升。随着转速的上升,套筒从 B′点开始回升,与此同时油动机活塞上移,使杠杆 AOB 的 A 端也跟着上升,于是整个杠杆 AOB 便向上移动,并带动杠杆 DEF 以 D 点为支点向逆时针方向转动。当点 O 以及 DEF 恢复到原来位置时,错油门活塞重新堵住两个油孔,油动机活塞的上、下两侧油压又互相平衡,它就在一个新的位置稳定下来,调整过程便告结束。这时杠杆 AOB 的 A 端由于气门已开大而略有上升,到达 A′点的位置,而 O 点仍保持原位,相应的 B 端将略有下降,到达 B″的位置,与这个位置相对应的转速,将略低于原来的数值。

可见,当负荷增大后,发电机组输出功率将增加,直到频率稳定在略低于初值的一个频率为止;同理,当负荷减小后,机组输出功率减小,频率会略高于初值。这种调节方式下,频率不能完全回到原来的频率,因此被称为有差调节。这种由调速系统中的Ⅰ、Ⅱ、Ⅲ元件按有差特性自动执行的调整称为频率的一次调整。

2) 发电机组的功频静特性系数与调差系数

发电机的有功出力同频率之间的关系称为发电机组的功频静态特性,可以近似表示为一条直线,如图 4-14 所示。

类似负荷的频率调节效应系数 K_D 和 K_{D*},可以定义发电机组的功频静特性系数 K_G 和 K_{G*}。在功频静态特性直线上任取两点 1 和 2,有

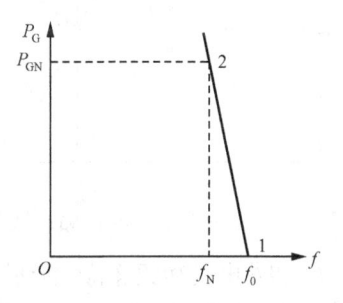

$$K_G = -\frac{P_2 - P_1}{f_2 - f_1} = -\frac{\Delta P}{\Delta f} \tag{4-19}$$

图 4-14 发电机组的功频静态特性

以额定参数为基准的标幺值表示时,便有

$$K_{G*} = -\frac{\Delta P/P_{GN}}{\Delta f/f_N} = K_G \frac{f_N}{P_{GN}} \tag{4-20}$$

同时也应该注意,K_{G*} 的基准功率是该发电机的额定功率,而前面 K_{D*} 的基准功率是全系统负荷的额定功率。式(4-20)中增加负号是因为功频静态特性系数习惯取正,表示频率下降时发电机组的有功出力是增加的。若取点 2 为额定运行点,即 $P_2 = P_{GN}$ 和 $f_2 = f_N$。点 1 为空载运行点,即 $P_1 = 0$ 和 $f_1 = f_0$,如图 4-14 所示,便得

$$K_G = -\frac{P_{GN}}{f_N - f_0}$$

K_G 又称为机组的单位调节功率,表示频率发生单位变化时,发电机组输出功率的变化量。

机组功频静特性系数的倒数就是调差系数或调差率

$$\delta = \frac{1}{K_G} = -\frac{\Delta f}{\Delta P_G} \text{ 或 } \delta_* = \frac{1}{K_{G*}} = \frac{P_{GN}}{K_G f_N} \tag{4-21}$$

调差率可定量表明某台机组所带负荷改变时相应的转速(频率)偏移。例如,当 $\delta_* = 0.05$ 时,如机组负荷改变 1%,则频率将偏移 0.05%;如机组负荷改变 20%,则频率将改变 1%(0.5Hz)。

发电机组的单位调节功率 K_{G*} 与负荷的频率调节效应 K_{D*} 的定义非常相似，但是也存在区别，负荷随频率的调节是被动的，是负荷的固有特性，而发电机组随负荷的调节是主动的，K_{G*} 和调差系数是可以整定选取的。K_{G*} 的大小对频率偏移的影响很大，K_{G*} 越大，系统越稳定，频率偏移越小。

由于受到机组调速系统运行稳定性的限制，K_{G*} 的调整范围是有限的，一般情况下，汽轮发电机组的 $K_{G*}=25\sim16.7$（对应的调差率 $\delta_{*}=0.04\sim0.06$），水轮发电机组的 $K_{G*}=50\sim25$（对应的调差率 $\delta_{*}=0.02\sim0.04$）。可以看出，水轮机组的 K_{G*} 更大，更适合做频率的调节，这是符合水轮机组特点的，火电的汽轮机组 K_{G*} 较小，更适合较稳定地发出功率，这也符合锅炉汽轮机的特点。

3. 电力系统的有功功率-频率静态特性

当电力系统负荷发生变化后，频率的调整是由负荷和发电机组两者的调节效应共同负担的，为便于说明问题，先只考虑单台机组供单个负荷的情况。负荷和发电机组的静态特性如图 4-15 所示。

负荷的功频静特性 $P_D(f)$ 同发电机功频静特性的交点 A 是系统的初始运行点，此时系统频率为 f_1，发电机组和负荷的功率都等于 P_1。即在频率为 f_1 时达到了发电机有功输出与负荷有功需求之间的平衡。

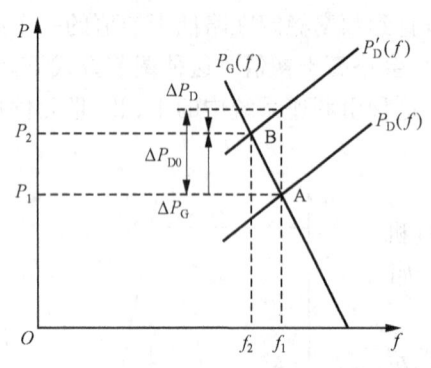

图 4-15 电力系统的功率-频率静态特性

假定系统的负荷增加了 ΔP_{D0}，其特性曲线变为 $P'_D(f)$，发电机仍然维持原来的特性曲线不变。$P'_D(f)$ 和发电机功频静特性形成新的交点 B，B 点对应的频率为 f_2。设频率的变化量为 $\Delta f = f_2 - f_1$，显然此时 $\Delta f < 0$。根据负荷的频率调节效应所产生的负荷功率变化为

$$\Delta P_D = K_D \Delta f$$

发电机调速系统响应后功率输出的增量为

$$\Delta P_G = -K_G \Delta f$$

由于频率下降时，ΔP_D 是负的，所以负荷功率的实际增量为

$$\Delta P_{D0} + \Delta P_D = \Delta P_{D0} + K_D \Delta f$$

负荷功率的实际增量应同发电机组的功率增量相平衡，即

$$\Delta P_{D0} + \Delta P_D = \Delta P_G \tag{4-22}$$

则有

$$\Delta P_{D0} = \Delta P_G - \Delta P_D = -(K_G + K_D)\Delta f = -K\Delta f$$

式(4-22)表明，系统负荷增加引起频率下降，发电机增加输出，同时负荷功率也因频率的下降而有所减小。即在发电机调节效应和负荷自身的调节效应共同作用下，系统在新的频率又达到了功率平衡。

定义 K 为系统的有功功率-频率静特性系数，

$$K = K_G + K_D = -\frac{\Delta P_{D0}}{\Delta f} \tag{4-23}$$

系统的功频静特性系数 K 也称为系统的单位调节功率，它表示在计及发电机组和负荷的调节效应时，引起频率单位变化的负荷变化量。根据 K 值的大小，可确定在允许的频率偏移

范围内,系统所能承受的负荷变化量。显然,K 的数值越大,负荷增减引起的频率变化就越小,频率也就越稳定。正常运行状态下,发电机对电力系统 K 值的贡献远远大于负荷的作用。采用标幺值时

$$K_* = k_\mathrm{r} K_{\mathrm{G}*} + K_{\mathrm{D}*} = \frac{-\Delta P_{\mathrm{D0}*}}{\Delta f_*} \tag{4-24}$$

式中,k_r 为系统的备用系数,$k_\mathrm{r} = P_{\mathrm{GN}}/P_{\mathrm{DN}}$,表示发电机额定容量与系统额定功率时的总有功负荷之比,一般情况下 $k_\mathrm{r} > 1$。

特别值得注意的是,如果发电机已经满载运行,由于此时发电机已经不能增加有功输出,因此 $K_\mathrm{G} = 0$。对应的功频静态特性将是一条与横轴平行的直线,如图 4-16 所示。图中运行点 A 是发电机从有备用到满载的临界点。在运行点 A 时,如果系统的负荷再增加,则只有靠频率下降后负荷本身的调节效应的作用来取得新的平衡。此时没有发电机的作用 $K_* = K_{\mathrm{D}*}$,$K_{\mathrm{D}*}$ 的数值很小,造成的频率下降也就非常严重了。由此可见,系统中有功电源的出力不但要能满足额定功率

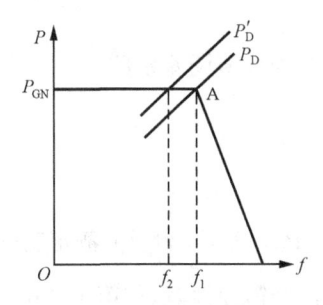

图 4-16 发电机满载时的功频静特性

下系统对有功功率的要求,而且需要满足负荷增长时调频的需要,因此系统电源需要具有足够的备用容量。

4. 大规模新能源接入对电力系统频率的影响

传统电力系统主要通过调整火电等发电机组的输出功率跟踪各时刻负荷的实际有功需求,从而支撑了系统的频率稳定。电力系统中接入了风光等大量可再生能源,这些发电机组通常以最大功率追踪模式运行,出力受天气影响而呈现一定的间歇性。系统调节资源的减少和所需适应对象的增加,将使得系统有功平衡变得更加困难,可能导致系统频率波动变大,进而出现安全运行风险。在此形势下,电力系统一方面需要通过给新能源发电装置附加频率控制策略,使其具备一定的有功调节能力;另一方面也需要配置各类储能并充分利用负荷侧的需求响应资源,方可保障系统的安全稳定运行。

4.2.2 电力系统的频率调整

1. 频率的一次调整

上述单机单负荷情况下的系统功频静特性其实就是频率的一次调整过程。下面将上述分析结论推广到多机多负荷的情况。

实际电力系统是由很多发电机和负荷组成的,基本上所有发电机都具有自动调速系统,它们共同承担一次调整任务。当 n 台装有调速器的机组并网运行时,根据各机组的单位调节功率算出其等值单位调节功率 K_G 和 $K_{\mathrm{G}*}$,就可以利用前面单机单负荷的分析结论。以下介绍多台发电机等值为一台等值机的方法。

当系统频率变动 Δf 时,第 i 台机组的输出功率增量

$$\Delta P_{\mathrm{G}i} = -K_{\mathrm{G}i}\Delta f, \quad i = 1, 2, \cdots, n$$

n 台机组输出功率总增量为

$$\Delta P_\mathrm{G} = \sum_{i=1}^{n} \Delta P_{\mathrm{G}i} = -\sum_{i=1}^{n} K_{\mathrm{G}i}\Delta f = -K_\mathrm{G}\Delta f$$

n 台机组的等值单位调节功率为

$$K_G = \sum_{i=1}^{n} K_{Gi} = \sum_{i=1}^{n} K_{Gi*} \frac{P_{GiN}}{f_N} \tag{4-25}$$

若把 n 台机组用一台等值机来代表,利用关系式(4-22),并计及式(4-25),即可求得等值单位调节功率的标幺值为

$$K_{G*} = \frac{\sum_{i=1}^{n} K_{Gi*} \Delta P_{GiN}}{P_{GN}} \tag{4-26}$$

其倒数为等值调差系数

$$\delta_* = \frac{1}{K_{G*}} = \frac{P_{GN}}{\sum_{i=1}^{n} \frac{P_{GiN}}{\delta_{i*}}} \tag{4-27}$$

式中,P_{GiN} 为第 i 台机的额定功率,$P_{GN} = \sum_{i=1}^{n} P_{GiN}$ 为全系统 n 台机的额定功率之和。

同样需要注意,如第 j 台机组已满载运行,当负荷增加时,则该台机组的$K_{Gj}=0$或 $\delta_j = \infty$。

求出了 n 台机组的等值单位调节功率 K_G 和等值调差系数 δ 后,就可像单台机组时一样来分析频率的一次调整。利用式(4-22)可算出负荷功率初始变化量 ΔP_{D0} 引起的频率偏差 Δf。而各台机组所承担的功率增量则为

$$\Delta P_{Gi} = -K_{Gi} \Delta f = -\frac{1}{\delta_i} \Delta f = -\frac{\Delta f}{\delta_{i*}} \times \frac{P_{GiN}}{f_N}$$

或

$$\frac{\Delta P_{Gi}}{P_{GiN}} = -\frac{\Delta f_*}{\delta_{i*}}$$

由上式可见,K_G 越大的机组增加有功出力(相对于本身的额定值)就越多。

总之,系统的单位调节功率 K_* 越大,频率保持稳定的能力就越强。但是为保证调速系统本身运行的稳定性,发电机的单位调节系数不能整定得过大。此外频率的一次调整只能适应变化幅度小、变化周期较短的负荷。对于变化幅度较大,变化周期较长的负荷,一次调整不一定能保证频率偏移在允许范围内。在这种情况下,需要频率的二次调整。

2. 频率的二次调整

1) 同步器的工作原理

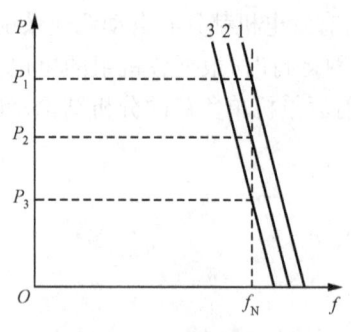

图 4-17 功频特性曲线的平移

二次调频由发电机组的转速控制机构——同步器来完成。同步器由伺服发电机、蜗轮、蜗杆等装置组成,见图 4-13。在人工手动操作或自动装置控制下,伺服电动机既可正转也可反转,因而使杠杆 D 点上升或下降。如果 D 点固定,则当负荷增加引起转速下降时,由机组调速器自动进行的"一次调整"并不能使转速完全恢复。为了恢复初始的转速,可通过伺服电动机让 D 点上移。此时,由于 E 点不动,杠杆 DEF 便以 E 点为支点转动,使 F 点下降,错油门Ⅱ被打开。于是压力油进入油动机Ⅲ,使

它的活塞向上移动,开大进气阀门,增大进气量,因而使原动机输出功率增加,机组转速随之上升。适当控制 D 点的移动,可使转速恢复到初始值。这时套筒位置较 D 点移动以前升高了一些,整个调速系统处于新的平衡状态。调速的结果使原来的功频静特性 2 平行右移为特性 1,见图 4-17。反之,如果机组负荷降低使转速升高则可通过伺服电动机使 D 点下移来降低机组转速。调整的结果使原来的功频静特性 2 平行左移为特性 3。当机组负荷变动引起频率变化时,利用同步器平行移动机组功频静特性来调节系统频率和分配机组间的有功功率,就是频率的二次调整。同步器的控制既可以采用手工方式,也可以采用自动方式,由手动控制同步器的称为人工调频,由自动调频装置控制的称为自动调频。

2) 频率的二次调整过程

仍以单机单负荷情况来说明频率的二次调整过程。若初始运行点为发电机和负荷的功频静特性曲线 $P_G(f)$ 和 $P_D(f)$ 的交点 A,此时系统频率为 f_1,如图 4-18 所示。

在频率为 f_1 时,系统的负荷增加 ΔP_{D0} 后,即 A 到 C,若未进行二次调整,运行点将从 C 沿 $P_D(f)$ 方向移到 B 点,频率便下降到 f_2。若进行二次调频,同步器开始工作,机组的静态特性上移为 $P'_G(f)$,新的运行点也随之转移到 B',B' 对应的频率为 f'_2,频率偏移为 $\Delta f = f'_2 - f_1$。由图 4-18 可见,系统负荷的初始增量 ΔP_{D0} 由三部分组成

$$\Delta P_{D0} = \Delta P_G - K_G \Delta f - K_D \Delta f \tag{4-28}$$

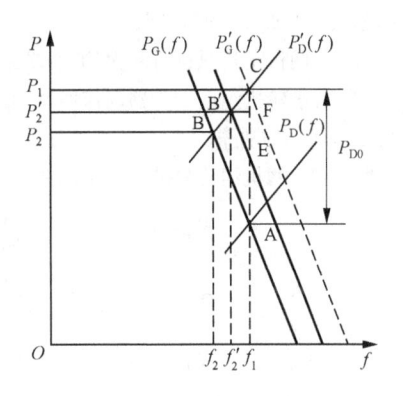

图 4-18 频率的二次调整

式中,ΔP_G 是由二次调整而得的发电机组的功率增量(图中 $\overline{AE}$),$-K_G \Delta f$ 是由一次调整而得到的发电机组的功率增量(图中 $\overline{EF}$),$-K_D \Delta f$ 是由负荷本身的调节效应所得到的功率增量(图中 $\overline{FC}$)。

电力系统频率调整过程

式(4-28)就是有二次调整时的功率平衡方程,该式也可改写成

$$\Delta P_{D0} - \Delta P_G = -(K_G + K_D)\Delta f = -K\Delta f \tag{4-29}$$

或

$$\Delta f = -\frac{\Delta P_{D0} - \Delta P_G}{K} \tag{4-30}$$

由式(4-30)可见,频率的二次调整并不能改变系统的单位调节功率 K 的数值。但是由于二次调整上移了机组静态特性曲线,在同样的频率偏移下,系统能承受的负荷变化量增加了。由图 4-18 中最右侧的虚线可见,当二次调整所得发电机功率增量能完全抵偿负荷初始增量,即 $\Delta P_{D0} - \Delta P_G = 0$,结果是频率维持不变,从而实现了无差调节。而前面讨论的频率一次调整过程为有差调节。当参与二次调整的发电机组产生的功率增量不能满足负荷变化的需要时,不足的部分同样只能由系统调节效应所产生的功率增量来抵偿,此时频率就不能恢复到原来的数值。

在多台机运行的电力系统中,当负荷变化时,配置了调速器的机组,只要还有可调的容量,都自动参加频率的一次调整。而频率的二次调整一般只是由一台或少数几台指定的发电机组承担,这些机组称为主调频机组。负荷变化时,如果所有主调频机组二次调整所得的

总发电功率增量足以平衡负荷功率的初始增量 ΔP_{D0}，则系统的频率将恢复到初始值。否则频率将不能保持不变，所出现的功率缺额将根据一次调整的原理，部分由所有配置了调速器的机组按功频静特性所产生的功率增量承担，剩下部分由负荷的调节效应来补偿。

水电厂由于调整范围较宽、调整速度较快，最适合承担调频任务。在枯水季节，宜选水电厂作为主调频厂，火电厂中效率较低的机组则承担辅助调频的任务；在丰水季节，为了充分利用水利资源，水电厂宜带稳定的负荷，而由效率不高的火电厂承担调频任务。

例 4-4 我国某电力系统中发电机组的容量和它的调差系数百分值分别如下：

水轮机组：600MW，$\delta\%=3$　　汽轮机组：1200MW，$\delta\%=4.5$

系统总负荷为 1400MW，其中水轮机组带 500MW 负荷，负荷的单位调节功率标幺值 $K_{D*}=1.5$，现系统的总负荷增加 150MW，问：

(1) 若两机组均只进行一次调频，求系统的频率变化和各机组所增加的功率；

(2) 若水轮机组的同步器动作增发 60MW 功率，同时两机组进行一次调频，求系统的频率变化情况和各机组所增加的功率。

解 (1) 两机组均只进行一次调频

$$K_{G水} = \frac{P_{GN水}}{\delta_* f_N} = \frac{100 P_{GN水}}{\delta\% f_N} = \frac{100 \times 600}{3 \times 50} = 400 (\text{MW/Hz})$$

$$K_{G汽} = \frac{P_{GN汽}}{\delta_* f_N} = \frac{100 P_{GN汽}}{\delta\% f_N} = \frac{100 \times 1200}{4.5 \times 50} = 533.3 (\text{MW/Hz})$$

$$K_D = K_{D*} \cdot \frac{P_{DN}}{f_N} = 1.5 \times \frac{1400}{50} = 42 (\text{MW/Hz})$$

$$K = K_{G水} + K_{G汽} + K_D = 400 + 533.3 + 42 = 975.3 (\text{MW/Hz})$$

$$\Delta f = -\frac{\Delta P_{D0}}{K} = -\frac{150}{975.3} = -0.154 (\text{Hz})$$

$$\Delta P_{G水} = K_{G水} \Delta f = 400 \times 0.154 = 61.52 (\text{MW})$$

$$\Delta P_{G汽} = K_{G汽} \Delta f = 533.3 \times 0.154 = 82.02 (\text{MW})$$

(2) 若水轮机组二次调频

$$\Delta f = -\frac{\Delta P_{D0} - \Delta P_{G水二}}{K} = -\frac{150 - 60}{975.3} = -0.0923 (\text{Hz})$$

$$\Delta P_{G水} = -K_{G水} \Delta f + \Delta P_{G水二} = 400 \times 0.0923 + 60 = 96.9 (\text{MW})$$

$$\Delta P_{G汽} = -K_{G汽} \Delta f = 533.3 \times 0.0923 = 49.21 (\text{MW})$$

3. 主调频厂的选择

全系统有调节能力的发电机组都会参与频率的一次调整，但只有少数发电机组承担频率的二次调整。按照是否承担二次调整可将电厂分为主调频厂、辅助调频厂和非调频厂三类，其中，主调频厂（一般是 1~2 个电厂）负责全系统的频率调整（即二次调整）；辅助调频厂只在系统频率超过某一规定的偏移范围时才参与调整，这样的电厂一般也只有少数几个；非调频厂在系统正常运行情况下则按预先给定的负荷曲线发电。

在选择主调频厂时，主要应考虑：

(1) 应拥有足够的调整容量及调整范围；

(2) 调频机组具有与负荷变化速度相适应的调整速度；

(3) 调整出力时符合安全及经济的原则。

此外，还应考虑由于调频所引起的联络线上交换功率的波动，以及网络中某些中枢点的电压波动是否超出允许范围。

水轮机组具有较宽的出力调整范围,一般可达额定容量的50%以上,出力的增长速度也较快,一般在一分钟以内即可从空载过渡到满载状态,而且操作方便、安全。火力发电厂的锅炉和汽轮机都受允许最小技术负荷的限制,其中锅炉为25%(中温中压)至70%(高温高压)的额定容量,汽轮机为10%~15%的额定容量。因此,火力发电厂的出力调整范围不大,而且发电机组的负荷增减速度也受汽轮机各部分热膨胀的限制,不能过快,在50%~100%额定负荷范围内,每分钟仅能上升2%~5%。

所以,从出力调整范围和调整速度来看,水电厂最适合承担调频任务。但是在安排各类电厂的负荷时,还应考虑整个电力系统运行的经济性。在枯水季节,宜选水电厂作为主调频厂,火电厂中效率较低的机组则承担辅助调频的任务;在丰水季节,为了充分利用水利资源,水电厂宜带稳定的负荷,而由效率不高的火电厂承担调频任务。

4. 自动发电控制

自20世纪80年代中期开始,自动发电控制在电力系统中得到了广泛应用,实现自动发电控制的机组容量占系统机组总容量的比重越来越大。

AGC是Automatic Generation Control的简称,它是能量管理系统(EMS)的重要组成部分。AGC的工作过程是:首先,控制中心按照各机组的备用容量大小或功率调整速率,再结合经济分配规则,确定各机组应承担的功率变化量;其次,控制中心将控制命令发给参与控制的各发电机组,再通过各机组的自动控制调节装置实现发电自动控制,从而达到调控目标。

AGC控制的主要目标有:

(1) 调整全网的发电使之与负荷平衡,保持频率在正常范围内;

(2) 按联络线功率偏差控制,使联络线交换功率在计划允许范围内;

(3) 对电网的安全、经济调度方案进行执行。

5. 频率调整和电压调整的区别与联系

前面介绍的有功平衡与频率调整、无功平衡与电压调整存在类似之处,但是调频和调压也有所不同。最明显的是整个系统只有一个频率,因此调频涉及整个系统;而无功平衡和电压调整一般都是分电压等级分片就地解决。

当系统由于有功不足和无功不足导致频率和电压都偏低时,应该先解决有功平衡的问题,因为频率的提高能减少无功的缺额,这对于调整电压是有利的。如果首先提高电压,就会扩大有功的缺额,导致频率更加下降,因而无助于改善系统的运行状态。

6. 新型电力系统调频

1) 新能源发电参与调频

为解决大规模新能源接入带来的电力系统频率波动问题,要求新能源具备参与电网一次调频的能力。

光伏电站参与一次调频的手段包括减载运行与加装储能两种方式。当采用减载运行方式时,控制光伏电站的输出功率低于此时电站能提供的最大输出功率,并将这部分差值作为电站的有功备用,在感知到系统频率变化时调节电站的实际有功输出功率,支撑系统的频率稳定。加装储能参与调频的机理在2)中进行介绍。

并网运行的风电机组可以分为恒速恒频风力发电机组和变速恒频风力机组两类,其中恒速恒频风力发电机组始终维持恒转速运转,参与一次调频的机理与光伏电站类似。在此基础上，以双馈风机为代表的变速恒频风电机组，既可以通过减载运行与加装储能参与一次调频，还可以通过控制转子的动能参与一次调频。该方式通过对机组的电力电子接口附加调频控制策略，改变电力电子接口的控制算法，建立起转子转速与输出有功功率与频率间的数学关系，进而支撑频率的一次调整。

由于光伏电站、风电机组以及加装的电化学储能装置均通过电力电子接口控制输出功率，使得发电系统支撑一次调频的反应速度很快，可以实现输出有功功率的瞬时调节。然而，光伏与风电出力均依赖于天气状况，风力与太阳辐照的波动会导致两类机组参与调频时存在调频能量供给不持续的缺点；同时，前述所有新能源参与调频的方法均需要机组输出功率小于理论最大有功输出功率，导致浪费了部分清洁电能。

2) 储能参与调频

参与电网调频的储能包括抽水蓄能电站以及包含电化学储能、飞轮储能、电磁储能等在内的各类新型储能。储能装置能够在很短的时间内响应电网所下达的调频指令，同时具备参与一次调频与二次调频的能力。

抽水蓄能电站内部装设有蓄能机组，按照实际需求通过调节水流量或者水轮机叶片开度即可实现功率的快速双向调节，但响应时间相对电力电子器件较慢。在系统有功功率过剩时，蓄能机组工作于水泵模式，电站向电网吸收有功功率；在系统有功功率不足时，蓄能机组工作于水轮机模式，电站向电网注入有功功率，从而支撑系统的有功平衡与频率稳定。

新型储能一般通过电力电子接口并网，能实现双向调节有功功率，并具有很快的响应速度。在系统扰动造成电网频率发生偏移时，通过电力电子装置控制策略来快速改变储能功率，可在短时间内向电网注入或吸收有功功率，减少系统的有功缺额或过剩，从而改善电网频率特性。

3) 负荷侧需求响应资源参与调频

需求响应资源是指在一定的经济激励和技术手段影响下，通过调节自身用能需求实现节点有功功率灵活调节的负荷侧资源，包括电动汽车、暖通空调等常见电力负荷。在电网频率发生波动时，能量管理系统 EMS 在感知系统的有功平衡情况后，可以通过智能仪表控制部分用电设备的开关状态或改变这些设备的运行功率，实现以较快的速度完成调频工作。

在实际电网运行调度工作中，一个独立的需求响应资源调节能力较小，同时也不能保障实时响应电网调度指令，因此需求响应资源常以虚拟电厂的形式参与电网调频。虚拟电厂作为一类全新的灵活性资源协调管理系统，可以有效管理配用电侧大规模接入的各类型分布式能源装置，包括分布式电源、储能、负荷侧需求响应资源等，从而充分发挥这些容量小、地理位置分散、用能/出力波动性较强设备的有功功率调节潜力。

受制于各类型装置范围广、资源多的特点，目前虚拟电厂响应电网频率调节指令的时间通常较长，难以参与需要在几秒内完成动作的一次调频。在实际情况中，虚拟电厂通常只通过响应能量管理系统 EMS 下达的 AGC 控制信号，以弥补系统的有功缺额或过剩，来参与电力系统二次调频。同时，虚拟电厂所辖各类型装置大多具备较快的响应速度，使得虚拟电厂理论上具备参与一次调频的潜力，因此，国内外专家学者已经逐步开展虚拟电厂参与一次调频的相关理论研究工作。

4.3 电力系统的能量损耗与节能降损

4.3.1 电网的能量损耗和损耗率

先介绍电网能量损耗的几个常用概念。在给定时间(日、月、季或年)内,系统中所有发电厂的总发电量同厂用电量之差称为供电量。所有输电、变电和配电环节所损耗的电量,称为电力网的损耗电量。在同一时间内,电力网损耗电量占供电量的百分比,称为电力网的损耗率,简称网损率或线损率。网损率是衡量供电企业管理水平的一项重要的综合性经济技术指标。

$$电力网损耗率 = \frac{电力网损耗电量}{供电量} \times 100\% \quad (4-31)$$

上述网络损耗概念与第 3 章最大的不同是,第 3 章的损耗是某个时刻的功率损耗,这里的损耗是能量损耗,是一段时间内功率损耗的积分。实际电力部门更加关心的是能量损耗。如何建立功率损耗和能量损耗的联系是计算能量损耗的关键。在电力网元件的功率损耗中,有一部分同通过元件的电流平方成正比,如变压器绕组和线路导线中的损耗;另一部分则同施加给元件的电压有关,如变压器的铁心损耗,电缆和电容器绝缘介质中的损耗等。以变压器为例,如用额定电压代替实际电压变化,则在给定的运行时间 T 内,变压器的能量损耗为

$$\Delta A_{\mathrm{T}} = P_0 T + \int_0^T 3 I^2 R_{\mathrm{T}} \times 10^{-3} \mathrm{d}t \quad (4-32)$$

式中,功率 P_0 的单位为 kW,时间 T 的单位为 h,电流 I 的单位为 A,电阻 R_{T} 的单位为 Ω,则能量损耗的单位为 kW·h。

线路能量损耗的计算公式也同式(4-32)右端第二项相似,以下重点讨论这部分损耗的计算方法。

4.3.2 最大负荷损耗时间法

若某线路向一个集中负荷 P 供电,在时间 T 内线路的电能损耗为

$$\Delta A_{\mathrm{L}} = \int_0^T \Delta P_{\mathrm{L}} \mathrm{d}t = \int_0^T \frac{S^2}{U^2} R \times 10^{-3} \mathrm{d}t \quad (4-33)$$

式中,ΔP_{L} 为线路的有功功率损耗,S 的单位为 kV·A,U 的单位为 kV。

式(4-33)的积分运算需要已知视在功率或电流的变化曲线,才能计算在时间 T 内的电能损耗。在目前有 SCADA 自动采集系统的情况下,可近似认为两次采集时间之间(几秒到几分钟)的功率和电压不变,由此就可以按式(4-32)和式(4-33)计算电能损耗。有时在网损计算时的负荷曲线本身也是估计或预测的,同时还不能确知每一时刻的功率因数。因此,在工程实际中还采用一种简化的方法来计算能量损耗,即最大负荷损耗时间法。

先引入最大负荷损耗时间的概念,如果在线路中输送的功率一直保持为最大负荷功率 $S_{\max}$,在 τ 小时内的能量损耗恰等于线路全年的实际电能损耗,则称 τ 为最大负荷损耗时间或最大负荷损耗小时数。

$$\Delta A = \int_0^{8760} \frac{S^2}{U^2} R \times 10^{-3} \mathrm{d}t = \frac{S_{\max}^2}{U^2} R \tau \times 10^{-3} = \Delta P_{\max} \tau \times 10^{-3} \quad (4-34)$$

若认为电压接近恒定,则

$$\tau = \frac{\int_0^{8760} S^2 \mathrm{d}t}{S_{\max}^2} \tag{4-35}$$

由式(4-35)可见,最大负荷损耗时间 τ 与视在功率表示的负荷曲线有关。在给定的功率因数下,视在功率与有功功率成正比,而有功功率负荷持续曲线的形状,在一定程度上可由最大负荷利用小时数 $T_{\max}$ 反映出来。因此可以做出给定的功率因数下的 τ 同 $T_{\max}$ 的关系,如表 4-1 所示。

表 4-1 最大负荷损耗小时数 τ 与最大负荷利用小时数 $T_{\max}$ 的关系

	$\cos\varphi$	0.80	0.85	0.90	0.95	1.00
	2000	1500	1200	1000	800	700
	2500	1700	1500	1250	1100	950
	3000	2000	1800	1600	1400	1250
	3500	2350	2150	2000	1800	1600
	4000	2750	2600	2400	2200	2000
	4500	3150	3000	2900	2700	2500
$T_{\max}/\mathrm{h}$	5000	3600	3500	3400	3200	3000
	5500	4100	4000	3950	3750	3600
	6000	4650	4600	4500	4350	4200
	6500	5252	5200	5100	5000	4850
	7000	5950	5900	5800	5700	5600
	7500	6650	6600	6550	6500	6400
	8000	7400	—	7350	—	7250

从表 4-1 中看出,$T_{\max}$ 越大,最大负荷损耗小时数 τ 也越大;功率因数越高,τ 就越小,网损也越小。

在不知道负荷曲线的情况下,根据最大负荷利用小时数 $T_{\max}$ 和功率因数,可查表得到 τ 值,进而计算出全年的电能损耗。变压器绕组中电能损耗的计算与线路的相同,不同点是变压器铁损应按全年投入运行的实际小时数来计算。

例 4-5 图 4-19 所示为某 35kV 供电网络图及等值电路图。线路参数为 $l=15\mathrm{km}$,$r_1=0.28\Omega/\mathrm{km}$,$x_1=0.43\Omega/\mathrm{km}$;单台变压器参数为 $S_\mathrm{N}=7.5\mathrm{MV \cdot A}$,$P_0=24\mathrm{kW}$,$P_\mathrm{K}=75\mathrm{kW}$,$U_\mathrm{K}\%=7.5$,$I_0\%=3.5$。变压器低压侧最大负荷 $P_\mathrm{LD}=10\mathrm{MW}$,$\cos\varphi=0.9$,最大负荷利用小时数为 $T_{\max}=4500\mathrm{h}$。试求线路及变压器中全年的电能损耗和网损率,计算中不计线路导纳支路。

解 (1) 计算最大负荷下功率损耗。
变压器绕组的功率损耗

$$\Delta S_\mathrm{T} = \Delta P_\mathrm{T} + \mathrm{j}\Delta Q_\mathrm{T} = 2\left(P_\mathrm{K} + \mathrm{j}\frac{U_\mathrm{K}\%}{100}S_\mathrm{N}\right)\left(\frac{S_\mathrm{LD}}{2S_\mathrm{N}}\right)^2$$

$$= 2\times\left(75 + \mathrm{j}\frac{7.5}{100}\times 7500\right)\times\left(\frac{10000/0.9}{2\times 7500}\right)^2 = 82.3 + \mathrm{j}617(\mathrm{kV \cdot A})$$

变压器的铁损

$$S_0 = 2\left(P_0 + \mathrm{j}\frac{I_0\%}{100}S_\mathrm{N}\right) = 2\times\left(24 + \mathrm{j}\frac{3.5}{100}\times 7500\right) = 48 + \mathrm{j}525(\mathrm{kV \cdot A})$$

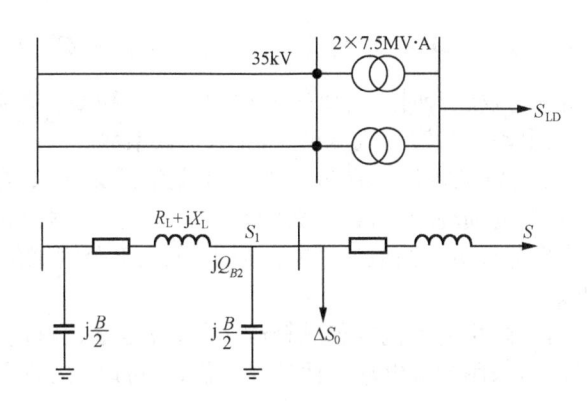

图 4-19 例 4-6 系统网络图及等值电路

线路末端功率
$$S_1 = S_{LD} + \Delta S_T + S_0 = 10 + j4.843 + 0.082 + j0.617 + 0.048 + j0.525$$
$$= 10.13 + j5.985(\text{MV·A})$$

线路上的有功损耗
$$\Delta S_L = \Delta P_L + j\Delta Q_L = \frac{10.13^2 + 5.985^2}{35^2} \times \left(\frac{1}{2} \times 0.28 \times 15 + j \times \frac{1}{2} \times 0.43 \times 15\right)$$
$$= 0.237 + j0.364(\text{MV·A})$$

(2) 根据最大负荷下功率损耗计算全年电量损耗。

已知 $T_{\max}$=4500h 和 $\cos\varphi$=0.9,从表 4-1 查得 τ=2900h,则变压器全年的电能损耗
$$\Delta A = \Delta A_T + \Delta A_L = (2\Delta P_0 \times 8760 + \Delta P_T \times 2900) + \Delta P_L \times 2900$$
$$= (2 \times 24 \times 8760 + 82.2 \times 2900) + 237 \times 2900$$
$$= 13.5 \times 10^5 (\text{kW·h})$$

网损率为
$$1350/(4500 \times 10 + 1350) \times 100\% = 2.91\%$$

4.3.3 降低网损的技术措施

电力网的电能损耗不仅是能源的浪费,而且占用一部分系统设备容量。因此,降低网损是提高电网运行经济性的一项重要任务。为了降低电力网的能量损耗,可以采取各种管理和技术措施。

1. 提高功率因数,减少无功输送

从第 3 章的分析可知,无功功率在电力网的流动同样将带来网络的有功功率损耗。所以实际电力系统的无功功率一般采用分地区、分电压等级、分层就地平衡的策略,尽力避免电网传送大量的无功功率。功率因数是跟无功功率紧密相关的一个指标。用功率因数来描述的线路有功损耗为

$$\Delta P_L = \frac{P^2}{U^2 \cos^2\varphi} R$$

若功率因数由原来的 $\cos\varphi_1$ 提高到 $\cos\varphi_2$,则线路中的功率损耗可降低

$$\delta_{P_L}(\%) = \left[1 - \left(\frac{\cos\varphi_1}{\cos\varphi_2}\right)^2\right] \times 100 \qquad (4-36)$$

例如,当功率因数由 0.7 提高到 0.9 时,线路的有功损耗可减少 39.5%。

提高用户功率因数首先考虑直接提高用户用电设备运行时的功率因数。异步电动机是最常用的用电设备,其所需要的无功功率为

$$Q = Q_0 + (Q_N - Q_0)\left(\frac{P}{P_N}\right)^2 = Q_0 + (Q_N - Q_0)\beta^2 \tag{4-37}$$

式中,Q_0 表示异步电动机空载运行时所需要的无功功率,P_N 和 Q_N 分别为额定负载下的有功功率和无功功率,P 为电动机的实际机械负荷,β 为负载系数。

式(4-37)中的第一项是电动机的励磁功率,它与负载情况无关,其数值占 Q_N 的 60%~70%;第二项是绕组漏抗中的损耗,与负载系数的平方成正比。负载系数降低时,电动机所需的无功功率只有一小部分按负载系数的平方而减小,而大部分则维持不变。可见,负载系数越小,功率因数越低。

为了提高功率因数,应防止电动机空载或轻载运行,应尽量让电动机按额定负载运行。在技术条件许可的情况下,采用同步电动机代替异步机,还可以让已装设的同步电动机运行在过励磁状态等。

此外,装设并联无功补偿设备是提高功率因数的重要措施。负荷离电源点越远,补偿前的功率因数越低,安装补偿设备的降损效果就越大。对于电力网来说,配置无功补偿容量需要综合考虑实现无功功率的分地区平衡,提高电压质量和降低网络损耗这三个方面的要求,通过优化计算来确定补偿设备的安装地点和容量分配。

2. 改善网络功率分布

由第 3 章内容可知,在环网功率的自然分布中功率与阻抗成反比分布。现在讨论若使网络的功率损耗为最小,功率应如何分布?图 3-14 所示环网的功率损耗为

$$\begin{aligned} P_L &= \frac{P_{12}^2 + Q_{12}^2}{U^2}R_{12} + \frac{P_{13}^2 + Q_{13}^2}{U^2}R_{13} + \frac{P_{23}^2 + Q_{23}^2}{U^2}R_{23} \\ &= \frac{P_{12}^2 + Q_{12}^2}{U^2}R_{12} + \frac{(P_2 + P_3 - P_{12})^2 + (Q_2 + Q_3 - Q_{12})^2}{U^2}R_{23} \\ &\quad + \frac{(P_{12} - P_2)^2 + (Q_{12} - Q_2)^2}{U^2}R_3 \end{aligned}$$

为求极值,将上式分别对 P_{12} 和 Q_{12} 取偏倒数,并令其等于零,得

$$\begin{cases} \dfrac{\partial P_L}{\partial P_{12}} = \dfrac{2P_{12}}{U^2}R_{12} - \dfrac{2(P_2 + P_3 - P_{12})}{U^2}R_{13} + \dfrac{2(P_{12} - P_2)}{U^2}R_{23} \\ \dfrac{\partial P_L}{\partial Q_{12}} = \dfrac{2Q_{12}}{U^2}R_{12} - \dfrac{2(Q_2 + Q_3 - Q_{12})}{U^2}R_{13} + \dfrac{2(Q_{12} - Q_2)}{U^2}R_{23} \end{cases}$$

进一步可以解出网损最小时的经济分布

$$S_{12e} = P_{12e} + jQ_{12e}$$

$$\begin{cases} P_{12e} = \dfrac{P_2(R_{13} + R_{23}) + P_3 R_{13}}{R_{12} + R_{13} + R_{23}} \\ Q_{12e} = \dfrac{Q_2(R_{13} + R_{23}) + Q_3 R_{13}}{R_{12} + R_{13} + R_{23}} \end{cases} \tag{4-38}$$

式(4-38)表明,当功率在环形网络中与电阻成反比分布时,功率损耗为最小,称这种功率分布为经济分布。

在均一网络中,每段线路的电阻与电抗比值都相等,功率的自然分布与经济分布相同。在由非均一线路组成的环网中,功率的自然分布不同于经济分布。电网的不均一程度越大,两者的差别越大。为了降低网络的功率损耗,可以在环网中引入环路电势进行潮流控制,使功率分布尽量接近于经济分布。对于环网也可以考虑开环运行是否更合理。为了限制短路

电流或满足保护动作选择性要求,需将闭环网络开环运行,开环点的选择要有利于降低网损。

配电网络一般采用闭环建设、开环运行。为了限制线路故障的影响范围和线路检修时避免大范围停电,在配电网络的适当地点安装有分段开关和联络开关。在不同的运行方式下进行网络重构,对这些开关通断状态进行优化组合,合理安排用户的供电路径,可以达到平衡支路潮流、消除过载、降低网损和提高电压质量的目的。

3. 合理确定运行电压水平

35kV 及以上的电力网中的变压器铁损在网络总损耗所占比重小于线路和变压器绕组的损耗,在满足电压偏移标准的基础上适当提高运行电压都可以降低网损。

但是对于变压器铁损所占比重大于50%的电力网,情况则正好相反。在6~10kV 的农村配电网中,变压器铁损所占比重可达60%~80%。这是因为小容量变压器的空载电流大,农村变压器有很多时间处于轻载状态。对于这类电力网,为了降低功率损耗和能量损耗,在满足电压偏移标准的基础上宜适当降低运行电压。

4. 对电网进行科学的规划与建设改造

为满足负荷的快速发展,需要对电网进行科学的规划与建设改造,例如合理选择新建电网的电压等级,减少变电层次,合理布局电源点,优化网络结构,缩短供电路径,增大导线截面等,这些措施都有极为明显的降损效果。

此外,通过电价手段对用户进行需求侧管理,改善用户的负荷曲线,减小高峰负荷和低谷负荷的差值,提高最小负荷率,也可明显降低网损。

思 考 题

4-1 电力系统的无功平衡与有功平衡分别主要跟哪个因素有关,为什么?

4-2 电容器作为最常用的无功补偿装置有何局限性?

4-3 系统的无功负荷如何受到电压的影响?

4-4 典型城市电力系统在不同时段的无功平衡如何?

4-5 如何综合应用各种电压调整措施?

4-6 电力系统负荷、电源的有功频率特性与无功电压特性有何相似点?

4-7 为什么需要频率的二次调整?

4-8 为什么水电机组更适合调频?

4-9 电力系统的能量损耗与功率损耗有何不同?如何建立二者的联系?

4-10 画出简单电力系统的示意图,根据潮流计算基本公式来分析的损耗主要构成和降低网损的措施。

习 题

4-1 电力系统图如题 4-1 图所示,图中参数如下:

发电机:2×50MW,10.5kV,$\cos\varphi=0.85$;

变压器T1:2×80MV·A,$10.5/121$kV,$P_0=130$kW,$I_0\%=2.5$,$P_K=310$kW,$U_K\%=10.5$;

变压器T2,T3:2×20MV·A,$110/11$kV,$P_0=22$kW,$I_0\%=0.8$,$P_K=135$kW,$U_K\%=10.5$;

线路L1:$2\times$LGJ-150/20,40km,$r_1=0.2\Omega$/km,$x_1=0.4\Omega$/km;

线路L2:$2\times$LGJ-95/20,40km,$r_1=0.33\Omega$/km,$x_1=0.418\Omega$/km。

试做无功功率平衡。

(答案:负荷和损耗的总量为 64.10+j67.49MV·A,发电机以额定功率因数运行时无功输出为 Q_G = 39.731Mvar,无功功率缺额即所需补偿容量 ΔQ = 27.76Mvar)

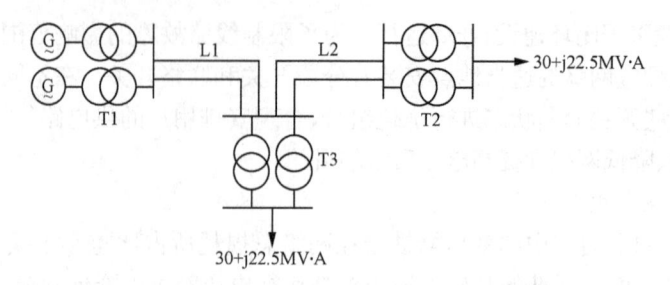

题 4-1 图

4-2 系统元件连接关系如题 4-2 图所示,降压变电站低压侧母线要求常调压,保持 10.5kV,试确定采用电容器补偿时的设备容量。

(答案:Q_C = 13Mvar)

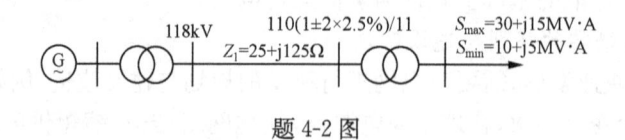

题 4-2 图

4-3 某 35kV 变电站,其主变压器变比为(35±2×2.5%/10.5)kV,Z_t = 0.22+j3.11Ω。已知最大和最小负荷分别为 8+j5MV·A,4+j3MV·A,母线 A 的电压保持为 36kV,要求变电站 10kV 母线上的电压在最小负荷与最大负荷时电压偏差不超过 5%,试选择变压器分接头。

(答案:2.5%)

4-4 电力系统中的负荷频率静态特性为 $P_{D*} = 0.2 + 0.3f_* + 0.3f_*^2 + 0.2f_*^3$,系统额定频率为 50Hz,试计算:

(1) 系统运行频率为 50Hz 时,负荷的调节效应系数;(2) 系统运行频率减少 4% 时,负荷的调节效应系数。

(答案:(1) 1.5;(2) 1.429)

4-5 设系统中发电机组的容量和调差系数如下:

水轮发电机:　　　100MW/台×4 台=400MW,　　δ%=2.5
　　　　　　　　　80MW/台×4 台=320MW,　　　δ%=2.75
较大容量汽轮机组:100MW/台×5 台=500MW,　　δ%=3.5
　　　　　　　　　50MW/台×16 台=800MW,　　 δ%=4
较小容量汽轮机组合计:　　　1000MW,　　　　　δ%=4

已知系统总负荷为 2000MW,负荷的单位调节功率 K_{D*} 为 1.5,试计算以下两种情况下的系统单位调节功率以及负荷增加 400MW 时频率变化量。

(1) 全部机组都参加调频;(2) 全部机组都不参加调频时。

(答案:(1) 1798.4MW/Hz,−0.222Hz;(2) 60MW/Hz,−6.667Hz)

4-6 已知条件如题 4-5,若全部机组都参加调频,但是较大容量汽轮机组已经全部满载时的系统单位调节功率和频率变化量。

(答案:1112.7MW/Hz,−0.359Hz)

4-7 系统总装机容量为 2000MW,调差系数 δ%=5,总负荷为 1600MW,负荷调节效应系数为 50MW/Hz,在额定频率下增加负荷 430MW,计算下列两种情况下的频率变化并解释原因。

(1) 所有发电机仅参与一次调频;(2) 所有发电机均参加二次调频。

(答案：(1)—0.6Hz；(2)—0.6Hz)

4-8 110kV 输电线路参数为：$r_1=0.2\Omega/\text{km}$，$x_1=0.4\Omega/\text{km}$，$b_1=2.45\times10^{-6}\text{S/km}$，线路长 200km，线路末端最大负荷 $S_{\max}=30+\text{j}15\text{MV·A}$，$T_{\max}=5000\text{h}$，求线路全年电能损耗。

(答案：$1.1734\times10^7\text{kW·h}$)

4-9 若将题 4-8 线路电压升高至 220kV，此时线路参数为：$r_1=0.2\Omega/\text{km}$，$x_1=0.42\Omega/\text{km}$，$b_1=2.45\times10^{-6}\text{S/km}$，试计算全年电能损耗。

(答案：$2.561\times10^6\text{kW·h}$)

4-10 两台型号为 SFL1-40000/110 的变压器并列运行，低压侧母线额定电压为 10kV，单台变压器参数为 $P_0=41.5\text{kW}$，$I_0\%=0.7$，$P_K=203.4\text{kW}$，$U_K\%=10.5$。低压侧母线最大负荷为 $50+\text{j}36\text{MV·A}$，$T_{\max}$ 为 4000h，求全年电能损耗。

(答案：$1.391\times10^6\text{kW·h}$)

第 5 章　电力系统故障与实用短路电流计算

5.1　故障的一般概念

在电力系统的运行中时常会受到各种扰动,影响较大的是各种故障,常见的故障有短路、断线和在不同地点同时发生各种短路和断线的复杂故障。其中大多数是短路故障。

短路是指电力系统正常运行以外的相与相之间或相与地之间发生的短接。电力系统在正常运行时,除中性点专门接地外,相与相之间或相与地之间是绝缘的。

5.1.1　短路类型

在三相系统中,简单短路故障共有四种类型,即单相接地短路、两相短路、两相短路接地和三相短路。其中三相短路时三相回路仍然是对称的,故称为对称短路;其他三种短路均使三相回路不对称,故称为不对称短路。根据统计各种短路发生的概率大致为:单相接地短路约占65%,两相短路约占10%,两相短路接地约占20%,三相短路约占5%,如表5-1所示。虽然三相短路很少发生,但后果较严重,必须给予足够的重视。

表 5-1　短路类型、示意图、符号及其发生概率

短路类型	示意图	符号	发生概率	短路类型	示意图	符号	发生概率
三相短路		$f^{(3)}$	5%	单相接地短路		$f^{(1)}$	65%
两相短路		$f^{(2)}$	10%	两相短路接地		$f^{(1,1)}$	20%

5.1.2　短路产生的原因

电力系统发生短路的根本原因是由于电气设备载流部分相间或相对地之间的绝缘遭到损坏。这种损坏的原因很多,例如,由于受到空气的污染及表面的污秽使得绝缘子在正常的工作电压下放电或受到雷电过电压而发生的闪络;再如其他电气设备,发电机、变压器、电缆等的绝缘材料在运行中老化或设计、安装及维护不良所带来的设备缺陷发展成短路;有时因鸟兽或树枝跨接在裸露的载流部分以及大风或大雪引起的覆冰,加大了导线对杆塔的拉力,导致架空线路杆塔倒塌而造成的短路;此外,运行人员在线路或设备检修后未拆除地线就送电或带负荷拉刀闸等误操作也会引起短路。上述原因有客观的也有主观的,只要人们高度重视,提高管理与维护水平,短路发生的概率就会大大减少。

5.1.3 短路的危害

短路的危害随着短路的类型、发生地点以及持续时间的不同而不同,有的造成局部地区的供电中断,有的可能危及整个系统的安全运行。短路的危害主要有以下几个方面：

(1) 在发生短路时,短路回路的短路电流值很大,最大瞬时值可达额定电流的 10～15 倍,在大容量的系统中短路电流值可达几万甚至几十万安培。短路电流超标会造成电力设备使用寿命降低甚至损坏。短路电流超标严重时可能导致断路器无法正常开断以切除故障电流,从而扩大事故影响范围,引发更多用户停电。短路电流过大已成为制约我国大型城市电网发展的一个关键问题。

(2) 短路点产生的电弧可能烧坏电气设备,并且短路电流流过电气设备的导体时,所产生的热量可能会引起导体或绝缘的损坏。另外,由于短路电流的电动力效应,导体间将产生很大的机械应力,会使导体变形甚至损坏。

(3) 短路将引起电网中的电压降低,特别是靠近短路点处的电压下降最多,使用户的供电受到影响。系统中大量异步电动机的电磁转矩与端电压的平方成正比,电压下降时,电动机的电磁转矩显著减小,转速随之下降甚至停转,造成产品报废,设备损坏等严重后果。风电和光伏发电机组的故障穿越能力相对传统发电机偏低,短路故障处理不当,可能造成大规模新能源脱网事故,威胁电网的安全稳定运行。

(4) 短路发生地点离电源较近或输送功率很大的线路上而持续时间又较长时,并列运行的发电机可能失去同步,系统稳定遭到破坏,造成大面积停电。

(5) 不对称接地短路所引起的不平衡电流,将在线路周围产生不平衡磁通,这些不平衡磁通将在邻近的平行通信线路内感应出相当大的电势,造成对通信系统的干扰,甚至危及设备和人身的安全。

5.1.4 限制短路故障危害的措施

由于短路会对电力系统造成严重的危害,所以在电力系统设计和运行时,都要采取适当的措施来降低发生短路故障的概率以及减小短路电流,主要措施有：

(1) 合理地配置继电保护并整定其参数,当发生短路故障时,能迅速将发生短路的部分与系统其他正常的部分隔离,尤其是把短路部分与电源部分隔离。

(2) 在电缆的出线上装设限流电抗器,在母线上装设母线电抗器,用来限制短路电流。

(3) 选择适当的主接线形式和运行方式。如对具有大容量机组的发电厂采用单元接线,在降压变电所中,可采用变压器低压侧分裂运行方式,其目的是增大系统阻抗,减少短路电流,但这样可能会降低供电的可靠性和灵活性。

(4) 采用合理的防雷设施,降低过电压水平,使用结构完善的配电装置和加强运行维护管理。

5.1.5 短路计算的目的

短路问题是电力技术方面的基本问题之一,在整个电力系统的设计和运行中,必须有短路电流计算结果作依据。上述限制短路电流的措施也是在短路电流计算的基础上来确定的。为此,掌握短路发生以后的物理过程和短路时的各种参量(电流、电压等)的计算方法是非常必要的。

短路计算的目的主要有:

(1) 以短路计算为依据,选择有足够机械稳定度和热稳定度的电气设备,例如断路器、互感器、绝缘子、母线、电缆等。

(2) 对电力网中发生的各种短路进行计算和分析,合理地配置各种继电保护和自动装置并正确整定其参数。

(3) 设计和选择发电厂和电力系统主接线。通过必要的短路电流计算比较各种不同方案的接线图,确定是否需要采取限制短路电流的措施等。

(4) 进行电力系统暂态稳定计算,研究短路对用户工作的影响等。

此外,确定输电线对通信的干扰,进行故障时及故障后的安全分析,都必须进行短路计算。

5.2 三相短路电流的物理分析

5.2.1 恒定电势源电路的三相短路电流分析

恒定电势源是指电源具有恒定的电压幅值和恒定的频率,这样的电源也称为无限大功率电源或无穷大电源。恒定电势源的内阻抗为零。实际中并不存在这种电源,但相对于外电路短路回路的总阻抗而言,电源的内阻抗很小,可以忽略不计。一般来说,电源的内阻抗小于外电路短路回路的总阻抗的十分之一时,我们就可以认为该电源为恒定电势源。

对于图 5-1 所示的简单三相对称电路,短路发生前,电路处于稳态,每相的电阻和电感分别为 $R+R'$ 和 $L+L'$。由于电路对称,只写出一相(设为 a 相)的电势和电流如下:

$$e = U_\mathrm{m}\sin(\omega t + \alpha) \tag{5-1}$$

$$i_\mathrm{a} = I_{\mathrm{m}(0)}\sin(\omega t + \alpha - \varphi_{(0)}) \tag{5-2}$$

式中,$I_{\mathrm{m}(0)} = \dfrac{U_\mathrm{m}}{\sqrt{(R+R')^2 + \omega^2(L+L')^2}}$ 为短路前稳态电流值,$\varphi_{(0)} = \arctan\dfrac{\omega(L+L')}{R+R'}$ 为稳态电流与电源电势间的夹角,α 为电源电势的初始相角,即 $t=0$ 时的相位角,也称合闸角。

当在 f 点突然发生三相短路时,这个电路被分成两个独立的回路。其中左边的回路仍

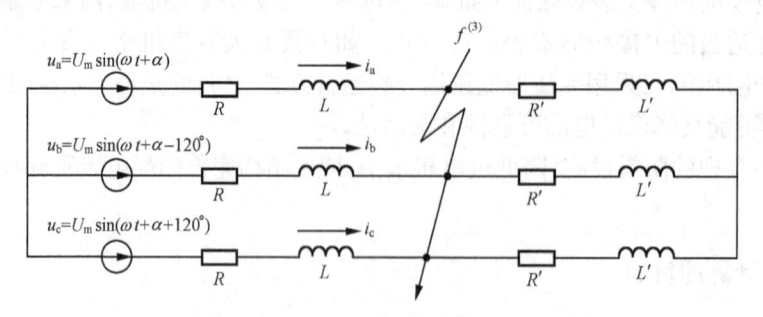

图 5-1 简单三相电路短路图

与电源连接,而右边的回路则变为没有电源的短接回路。在短接回路中,电流将从短路发生瞬间的值不断地衰减,一直衰减到磁场中储藏的能量全部变为电阻中所消耗的热能,电流也衰减到零。在与电源相连的左边回路(也称为短路回路)中,每相阻抗由原来的 $(R+R')+j\omega(L+L')$ 突变为 $R+j\omega L$,其电流将要由短路前的式(5-2)的值逐渐变化到由阻抗 $R+j\omega L$ 决定的新稳态值,短路暂态过程的分析与计算就是针对这一回路的。

设三相短路在 $t=0$ 时发生,由于三相短路后电路仍然对称,可以只研究一相(如 a 相)的,a 相电流的瞬时值应满足式(5-3)的微分方程

$$Ri_a + L\frac{di_a}{dt} = U_m\sin(\omega t + \alpha) \tag{5-3}$$

这是一个一阶常系数、线性非齐次的常微分方程,它的解由两部分组成,第一部分是微分方程的特解,它代表短路电流的强制分量,也称为周期分量,记为

$$i_{pa} = \frac{U_m}{Z}\sin(\omega t + \alpha - \varphi) = I_m\sin(\omega t + \alpha - \varphi) \tag{5-4}$$

式中,Z 为短路回路中每相阻抗 $R+j\omega L$ 的模值;φ 为短路电流和电源电势间的相角,即电路的阻抗角;I_m 为稳态短路电流的幅值。

方程(5-3)解的第二部分是一般解,它代表短路电流的自由分量,也称为非周期分量。短路电流的自由分量与外加电源无关,它是按指数规律衰减的直流,衰减的时间常数 T_a 可由微分方程(5-3)的特征方程的根的倒数求得

$$T_a = \frac{L}{R} \tag{5-5}$$

短路电流的自由分量电流为

$$i_{\alpha a} = Ce^{-\frac{t}{T_a}} \tag{5-6}$$

式中,C 是积分常数,由初始条件决定,它就是非周期电流的起始值 $i_{\alpha a0}$。因此,短路的全电流为

$$i_a = i_{pa} + i_{\alpha a} = I_m\sin(\omega t + \alpha - \varphi) + Ce^{-\frac{t}{T_a}} \tag{5-7}$$

根据楞次定律,电感中的电流是不能突变的,即短路前一瞬间的电流值(用下标(0)表示)必须与短路发生后一瞬间的电流值相等,即

$$I_{m(0)}\sin(\alpha - \varphi_{(0)}) = I_m\sin(\alpha - \varphi) + C \tag{5-8}$$

因此

$$C = I_{m(0)}\sin(\alpha - \varphi_{(0)}) - I_m\sin(\alpha - \varphi) \tag{5-9}$$

将式(5-9)代入式(5-7),可得

$$i_a = I_m\sin(\omega t + \alpha - \varphi) + [I_{m(0)}\sin(\alpha - \varphi_{(0)}) - I_m\sin(\alpha - \varphi)]e^{-\frac{t}{T_a}} \tag{5-10}$$

这就是 a 相短路电流的计算式,根据对称原理,只要用 $\alpha-120°$ 和 $\alpha+120°$ 分别代替式(5-10)中的 α,就能分别得到 b 相和 c 相短路电流的计算式。即

$$i_b = I_m\sin(\omega t + \alpha - 120° - \varphi) + [I_{m(0)}\sin(\alpha - 120° - \varphi_{(0)})$$
$$- I_m\sin(\alpha - 120° - \varphi)]e^{-\frac{t}{T_a}} \tag{5-11}$$

$$i_c = I_m\sin(\omega t + \alpha + 120° - \varphi) + [I_{m(0)}\sin(\alpha + 120° - \varphi_{(0)})$$
$$- I_m\sin(\alpha + 120° - \varphi)]e^{-\frac{t}{T_a}} \tag{5-12}$$

由以上可见，短路到达稳态后，三相中的稳态短路电流为三个幅值相等、相角相差为120°的周期电流，其幅值为电源电压幅值与短路回路总阻抗的比值。从短路发生到稳态之间的暂态过程中，每相电流是周期电流和逐渐衰减的非周期电流之和，非周期电流出现的物理原因是电感中电流在突然短路瞬间的前后不能突变。当三相短路时，三相中的周期电流是对称的，而各相的非周期电流是不等的。

可用式(5-10)~式(5-12)，作出三相电流的波形图，如图 5-2 所示。由短路电流波形图可见，恒定电势源供电的三相短路电流有如下特点：

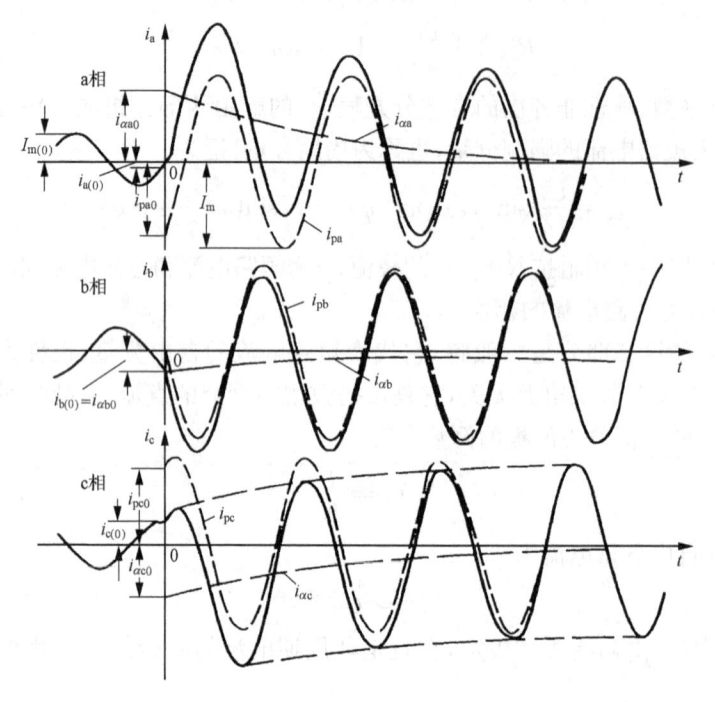

图 5-2 三相短路电流波形图

（1）三相短路电流中的稳态电流，是一组对称电流，也称为周期分量。它们的幅值大于短路前的稳态电流。

（2）各相短路电流中都含有一个非周期分量也称自由分量或称直流分量电流，它们的起始值与短路初始电源电压的相位 α 以及短路初始时回路的电流值有关，产生的原因是为了使短路前后瞬间电流不突变，该非周期分量以后按时间常数 T_a 衰减直到零。

（3）各相短路电流是各相的周期电流与非周期电流之和，非周期电流的起始值越大，短路电流的最大瞬时值越大。

5.2.2 短路冲击电流、短路电流的有效值和短路功率

1. 短路冲击电流

短路电流最大可能的瞬时值称为短路冲击电流，用 i_M 表示。它主要用于检验电气设备和载流导体的动稳定度，即在短路电流下的受力是否超过容许值。在高压电网中，在短路回路中的电抗值要比电阻值大得多，即 $\omega L \gg R$，因此可以认为 $\varphi \approx 90°$。在这种情况下，当 $\alpha = 0°$ 或 $\alpha = 180°$ 时，相量 $\dot{I}_{ma(0)}$ 和时间轴平行，即 a 相处于最严重的情况。将 $\dot{I}_{ma(0)} = 0$（即短路

前空载)，$\alpha = 0$，$\varphi = 90°$ 代入式(5-10)得 a 相全电流的算式为

$$i_a = -I_m\cos\omega t + I_m e^{-\frac{t}{T_a}} \tag{5-13}$$

其电流波形如图 5-3 所示。从图 5-3 可见，短路电流的最大瞬时值，即短路冲击电流将在短路发生后经过半个周期后出现，若频率为 50Hz 时，时间约为 0.01s。冲击电流值为

$$i_M = I_m + I_m e^{-\frac{0.01}{T_a}} = K_M I_m \tag{5-14}$$

式中，K_M 为冲击系数，即冲击电流值对于周期电流的倍数。显然，K_M 的值为 1～2。当短路发生在发电机端或大容量电动机附近时，K_M 取 1.9，其他情况时 K_M 取 1.8。

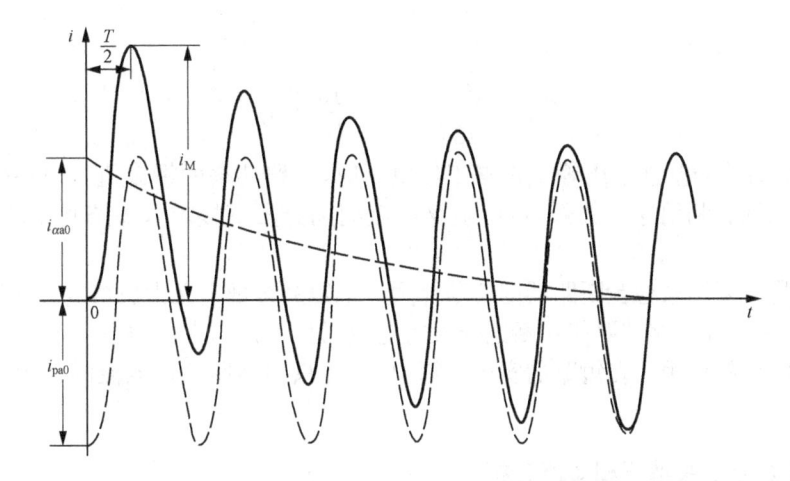

图 5-3 具有最大可能值时的短路电流波形图

2. 短路电流的有效值和最大有效值电流

1) 短路电流的有效值

在短路过程中，任一时刻 t 的短路电流有效值 I_t 是指以时刻 t 为中心的一个周期内瞬时电流的均方根值，即

$$I_t = \sqrt{\frac{1}{T}\int_{t-\frac{T}{2}}^{t+\frac{T}{2}} i_t^2 dt} = \sqrt{\frac{1}{T}\int_{t-\frac{T}{2}}^{t+\frac{T}{2}} (i_{pt} + i_{at})^2 dt} \tag{5-15}$$

式中，i_t、i_{pt} 和 i_{at} 分别为 t 时刻的短路电流、短路电流的周期分量和非周期分量值。

在电力系统中，短路电流的非周期分量在一般情况下是衰减的。为了简化计算，通常假定非周期电流在以时间 t 为中心的一个周期内恒定不变，即 $I_{at} = i_{at}$。对于周期电流也假定在所计算的周期内其幅值是不变的，则有

$$I_{pt} = \frac{I_{pmt}}{\sqrt{2}}$$

根据以上假定条件，式(5-15)就简化为

$$I_t = \sqrt{I_{pt}^2 + I_{at}^2} \tag{5-16}$$

2) 最大有效值电流

短路电流的最大有效值出现在短路后的第一个周期。在最不利的情况下发生短路时，$i_{a0} = I_{pm}$，而第一个周期的中心为 $t = 0.01$s，此时非周期分量的有效值为

$$I_a = I_{pm} e^{-\frac{0.01}{T_a}} = (K_M - 1)I_{pm}$$

由这些关系得到短路电流最大有效值的计算公式

$$I_M = \sqrt{I_p^2 + [(K_M-1)\sqrt{2}I_p]^2} = I_p\sqrt{1+2(K_M-1)^2} \tag{5-17}$$

式中，I_p 为周期分量的有效值，$I_p = I_{pm}/\sqrt{2}$。当冲击系数 $K_M = 1.9$ 时，$I_M = 1.62I_p$；当 $K_M = 1.8$ 时，$I_M = 1.51I_p$。

3. 短路容量

短路容量也称短路功率，等于短路电流有效值与短路处的正常工作电压（一般用平均额定电压）的乘积，即

$$S_t = \sqrt{3}U_{av}I_t$$

用标幺值表示为

$$S_{t*} = \frac{\sqrt{3}U_{av}I_t}{\sqrt{3}U_B I_B} = \frac{I_t}{I_B} = I_{t*} \tag{5-18}$$

式(5-18)表明当基准电压等于正常工作电压时，短路功率的标幺值与短路电流周期分量的标幺值相等。利用这一关系，可由短路电流周期分量直接求取短路功率的有名值，即 $S_t = I_{t*} S_B$。

短路容量主要用来检验断路器的切断能力。把短路容量定义为短路电流和工作电压的乘积，是因为一方面断路器要能切断这样大的电流，另一方面，在断路器断流时其触头应能经受住工作电压的作用。在短路的实用计算中，通常只用周期分量电流的初始有效值计算短路功率。

5.2.3 同步发电机突然三相短路分析

上面我们分析了电源具有恒定电压和频率的情况下，三相电路发生三相对称短路的情形。实际中，具有恒定电压和频率的电源是不存在的，三相电路发生三相对称短路时，发电机内部也发生暂态过程，因而并不能保持其端电压和频率不变。所以，在短路计算中，一般情况下，应计及发电机内部的暂态过程。由于发电机转子的惯性较大，短路电流计算又是计算在极短时间内的短路电流，转子的速度还来不及大的变化，故在分析短路过程的短路电流时可以不计转子速度的变化，即近似认为转子转速不变，频率恒定。也就是说，在短路电流计算中只考虑电压变化而不考虑频率变化，所以我们又把短路电流计算问题称为电磁暂态分析，而把考虑转子运动的稳定计算问题称为机电暂态分析。

下面我们讨论同步发电机定子端在空载情况下三相突然短路后的物理过程。据此说明发电机在暂态过程中的一些参数的意义及大致数值范围。

在分析中，作如下的假设：

(1) 在暂态过程中，同步电机的转速不变，即只考虑电磁暂态过程，不考虑机械暂态过程。

(2) 电机的磁路不饱和，即叠加原理可以应用。

(3) 不考虑发电机的强行励磁情况，即发生短路后发电机端电压虽然降低但励磁电压始终保持不变。

(4) 短路发生在发电机的出线端，如果短路经阻抗短接，则把这部分阻抗也看作发电机定子绕组漏抗的一部分，这样短路后的物理过程和出线端短路相同。

1. 突然三相短路后定子的短路电流

下面应用磁链守恒原理，分析突然三相短路后发电机定子绕组中电流的组成。

图 5-4 所示为出线端三相短路瞬间（$t=0$ 时）转子所在的位置。图中转子直轴（又称为 d 轴）正方向和励磁绕组 ff' 电流产生的磁通正方向一致；定子绕组磁链轴线的正方向和绕组正方向电流所产生的磁链方向相反。θ_0 表示 d 轴和 a 相磁链轴线（即 a 轴）的夹角（图中 $\theta_0=270°$），d 轴逆时针方向超前 a 轴时，θ_0 为正的。图中 ϕ_0 为励磁电流产生的主磁通，$\phi_{f\sigma}$ 为励磁电流产生的漏磁通。在此 θ_0 的情况下，在短路前瞬间三相定子绕组所交链的磁链分别为

$$\begin{cases} \Psi_{a[0]} = \Psi_0 \sin\omega t = 0 \\ \Psi_{b[0]} = \Psi_0 \sin(\omega t - 120°) = \Psi_0 \sin(-120°) = -0.866\Psi_0 \\ \Psi_{c[0]} = \Psi_0 \sin(\omega t + 120°) = \Psi_0 \sin 120° = 0.866\Psi_0 \end{cases}$$
(5-19)

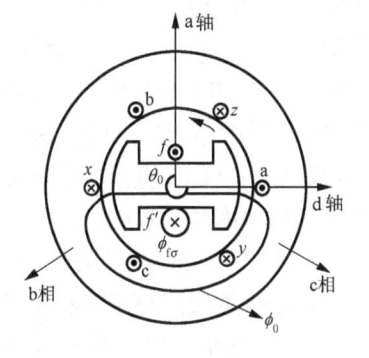

图 5-4 转子位置

式中，Ψ_0 为对应主磁通 ϕ_0 的磁链。

由于定子绕组的电阻很小可以忽略，因此短路后三相绕组为超导体闭合回路。根据超导体回路磁链守恒原理，在短路后的任意时刻，三相定子绕组中的磁链一直保持式(5-19)的值不变。但是在短路后，转子仍会以同步转速旋转，励磁电流产生的主磁链 Ψ_0 分别交链到三相绕组的磁链为 Ψ_{a0}、Ψ_{b0} 和 Ψ_{c0} 如图 5-5 所示。由于磁链守恒，三相绕组中必然会感应产生电流，该电流产生的磁链 Ψ_{ai}、Ψ_{bi} 和 Ψ_{ci} 与磁链 Ψ_{a0}、Ψ_{b0} 和 Ψ_{c0} 合成后应等于 $\Psi_{a[0]}$、$\Psi_{b[0]}$ 和 $\Psi_{c[0]}$，图 5-6

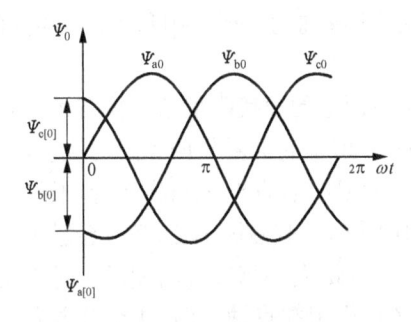

图 5-5 磁链图形

画出了 Ψ_{ai}、Ψ_{bi} 和 Ψ_{ci}。由图 5-6 可知，对于图 5-4 中所选择的短路时刻，Ψ_{ai} 中只有交变分量，Ψ_{bi} 和 Ψ_{ci} 中除了交变分量外尚有恒定分量，三相磁链的表达式如下：

$$\begin{cases} \Psi_{ai} = \Psi_{a[0]} - \Psi_{a0} = 0 - \Psi_{a0} = -\Psi_0 \sin\omega t \\ \Psi_{bi} = \Psi_{b[0]} - \Psi_{b0} = -0.866\Psi_0 - \Psi_0 \sin(\omega t - 120°) \\ \Psi_{ci} = \Psi_{c[0]} - \Psi_{c0} = 0.866\Psi_0 - \Psi_0 \sin(\omega t + 120°) \end{cases}$$
(5-20)

当然如果短路不是在图 5-4 所示的时刻发生，那么三相电流的磁链均含有交变分量和恒定分量。由式(5-20)或图 5-6 可知，磁链 Ψ_{ai}、Ψ_{bi} 和 Ψ_{ci} 中的交变分量是三相对称的，因而

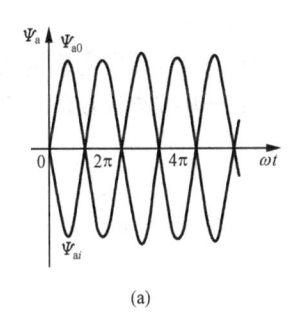

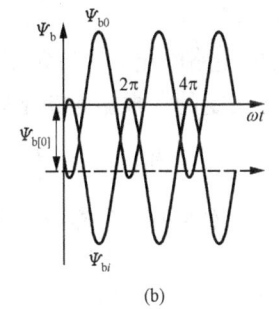

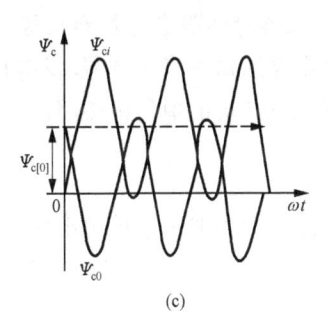

图 5-6 定子绕组磁链图

产生它们的电枢电流一定是一个三相对称的、频率为 50Hz 的交流电流,即为定子短路电流的交流分量或周期分量。此外,在 Ψ_{ai}、Ψ_{bi} 和 Ψ_{ci} 的表达式中,分别出现三个恒定分量 0、$-0.866\Psi_0$ 和 $0.866\Psi_0$。它们使得在 $t=0$ 时,Ψ_{ai}、Ψ_{bi} 和 Ψ_{ci} 均等于零;在 $t>0$ 时,Ψ_{ai}、Ψ_{bi} 和 Ψ_{ci} 与励磁电流产生的主磁链 Ψ_0 合成后使三相电枢绕组得以保持初始磁链不变。这三个恒定分量也称为直流分量或非周期分量,其产生的原因与电感电路中发生短路时电流不能突变的原因是一致的。

2. 突然三相短路后转子绕组中的电流分量

发电机端突然短路后在定子绕组中将产生周期分量电流,它们的磁链分别和励磁主磁通 ϕ_0 产生的 Ψ_{a0}、Ψ_{b0} 和 Ψ_{c0} 磁链互相抵消,因此三相周期电流合成的同步旋转磁场的磁通方向必与 ϕ_0 相反,即作用在转子 d 轴上,形成对励磁绕组起去磁作用的磁通。但是,若励磁绕组也是超导体回路,其交链的磁链也要保持短路前的值不变,因此在励磁绕组中将突然感生一个与原来励磁电流同方向的非周期电流,它的磁链正好与定子周期电流合成的同步旋转磁场产生的去磁链相平衡。另外,定子电流的非周期分量所产生的静止磁场,相对于转子是旋转的,它将在励磁绕组中产生交变磁链,因此励磁绕组还要感生一个 50Hz 的周期电流分量以抵消上述交变磁链。

汽轮发电机整块铁心中的涡流回路、水轮发电机转子极面上的短接阻尼条在稳态运行时是没有电流的,而在暂态过程中则会感生电流。为了方便,一般把它们看作两个阻尼绕组,并等效地用直轴(d 轴)和交轴(q 轴)方向的两个绕组代替。在短路前,发电机同步运行,阻尼绕组中没有电流。定子突然短路后,在直轴方向的阻尼绕组中为保持其磁链不变,必然会感生一个非周期分量电流和一个周期分量电流,在 $t=0$ 时这两个分量大小相等方向相反。对于交轴方向的阻尼绕组,由定子周期分量产生的同步旋转磁场只作用在直轴方向,在交轴方向为零,而短路前是空载运行的交轴方向阻尼绕组本来就没有磁链穿过,因此其中不会感生非周期分量电流。和转子上其他绕组一样,交轴方向阻尼绕组中会感生周期电流,这是为了抵消定子非周期电流产生的磁链。$t=0$ 时交轴方向阻尼绕组的周期电流为零。

在以上讨论中,我们假设所有绕组均为超导体回路,但真正的绕组都是有电阻的。对于有电阻的绕组,其交链的磁链不可能永远保持不变,但在短路瞬间,其磁链是不能突变的。又由于有电阻的存在,定子和转子中感生的非周期电流和由定子非周期电流感应的转子中的周期电流均会逐步衰减到零。定子中的周期电流幅值也将随着转子中非周期电流的衰减而衰减,最后达到其稳定值,即为稳态的短路电流。

3. 短路时的暂态电抗和次暂态电抗

从电路的角度来看,同步发电机的短路电流大小决定于回路的参数,即发电机电抗的大小。发电机电抗的值是由磁路的状态决定的。根据电路基础中关于电抗与磁场的关系,有

$$X = \omega L \quad 和 \quad L = \frac{\Psi}{i} \tag{5-21}$$

说明电感的大小取决于单位电流通过线圈时所产生磁链的大小。式(5-21)还可以写成

$$L = \frac{\Psi}{i} = \frac{W\phi}{i} = \frac{W^2}{R_m} = W^2 \Lambda \tag{5-22}$$

式中,W 为线圈的串联匝数,R_m 为磁路的磁阻,Λ 为磁路的磁导。

由此可见,磁阻大或磁导小则电抗小,因而要分析定子回路的电抗,只需要分析由定子

电流产生的磁通所经过路径上的磁阻就可以了。

图 5-7 绘出了不计阻尼绕组时发电机在 $\theta_0=0°$ 短路瞬间和短路稳态时电枢磁通所走的路径(不含非周期分量电流所产生的磁通)。由图 5-7(a)可知,由于励磁绕组的磁链不能突变,在短路初始瞬间电枢磁通 ϕ'_{ad} 不能通过转子铁心,而被排挤到励磁绕组外侧的漏磁路径上,这时 ϕ'_{ad} 的磁路磁阻比发电机的主磁路磁阻大。由于励磁绕组具有电阻,在该绕组中为保持磁链不变而感生的非周期电流将衰减到零,电枢磁通便将穿过转子铁心,短路达到稳态情况,如图 5-7(b)所示。在稳态短路时,相应电枢磁通 ϕ_{ad} 和漏磁通 ϕ_σ 所走主磁路径的电抗就是直轴同步电抗 x_d。对应于短路初始瞬间电枢磁通 ϕ'_{ad} 和漏磁通 ϕ_σ 所走磁路的电抗就是直轴暂态电抗 x'_d,后者所走磁路的磁阻要比前者所走磁路磁阻大,所以这时定子周期电流所遇到的电抗 x'_d 一定比同步电抗 x_d 小。

现在看转子上有阻尼绕组时的情况,因阻尼绕组也是闭合回路,它的磁链也不能突变。在短路初始瞬间,电枢磁通将同时被排挤到阻尼绕组的外侧。

图 5-8 示出短路初始瞬间电枢磁通依次经过空气隙、阻尼绕组旁的漏磁路径和励磁绕组旁的漏磁路径的情况。这时磁路的磁阻将更大,与此对应的电抗则更小,即小于 x'_d,称为直轴次暂态电抗 x''_d。也就是说,计及阻尼绕组时,短路初始瞬间的周期电流由 x''_d 限制。同样阻尼绕组也是有电阻的,其中感生的非周期电流也是要衰减的,一般大约经过最初几个周波后,电枢磁通即可走图 5-7(a)所示的路径。这时定子周期电流将变为由 x'_d 限制。当达到稳态时,定子周期电流将变为由同步电抗 x_d 所限制。

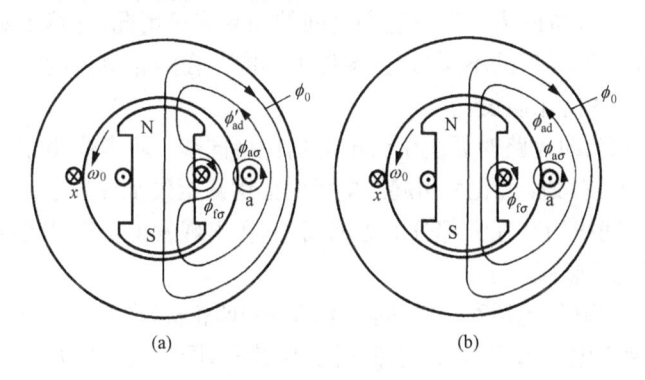

图 5-7 仅有励磁绕组电机短路后电枢磁通路径

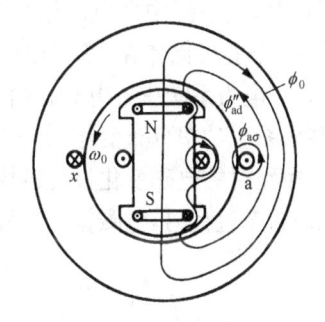

图 5-8 有阻尼绕组电机短路初始瞬间电枢磁通路径

由以上分析可见,直轴次暂态电抗 x''_d、直轴暂态电抗 x'_d 和同步电抗 x_d 三个参数是发电机由突然短路到稳态短路过程中的实际物理参数。它们在数值上的关系是 $x''_d < x'_d, x'_d < x_d$,也就是说,随着短路的进行,发电机等值电抗越来越大。具体来说,在短路瞬间,由于阻尼绕组的影响,其等值直轴电抗为 x''_d,随着短路的进行,阻尼绕组感生的电流衰减到零,这时发电机的等值电抗就变为 x'_d,最后励磁绕组中感生的电流也衰减到零,发电机的等值电抗就变为 x_d。这就是导致短路后周期电流的幅值逐步衰减的原因。

以上分析了发电机出口端发生三相短路后,在短路不同阶段所对应的不同电抗值。相对于这些电抗值,发电机的等值电势也是不同的,具体来说有次暂态交轴电势 E''_q、暂态交轴电势 E'_q 和空载电势 E_{q0}。由于在运行状态突变瞬间,各绕组磁链不能突变,因而与这些磁链对应的次暂态交轴电势 E''_q 和暂态交轴电势 E'_q 也是不能突变的。

通过以上分析可知,发电机在定子出口突然三相短路后,定子回路的短路电流包含一个非周期分量和一个周期分量。非周期分量逐渐衰减消失,周期分量的值决定于短路前的空载电势和相应的电抗,由初始的瞬时幅值$\sqrt{2}E_{q0}/x_d''$逐渐衰减,经过几个周波后其幅值变为$\sqrt{2}E_{q0}/x_d'$,再过一段时间到稳态时变为$\sqrt{2}E_{q0}/x_d$。由此可见,严格地讲周期电流的幅值也是变化的。周期电流幅值变化与各绕组的时间常数有关,假设T_d''对应于电抗x_d''变为x_d'时的时间常数,T_d'对应于电抗x_d'变为x_d时的时间常数,那么周期电流幅值的变化规律可用下式表示:

$$I_{m(t)} = \sqrt{2}E_{q0}\left[\left(\frac{1}{x_d''} - \frac{1}{x_d'}\right)e^{-\frac{t}{T_d''}} + \left(\frac{1}{x_d'} - \frac{1}{x_d}\right)e^{-\frac{t}{T_d'}} + \frac{1}{x_d}\right] \tag{5-23}$$

本节只是用物理原理分析突然短路后的过程,最后近似地给出了短路电流周期分量的计算公式。该公式对于工程上近似计算短路电流已是较准确的了。

5.3 简单系统三相短路电流的实用计算方法

5.3.1 实用短路电流计算的近似条件

在进行实际短路计算时,必须首先确定短路计算的条件。计算条件包括短路发生时的运行方式、短路的类型和发生的位置,以及短路发生后采取的措施等。系统运行方式是指系统中投入运行的发电、变电、输电、用电设备的多少以及它们之间的相互连接情况,计算不对称短路时,还包括中性点的运行状态。计算目的的不同,计算条件也不同。在短路电流的实际计算中,为了简化计算,常采用以下一些简化假设:

(1) 电力系统中各电势相角差不变,即短路时系统中各电源仍保持同步。不考虑由于发生短路、系统功率分布变化、各发电机转速发生变化而引起发电机的摇摆甚至失步等现象。实际上,短路时的电磁变化过程极快,时间很短。在大部分电力网络中,在出现发电机转速变化等机械暂态过程时,电磁暂态过程已完全衰减掉了。

(2) 同步机(包括发电机、同步电动机和调相机)在突然短路瞬间,其次暂态电势E_q''不突变,近似用E''代替E_q'',同时也认为E''短路瞬间不突变,这样做以后使得计算上十分方便,所引起的误差可以满足短路电流的工程要求。从图5-9可知,其次暂态电势E_0''计算公式为

$$E_0'' \approx U_{[0]} + X''I_{[0]}\sin\varphi_{[0]} \tag{5-24}$$

$U_{[0]}$、$I_{[0]}$、$\varphi_{[0]}$分别为同步发电机短路前瞬间的端电压、电流和功率因数角。实用计算中,汽轮发电机和有阻尼凸极发电机的次暂态电抗均可以取为$X'' = X_d''$。

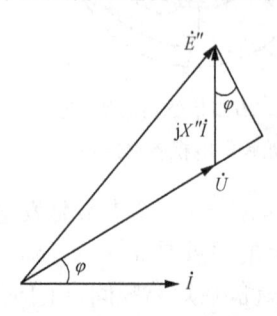

图5-9 同步发电机相量图

(3) 在电力系统发生短路时,不计发电机、变压器等元件的磁路饱和,因此,可以应用求解线性电路的方法(如叠加原理)进行网络简化和电流电压的计算。

(4) 负荷只作近似估计。电力系统负荷电流较短路电流小得多,故可忽略不计,也可当作综合负荷;短路瞬间综合负荷近似地用一个含次暂态电势和次暂态电抗的等值支路来表示。以额定运行参数为基准,综合负荷的电势和电抗的标幺值约为$E'' = 0.8$和$X'' = 0.35$。

当短路点附近有大容量电动机时,需要计及它们对短路电流的影响。

(5)在网络中忽略高压输电线的电阻和电容,忽略变压器的电阻和励磁电流(三相三柱式变压器的零序等值电路除外),即发电、输电、变电和用电的元件均用纯电抗表示,可以避免复数运算。对于电缆和低压配电网电阻较大的情况,这时应采用阻抗模值 Z。

(6)所有短路为金属性短路。短路处相与相(或地)之间的接触往往经过一定的电阻,通常称为过渡电阻。金属性短路不计过渡电阻的影响(过渡电阻为零)。显然,欲求出最大可能的短路电流值,应以最坏的情况考虑,即假定在故障点没有任何阻抗。故以后所讨论的只限于金属性的短路。

经过以上假设计算所得的短路电流数值稍有偏差,但能满足工程计算要求。

5.3.2 简单系统三相短路电流的实用计算方法

1. 实用计算的进一步假设

从前面的分析可见,为了确定短路电流的周期分量、短路冲击电流、短路电流的有效值以及短路功率等,都必须计算短路电流的周期分量。因而电力系统三相短路计算主要是短路电流周期分量起始值的计算,在给定电源电势时,短路电流周期分量的计算只是一个求解稳态正弦交流电路的问题。短路电流周期分量的起始值也称为起始次暂态电流,它的计算就是将所有元件用其次暂态参数代表,然后像计算稳态电流一样计算次暂态电流。静止元件的次暂态参数与其稳态参数相同。

有时为了进一步简化,做如下的假设:

(1)假设各变压器的变比为变压器各边平均额定电压之比,这样当用标幺值计算时,基准电压就取为各级平均额定电压,使得变压器的变比标幺值为1,因而在等值电路中就可以去掉变比。

(2)各发电机电势 E'' 同相位且幅值为平均额定电压,当基准电压取为平均额定电压时,其标幺值为1。

这样的近似使得计算出的短路电流偏大一点,但仍可满足一般工程需要。

2. 短路电流周期分量起始值的计算步骤

在上述假定条件下,短路电流周期分量起始值即次暂态电流 I'' 的计算步骤如下:

(1)系统元件参数标幺值的计算。选取功率基值 S_B,电压基值 $U_B = U_{av}$(U_{av} 为电网各级平均额定电压),计算各元件电抗标幺值。

发电机、调相机

$$X_{G*} = X''_d \frac{S_B}{S_{GN}} \tag{5-25}$$

式中,S_{GN} 为发电机的额定容量。

变压器

$$X_{T*} = \frac{U_K\%}{100} \frac{S_B}{S_{TN}} \tag{5-26}$$

式中,$U_K\%$ 为变压器短路电压百分数,S_{TN} 为变压器额定容量。

电抗器

$$X_{R*} = \frac{X_R\%}{100} \frac{I_B U_{RN}}{I_{RN} U_B} \tag{5-27}$$

式中，$X_R\%$为电抗器电抗百分数，U_{RN}、I_{RN}为电抗器额定电压、电流。

负荷

$$X_{D*} = 0.35 \frac{S_B}{S_D} \tag{5-28}$$

式中，S_D为额定负荷容量。

线路

$$X_{L*} = x_0 l \frac{S_B}{U_B^2} \tag{5-29}$$

式中，x_0为每千米电抗值，l为线路长度。

(2) 根据短路地点，作出等值电路(等值电路中不含空载支路)，然后简化等值电路，求出电源至短路点 f 的总电抗 X_Σ。

(3) 计算 f 点三相短路电流周期分量起始值的标幺值

$$I'' = \frac{E''}{X_\Sigma} = \frac{1}{X_\Sigma} \tag{5-30}$$

短路电流有名值等于标幺值乘以短路电流基准值，基准值为

$$I_B = \frac{S_B}{\sqrt{3}U_B} = \frac{S_B}{\sqrt{3}U_{av}} \tag{5-31}$$

例 5-1 图 5-10 所示为一简单电力系统，其参数如下：
发电机 G：$X_d''=0.01$，$S_{GN}=200\text{MV·A}$；
变压器 T1：$S_{TN1}=200\text{MV·A}$，$U_K\%=10.5$，变比为 18/220kV；
变压器 T2：$S_{TN2}=200\text{MV·A}$，$U_K\%=10.5$，变比为 220/38.5kV；
线路 L：$x_0=0.4\Omega/\text{km}$，$L=80\text{km}$。

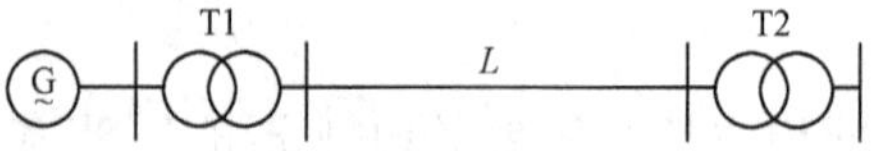

图 5-10 例 5-1 接线图

试计算在下列不同地点发生三相短路时，短路点的起始次暂态周期电流。
(1) 短路点在降压变电所低压母线上；
(2) 短路点在升压变电所高压母线上；
(3) 短路点在发电机出口处。

解 (1) 计算参数，选基准功率 $S_B=200\text{MV·A}$，基准电压 $U_B=U_{av}$是各级平均额定电压，本例中为 $U_{B1}=18\text{kV}$，$U_{B2}=230\text{kV}$ 和 $U_{B3}=37\text{kV}$。

发电机 G：$\quad X_{G*} = X_d'' \frac{S_B}{S_{GN}} = 0.1 \frac{200}{200} = 0.1, \quad E''=1$

变压器 T1：$\quad X_{T1*} = \frac{U_K\%}{100} \frac{S_B}{S_{TN1}} = \frac{10.5 \times 200}{100 \times 200} = 0.105$

线路 L：$\quad X_{L*} = X_0 L \frac{S_B}{U_{B2}^2} = 0.4 \times 80 \times \frac{200}{230^2} = 0.121$

变压器 T2：$\quad X_{T2*} = \frac{U_K\%}{100} \frac{S_B}{S_{TN2}} = \frac{10.5 \times 200}{100 \times 200} = 0.105$

(2) 作等值电路，见图 5-11。

等值电路包含从短路点到电源点的所有支路，但不包括短路后没有短路电流的空载支路，因而后两短路点的等值电路只是原电路的一部分。

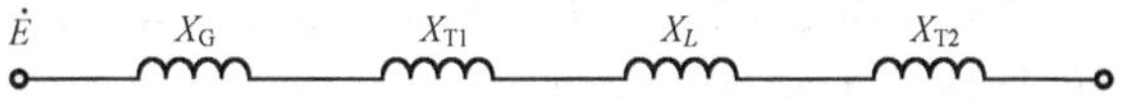

图 5-11 例 5-1 的等值电路图

(3) 计算等值电抗

$$X_{(1)*} = X_{G*} + X_{T1*} + X_{L*} + X_{T2*}$$
$$= 0.1 + 0.105 + 0.121 + 0.105 = 0.431$$
$$X_{(2)*} = X_{G*} + X_{T1*} = 0.1 + 0.105 = 0.205$$
$$X_{(3)*} = X_{G*} = 0.1$$

(4) 计算起始次暂态短路电流周期分量

① $I''_{(1)*} = \dfrac{1}{X_{(1)*}} = \dfrac{1}{0.431} = 2.32$

有名值 $I''_{(1)} = I''_{(1)*} \dfrac{S_B}{\sqrt{3}U_{B3}} = 2.32 \times \dfrac{200}{1.732 \times 37} = 7.24(\text{kA})$

② $I''_{(2)*} = \dfrac{1}{X_{(2)*}} = \dfrac{1}{0.205} = 4.878$

有名值 $I''_{(2)} = I''_{(2)*} \dfrac{S_B}{\sqrt{3}U_{B2}} = 4.878 \times \dfrac{200}{1.732 \times 230} = 2.449(\text{kA})$

③ $I''_{(3)*} = \dfrac{1}{X_{(3)*}} = \dfrac{1}{0.1} = 10$

有名值 $I''_{(3)} = I''_{(3)*} \dfrac{S_B}{\sqrt{3}U_{B1}} = 10 \times \dfrac{200}{1.732 \times 18} = 64.15(\text{kA})$

3. 简单系统三相短路电流计算中常用的几种方法

1) 叠加原理

根据短路计算的基本假设,不计磁路的影响,系统各元件参数恒定,故在计算过程中可应用叠加原理。设短路点为 f,并看作零电势电源点,根据叠加原理,网络中每一处的电流应等于各个电势源分别单独作用时所产生的电流的代数和。假定短路电流以流出为正,对于故障点有

短路电流

$$\dot{I}_f = \sum_{\substack{j=1 \\ j \neq f}}^{n} \dfrac{\dot{E}_j}{Z_{jf}} \tag{5-32}$$

式中,Z_{jf} 为节点 j、f 之间的转移阻抗。

短路点输入阻抗

$$Z_{ff} = \dfrac{1}{\sum\limits_{\substack{j=1 \\ j \neq f}}^{n} Z_{jf}} \tag{5-33}$$

即等于其余所有节点转移阻抗的并联值。

需要注意,新能源和直流输电中电力电子装置的故障响应特性具有非线性,不能直接采用叠加原理。

2) 网络的等值变换

等值变换简化网络是简单电力系统短路计算的一个最基本的方法。等值变换的要求是网络未被变换部分的状态(电压和电流分布)应保持不变。等值变换包括阻抗支路的串联和

并联变换、无源网络的星网变换和基于戴维南定理的有源网等值变换。

(1) 有源网络的等值变换。由戴维南定理可知,与外部电路相连的有源网可以用一个具有电势 $\dot{E}_{eq}$ 和阻抗 Z_{eq} 的等值有源支路来代替(见图 5-12)。等值电源的电势 $\dot{E}_{eq}$ 等于外部电路断开(即 $\dot{I}=0$)时的开路电压 $\dot{U}_{(0)}$,等值阻抗 Z_{eq} 等于所有电源电势都为零时从外部看进去的阻抗。

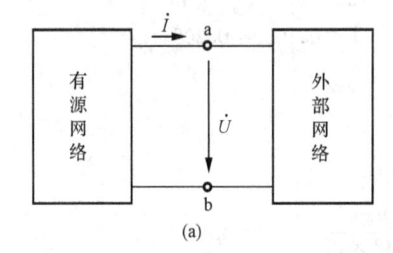

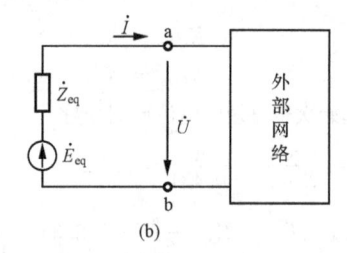

图 5-12 有源网络的等值变换

对于由 m 个并联的有源支路构成的有源网络(图 5-13),其等值参数为

$$\begin{cases} Z_{eq} = -\dfrac{\dot{U}}{\dot{I}} = \dfrac{1}{\sum\limits_{i=1}^{m}\dfrac{1}{Z_i}} \\ \dot{E}_{eq} = \dot{U}_{(0)} = Z_{eq}\sum\limits_{i=1}^{m}\dfrac{\dot{E}_i}{Z_i} \end{cases} \quad (5\text{-}34)$$

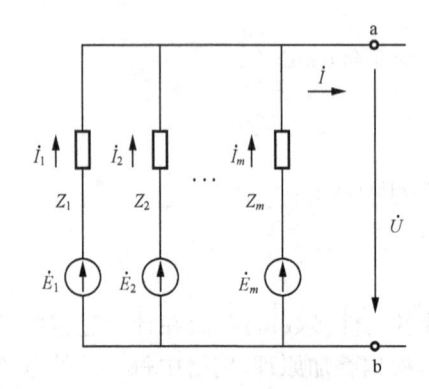

图 5-13 并联有源支路组成的网络

(2) 分裂电动势和分裂短路点。

在网络简化中,若几个支路连接到同一个电源点,则可在电源点处将几个支路拆开,拆开后各支路端点仍具有与原来的电动势相等的电源,即称为分裂电动势。若几个支路同时连接到短路点,则可将这些支路从短路点拆开,各支路拆开后的端点仍具有原来短路点的电位(在三相短路时,短路点的电压为零),称为分裂短路点。

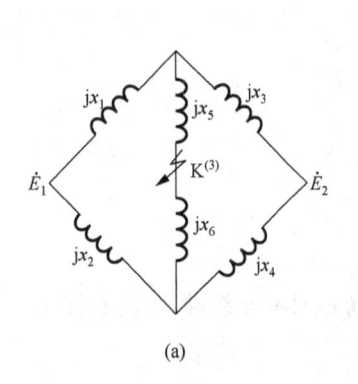

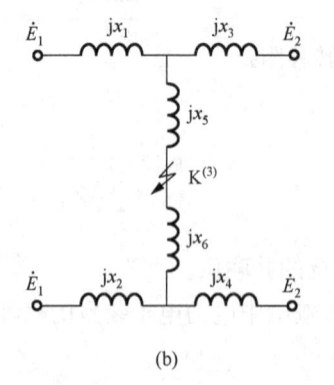

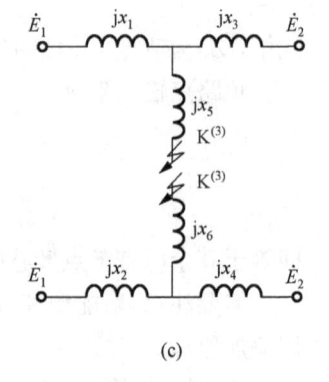

图 5-14 分裂电动势与分裂短路点示意图

设有一电网的接线与短路故障如图 5-14(a)所示。在网络简化中,首先,采用分裂电动

势方法,将 x_1 支路与 x_2 支路在电动势点 $\dot{E}_1$ 处分开,分开后该两支路的电动势仍为 $\dot{E}_1$;同样,可将 x_3 支路与 x_4 支路分开,得到如图 5-14(b)所示的简化网络。其次,可进一步采用分裂短路点方法,将网络在短路点 K 处分开,简化网络如图 5-14(c)所示。最后,可分别对图 5-14(c)中的两个简单网络,计算短路点的电流,再求和即可获得图 5-14(a)中短路点 K 的短路电流。

3) 电流分布系数

(1) 电源点电流分布系数。在发生短路的网络中,第 i 个电源送到短路点的电流 $\dot{I}_i$ 与短路电流 $\dot{I}_f$ 之比称为第 i 个电源的电流分布系数,记为 c_i,设所有电源电势相等,则 $c_i = \dfrac{\dot{I}_i}{\dot{I}_f}$
$= \dfrac{\dot{E}/Z_{if}}{\dot{E}/Z_{ff}} = \dfrac{Z_{ff}}{Z_{if}}$,即等于短路点的输入阻抗与该电源对短路点的转移阻抗之比。所有电源点的电流分布系数之和等于 1,即

$$\sum_{\substack{i=1\\i\neq f}}^{n} c_i = \sum_{\substack{i=1\\i\neq f}}^{n} \dfrac{\dot{I}_i}{\dot{I}_f} = \sum_{\substack{i=1\\i\neq f}}^{n} \dfrac{Z_{ff}}{Z_{if}} = 1 \tag{5-35}$$

(2) 支路电流分布系数。网络中的支路也有电流分布系数,等于各个支路电流除以短路电流。分布系数实际上代表电流,并且符合节点电流定律(图 5-15)。短路点电流分布系数等于 1。

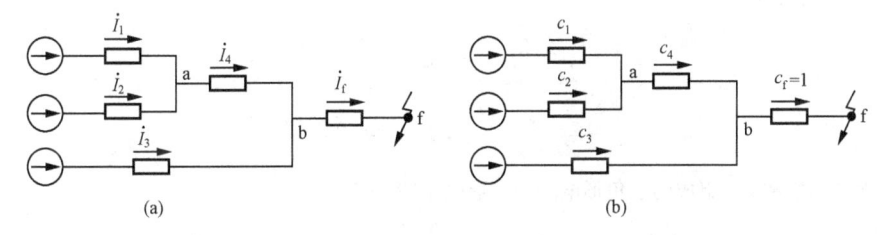

图 5-15 支路电流和分布系数

在比较简单的网络中通常使用单位电流法,在图 5-16 中,令 $\dot{I}_1 = 1$,依次可得

$$\dot{U}_a = Z_1 \dot{I}_1 = Z_1, \qquad \dot{I}_2 = \dot{U}_a/Z_2, \qquad \dot{I}_4 = \dot{I}_1 + \dot{I}_2$$

$$\dot{U}_b = \dot{U}_a + Z_4 \dot{I}_4, \qquad \dot{I}_3 = \dot{U}_b/Z_3, \qquad \dot{I}_f = \dot{I}_4 + \dot{I}_3, \qquad \dot{E} = \dot{U}_b + Z_5 \dot{I}_f$$

由此可以计算出

$$Z_{ff} = \dot{E}/\dot{I}_f, \qquad c_1 = \dot{I}_1/\dot{I}_f, \qquad c_2 = \dot{I}_2/\dot{I}_f, \qquad c_3 = \dot{I}_3/\dot{I}_f$$

$$c_1 + c_2 = c_4, \qquad Z_{1f} = Z_{ff}/c_1, \qquad Z_{2f} = Z_{ff}/c_2, \qquad Z_{3f} = Z_{ff}/c_3$$

例 5-2 图 5-17(a)所示网络中,a,b 和 c 为电源点,f 为短路点。试通过网络变换求得短路点的输入阻抗。

解 网络变换计算输入阻抗。

(1) 星网变换,把 Z_2、Z_4 和 Z_5 组成的星形电路化为三角形电路(图 5-17(b))得

$$Z_8 = Z_2 + Z_4 + Z_2 Z_4/Z_5$$
$$Z_9 = Z_2 + Z_5 + Z_2 Z_5/Z_4$$

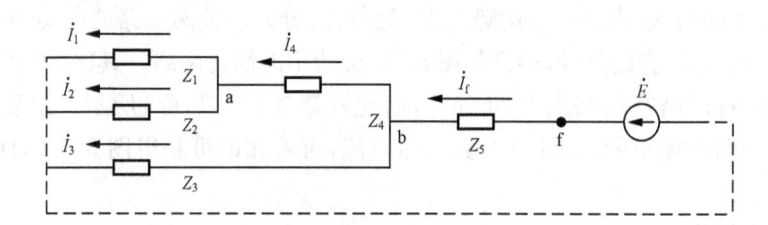

图 5-16 单位电流法求分布系数

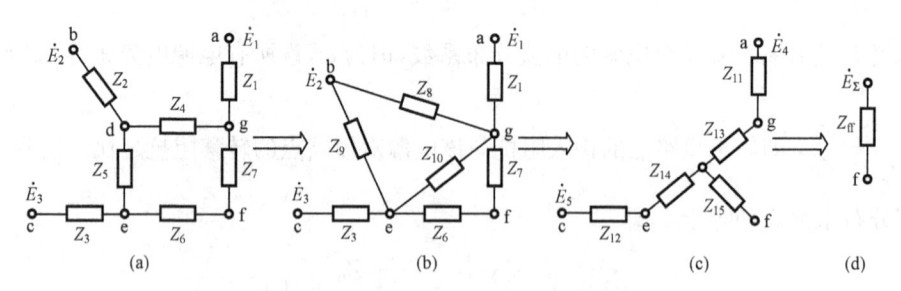

图 5-17 例 5-2 的网络及其变换过程

$$Z_{10} = Z_4 + Z_5 + Z_4 Z_5 / Z_2$$

(2) 将 Z_8 和 Z_9 支路在节点 b 分开,分开后每个支路电势都为 $\dot{E}_2$,然后 Z_8 和 Z_1 合并;Z_9 和 Z_3 合并,同时求出 $\dot{E}_4$,$\dot{E}_5$,即

$$Z_{11} = \frac{Z_1 Z_8}{Z_1 + Z_8}, \qquad \dot{E}_4 = \frac{\dot{E}_1 Z_8 + \dot{E}_2 Z_1}{Z_1 + Z_8}$$

$$Z_{12} = \frac{Z_3 Z_9}{Z_3 + Z_9}, \qquad \dot{E}_5 = \frac{\dot{E}_2 Z_3 + \dot{E}_3 Z_9}{Z_3 + Z_9}$$

(3) 化 Z_6、Z_7 和 Z_{10} 组成的三角形电路为星形电路(图 5-17(c))得

$$Z_{13} = \frac{Z_7 Z_{10}}{Z_6 + Z_7 + Z_{10}}, \quad Z_{14} = \frac{Z_6 Z_{10}}{Z_6 + Z_7 + Z_{10}}, \quad Z_{15} = \frac{Z_6 Z_7}{Z_6 + Z_7 + Z_{10}}$$

(4) 合并阻抗为 $Z_{11} + Z_{13}$,电势为 $\dot{E}_4$ 的支路和阻抗为 $Z_{12} + Z_{14}$,电势为 $\dot{E}_5$ 的支路(图 5-17(d)),有

$$\dot{E}_\Sigma = \frac{\dot{E}_4(Z_{12} + Z_{14}) + \dot{E}_5(Z_{11} + Z_{13})}{Z_{11} + Z_{12} + Z_{13} + Z_{14}}, \quad Z_{16} = \frac{(Z_{12} + Z_{14})(Z_{11} + Z_{13})}{Z_{11} + Z_{12} + Z_{13} + Z_{14}}$$

最后得短路点输入阻抗

$$Z_{ff} = Z_{15} + Z_{16}$$

短路电流为

$$\dot{I}_f = \frac{\dot{E}_\Sigma}{Z_{ff}}$$

例 5-3 计算图 5-18(a)所示电力系统在 f 点发生三相短路时的起始次暂态电流。系统各元件参数如下:
发电机 G:60MV·A,$X_d'' = 0.12$。
调相机 SC:5MV·A,$X_d'' = 0.2$。
变压器 T1:31.5MV·A,$U_K\% = 10.5$;T2:20MV·A,$U_K\% = 10.5$;T3:7.5MV·A,$U_K\% = 10.5$。
线路 L1:60km;L2:20km;L3:10km。各线路电抗均为 0.4Ω/km。
负荷 LD1:30MV·A;LD2:18MV·A;LD3:6MV·A。

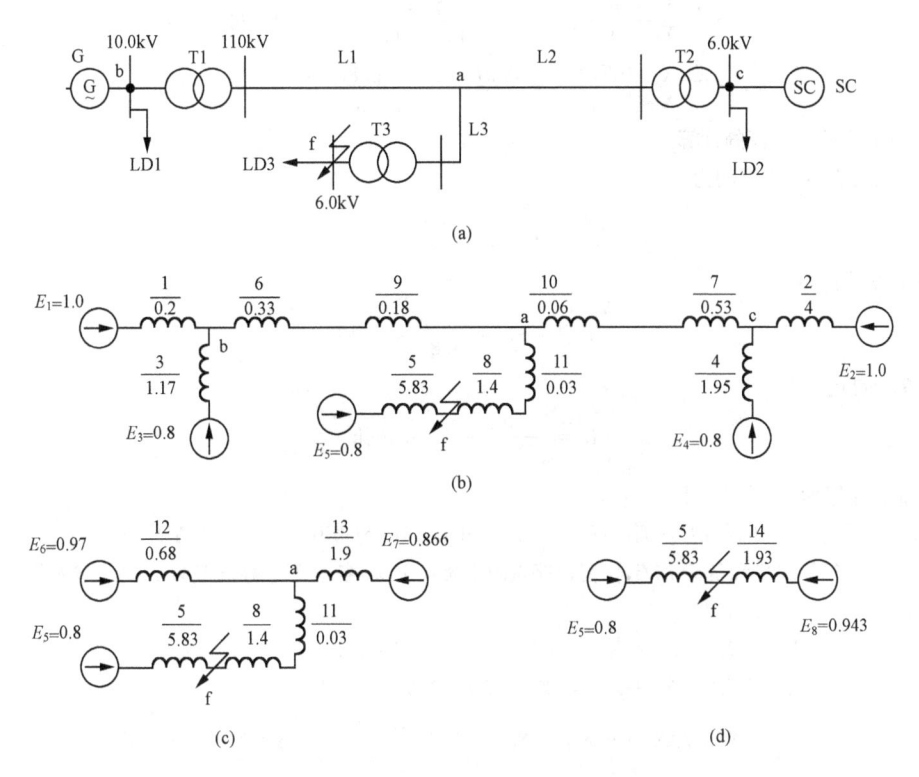

第 5 章 电力系统故障与实用短路电流计算

图 5-18 例 5-3 的系统及其等值网络

解 (1) 将全部负荷计入,以额定标幺电抗为 0.35,电势为 0.8 的电源表示。

① 选取 $S_B = 100\text{MV} \cdot \text{A}$ 和 $U_B = U_{av}$,等值网络如图 5-18(b)所示,计算各电抗标幺值。

发电机: $X_1 = 0.12 \times \dfrac{100}{60} = 0.2$, 调相机: $X_2 = 0.2 \times \dfrac{100}{5} = 4$

负荷 LD1: $X_3 = 0.35 \times \dfrac{100}{30} = 1.17$, 负荷 LD2: $X_4 = 0.35 \times \dfrac{100}{18} = 1.95$

负荷 LD3: $X_5 = 0.35 \times \dfrac{100}{6} = 5.83$, 变压器 T1: $X_6 = 0.105 \times \dfrac{100}{31.5} = 0.33$

变压器 T2: $X_7 = 0.105 \times \dfrac{100}{20} = 0.53$, 变压器 T3: $X_8 = 0.105 \times \dfrac{100}{7.5} = 1.4$

线路 L1: $X_9 = 0.4 \times 60 \times \dfrac{100}{115^2} = 0.18$, 线路 L2: $X_{10} = 0.4 \times 20 \times \dfrac{100}{115^2} = 0.06$

线路 L3: $X_{11} = 0.4 \times 10 \times \dfrac{100}{115^2} = 0.03$

取发电机的次暂态电势 $E_1 = 1.0$,调相机内电势也按 $E_2 = 1.0$。

② 进行网络简化

$$X_{12} = (X_1 // X_3) + X_6 + X_9 = \dfrac{0.2 \times 1.17}{0.2 + 1.17} + 0.33 + 0.18 = 0.68$$

$$X_{13} = (X_2 // X_4) + X_7 + X_{10} = \dfrac{4 \times 1.95}{4 + 1.95} + 0.53 + 0.06 = 1.9$$

$$X_{14} = (X_{12} // X_{13}) + X_{11} + X_8 = \dfrac{0.68 \times 1.9}{0.68 + 1.9} + 0.03 + 1.4 = 1.931$$

$$E_6 = \dfrac{E_1 X_3 + E_3 X_1}{X_1 + X_3} = \dfrac{1.0 \times 1.17 + 0.8 \times 0.2}{0.2 + 1.17} = 0.97$$

$$E_7 = \frac{E_2 X_4 + E_4 X_2}{X_2 + X_4} = \frac{1.0 \times 1.95 + 0.8 \times 4}{4 + 1.95} = 0.866$$

$$E_8 = \frac{E_6 X_{13} + E_7 X_{12}}{X_{12} + X_{13}} = \frac{0.97 \times 1.9 + 0.866 \times 0.68}{0.68 + 1.9} = 0.943$$

③ 起始次暂态电流的计算。

经由变压器 T3 供给的为

$$I'' = \frac{E_8}{X_{14}} = \frac{0.943}{1.931} = 0.488$$

由负荷 LD3 供给的为

$$I''_{LD3} = \frac{E_5}{X_5} = \frac{0.8}{5.83} = 0.137$$

短路处的基准电流为

$$I_B = \frac{100}{\sqrt{3} \times 6.3} = 9.16 (\text{kA})$$

短路电流实际值为

$$I_f = (I'' + I''_{LD3}) I_B = (0.488 + 0.137) \times 9.16 = 5.725 (\text{kA})$$

(2) 忽略负荷 LD1 和负荷 LD2，保留短路点附近负荷 LD3，各电源电势近似为 1，网络参数同上，这里不再重复。

$$X_{1a} = X_1 + X_6 + X_9 = 0.2 + 0.33 + 0.18 = 0.71$$

$$X_{2a} = X_2 + X_7 + X_{10} = 4 + 0.53 + 0.06 = 4.59$$

$$X_{1f} = (X_{1a} // X_{2a}) + X_{11} + X_8 = \frac{0.71 \times 4.59}{0.71 + 4.59} + 0.03 + 1.4 = 2.045$$

起始次暂态电流的计算。

由电源供给的为

$$I'' = \frac{1}{X_{1f}} = \frac{1}{2.045} = 0.489$$

由负荷 LD3 供给的为

$$I''_{LD3} = \frac{E_5}{X_5} = \frac{0.8}{5.83} = 0.137$$

短路处的基准电流为

$$I_B = 9.16 \text{kA}$$

短路电流实际值为

$$I_f = (I'' + I''_{LD3}) I_B = (0.489 + 0.137) \times 9.16 = 5.734 (\text{kA})$$

该值与(1)的计算结果基本上接近，这说明离短路点较远的负荷完全可以忽略。

5.4 对称分量法在不对称短路计算中的应用

三相短路是对称故障，即三相的阻抗相同，三相电压和电流的有效值相等，它的分析与计算可用一相来进行，因而比较简单。但是，电力系统的大量故障是不对称故障，如单相接地短路、两相短路、两相短路接地、单相断线和两相断线。当电力系统发生不对称故障时，三相阻抗不等，三相电压和电流有效值不等，对于这样的三相系统就不能简单地只分析其中一相。通常是采用对称分量法，将一组不对称的三相系统分解为正序、负序和零序三组对称的三相系统，然后在每一相序中就可以像对称短路那样进行分析和计算，最后进行合成，求出故障电流和电压。

5.4.1 对称分量法

在三相短路分析时,由于电路是三相对称的,只需要分析一相就可以了。但是,系统发生不对称短路故障时,电路的对称性遭受破坏,不能只对一相进行分析,直接分析不对称的电路变得十分复杂。1918 年 6 月,加拿大科学家 Charles LeGeyt Fortescue 针对多相网络中提出了基于对称坐标法的求解方法,即一组具有 n 个不对称相量的系统可以分解为具有不同相序的 $n-1$ 组对称的 n 相系统和一组零序系统。该方法就是著名的对称分量法,是电路理论中一个伟大的发明。对称分量法是电力系统不对称分析计算的基本方法,也成功应用在不对称短路计算中。

根据对称分量法,一组不对称的三相相量可以分解为正序、负序和零序三组对称的三相相量。在不同序别的对称分量作用下,电力系统的各元件可能呈现不同的特性。

现有三组相量:(a)组 $\dot{F}_{a1}, \dot{F}_{b1}, \dot{F}_{c1}$;(b)组 $\dot{F}_{a2}, \dot{F}_{b2}, \dot{F}_{c2}$;(c)组 $\dot{F}_{a0}, \dot{F}_{b0}, \dot{F}_{c0}$,如图 5-19 所示。

在(a)组中,三个相量的幅值相等,相位相互相差 120°,a 相超前 b 相 120°,b 相超前 c 相 120°,称为正序分量,它与我们平常所说的三相相序是一致的。

在(b)组中,三个相量的幅值相等,相位相互相差 120°,相位关系是 b 相超前 a 相 120°,c 相超前 b 相 120°,称为负序分量,它与我们平常所说的三相相序是不一致的。

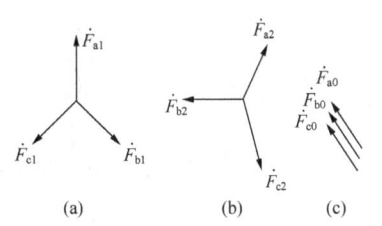

图 5-19 三相量的对称分量

在(c)组中,三个相量的幅值和相位均相等,即 $\dot{F}_{a0} = \dot{F}_{b0} = \dot{F}_{c0}$,称为零序。

$$\begin{cases} \dot{F}_a = \dot{F}_{a1} + \dot{F}_{a2} + \dot{F}_{a0} \\ \dot{F}_b = \dot{F}_{b1} + \dot{F}_{b2} + \dot{F}_{b0} \\ \dot{F}_c = \dot{F}_{c1} + \dot{F}_{c2} + \dot{F}_{c0} \end{cases} \quad (5\text{-}36)$$

这三组相量单独都是对称的,但把相关各相的各序相加后(见式(5-36)),所形成的新相量 $\dot{F}_a, \dot{F}_b, \dot{F}_c$ 却是不对称的。这说明可以把一组三个不对称的相量分解为三组对称的分量,即正序、负序和零序。反过来,也可把三组对称的相量正序、负序和零序分量合成后形成一组三个不对称的相量。

为了简化表达式,设算子 $a = e^{j120°} = -\dfrac{1}{2} + j\dfrac{\sqrt{3}}{2}$ 和 $a^2 = e^{j240°} = -\dfrac{1}{2} - j\dfrac{\sqrt{3}}{2}$,则有 $1 + a + a^2 = 0, a^3 = 1$。用算子表示正序、负序之间的关系,其中,正序之间的关系为 $\dot{F}_{b1} = a^2 \dot{F}_{a1}, \dot{F}_{c1} = a \dot{F}_{a1}$;负序之间的关系为 $\dot{F}_{b2} = a \dot{F}_{a2}, \dot{F}_{c2} = a^2 \dot{F}_{a2}$。把以上关系式代入式(5-36),有

$$\begin{cases} \dot{F}_a = \dot{F}_{a1} + \dot{F}_{a2} + \dot{F}_{a0} \\ \dot{F}_b = \dot{F}_{b1} + \dot{F}_{b2} + \dot{F}_{b0} = a^2 \dot{F}_{a1} + a \dot{F}_{a2} + \dot{F}_{a0} \\ \dot{F}_c = \dot{F}_{c1} + \dot{F}_{c2} + \dot{F}_{c0} = a \dot{F}_{a1} + a^2 \dot{F}_{a2} + \dot{F}_{a0} \end{cases} \quad (5\text{-}37)$$

把式(5-37)写成矩阵形式

$$\begin{bmatrix} \dot{F}_a \\ \dot{F}_b \\ \dot{F}_c \end{bmatrix} = \begin{bmatrix} 1 & 1 & 1 \\ a^2 & a & 1 \\ a & a^2 & 1 \end{bmatrix} \begin{bmatrix} \dot{F}_{a1} \\ \dot{F}_{a2} \\ \dot{F}_{a0} \end{bmatrix} = \mathbf{S} \begin{bmatrix} \dot{F}_{a1} \\ \dot{F}_{a2} \\ \dot{F}_{a0} \end{bmatrix} \quad (5-38)$$

式中，$\mathbf{S} = \begin{bmatrix} 1 & 1 & 1 \\ a^2 & a & 1 \\ a & a^2 & 1 \end{bmatrix}$ 称为对称分量的变换矩阵。

将一组不对称的三相量分解为三组对称分量，是一种坐标变换。把式(5-38)反变换，则得

$$\begin{bmatrix} \dot{F}_{a1} \\ \dot{F}_{a2} \\ \dot{F}_{a0} \end{bmatrix} = \mathbf{S}^{-1} \begin{bmatrix} \dot{F}_a \\ \dot{F}_b \\ \dot{F}_c \end{bmatrix} = \frac{1}{3} \begin{bmatrix} 1 & a & a^2 \\ 1 & a^2 & a \\ 1 & 1 & 1 \end{bmatrix} \begin{bmatrix} \dot{F}_a \\ \dot{F}_b \\ \dot{F}_c \end{bmatrix} \quad (5-39)$$

式中，$\mathbf{S}^{-1} = \frac{1}{3} \begin{bmatrix} 1 & a & a^2 \\ 1 & a^2 & a \\ 1 & 1 & 1 \end{bmatrix}$ 是变换矩阵 $\mathbf{S}$ 的逆阵。

式(5-39)说明对于三个不对称分量可以唯一地分解成三组对称分量。而式(5-38)说明可以在已知三组对称分量后，求出原三个不对称相量。

值得注意的是，零序分量是大小相等、相位相同的三个分量，它们仍是交流量，不是直流量。

式(5-38)和式(5-39)中的 F 可换成电流 I 或电压 U，这就是电流电压的对称变换式。将对称分量法用于电力系统中，两种坐标系互化的电流和电压变换式为

$$\begin{cases} \mathbf{I}_{120} = \mathbf{S}^{-1} \mathbf{I}_{abc}, & \mathbf{I}_{abc} = \mathbf{S} \mathbf{I}_{120} \\ \mathbf{U}_{120} = \mathbf{S}^{-1} \mathbf{U}_{abc}, & \mathbf{U}_{abc} = \mathbf{S} \mathbf{U}_{120} \end{cases} \quad (5-40)$$

5.4.2 对称分量法在不对称短路计算中的应用

计算不对称故障的基本原则是把故障处的三相阻抗不对称表示为电压和电流相量的不对称，使系统其余部分保持三相阻抗对称，借助于对称分量法并利用三相阻抗对称电路各序具有独立性的特点，即各序电流只产生相应相序的电压降，来简化分析计算。

设有一台发电机接于空载的输电线路，发电机的中性点经阻抗 Z_n 接地，如图 5-20 所示。假设线路某处发生了单相(a 相)接地短路，a 相对地电阻为零(不计电弧等电阻)，此时，故障点断面处三相电压和电流是不对称的，如图 5-21(a)所示，即

$$\begin{cases} \dot{U}_a = 0, & \dot{U}_b \neq 0, & \dot{U}_c \neq 0 \\ \dot{I}_a \neq 0, & \dot{I}_b = 0, & \dot{I}_c = 0 \end{cases} \quad (5-41)$$

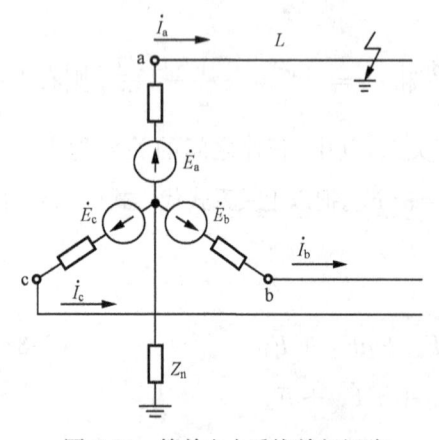

图 5-20 简单电力系统单相短路

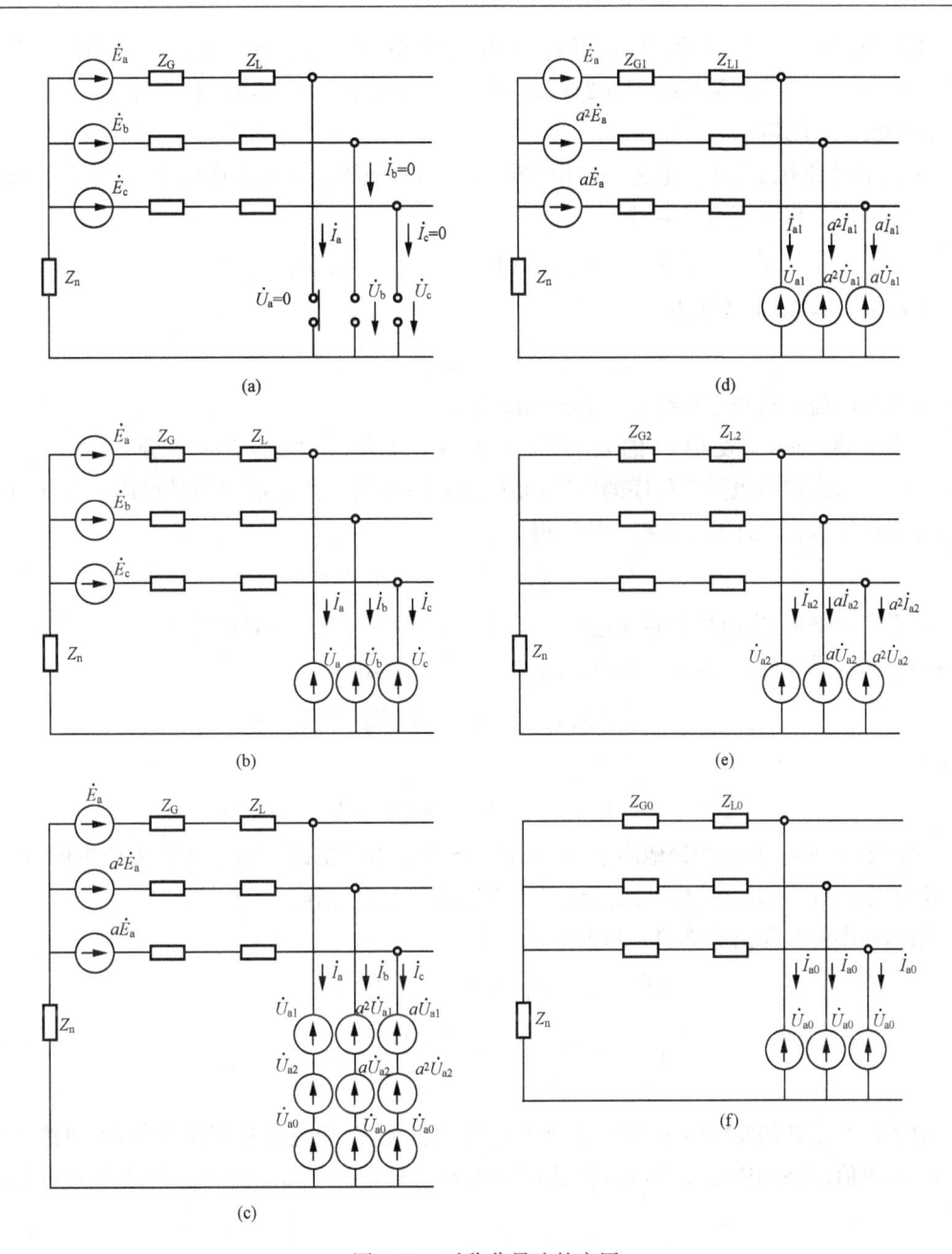

图 5-21 对称分量法的应用

系统中除故障点以外其余部分的参数(电源电势、支路阻抗等)仍然是对称的。因此,在计算不对称短路时,首先应设法把故障点的不对称转化为对称,即将三相不对称电路转化为对称电路,然后就可按对称电路来进行分析和计算。将三相不对称电路转化为对称电路的方法就是对称分量法。

具体的处理方法如下:

先在原短路点接入一组三相不对称电势源,如图 5-21(b)所示,电势源的各相电势与上述各相不对称电压大小相等,方向相反。上述情况与发生的不对称故障是等效的。

再应用对称分量法将这组不对称电势源分解成正、负、零序三组对称分量(图 5-21(c)),利用叠加原理把图 5-21(c) 的电路分解成三个网络,并用 a 相的序分量来表示,建立相应的电路图。

在正序网络中只有正序电势在作用(图 5-21(d)),网络中只有正序电势、正序电流和元件的正序阻抗。以 a 相为基准时,有

$$\dot{E}_a - \dot{I}_{a1}(Z_{G1} + Z_{L1}) - (\dot{I}_{a1} + a^2 \dot{I}_{a1} + a\dot{I}_{a1})Z_n = \dot{U}_{a1}$$

由 $1 + a + a^2 = 0$,上式变为

$$\dot{E}_a - \dot{I}_{a1}(Z_{G1} + Z_{L1}) = \dot{U}_{a1}$$

这说明正序电流不流经中性线,Z_n 上的压降为零。

在负序网络中,发电机的负序电势为零,只有故障点有负序分量电势作用(图 5-21(e)),网络中也只有负序的电流,元件也只呈现负序的阻抗。同样可说明负序电流不流经中性线,Z_n 上的压降为零。故可得

$$0 - \dot{I}_{a2}(Z_{G2} + Z_{L2}) = \dot{U}_{a2}$$

在零序网络中,发电机的零序电势为零,只有故障点有零序分量电势作用(图 5-21(f)),网络中也只有零序的电流,元件也只呈现零序的阻抗。由

$$0 - \dot{I}_{a0}(Z_{G0} + Z_{L0}) - 3\dot{I}_{a0}Z_n = \dot{U}_{a0}$$

可变为

$$0 - \dot{I}_{a0}(Z_{G0} + Z_{L0} + 3Z_n) = \dot{U}_{a0}$$

这说明在零序网络中,因为接地阻抗 Z_n 上的电压降是由三倍的一相零序电流产生的,所以在一相的零序等值网络中,中性点接地阻抗等值的增大为三倍。

根据各序网络写出网络的一相电压方程式为

$$\begin{cases} \dot{E}_a - \dot{I}_{a1}(Z_{G1} + Z_{L1}) = \dot{U}_{a1} \\ 0 - \dot{I}_{a2}(Z_{G2} + Z_{L2}) = \dot{U}_{a2} \\ 0 - \dot{I}_{a0}(Z_{G0} + Z_{L0} + 3Z_n) = \dot{U}_{a0} \end{cases} \quad (5\text{-}42)$$

对于接线复杂的实际电力系统,虽然发电机数目很多,但是通过网络简化,可以绘出各序的一相等值网络如图 5-22 所示,仍然可以得到与式(5-43)相似的各序网络及其电压方程式

$$\begin{cases} \dot{E}_\Sigma - \dot{I}_{a1}Z_{1\Sigma} = \dot{U}_{a1} \\ 0 - \dot{I}_{a2}Z_{2\Sigma} = \dot{U}_{a2} \\ 0 - \dot{I}_{a0}Z_{0\Sigma} = \dot{U}_{a0} \end{cases} \quad (5\text{-}43)$$

式中,$\dot{E}_\Sigma$ 为正序网络中相对短路点的戴维南等值电路的电势,$Z_{1\Sigma}$、$Z_{2\Sigma}$、$Z_{0\Sigma}$ 分别为正、负、零序网络中短路点的输入阻抗,$\dot{I}_{a1}$、$\dot{I}_{a2}$、$\dot{I}_{a0}$ 分别为短路点电流的正序、负序和零序分量,$\dot{U}_{a1}$、$\dot{U}_{a2}$、$\dot{U}_{a0}$ 分别为短路点电压的正、负、零序分量。

上述方程称为序网方程,它说明了各种不对称短路时各序电流和同一序电压的相互关

(a) 正序

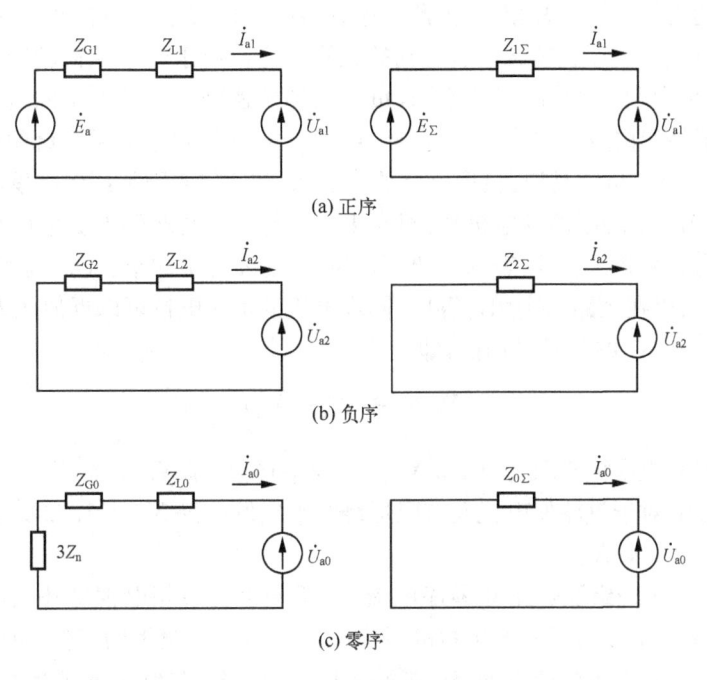

(b) 负序

(c) 零序

图 5-22 一相等值网络

系,表示了不对称短路的共性。它有三个方程六个变量,其解不唯一。还应该根据不对称短路的类型再得到三个说明短路性质的补充条件,它们表示了各种不对称短路的特性,通常称为故障条件或边界条件。然后与式(5-43)的电压方程一起联立求解,便可解出短路点的电压和电流的各序对称分量。

5.5 同步发电机、变压器、输电线的各序电抗及其等值电路

式(5-43)的电压方程中,有正序、负序和零序等值阻抗,要计算它们,必须先给出电力系统中各元件的正序、负序和零序阻抗。本节介绍同步发电机、变压器、输电线的正、负、零序阻抗及其等值电路。

电力系统的元件,分为静止元件和旋转元件两大类。对于静止元件,例如变压器和输电线路等,当它们分别加以正序和负序电压时,三相的电磁关系是相同的,因而正序阻抗和负序阻抗是相同的。变压器的零序阻抗与其结构及绕组的连接方式有关。输电线路的零序阻抗不同于正、负序阻抗。对于旋转元件,例如发电机和电动机,由于各序电流流过电机时引起不同的电磁过程,所以在旋转元件中,正序、负序和零序阻抗三者互不相等。

5.5.1 同步发电机正、负、零序等值电路

(1) 同步发电机在正常对称运行时,只有正序电势和正序电流,此时的电机参数就是正序参数。例如 X_d、X_q、X_d'、X_d''、X_q'' 等均属于正序电抗,E_q'、E_d''、E_q'' 等均属于正序电势。

(2) 发电机定子绕组中流过负序基频电流时,发电机中将产生负序旋转磁场,它与正序

基频电流产生的旋转磁场正好相反,因此负序旋转磁场同转子之间有两倍同步转速的相对运动。负序电抗值由负序旋转磁场所遇到的磁阻决定。由于转子纵横轴间不对称,随着负序旋转磁场同转子间的相对位置的不同,负序磁场所遇到的磁阻也不同,负序电抗也就不同。对于有阻尼绕组的发电机来说,$X_{2d} = X''_d, X_{2q} = X''_q$。对于无阻尼绕组的发电机来说,$X_{2d} = X'_d, X_{2q} = X_q$。也就是说,负序电抗的值在 X''_d 和 X''_q(有阻尼绕组的发电机)之间变化或在 X'_d 和 X_q(无阻尼绕组的发电机)之间变化。当同步发电机经外接电抗 X 短路时,X''_d 和 X''_q 应分别用 $X''_d + X$ 和 $X''_q + X$ 表示,这时 X''_d 和 X''_q 的差异被缩小。电力系统短路故障一般发生在线路上,所以在短路的实用计算中,同步电机的负序电抗可以近似认为与短路种类无关,一般取为 X''_d 和 X''_q 的算术平均值,即

$$X_2 = \frac{1}{2}(X''_d + X''_q) \tag{5-44}$$

对于无阻尼绕组凸极机取为 X'_d 和 X_q 的几何平均值,即 $X_2 = \sqrt{X'_d X_q}$。作为近似计算时,可按后述采用:对于汽轮发电机及有阻尼绕组水轮发电机 $X_2 = 1.22 X''_d$,对于无阻尼绕组的发电机 $X_2 = 1.45 X'_d$。

(3) 发电机定子绕组流过基频零序电流时,所产生的各相电枢磁势大小相等、相位相同,它们的合成磁势为零,因而,发电机的零序电抗只由定子绕组的等值漏磁通确定。但它的漏磁通与正序或负序电流产生的漏磁通是不同的(与绕组的结构形式有关)。一般发电机零序电抗的变化范围是(可试验测得)

$$X_0 = (0.15 \sim 0.6) X''_d \tag{5-45}$$

5.5.2 变压器的正、负、零序等值电路

变压器的等值电路表征了一相原、副绕组的电磁关系。不论变压器通过哪一序的电流,都不会改变一相原、副方绕组间的电磁关系,因此,变压器的正序、负序和零序等值电路的形状相同,图 5-23 为不计绕组电阻和铁心损耗时变压器零序等值电路。

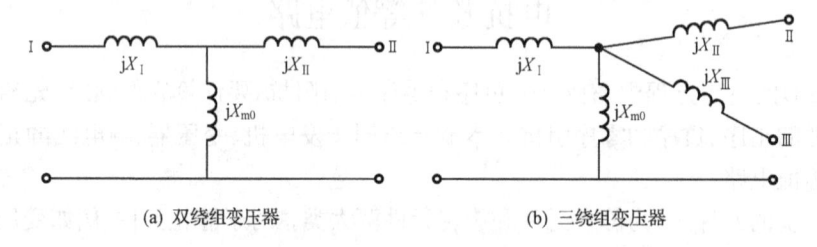

图 5-23 变压器零序等值电路

(a) 双绕组变压器　　(b) 三绕组变压器

1. 变压器等值电路参数

(1) 变压器各绕组的电阻,与所通过的电流序别无关,因此,变压器的正序、负序和零序的等值电阻相等。

(2) 变压器的漏抗反映了原、副方绕组间磁耦合的紧密情况。漏磁通的路径与所通过电流的序别无关,因此,变压器的正序、负序和零序的等值漏抗也相等。

(3) 变压器的励磁电抗,取决于主磁通路径的磁导。当变压器通过负序电流时,主磁通的路径与通过正序电流时完全相同。因此负序励磁电抗和正序的也相同。

由以上可知,变压器正、负序等值电路及其参数完全相同。

(4) 变压器的零序励磁电抗与变压器的铁心结构有关。三个单相变压器组成的三相变压器组零序主磁通与正序主磁通一样,都有独立回路,因此零序励磁电抗与正序的相等,对于三相四柱式(或五柱)变压器,零序主磁通也能在铁心中形成回路,磁阻小,电抗大,可忽略励磁电流,即把励磁支路断开。因而以上两种变压器,在短路计算中都可以当作 $X_{m0} \approx \infty$。三相三柱式变压器,零序磁通不能互为回路,只能以绝缘介质和外壳形成回路,磁阻很大,因而它的零序励磁电抗比正序励磁电抗小得多,需试验确定,大致是 $X_{m0} = 0.3 \sim 1.0$。

2. 变压器的零序等值电路与外电路的连接

变压器的零序等值电路与外电路的连接取决于零序电流的流通路径,它与变压器三相绕组连接形式及中性点是否接地等有关,具体如下:

(1) 零序电压施加在变压器三角形侧或不接地星形侧,无论另一侧绕组接线方式如何,变压器中都没有零序电流流过。

(2) 零序电压施加在变压器中性点接地的星形(YN)一侧时,大小相等、方向相同的零序电流将通过三相绕组并经中性点流入大地构成回路。但另一侧的零序电流流通情况视该侧绕组的接线方式而定。若该侧仍为 YN 接线时,零序电流才能流通,从电路的观点看,变压器与外电路接通。若该侧为星形(Y)或三角形(d)接线,该侧绕组中,无零序电流流通,故可看成与外电路断开。

因此,在绕组 I 侧施加零序电压时,各种连接方式的变压器零序电抗如下:

1) 双绕组变压器

(1) YN,d(即 $Y_0/\triangle$)连接。在 YN 侧流过零序电流时,在 d 侧感应零序电势,它只在绕组中形成环流,而流不到绕组以外的线路上去,零序系统是对称三相系统,其等值电路也可以用一相表示。就一相而言,该侧感应的电势以电压降的形式降落于该侧的漏抗中,相当于该侧绕组短接,故零序等值电路如图 5-24(a)所示。故零序电抗为

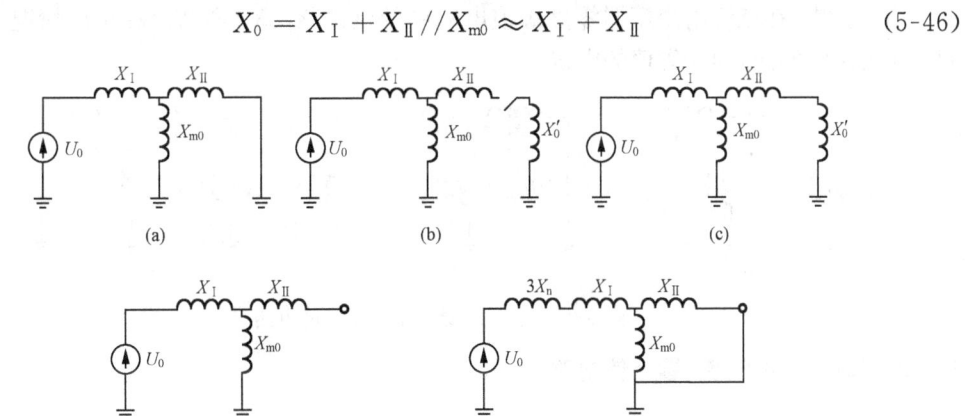

$$X_0 = X_I + X_{II}//X_{m0} \approx X_I + X_{II} \tag{5-46}$$

图 5-24 双绕组变压器零序等值电路

(2) YN,yn(即 Y_0/Y_0)连接。I 侧绕组有零序电流,II 侧各绕组中将感应零序电压,若与 II 侧相连负载再无有中性点接地点,则 II 侧绕组无零序电流流通,零序等值电路如图 5-24(b)所示。故零序电抗为

$$X_0 = X_I + X_{m0} \tag{5-47}$$

若与Ⅱ侧绕组相连负载还有中性点接地点，则Ⅱ侧绕组有零序电流流通，零序等值电路如图 5-24(c)所示。故零序电抗为

$$X_0 = X_I + X_{m0}//(X_{II} + X'_0) \tag{5-48}$$

(3) YN,y(即 Y$_0$/y)连接。YN 侧有零序电流，y 侧各绕组中有零序电势，但无零序电流，其等值电路如图 5-24(d)所示，故零序电抗为

$$X_0 = X_I + X_{m0} \tag{5-49}$$

(4) 中性点经阻抗 X_n 的 YN,d 连接。与 YN,d 连接不同在于 YN 侧中性点经 X_n 接地，其等值电路如图 5-24(e)所示，故零序电抗约为

$$X_0 \approx X_I + X_{II} + 3X_n \tag{5-50}$$

2) 三绕组变压器

在三绕组变压器中，为了消除三次谐波磁通的影响，使变压器的电势接近正弦波，一般总有一个绕组连接成三角形，用来提供三次谐波电流的通路。根据接法，其零序电抗如下：

图 5-25(a)YN,d,y 连接。其零序电抗为

$$X_0 = X_I + X_{II} \tag{5-51}$$

图 5-25(b)YN,d,yn 连接。其零序电抗与外电路接法有关，若外电路 yn 侧中性点再无接地点，其零序电抗同式(5-51)；若外电路 yn 侧还有中性点接地点，且电抗为 X_D，则其零序电抗为

$$X_0 = X_I + X_{II}//(X_{III} + X_D) = X_I + \frac{X_{II}(X_{III} + X_D)}{X_{II} + X_{III} + X_D} \tag{5-52}$$

图 5-25(c)YN,d,d 连接。其零序电抗为

$$X_0 = X_I + X_{II}//X_{III} = X_I + \frac{X_{II}X_{III}}{X_{II} + X_{III}} \tag{5-53}$$

应当指出，在三绕组变压器零序等值电路中的电抗 X_I、X_{II} 和 X_{III} 和正序情况一样，它们不是各绕组漏抗，而是等值的电抗。

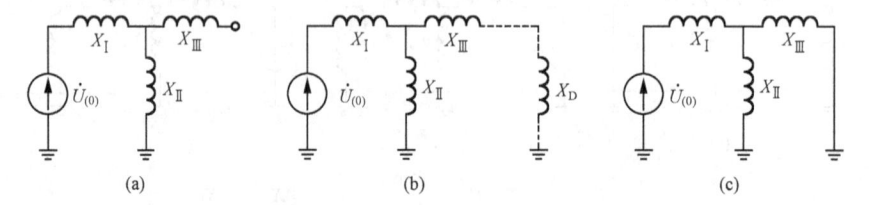

图 5-25 三绕组变压器零序等值电路

5.5.3 输电线的正、负、零序值电路

输电线是静止元件，其正、负序阻抗及等值电路完全相同。当三相线路流过零序电流时，三相电流之和不等于零，它不能像正、负序电流流过三相那样，互为回路，三相零序电流必须通过大地或架空地线作回路。大地或架空地线电阻使每相等值电阻增大。输电线的零序电抗与平行线的回路数以及有无架空地线和地线的导电性能等因素有关。由于零序电流在三相线路中同方向，每一相零序电流产生的自感磁通与另外两相零序电流产生的互感磁通是互相助增的，这就使一相的等值电感增大。平行架设的两回三相输电线中通过方向相同的零序电流时，

第二回路的所有三相对第一回路中某相的互感都是助磁的,这使得零序电抗进一步增大。因而零序电抗要比正序电抗大。对于架空地线来说,由于零序电流是经过大地及架空地线返回的,所以架空地线相当于导线旁边的一个短路线圈,会对三相导线产生去磁作用,使零序磁链减少,因而会使零序电抗减小。具体计算零序阻抗的方法相当困难,一般在短路电流近似计算中,输电线的零序电抗可以使用表 5-2 的数据计算。

表 5-2 输电线的各序单位长度电抗值

线路种类	电抗值/(Ω/km)	
	$x_1 = x_2$	x_0
单回架空线路(无地线)	0.4	$3.5 x_1$
单回架空线路(有钢质架空地线)	0.4	$3.0 x_1$
单回架空线路(有导电良好的架空地线)	0.4	$2.0 x_1$
双回架空线路(无地线)	0.4(每一回)	$5.5 x_1$
双回架空线路(有钢质架空地线)	0.4(每一回)	$4.7 x_1$
双回架空线路(有导电良好的架空地线)	0.4(每一回)	$3.0 x_1$
6~10kV 电缆线路	0.08	$4.6 x_1$
35kV 电缆线路	0.12	$4.6 x_1$

5.6 简单电网的正、负、零序网络的制定方法

应用对称分量法分析计算不对称故障时,先必须建立电力系统的各序网络。其基本原则是根据电力系统的接线图和中性点接地情况等原始条件,在故障点分别施加各序电势,从故障点开始,逐步查明各序电流流通的情况。凡是某一序电流能流通的元件,都必须包含在该序网络中,并用相应的序参数和等值电路表示。

5.6.1 正序网络的制定方法

正序网络与计算三相短路时所用的等值网络相同。除中性点接地阻抗、空载线路和空载变压器外,电力系统各元件均应包括在正序网络中,并且用相应的正序参数和等值电路表示。例如图 5-26(a)所示系统的正序网络如图 5-26(b)所示,它不包括空载的线路 L3 和变压器 T3。正序网络的电源包括所有的发电机和调相机,用 E'' 和 X''_d 表示。一般对于离故障点较远的负荷可用等值电抗 X_{LD} 表示,甚至忽略。对于在故障点的负荷可用等值电源支路表示的综合负荷,即用 E''_D 和 X''_D 表示。此外必须在短路点引入代替故障条件的不对称电势源中的正序分量。

需要指出,图 5-26 中 LD 离故障点较远,故忽略其电势。

正序网络中的短路点用 f_1 表示,零电位点用 o_1 表示。从 $f_1 o_1$ 即故障端口看正序网络,它是一个有源网络,可以用戴维南定理简化成图 5-26(c)的形式。

5.6.2 负序网络的制定方法

负序电流能流通的元件与正序电流的相同,但所有电源的负序电势为零。因此,将正序

(a) 电力系统接线图

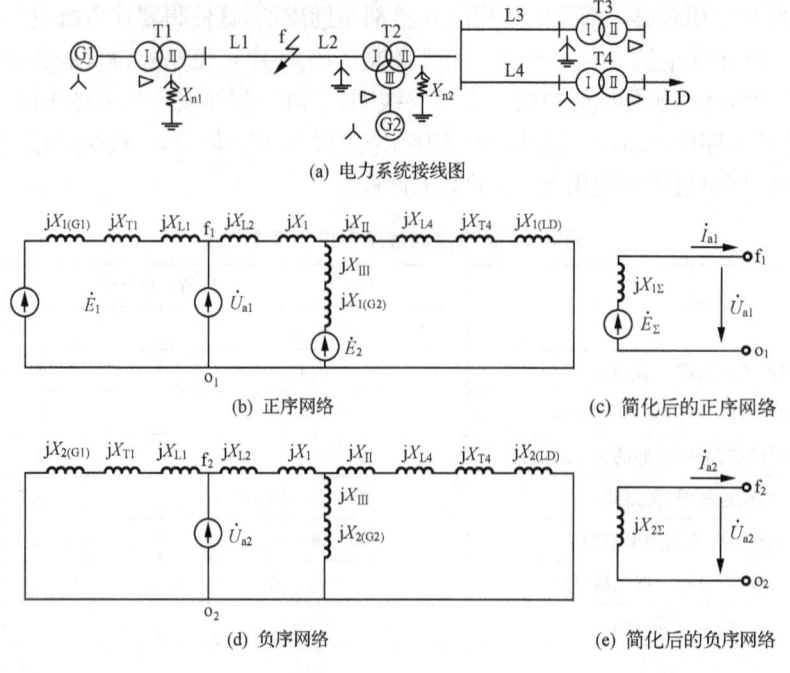

(b) 正序网络

(c) 简化后的正序网络

(d) 负序网络

(e) 简化后的负序网络

图 5-26 正序、负序网络的制定

网络中各元件的参数都用负序参数代替,并令电源电势等于零,并在短路点引入代替故障条件的不对称电势源中的负序分量,便得到负序网络,如图5-26(d)所示。

负序网络中的短路点用 f_2 表示,零电位点用 o_2 表示。从 $f_2 o_2$ 即故障端口看负序网络,它是一个无源网络,简化后的负序网络示于图5-26(e)。

5.6.3 零序网络的制定方法

在短路点施加代表故障边界条件的零序电势时,由于三相零序电流大小及相位相同,它们必须经过大地(或架空地线、电缆包皮等)才能构成通路,而且电流的流通与变压器的中性点接地情况及变压器的接法有密切的关系。因此零序网络一般与正序、负序网络有很大的不同,零序网络的形成应从故障点开始,查找零序电流的通路,可流通零序电流的元件包括在零序网络中,不能流过零序电流的元件就不在零序网络中。图5-27(a)给出了电力系统三线接线图及零序电流流通方向(箭头方向),相应的零序网络如图5-27(b)所示。

比较正、负和零序网络可以看到,虽然线路 L4 和变压器 T4 以及负荷 LD 均包含在正、负序网络中,但因变压器 T4 中性点未接地,不能流通零序电流,所以它们不包括在零序网络中。但变压器 T3 中性点接地,故 L3 和 T3 能流通零序电流,所以它们包含在零序网络中。但线路 L3 和变压器 T3 因为空载不能流通正、负序电流,故不包括在正、负序网络中。变压器 T1 和 T2 的中性点经阻抗 X_n 接地,由于流过变压器中性点接地阻抗中的零序电流是一相零序电流的 3 倍,因此,在零序网络中为了反映零序电流在接地阻抗上的压降,就需 3 倍的接地阻抗接入零序网络。从故障端口 $f_0 o_0$ 看零序网络,也是一个无源网络。简化后的零序网络示于图5-27(c)。

例 5-4 图 5-28(a)所示输电系统,在 f 点发生接地短路,试绘出各序网络,并计算电源的组合电势和各序组合电抗。系统参数如下:

(a) 零序电流的通路

(b) 零序网络

(c) 简化后的零序网络

图 5-27 零序网络的制定

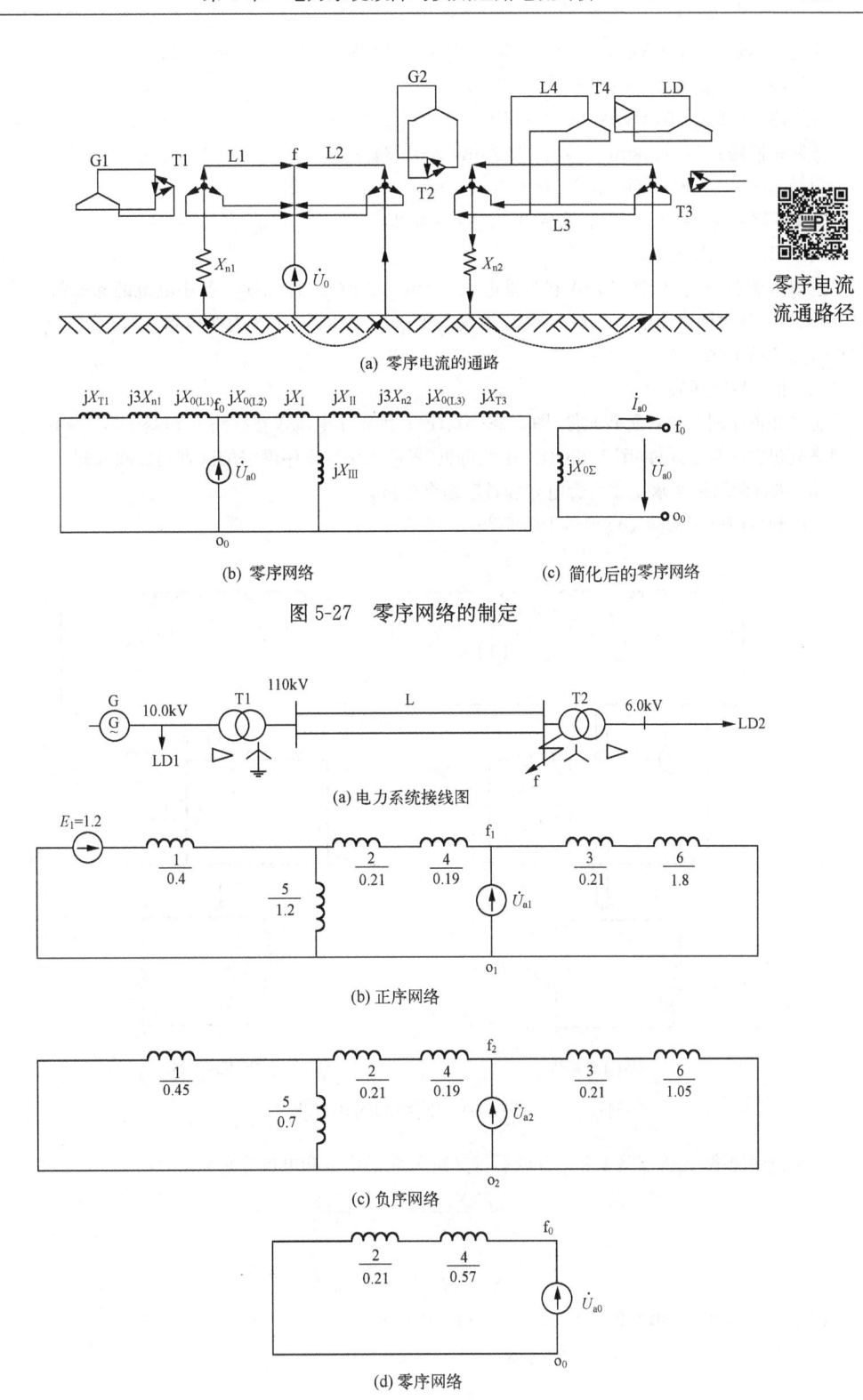

(a) 电力系统接线图

(b) 正序网络

(c) 负序网络

(d) 零序网络

图 5-28 例 5-4 的输电系统

发电机：$S_N = 120\text{MV·A}$，$U_N = 10.5\text{kV}$，$E_1 = 1.2$，$X_1 = 0.4$，$X_2 = 0.45$；
变压器 T1：$S_N = 60\text{MV·A}$，$U_K\% = 10.5$，$k_{T1} = 10.5/115$；
变压器 T2：$S_N = 60\text{MV·A}$，$U_K\% = 10.5$，$k_{T2} = 115/6.3$；
线路每回路：$l = 105\text{km}$，$x_1 = 0.4\Omega/\text{km}$，$x_0 = 3x_1$；
负荷 LD1：$S_N = 60\text{MV·A}$，$X_1 = 0.6$，$X_2 = 0.35$；
负荷 LD2：$S_N = 40\text{MV·A}$，$X_1 = 0.6$，$X_2 = 0.35$。

解 （1）参数标幺值计算。

选取基准功率 $S_B = 120\text{MV·A}$ 和基准电压 $U_B = U_{av}$，计算出各元件的各序电抗的标幺值，计算过程从略，结果标于各序网络图中。图 5-28 中，1 为发电机；2 为变压器 T1；3 为变压器 T2；4 为线路 L；5 为负荷 LD1；6 为负荷 LD2。

（2）制定各序网络。

正序和负序网络包含所有元件(图 5-28(b)、(c))，因零序电流仅在线路 L 和变压器 T1 中流通，所以零序网络只包含这两个元件(图 5-28(d))，由此可见，零序网络与正序网络的区别是比较大的。

（3）进行网络简化求正序组合电势和各序组合电抗。

正序和负序网络的简化过程示于图 5-29。

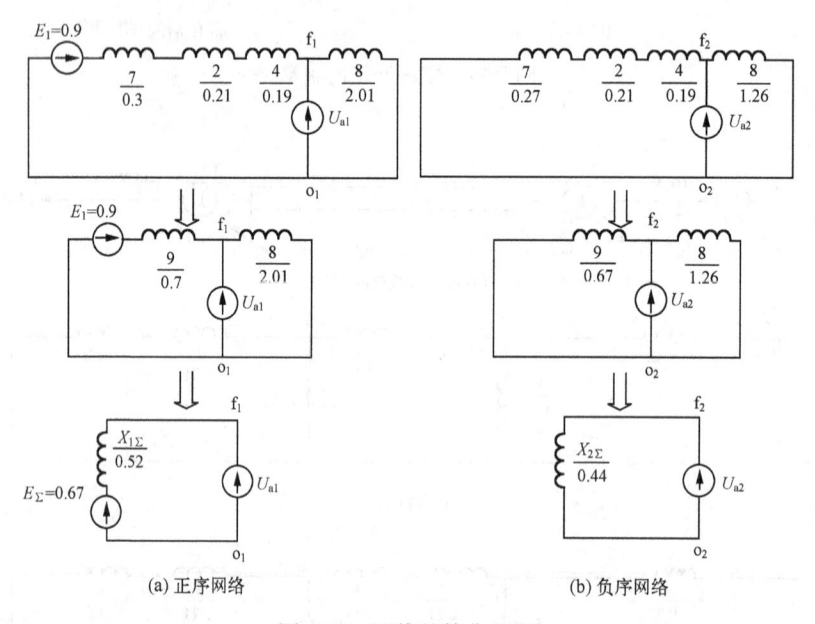

图 5-29 网络的简化过程

(a) 正序网络　　(b) 负序网络

对于正序网络，先将支路 1 和 5 并联后得支路 7，它的电势和电抗分别为

$$E_7 = \frac{E_1 X_5}{X_1 + X_5} = \frac{1.2 \times 1.2}{0.4 + 1.2} = 0.9$$

$$X_7 = \frac{X_1 X_5}{X_1 + X_5} = \frac{0.4 \times 1.2}{0.4 + 1.2} = 0.3$$

将支路 7、2 和 4 相串联得支路 9，其电抗和电势分别为

$$X_9 = X_7 + X_2 + X_4 = 0.3 + 0.21 + 0.19 = 0.7$$

$$E_9 = E_7 = 0.9$$

将支路 3 和 6 串联得支路 8，其电抗为

$$X_8 = X_3 + X_6 = 0.21 + 1.8 = 2.01$$

将支路 8 和 9 并联得组合电势和组合电抗分别为

$$E_\Sigma = \frac{E_9 X_8}{X_8 + X_9} = \frac{0.9 \times 2.01}{2.01 + 0.7} = 0.67$$

$$X_{1\Sigma} = \frac{X_8 X_9}{X_8 + X_9} = \frac{2.01 \times 0.7}{2.01 + 0.7} = 0.52$$

对于负序网络

$$X_7 = \frac{X_1 X_5}{X_1 + X_5} = \frac{0.45 \times 0.7}{0.45 + 0.7} = 0.27$$

$$X_9 = X_7 + X_2 + X_4 = 0.27 + 0.21 + 0.19 = 0.67$$

$$X_8 = X_3 + X_6 = 0.21 + 1.05 = 1.26$$

$$X_{2\Sigma} = \frac{X_8 X_9}{X_8 + X_9} = \frac{1.26 \times 0.67}{1.26 + 0.67} = 0.44$$

对于零序网络

$$X_{0\Sigma} = X_2 + X_4 = 0.21 + 0.57 = 0.78$$

5.7 电力系统不对称故障的分析与计算

应用对称分量法分析各种不对称故障时,可以写出各序网络故障点的电压方程式。当网络中元件都用电抗表示时,电压方程为

$$\begin{cases} \dot{E}_\Sigma - jX_{1\Sigma}\dot{I}_{a1} = \dot{U}_{a1} \\ 0 - jX_{2\Sigma}\dot{I}_{a2} = \dot{U}_{a2} \\ 0 - jX_{0\Sigma}\dot{I}_{a0} = \dot{U}_{a0} \end{cases} \tag{5-54}$$

即三个方程六个未知量,不能够有唯一解。因此还需要根据不对称短路的具体边界条件,写出另外三个方程式才可以联立求解。当求出三序电压和三序电流后,即可合成求出三相电压和三相电流。

5.7.1 单相接地短路

1. 单相接地短路边界条件

如图 5-30 所示,单相(a 相)接地短路的三个边界条件为

$$\begin{cases} \dot{U}_a = 0 \\ \dot{I}_b = 0 \\ \dot{I}_c = 0 \end{cases}$$

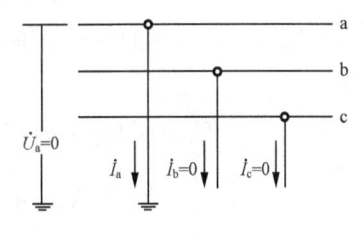

图 5-30 单相接地短路

将此单相接地短路的边界条件转化成用对称分量表示的边界条件,根据对称分量法的变换公式为

$$\begin{bmatrix} \dot{I}_{a1} \\ \dot{I}_{a2} \\ \dot{I}_{a0} \end{bmatrix} = \frac{1}{3} \begin{bmatrix} 1 & a & a^2 \\ 1 & a^2 & a \\ 1 & 1 & 1 \end{bmatrix} \begin{bmatrix} \dot{I}_a \\ \dot{I}_b \\ \dot{I}_c \end{bmatrix} = \frac{1}{3} \begin{bmatrix} 1 & a & a^2 \\ 1 & a^2 & a \\ 1 & 1 & 1 \end{bmatrix} \begin{bmatrix} \dot{I}_a \\ 0 \\ 0 \end{bmatrix} = \frac{\dot{I}_a}{3} \begin{bmatrix} 1 \\ 1 \\ 1 \end{bmatrix} \tag{5-55}$$

即有

$$\dot{I}_{a1} = \dot{I}_{a2} = \dot{I}_{a0}$$

又

$$\dot{U}_a = \dot{U}_{a1} + \dot{U}_{a2} + \dot{U}_{a0}$$

故得序分量的边界条件为

$$\begin{cases} \dot{U}_{a1} + \dot{U}_{a2} + \dot{U}_{a0} = 0 \\ \dot{I}_{a1} = \dot{I}_{a2} = \dot{I}_{a0} \end{cases} \quad (5\text{-}56)$$

2. 单相短路复合序网

根据故障处各序分量之间的关系,将各序网络在故障端口连接起来所构成的网络称为复合序网。根据单相短路的边界条件得到如图 5-31 所示的复合序网,即三个序网串联。联立求解电压方程和边界条件方程可求出各序分量。但一般根据复合序网图,应用电路公式计算得

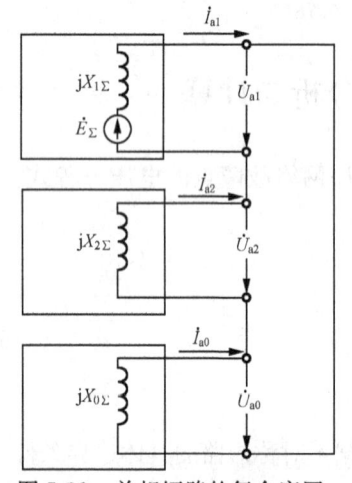

$$\begin{cases} \dot{I}_{a1} = \dfrac{\dot{E}_\Sigma}{\mathrm{j}(X_{1\Sigma} + X_{2\Sigma} + X_{0\Sigma})} \\ \dot{I}_{a1} = \dot{I}_{a2} = \dot{I}_{a0} \\ \dot{U}_{a1} = \dot{E}_\Sigma - \mathrm{j}X_{1\Sigma}\dot{I}_{a1} = \mathrm{j}(X_{2\Sigma} + X_{0\Sigma})\dot{I}_{a1} \\ \dot{U}_{a2} = -\mathrm{j}X_{2\Sigma}\dot{I}_{a1} \\ \dot{U}_{a0} = -\mathrm{j}X_{0\Sigma}\dot{I}_{a1} \end{cases}$$

图 5-31 单相短路的复合序网 (5-57)

把各相的序分量合成,可得短路点故障相电流

$$\dot{I}_f^{(1)} = \dot{I}_a = \dot{I}_{a1} + \dot{I}_{a2} + \dot{I}_{a0} = 3\dot{I}_{a1} \quad (5\text{-}58)$$

短路点非故障相的对地电压由公式(5-59)计算所得,B 相和 C 相电压的绝对值总是相等的。

$$\begin{cases} \dot{U}_b = a^2\dot{U}_{a1} + a\dot{U}_{a2} + \dot{U}_{a0} = \mathrm{j}[(a^2-a)X_{2\Sigma} + (a^2-1)X_{0\Sigma}]\dot{I}_{a1} \\ \quad = \dfrac{\sqrt{3}}{2}[(2X_{2\Sigma} + X_{0\Sigma}) - \mathrm{j}\sqrt{3}X_{0\Sigma}]\dot{I}_{a1} \\ \dot{U}_c = a\dot{U}_{a1} + a^2\dot{U}_{a2} + \dot{U}_{a0} = \mathrm{j}[(a-a^2)X_{2\Sigma} + (a-1)X_{0\Sigma}]\dot{I}_{a1} \\ \quad = \dfrac{\sqrt{3}}{2}[-(2X_{2\Sigma} + X_{0\Sigma}) - \mathrm{j}\sqrt{3}X_{0\Sigma}]\dot{I}_{a1} \end{cases} \quad (5\text{-}59)$$

图 5-32 和图 5-33 所示的为单相接地短路的电流、电压相量图。相量图的作法是根据 a 相各序分量的关系,首先画出 a 相的各序分量;其次按照 b 相、c 相正序分别滞后 a 相正序 120°、240°作出 b 相、c 相的正序分量;再次按照 b 相、c 相负序分别超前 a 相负序 120°、240° 作出 b 相、c 相的负序分量,b 相、c 相的零序与 a 相的零序相同;最后把各相的各序分量相量相加得出各相相量。

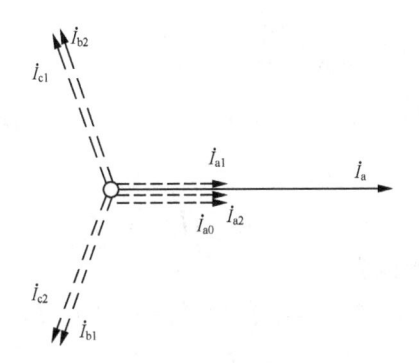

图 5-32 单相接地短路的电流相量图

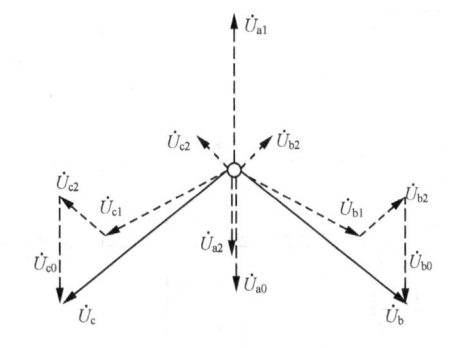

图 5-33 单相接地短路的电压相量图

5.7.2 两相短路

1. 两相短路的边界条件

如图 5-34 所示,两相短路的边界条件为

$$\dot{I}_a = 0, \quad \dot{I}_b + \dot{I}_c = 0, \quad \dot{U}_b = \dot{U}_c$$

使用对称分量变换式

$$\begin{bmatrix} \dot{I}_{a1} \\ \dot{I}_{a2} \\ \dot{I}_{a0} \end{bmatrix} = \frac{1}{3} \begin{bmatrix} 1 & a & a^2 \\ 1 & a^2 & a \\ 1 & 1 & 1 \end{bmatrix} \begin{bmatrix} 0 \\ \dot{I}_b \\ \dot{I}_c \end{bmatrix} = \frac{1}{3} \begin{bmatrix} (a-a^2) \dot{I}_b \\ (a^2-a) \dot{I}_b \\ 0 \end{bmatrix}$$

$$= \frac{\mathrm{j}\sqrt{3} \, \dot{I}_b}{3} \begin{bmatrix} 1 \\ -1 \\ 0 \end{bmatrix} \tag{5-60}$$

图 5-34 两相短路

整理后得

$$\dot{I}_{a1} = -\dot{I}_{a2} = \frac{\mathrm{j}\sqrt{3}}{3} \dot{I}_b, \quad \dot{I}_{a0} = 0 \tag{5-61}$$

另由 $\dot{U}_b = \dot{U}_c$,展开为

$$\dot{U}_b = a^2 \dot{U}_{a1} + a \dot{U}_{a2} + \dot{U}_{a0} = \dot{U}_c = a \dot{U}_{a1} + a^2 \dot{U}_{a2} + \dot{U}_{a0}$$

可得

$$\dot{U}_{a1} = \dot{U}_{a2} \tag{5-62}$$

由此可见,两相短路时,故障点故障电流中,没有零序分量,而正、负序分量大小相等,方向相反。

2. 两相短路的复合序网

根据故障处序分量的边界条件可得两相短路的复合序网如图 5-35 所示,即为正、负序网并联,没有零序网络。

利用此复合序网可以求出

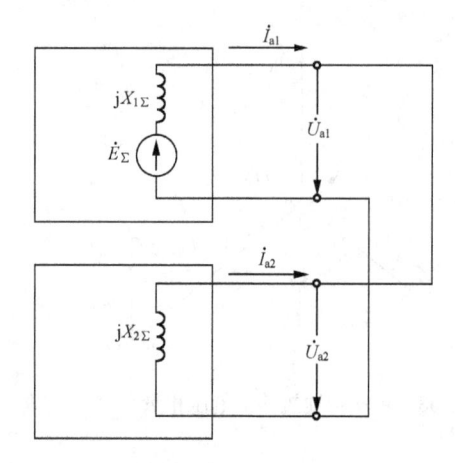

图 5-35 两相短路的复合序网

$$\begin{cases} \dot{I}_{a1} = \dfrac{\dot{E}_\Sigma}{\mathrm{j}(X_{2\Sigma}+X_{1\Sigma})} \\ \dot{I}_{a0} = 0 \\ \dot{I}_{a2} = -\dot{I}_{a1} \\ \dot{U}_{a1} = \dot{U}_{a2} = -\mathrm{j}X_{2\Sigma}\dot{I}_{a2} = \mathrm{j}X_{2\Sigma}\dot{I}_{a1} \end{cases} \quad (5\text{-}63)$$

故障点相电流为

$$\begin{cases} \dot{I}_b = a^2\dot{I}_{a1} + a\dot{I}_{a2} + \dot{I}_{a0} = -\mathrm{j}\sqrt{3}\,\dot{I}_{a1} \\ \dot{I}_c = -\dot{I}_b = \mathrm{j}\sqrt{3}\,\dot{I}_{a1} \end{cases} \quad (5\text{-}64)$$

其绝对值为

$$I_f^{(2)} = I_b = I_c = \sqrt{3}\,I_{a1}$$

短路点各相对地电压为

$$\begin{cases} \dot{U}_a = \dot{U}_{a1} + \dot{U}_{a2} + \dot{U}_{a0} = 2\dot{U}_{a1} = \mathrm{j}2X_{2\Sigma}\dot{I}_{a1} \\ \dot{U}_b = a^2\dot{U}_{a1} + a\dot{U}_{a2} + \dot{U}_{a0} = -\dot{U}_{a1} = -\dfrac{1}{2}\dot{U}_a \\ \dot{U}_c = \dot{U}_b = -\dot{U}_{a1} = -\dfrac{1}{2}\dot{U}_a \end{cases} \quad (5\text{-}65)$$

由此可见，两相短路电流为正序电流的$\sqrt{3}$倍，短路点非故障相电压为正序电压的两倍，而故障相电压只有非故障相电压的一半且方向相反。

两相短路时短路处的电流和电压相量图分别见图 5-36 和图 5-37。

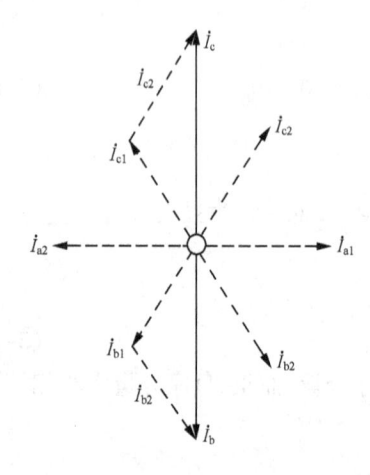

图 5-36 两相短路时短路处的电流相量图

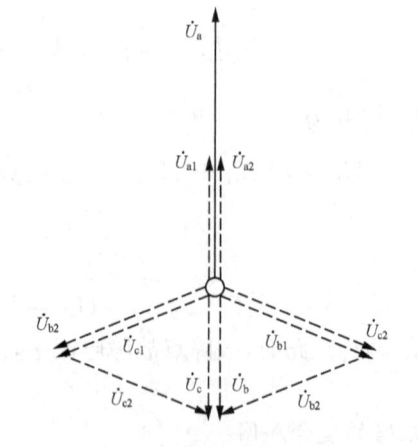

图 5-37 两相短路时短路处的电压相量图

5.7.3 两相短路接地

1. 两相短路接地的边界条件

图 5-38 两相短路接地的三个边界条件为

$$\dot{I}_{\mathrm{a}}=0, \quad \dot{U}_{\mathrm{b}}=0, \quad \dot{U}_{\mathrm{c}}=0$$

用对称分量变换并整理后得到

$$\begin{bmatrix}\dot{U}_{\mathrm{a1}}\\ \dot{U}_{\mathrm{a2}}\\ \dot{U}_{\mathrm{a0}}\end{bmatrix}=\frac{1}{3}\begin{bmatrix}1 & a & a^2\\ 1 & a^2 & a\\ 1 & 1 & 1\end{bmatrix}\begin{bmatrix}\dot{U}_{\mathrm{a}}\\ \dot{U}_{\mathrm{b}}\\ \dot{U}_{\mathrm{c}}\end{bmatrix}$$

$$=\frac{1}{3}\begin{bmatrix}1 & a & a^2\\ 1 & a^2 & a\\ 1 & 1 & 1\end{bmatrix}\begin{bmatrix}\dot{U}_{\mathrm{a}}\\ 0\\ 0\end{bmatrix}=\frac{\dot{U}_{\mathrm{a}}}{3}\begin{bmatrix}1\\ 1\\ 1\end{bmatrix} \qquad (5\text{-}66)$$

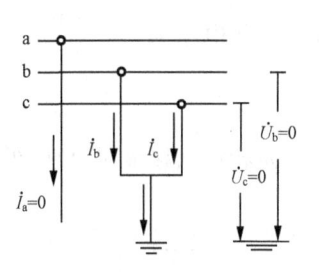

图 5-38 两相短路接地

由此得

$$\dot{U}_{\mathrm{a1}}=\dot{U}_{\mathrm{a2}}=\dot{U}_{\mathrm{a0}} \qquad (5\text{-}67)$$

$$\dot{I}_{\mathrm{a}}=\dot{I}_{\mathrm{a1}}+\dot{I}_{\mathrm{a2}}+\dot{I}_{\mathrm{a0}}=0 \qquad (5\text{-}68)$$

2. 两相短路接地的复合序网

根据故障处序分量的边界条件得到两相短路接地的复合序网如图 5-39 所示,三个序网并联。

由复合序网图可得

$$\begin{cases}\dot{I}_{\mathrm{a1}}=\dfrac{\dot{E}_{\Sigma}}{\mathrm{j}(X_{1\Sigma}+X_{2\Sigma}//X_{0\Sigma})}\\[2mm] \dot{I}_{\mathrm{a2}}=-\dfrac{X_{0\Sigma}}{X_{2\Sigma}+X_{0\Sigma}}\dot{I}_{\mathrm{a1}}\\[2mm] \dot{I}_{\mathrm{a0}}=-\dfrac{X_{2\Sigma}}{X_{2\Sigma}+X_{0\Sigma}}\dot{I}_{\mathrm{a1}}\\[2mm] \dot{U}_{\mathrm{a1}}=\dot{U}_{\mathrm{a2}}=\dot{U}_{\mathrm{a0}}=\mathrm{j}\dfrac{X_{2\Sigma}X_{0\Sigma}}{X_{2\Sigma}+X_{0\Sigma}}\dot{I}_{\mathrm{a1}}\end{cases} \qquad (5\text{-}69)$$

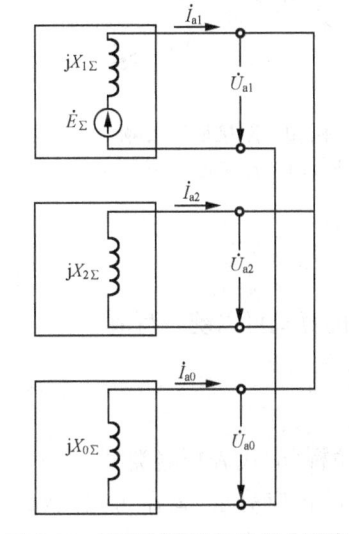

图 5-39 两相短路接地的复合序网

故障点相电流为

$$\begin{cases}\dot{I}_{\mathrm{b}}=a^2\dot{I}_{\mathrm{a1}}+a\dot{I}_{\mathrm{a2}}+\dot{I}_{\mathrm{a0}}=\left(a^2-\dfrac{X_{2\Sigma}+aX_{0\Sigma}}{X_{2\Sigma}+X_{0\Sigma}}\right)\dot{I}_{\mathrm{a1}}\\[2mm] \quad=\dfrac{-3X_{2\Sigma}-\mathrm{j}\sqrt{3}(X_{2\Sigma}+2X_{0\Sigma})}{2(X_{2\Sigma}+X_{0\Sigma})}\dot{I}_{\mathrm{a1}}\\[2mm] \dot{I}_{\mathrm{c}}=a\dot{I}_{\mathrm{a1}}+a^2\dot{I}_{\mathrm{a2}}+\dot{I}_{\mathrm{a0}}=\left(a-\dfrac{X_{2\Sigma}+a^2X_{0\Sigma}}{X_{2\Sigma}+X_{0\Sigma}}\right)\dot{I}_{\mathrm{a1}}\\[2mm] \quad=\dfrac{-3X_{2\Sigma}+\mathrm{j}\sqrt{3}(X_{2\Sigma}+2X_{0\Sigma})}{2(X_{2\Sigma}+X_{0\Sigma})}\dot{I}_{\mathrm{a1}}\end{cases} \qquad (5\text{-}70)$$

短路点故障相电流绝对值为

$$I_{\mathrm{f}}^{(1,1)}=I_{\mathrm{b}}=I_{\mathrm{c}}=\sqrt{3}\sqrt{1-\dfrac{X_{2\Sigma}X_{0\Sigma}}{(X_{2\Sigma}+X_{0\Sigma})^2}}\,I_{\mathrm{a1}} \qquad (5\text{-}71)$$

非故障相电压为

$$\dot{U}_a = 3\dot{U}_{a1} = j\frac{3X_{2\Sigma}X_{0\Sigma}}{X_{2\Sigma}+X_{0\Sigma}}\dot{I}_{a1} \tag{5-72}$$

两相短路接地时,故障处的电流、电压相量图如图 5-40 和图 5-41。

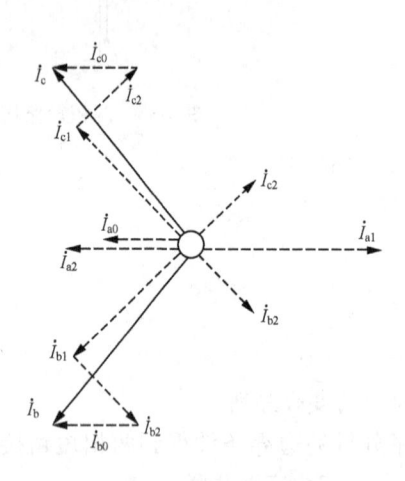

图 5-40 两相短路接地时故障处的电流相量图

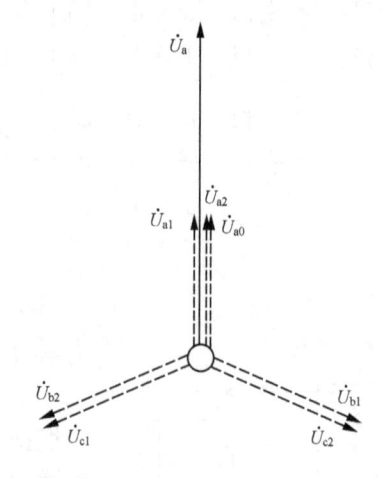

图 5-41 两相短路接地时故障处的电压相量图

5.7.4 正序等效定则

由以上所得的三种简单不对称短路时短路电流正序分量的算式可以统一写成

$$\dot{I}_{a1}^{(n)} = \frac{\dot{E}_{\Sigma}}{j(X_{1\Sigma} + X_{\Delta}^{(n)})} \tag{5-73}$$

式中,$X_{\Delta}^{(n)}$ 表示附加电抗,其值随短路的类型不同而不同,上角标(n)代表短路类型。

式(5-73)表明,在简单不对称短路的情况下,短路点电流的正序分量,与在短路点每一相中加入附加电抗 $X_{\Delta}^{(n)}$ 而发生三相短路时的电流相等。这个概念称为正序等效定则。

此外,从短路点故障相电流的算式可以看出,短路电流的绝对值与它的正序分量的绝对值成正比,即

$$I_f^{(n)} = m^{(n)} I_{a1}^{(n)} \tag{5-74}$$

式中,$m^{(n)}$ 是比例系数,其值视短路类型而异。

各种简单短路时的 $X_{\Delta}^{(n)}$ 和 $m^{(n)}$ 值列于表 5-3。

表 5-3 简单短路时的 $X_{\Delta}^{(n)}$ 和 $m^{(n)}$

短路类型 $f^{(n)}$	$X_{\Delta}^{(n)}$	$m^{(n)}$
三相短路 $f^{(3)}$	0	1
两相短路接地 $f^{(1,1)}$	$\dfrac{X_{2\Sigma}X_{0\Sigma}}{X_{2\Sigma}+X_{0\Sigma}}$	$\sqrt{3}\sqrt{1-\dfrac{X_{2\Sigma}X_{0\Sigma}}{(X_{2\Sigma}+X_{0\Sigma})^2}}$
两相短路 $f^{(2)}$	$X_{2\Sigma}$	$\sqrt{3}$
单相短路 $f^{(1)}$	$X_{2\Sigma}+X_{0\Sigma}$	3

通过以上分析可得,简单不对称短路电流的计算,归根结底,就是先求出系统对短路点的负序和零序输入电抗 $X_{2\Sigma}$ 和 $X_{0\Sigma}$,再根据短路类型形成附加阻抗,将它们接入短路点,然后就像计算三相短路一样,算出短路点的正序电流,最后根据 $m^{(n)}$ 的系数,得出短路电流。所以,前面讲过的三相短路电流的各种计算方法也适用于不对称短路。

例 5-5 对例 5-4 的输电系统,试计算 f 点发生各种不对称短路时所对应的短路电流。

解 在例 5-4 的计算基础上,再计算出各种不对称短路时的附加电抗 $X_\Delta^{(n)}$ 和 $m^{(n)}$ 值,即能确定短路电流,110kV 侧的基准电流为

$$I_B = \frac{120}{\sqrt{3} \times 115} = 0.6 \text{ (kA)}$$

对于单相短路

$$X_\Delta^{(1)} = X_{2\Sigma} + X_{0\Sigma} = 0.44 + 0.78 = 1.22, \quad m^{(1)} = 3$$

则

$$I_{a1}^{(1)} = \frac{E_\Sigma}{X_{1\Sigma} + X_\Delta^{(1)}} I_B = \frac{0.67}{0.52 + 1.22} \times 0.6 = 0.231 \text{(kA)}$$

$$I_f^{(1)} = m^{(1)} I_{a1}^{(1)} = 3 \times 0.231 = 0.693 \text{(kA)}$$

对于两相短路

$$X_\Delta^{(2)} = X_{2\Sigma} = 0.44, \quad m^{(2)} = \sqrt{3}$$

$$I_{a1}^{(2)} = \frac{E_\Sigma}{X_{1\Sigma} + X_\Delta^{(2)}} I_B = \frac{0.67}{0.52 + 0.44} \times 0.6 = 0.419 \text{(kA)}$$

$$I_f^{(2)} = m^{(2)} I_{a1}^{(2)} = \sqrt{3} \times 0.419 = 0.725 \text{(kA)}$$

对于两相短路接地

$$X_\Delta^{(1,1)} = X_{2\Sigma} // X_{0\Sigma} = 0.44 // 0.78 = 0.28$$

$$m^{(1,1)} = \sqrt{3} \sqrt{1 - [X_{2\Sigma} X_{0\Sigma}/(X_{2\Sigma} + X_{0\Sigma})^2]}$$

$$= \sqrt{3} \sqrt{1 - [0.44 \times 0.78/(0.44 + 0.78)^2]} = 1.52$$

$$I_{a1}^{(1,1)} = \frac{E_\Sigma}{X_{1\Sigma} + X_\Delta^{(1,1)}} I_B = \frac{0.67}{0.52 + 0.28} \times 0.6 = 0.51 \text{(kA)}$$

$$I_f^{(1,1)} = m^{(1,1)} I_{a1}^{(1,1)} = 1.52 \times 0.51 = 0.77 \text{(kA)}$$

例 5-6 某电力系统如图 5-42(a)所示,系统各元件参数如下:

发电机 G1:75MV·A,$X_d'' = X_2 = 0.15$,$E'' = 1.0$;
发电机 G2:43MV·A,$X_d'' = X_2 = 0.28$,$E'' = 1.0$;
系统 C:无限大容量,母线电压恒定;
变压器 T1 和 T2:20MV·A,$U_K\% = 10.5$;
变压器 T3:40.5MV·A,$U_K\% = 10.5$;
变压器 T4:15MV·A,$U_K\% = 10.5$;
变压器 T5:10MV·A,$U_K\% = 10.5$;
变压器 T6:60MV·A,$U_{KI}\% = 12$;$U_{KII}\% = 0$;$U_{KIII}\% = 6$;
线路 L1 和 L2:110km,$x_{(1)} = 0.4\Omega/\text{km}$,$x_{(0)} = 5x_{(1)}$;
线路 L3 和 L4:20km,$x_{(1)} = 0.4\Omega/\text{km}$,$x_{(0)} = 3x_{(1)}$;
线路 L5:50km,$x_{(1)} = 0.4\Omega/\text{km}$,$x_{(0)} = 3x_{(1)}$。

试计算在图中 f 点分别发生单相接地短路、两相短路和两相短路接地时故障处起始次暂态短路电流和电压的周期分量。

解 系统各元件的编号如图 5-42(a)所示。

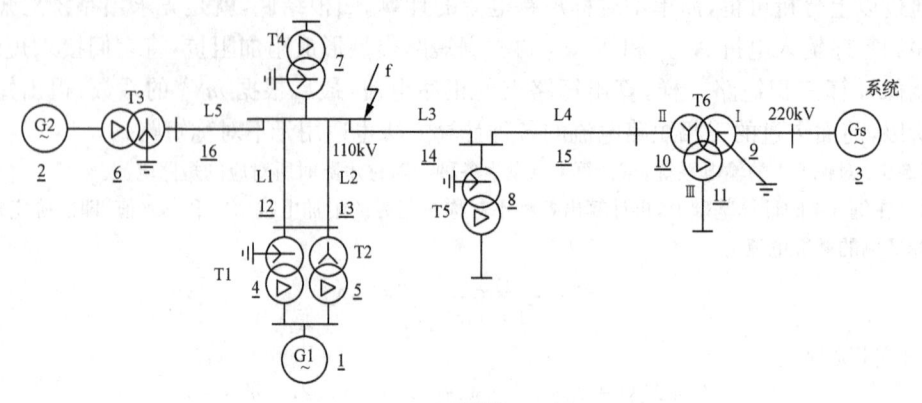

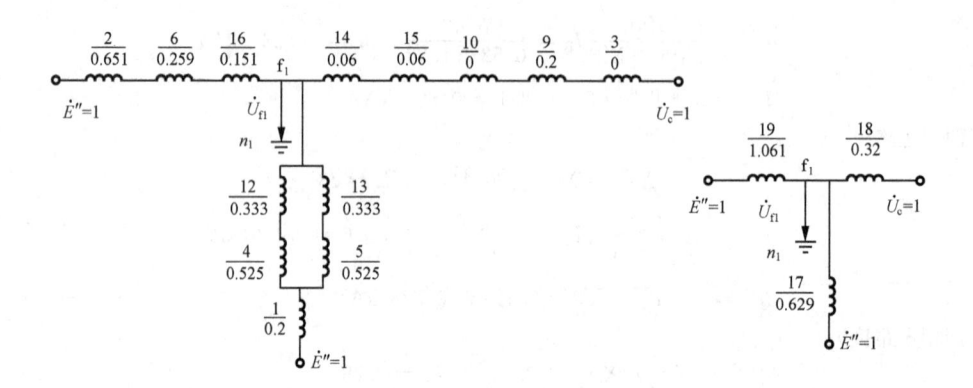

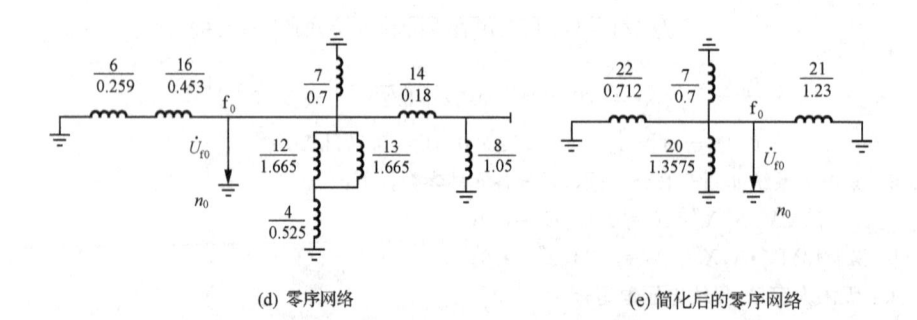

图 5-42 例 5-6 的系统图和等值电路图

(1) 元件各序参数的标幺值计算。

选 $S_B=100\text{MV}\cdot\text{A}$，$U_B$ 为各级平均额定电压；故障点的 $U_B=115\text{kV}$，

$$I_B=S_B/(\sqrt{3}U_B)=100/(\sqrt{3}\times115)=0.502(\text{kA})$$

发电机 G1、G2：$X_{1(1)}=X_{1(2)}=0.15\times(100/75)=0.2$

$$X_{2(1)}=X_{2(2)}=0.28\times(100/43)=0.651$$

变压器 T1 和 T2：$X_4=X_5=0.105\times(100/20)=0.525$

变压器 T3：$X_6=0.105\times(100/40.5)=0.259$

变压器 T4：$X_7=0.105\times(100/15)=0.7$

变压器 T5：$X_8=0.105\times(100/10)=1.05$

变压器 T6: $X_9=0.12\times(100/60)=0.2$, $X_{10}=0$, $X_{11}=0.06\times(100/60)=0.1$
线路 L1 和 L2: $X_{12(1)}=X_{13(1)}=110\times0.4\times(100/115^2)=0.333$
$X_{12(0)}=X_{13(0)}=5\times0.333=1.665$
线路 L3 和 L4: $X_{14(1)}=X_{15(1)}=20\times0.4\times(100/115^2)=0.06$
$X_{14(0)}=X_{15(0)}=3\times0.06=0.18$
线路 L5: $X_{16(1)}=50\times0.4\times(100/115^2)=0.151$, $X_{16(0)}=3\times0.151=0.453$

(2) 制定各序网络并计算各序等值电抗。

① 正序网络如图 5-42(b), 可简化为 5-42(c), 由此可计算正序等值电抗为

$$X_{1\Sigma}=\frac{1}{\frac{1}{X_{17}}+\frac{1}{X_{18}}+\frac{1}{X_{19}}}=\frac{1}{\frac{1}{0.629}+\frac{1}{0.32}+\frac{1}{1.061}}=0.177$$

② 负序网络的结构与正序网络相同, 只不过电源电势为零, 即

$$X_{2\Sigma}=X_{1\Sigma}=0.177$$

③ 零序网络如图 5-42(d), 可简化为图 5-42(e), 由此可计算零序等值电抗为

$$X_{0\Sigma}=\frac{1}{\frac{1}{X_{20}}+\frac{1}{X_{21}}+\frac{1}{X_{22}}+\frac{1}{X_7}}=\frac{1}{\frac{1}{1.358}+\frac{1}{1.23}+\frac{1}{0.712}+\frac{1}{0.7}}=0.228$$

(3) 单相短路接地(a 相)计算, 因这时的复合序网是三个网络串联, 因而

$$\dot{I}_{a1}=\dot{I}_{a2}=\dot{I}_{a0}=\frac{\dot{E}_\Sigma}{Z_{1\Sigma}+Z_{2\Sigma}+Z_{0\Sigma}}$$
$$=\frac{1}{j(0.177+0.177+0.228)}=-j1.718$$

$$\dot{U}_{a1}=(Z_{2\Sigma}+Z_{0\Sigma})\dot{I}_{a1}=j(0.177+0.228)\times(-j1.718)=0.696$$

$$\dot{U}_{a2}=-Z_{2\Sigma}\dot{I}_{a2}=-j0.177\times(-j1.718)=-0.304$$

$$\dot{U}_{a0}=-Z_{0\Sigma}\dot{I}_{a0}=-j0.228\times(-j1.718)=-0.392$$

故 a 相的短路电流为

$$\dot{I}_a=3\dot{I}_{a1}=3\times(-j1.718)=-j5.154$$

其有名值是

$$I_a=5.154\times0.502=2.587(kA)$$

故障点 b、c 相对地电压为

$$\dot{U}_b=a^2\dot{U}_{a1}+a\dot{U}_{a2}+\dot{U}_{a0}=0.696\underline{/240°}+0.304\underline{/300°}-0.392$$
$$=-0.588-j0.866=1.047\underline{/-124.2°}$$

$$\dot{U}_c=a\dot{U}_{a1}+a^2\dot{U}_{a2}+\dot{U}_{a0}=0.696\underline{/-120°}+0.304\underline{/60°}-0.392$$
$$=-0.588+j0.866=1.047\underline{/124.2°}$$

(4) 两相短路(b、c 相)计算, 因这时的复合序网是正、负序网络的并联, 因而

$$\dot{I}_{a1}=-\dot{I}_{a2}=\frac{\dot{E}_\Sigma}{Z_{1\Sigma}+Z_{2\Sigma}}=\frac{1}{j(0.177+0.177)}=-j2.825$$

$$\dot{U}_{a1}=\dot{U}_{a2}=Z_{2\Sigma}\dot{I}_{a2}=j0.177\times(-j2.825)=0.5$$

故障相的短路电流为

$$\dot{I}_b=-j\sqrt{3}\,\dot{I}_{a1}=-j\sqrt{3}\times(-j2.825)=-4.893$$
$$\dot{I}_c=j\sqrt{3}\,\dot{I}_{a1}=j\sqrt{3}\times(-j2.825)=4.893$$

其有名值是

$$I_b=I_c=4.893\times0.502=2.456(kA)$$

故障点各相对地电压为

$$\dot{U}_a = \dot{U}_{a1} + \dot{U}_{a2} = 0.5 + 0.5 = 1$$
$$\dot{U}_b = \dot{U}_c = (a + a^2)\dot{U}_{a1} = -0.5$$

(5) 两相短路(b、c 相)接地计算,因这时的复合序网是正、负和零序网络的并联,因而

$$\dot{I}_{a1} = \frac{\dot{E}_\Sigma}{Z_{1\Sigma} + \dfrac{Z_{2\Sigma} Z_{0\Sigma}}{Z_{2\Sigma} + Z_{0\Sigma}}} = \frac{1}{j\left(0.177 + \dfrac{0.177 \times 0.228}{0.177 + 0.228}\right)} = -j3.61$$

$$\dot{I}_{a2} = \dot{I}_{a1} \frac{Z_{0\Sigma}}{Z_{2\Sigma} + Z_{0\Sigma}} = \frac{j3.61 \times j0.228}{j(0.177 + 0.228)} = j2.032$$

$$\dot{I}_{a0} = \dot{I}_{a1} \frac{Z_{2\Sigma}}{Z_{2\Sigma} + Z_{0\Sigma}} = \frac{j3.61 \times j0.177}{j(0.177 + 0.228)} = j1.578$$

$$\dot{U}_{a1} = \dot{U}_{a2} = \dot{U}_{a0} = \dot{I}_{a1} \frac{Z_{2\Sigma} Z_{0\Sigma}}{Z_{2\Sigma} + Z_{0\Sigma}} = -j3.61 \times j\frac{0.177 \times 0.228}{0.177 + 0.228} = 0.36$$

故障相的短路电流为

$$\dot{I}_b = a^2 \dot{I}_{a1} + a \dot{I}_{a2} + \dot{I}_{a0} = 3.61 \angle 150° + 2.032 \angle 210° + j1.578$$
$$= -4.886 + j2.367 = 5.429 \angle 154.2°$$

$$\dot{I}_c = a \dot{I}_{a1} + a^2 \dot{I}_{a2} + \dot{I}_{a0} = 3.61 \angle 30° + 2.032 \angle 330° + j1.578$$
$$= 4.886 + j2.367 = 5.429 \angle 25.8°$$

其有名值是

$$I_b = I_c = 5.429 \times 0.502 = 2.725 \text{(kA)}$$

非故障相对地电压为

$$\dot{U}_a = 3\dot{U}_{a1} = 3 \times 0.36 = 1.08$$

5.7.5 非全相运行

电力系统短路是指某点发生相与地或相与相之间的非正常接通,其中不对称短路引起短路点的三相电流和三相对零电位点的电压不对称,故又称为横向故障。电力系统还会发生一相或两相断开的运行状态,这种情况称为非全相运行,它直接引起三相线电流(从断口一侧流到另一侧的电流)和三相在断口之间的电压不对称,因而把非全相运行也称为纵向故障。造成非全相运行的原因很多,例如某一线路短路后,故障相断路器跳闸;导线一相或两相发生断线事故;断路器合闸过程中三相触头未同时接通等。电力系统在非全相运行时,一般情况下没有危险的大电流和高电压产生,不会对系统造成大的损害。但负序电流的出现对发电机的转子有危害,零序电流对输电线路附近的通信线路有干扰。另外,负序和零序电流也可能引起某些继电保护装置的误动作。所以,研究非全相运行的情况,分析它的电压电流,还是十分有用的。

电力系统中某处发生一相或两相断开的情况,如图 5-43(a)、(b)所示。对于非全相运行的分析方法可以采用类似于分析不对称短路的方法,即将断口处线路电流和断口之间电压分解成三序分量,如图 5-43(c)。由于系统在断口处以外的其他地方参数仍是三相对称的,因此三序电压方程是互相独立的,可以和不对称短路时一样做出三个序的等值网络,如图 5-44 所示。注意,这三个序网图中的故障点 q 和 k 都是网络中的节点,不同于不对称故障时只有一个节点在网络中。

对于图 5-44 的三个序网,能够写出各序网络故障端口的电压方程式如下:

(a) 一相断线

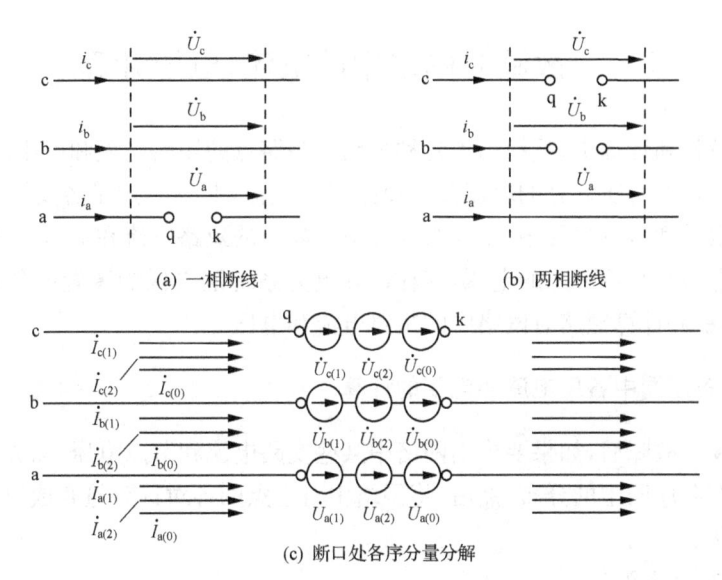

(b) 两相断线

(c) 断口处各序分量分解

图 5-43 非全相运行的示意图

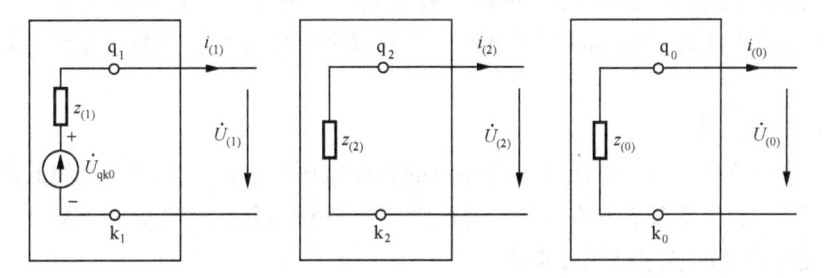

图 5-44 非全相运行时的三序网络图

$$\begin{cases} \dot{U}_{qk0} - z_{(1)} \dot{I}_{(1)} = \dot{U}_{(1)} \\ 0 - z_{(2)} \dot{I}_{(2)} = \dot{U}_{(2)} \\ 0 - z_{(0)} \dot{I}_{(0)} = \dot{U}_{(0)} \end{cases} \quad (5\text{-}75)$$

式中，$\dot{U}_{qk0}$ 为 q、k 两点间三相断开时，网络中的电源在 q、k 两点间产生的电压，称为开路电压，$z_{(1)}$、$z_{(2)}$、$z_{(0)}$ 分别为正序网络、负序网络、零序网络从端口 q、k 两点间看进去的等值阻抗，也称为故障端口的各序输入阻抗。

式(5-75)有三个方程，六个变量，没有唯一解，还必须根据具体的断线情况，列出另外的三个方程才能求解。

若网络各元件均用纯电抗表示，则方程(5-75)可写成

$$\begin{cases} \dot{U}_{qk0} - X_{(1)} \dot{I}_{(1)} = \dot{U}_{(1)} \\ 0 - X_{(2)} \dot{I}_{(2)} = \dot{U}_{(2)} \\ 0 - X_{(0)} \dot{I}_{(0)} = \dot{U}_{(0)} \end{cases} \quad (5\text{-}76)$$

5.8 故障时网络中的电流、电压计算

在前面的分析和计算中,只给出了各种短路时短路点的短路电流和电压的计算方法,也就是说前面各种短路时所计算的电流都是短路点的电流,并不一定是各支路中的电流。而在电力系统的设计和运行过程中,不仅需要知道故障点的短路电流和电压,还需要知道网络中某些支路的电流和某些节点的电压,如在设计电力系统继电保护装置或分析保护的动作情况时,必须分析和计算短路时网络中的短路电流和电压。

5.8.1 故障时各序网中各序电流和电压的计算

电力系统发生故障后,如果要求出网络中某些支路电流和节点电压,需先求出电流和电压的各序分量在各序网中的分布,然后,将网络中对应点的各对称分量合成以求得该处各相电流和各相电压。

1. 各序电流的计算

对于给定的短路点,负序和零序网络中各支路的电流分布系数都是确定的。在短路点发生各种不对称短路时,在短路过程的任一时间,都可应用这些分布系数计算网络中的电流分布。

2. 各序电压的计算

网络中某一节点的各序电压等于短路点的各序电压加上该点与短路点间的同一序电流产生的电压降。例如某节点 h 在正序、负序和零序网络中,分别经电抗 X_1, X_2 和 X_0 与短路点 f 相连,此时该点的各序电压分别为

$$\begin{cases} \dot{U}_{h1} = \dot{U}_{f1} + jX_1\dot{I}_1 \\ \dot{U}_{h2} = \dot{U}_{f2} - jX_2\dot{I}_2 \\ \dot{U}_{h0} = \dot{U}_{f0} - jX_0\dot{I}_0 \end{cases} \quad (5-77)$$

式中,$\dot{I}_1$ 是从 h 点流向 f 点的正序分量电流,$\dot{I}_2$ 和 $\dot{I}_0$ 是从 f 点流向 h 点的负序和零序分量电流。

图 5-45 给出了各种短路故障时网络中各序电压分布规律。

由图 5-45 并结合式(5-77)可知,短路点的负序电压和零序电压最高,网络中 h 点或者其他节点的负序电压和零序电压都比短路点的要低。离短路点越远,节点的负序和零序电压就越低。在电源点负序电压等于零。而零序电压一般在未到电源点时就已经降至零值了。正序电压在短路点最低,越靠近电源点,正序电压越高。

网络中各点电压的不对称程度主要由负序分量决定。负序分量越大,电压越不对称。负序电压在短路点最大,故短路点的电压最不对称,随着离短路点的距离增大,负序电压不断降低,电压不对称程度也逐渐减弱。

上面所说的非故障点的电压电流的计算方法,只对与短路点有直接电气联系的网络才是正确的。如果经过变压器联系的两个电路,由于变压器绕组的连接方式的不同,可能会引起变压器两侧序分量相位的不同变化,故合成求相电流和相电压时必须按变压器移动相位后再合成,否则,计算结果会出错。

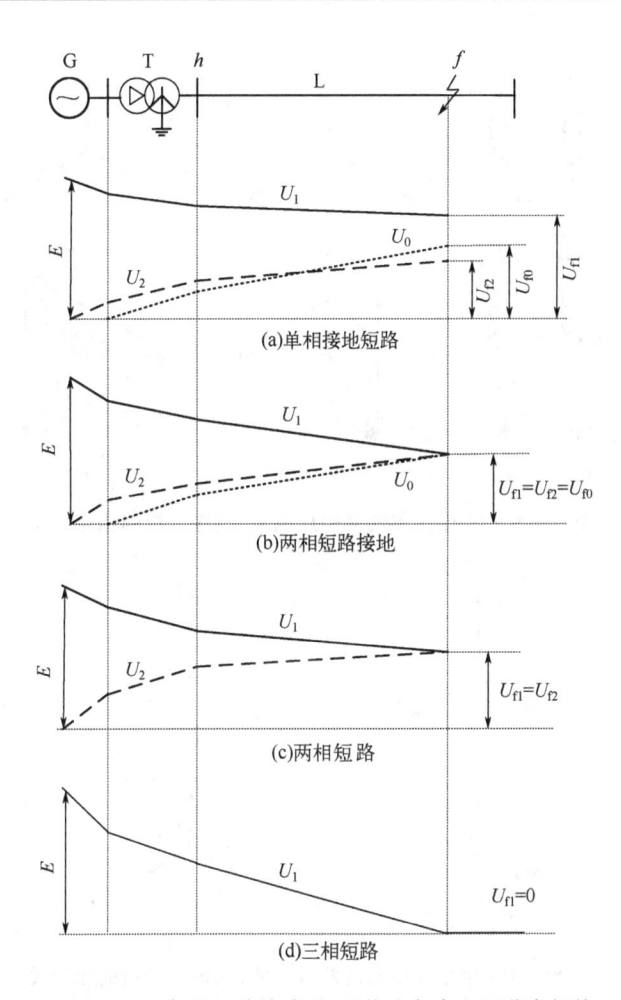

图 5-45　各种短路故障时,网络中各序电压分布规律

5.8.2　电流、电压对称分量经过 YN,d11 连接方式变压器后的相位变换

电压、电流的对称分量经过变压器后,可能会发生相位移动。相位移动的方向、大小取决于变压器绕组的连接组别。

图 5-46(a)给出了常用的 YN,d11 连接方式变压器的接线图。如在 YN 侧施加正序电压,d 侧的线电压虽与 YN 侧的相电压同相位,但 d 侧的相电压却超前于 YN 侧的相电压 30°,如图 5-46(b)所示。在 YN 侧施加负序电压时,d 侧的相电压落后于 YN 侧的相电压 30°,如图 5-46(c)所示。

变压器两侧相电压的正序和负序分量存在以下关系(用标幺值表示且非标准变比等于 1):

$$\begin{cases} \dot{U}_{a1} = \dot{U}_{A1}\,\mathrm{e}^{\mathrm{j}30°} \\ \dot{U}_{a2} = \dot{U}_{A2}\,\mathrm{e}^{-\mathrm{j}30°} \end{cases} \tag{5-78}$$

电流也有类似情况,d 侧的正序线电流超前 YN 侧的正序线电流 30°,d 侧的负序线电流则落后于 YN 侧的正序线电流 30°,如图 5-47 所示。

变压器两侧线电流的正序和负序分量存在以下关系:

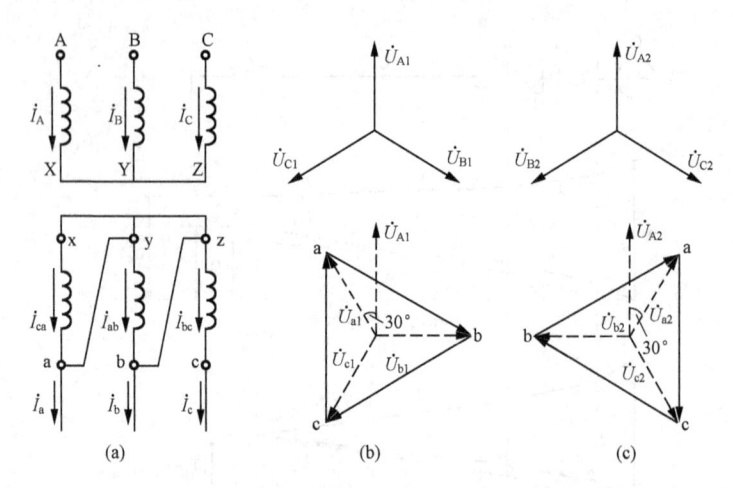

图 5-46 YN,d11 变压器两侧电压的正、负序分量的相位关系

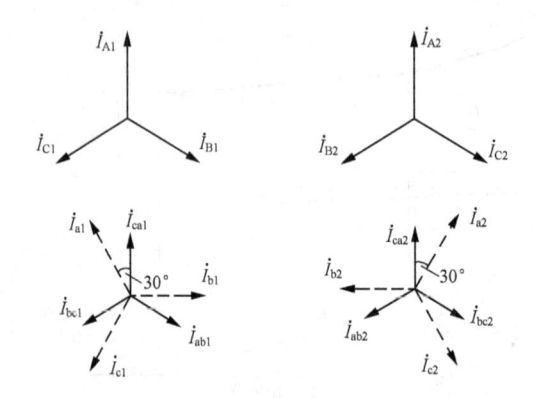

图 5-47 YN,d11 接法变压器两侧电流的正、负序分量的相位关系

$$\begin{cases} \dot{I}_{a1} = \dot{I}_{A1} e^{j30°} \\ \dot{I}_{a2} = \dot{I}_{A2} e^{-j30°} \end{cases} \tag{5-79}$$

由以上可见,经过 YN,d11 接法的变压器,由星形侧到三角形侧时,正序系统逆时针方向转过 30°,负序系统顺时针转过 30°;反之,由三角形侧到星形侧时,正序系统顺时针方向转过 30°,负序系统逆时针转过 30°。

对于 YN,yn0 接法的变压器,变压器两侧对应相的相电压的相位相同。当用标幺值表示且非标准变比等于 1 时,两侧电压的正序、负序和零序分量的标幺值是分别相等的。

例 5-7 系统接线图如图 5-48(a)所示,参数如下:

发电机 G1、G2:$S_{GN}=60\text{MV}\cdot\text{A}$,$x''_d=x_{(2)}=0.14$;

变压器 T1、T2:$S_{TN}=60\text{MV}\cdot\text{A}$,$U_{K1}\%=11$,$U_{K2}\%=0$,$U_{K3}\%=6$;

变压器 T3:$S_{TN}=7.5\text{MV}\cdot\text{A}$,$U_K\%=7.5$;

线路 L:长 8km,$x_{(1)}=0.4\Omega/\text{km}$,$x_{(0)}=3.5x_{(1)}$。

当 k 点发生两相短路接地时,求 $t=0$s 时的短路点故障电流、变压器 T1 接地中性线的电流和 35kV 母线 h 的各相电压。

解 选定基准

$$S_B = 60\text{MV}\cdot\text{A}, \quad U_B = U_{av}$$

第 5 章 电力系统故障与实用短路电流计算

(a) 系统图 (b) 正序等值网络 (c) 零序等值网络

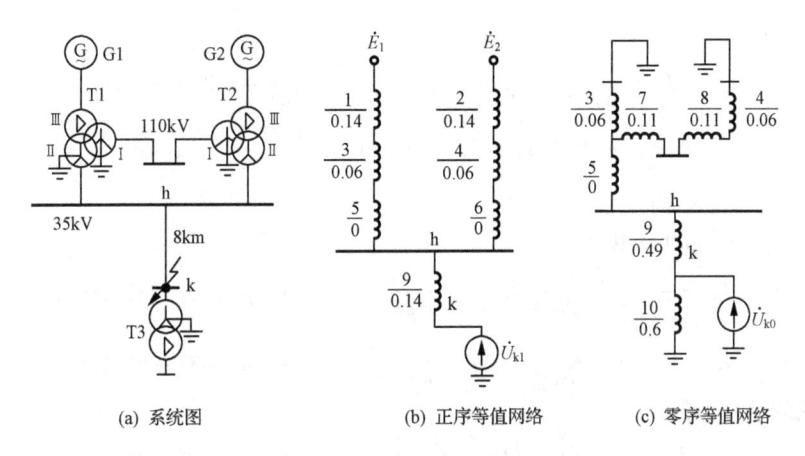

图 5-48 例 5-7 的系统图及等值网络图

(1) 计算各元件的各序参数。

发电机

$$x_{G1(1)} = x_{G2(1)} = x_{G1(2)} = x_d'' \frac{S_B}{S_{GN}} = 0.14$$

变压器 T1、T2 的正序

$$x_{T11(1)} = \frac{U_{K1}\%}{100}\frac{S_B}{S_{TN}} = \frac{11\times 60}{100\times 60} = 0.11$$

$$x_{T12(1)} = \frac{U_{K2}\%}{100}\frac{S_B}{S_{TN}} = \frac{0\times 60}{100\times 60} = 0$$

$$x_{T13(1)} = \frac{U_{K3}\%}{100}\frac{S_B}{S_{TN}} = \frac{6\times 60}{100\times 60} = 0.06$$

变压器 T3 的正序参数

$$x_{T3} = \frac{U_K\% S_B}{100 S_{T3N}} = \frac{7.5\times 60}{100\times 7.5} = 0.6$$

变压器 T1、T2、T3 的负序与零序与正序相同。

线路

$$x_{(1)} = 0.4\times 8\times \frac{60}{37^2} = 0.14$$

$$x_{(0)} = 3.5\times 0.14 = 0.49$$

(2) 制定各序等值网络。

对于正序、负序网络，变压器 T1、T2 的 110kV 侧和变压器 T3 均为空载部分，故可不画在网络中。负序网只要把正序网中的电源电势变为零即可。正序等值网如图 5-48(b) 所示，零序等值网如图 5-48(c) 所示。

(3) 计算各序等值输入电抗。

$$X_{1\Sigma} = X_{2\Sigma} = \frac{0.14+0.06}{2}+0.14 = 0.24$$

零序电抗是先把 x_7、x_8 和 x_4 串联，再与 x_3 并联，然后与 x_5 和 x_9 串联，从而得电抗值为 0.54，最后

$$X_{0\Sigma} = 0.6//0.54 = 0.28$$

(4) 计算两相短路接地时的 $x_\Delta^{(1,1)}$ 和 $m^{(1,1)}$。

$$X_\Delta^{(1,1)} = X_{0\Sigma}//X_{2\Sigma} = 0.28//0.24 = 0.13$$

$$m^{(1,1)} = \sqrt{3}\times\sqrt{1-X_{0\Sigma}X_{2\Sigma}/(X_{0\Sigma}+X_{2\Sigma})^2}$$

$$= \sqrt{3}\times\sqrt{1-0.28\times 0.24/(0.28+0.24)^2} = 1.5$$

(5) 计算短路点故障相电流。

设 $E''=1$，则

$$\dot{I}_{k1} = \frac{E''}{j(X_{1\Sigma}+X_\Delta^{(1,1)})} = \frac{1}{j(0.24+0.13)} = -j2.703$$

$$I^{(1,1)} = m^{(1,1)} I_{k1} I_B = 1.5 \times 2.703 \times \frac{60}{\sqrt{3}\times 37} = 3.79(\text{kA})$$

(6) 计算零序电流及分布。

短路处的零序电流和负序电流为

$$\dot{I}_{k0} = -\frac{X_{2\Sigma}}{X_{2\Sigma}+X_{0\Sigma}}\dot{I}_{k1} = -\frac{0.24}{0.24+0.28}\times(-j2.703) = j1.248$$

$$\dot{I}_{k2} = -\frac{X_{0\Sigma}}{X_{2\Sigma}+X_{0\Sigma}}\dot{I}_{k1} = -\frac{0.28}{0.24+0.28}\times(-j2.703) = j1.455$$

流过线路的零序电流

$$\dot{I}_{10} = -\frac{x_{10}}{x_{10}+x_{13}}\dot{I}_{k0} = \frac{0.6}{0.6+0.54}\times(j1.248) = j0.657$$

流过变压器绕组 I 的零序电流

$$\dot{I}_{\text{I}0} = -\frac{x_3}{x_3+x_{11}}\dot{I}_{10} = \frac{0.6}{0.6+0.28}\times(j0.657) = j0.116$$

变压器 T1 的 35kV 侧接地中性线的电流是

$$I_{n\text{II}} = 3I_{10}\frac{60}{\sqrt{3}\times 37} = 3\times 0.657\times\frac{60}{\sqrt{3}\times 37} = 1.85(\text{kA})$$

变压器 T1 的 110kV 侧接地中性线的电流是

$$I_{n\text{I}} = 3I_{\text{I}0}\frac{60}{\sqrt{3}\times 115} = 3\times 0.116\times\frac{60}{\sqrt{3}\times 115} = 0.105(\text{kA})$$

(7) 计算 35kV 母线 h 的各相电压。

短路点的各序电压为

$$\dot{U}_{k1} = j(X_{0\Sigma}//X_{2\Sigma})\dot{I}_{k1} = j0.13\times(-j2.703) = 0.35$$

$$\dot{U}_{k0} = \dot{U}_{k2} = \dot{U}_{k1} = 0.35$$

35kV 母线 h 的各序电压为

$$\dot{U}_{h1} = \dot{U}_{k1} + jx_{(1)}\dot{I}_{k1} = 0.35 + j0.14\times(-j2.703) = 0.728$$

$$\dot{U}_{h2} = \dot{U}_{k2} + jx_{(1)}\dot{I}_{k2} = 0.35 + j0.14\times(j1.455) = 0.146$$

$$\dot{U}_{h0} = \dot{U}_{k0} + jx_{(0)}\dot{I}_{k0} = 0.35 + j0.49\times(j0.657) = 0.028$$

35kV 母线 h 的 a 相电压为

$$\dot{U}_{ha} = \dot{U}_{h1} + \dot{U}_{h2} + \dot{U}_{h0} = 0.728 + 0.146 + 0.028 = 0.902$$

有名值为

$$\dot{U}_{ha} = \dot{U}_{ha*}\frac{U_B}{\sqrt{3}} = 0.902\times\frac{37}{\sqrt{3}} = 19.3(\text{kV})$$

35kV 母线 h 的 b 相电压为

$$\dot{U}_{hb} = a^2\dot{U}_{h1} + a\dot{U}_{h2} + \dot{U}_{h0}$$

$$= \left(-\frac{1}{2}-j\frac{\sqrt{3}}{2}\right)\times 0.728 + \left(-\frac{1}{2}+j\frac{\sqrt{3}}{2}\right)\times 0.146 + 0.028$$

$$= -0.409 - j0.504$$

有名值为

$$\dot{U}_{hb} = \dot{U}_{hb*}\frac{U_B}{\sqrt{3}} = (-0.409-j0.504)\times\frac{37}{\sqrt{3}} = 13.89e^{-j129.06°}(\text{kV})$$

35kV 母线 h 的 c 相电压为

$$\dot{U}_{hc} = a^2\dot{U}_{h2} + a\dot{U}_{h1} + \dot{U}_{h0}$$
$$= \left(-\frac{1}{2} - j\frac{\sqrt{3}}{2}\right) \times 0.146 + \left(-\frac{1}{2} + j\frac{\sqrt{3}}{2}\right) \times 0.728 + 0.028$$
$$= -0.409 + j0.504$$

有名值为

$$\dot{U}_{hc} = \dot{U}_{hc*} \frac{U_B}{\sqrt{3}} = (-0.409 + j0.504) \times \frac{37}{\sqrt{3}} = 13.89 e^{j129.06°} \text{ (kV)}$$

5.9 新型电力系统背景下的短路计算

在新型电力系统中，随着大规模新能源的开发与直流输电系统的建设，电力电子装置得到大量应用，对系统的短路电流特性带来较大影响。一方面，新能源普遍通过电力电子装置并网，受限于电力电子装置的电流耐受能力，其能供出的短路电流远低于同步发电机，因此，新能源的高比例接入带来系统短路电流水平的下降；另一方面，在交流电网发生短路故障时，直流输电系统的故障响应特性呈现非线性特征，使得交流系统的短路电流特性更为复杂。本节主要从新能源和直流输电两方面简要介绍新型电力系统背景下短路计算面临的问题与解决方法。

5.9.1 新能源并网系统短路计算

在传统电力系统的短路计算中，同步发电机常等效为电压源和暂态阻抗串联的电路。新能源多通过电力电子装置接入电网，其并网拓扑结构、运行机理和控制方式都与传统电源有本质区别，导致新能源发电厂及其接入系统的故障电流特性更为复杂。以下介绍风电、光伏以及储能接入系统的短路计算模型。

新能源的短路计算模型与其故障穿越策略密切相关。以风电为例，在其发展初期，为保护风电机组及其电力电子装置的安全，在电网发生短路故障时，一般让风机直接脱网，等到电网侧电压恢复正常时再重新投入运行。这种情况下，在电网故障及恢复期间，风电无法为系统提供频率和电压支撑。随着风电并网规模不断扩大，其对电力系统安全运行的影响日益增加，大量风机脱网会增加局部电网故障的恢复难度，恶化系统稳定性，甚至会加剧故障，导致系统崩溃。因此，需要风电等新能源具有一定的故障穿越能力。

所谓故障穿越能力，是指在电网侧发生故障或扰动时，并网点的电压和频率满足一定范围及其持续时间内，新能源机组能够按照标准要求实现不脱网连续运行，且平稳过渡到正常运行状态的能力。图 5-49 给出了我国国标 GB/T 19963.1—2021 中对电网故障后风电场低电压穿越的要求，即风电场并网点电压跌至额定电压的 20% 时，风电场内的风电机组应保证不脱网连续运行 625ms；风电场并网点电压在发生跌落后 2s 内能够恢复到标称电压的 90% 时，风电场内的风电机组应保证不脱网连续运行。

1) 风电系统短路计算

在对风电场及其接入系统进行短路计算时，风电机组可采用受控电流源以及等效阻抗形式建模，等效阻抗可作为支路追加至电网模型中。

受控源是由电子器件抽象出来的一种电路模型，指电源的电压或电流受电路中其他地方的电压或电流控制的电源，可分为受控电压源和受控电流源。

以双馈风机为例，其拓扑结构如图 5-50 所示。

双馈风机的定子直接与电网相连，转子通过电力电子变流器接入电网。在电网侧发生

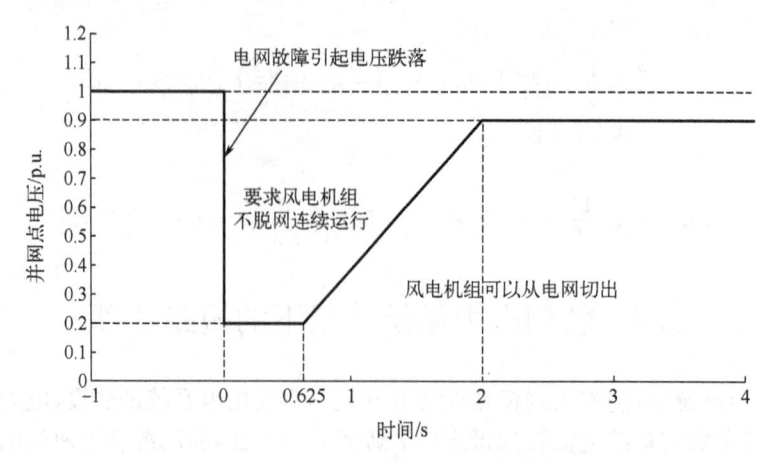

图 5-49 风电场低电压穿越要求

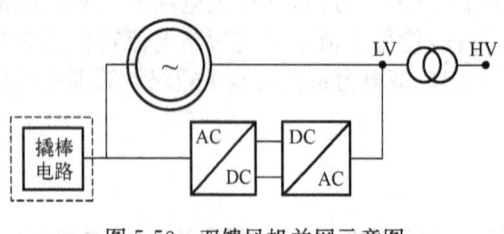

图 5-50 双馈风机并网示意图

短路故障时，定子电压瞬间跌落，而定子绕组的磁链不能突变，会感应出直流磁链分量，进而在转子绕组中感应出相应的电压和电流，容易导致转子过电流或直流母线过电压，甚至烧毁变流器。从能量角度，故障穿越期间风轮机捕获的风能无法有效注入电网，导致风机转子转速增加及直流电容电压上升，威胁设备安全。为解决上述问题，通常在转子侧投入撬棒电路以增加转子侧等效电阻，进而降低转子侧过流风险。正常运行时或电网侧发生轻度故障时，撬棒电路处于断开状态。电网侧发生严重故障时，撬棒电路动作，接入撬棒电阻用以减小转子电流，同时闭锁转子侧变流器，避免变流器烧毁。

撬棒电路是否投入会直接影响双馈风机的短路电流特性。在电网侧发生短路故障时，在撬棒电路不投入情况下，转子网侧变流器支路和定子支路均处于可控运行状态，风机等效为受控电流源；在撬棒电路投入情况下，由于转子侧变流器失去对定子的控制，定子支路处于异步运行状态，因此定子支路等效为阻抗的形式。等效阻抗可作为支路追加至电网模型中。电压跌落程度、撬棒电阻阻值大小、转子转速将影响定子短路电流的大小。转子侧变流器支路可按 SVG 运行来支撑电压，等效为受控电流源。

永磁直驱等全功率变流型风机一般也配置撬棒电路，以保护电力电子装置。但撬棒电路是否动作对全功率变流型风机的故障响应特性影响较小，因此，在其短路计算模型中可不对撬棒电路动作情况进行区分。全功率变流型风机在短路计算中等效为受控电流源。

表 5-4 总结了短路计算时主流风机的正序、负序及零序模型。

表 5-4 短路计算时风机的正序、负序及零序模型

设备类型	故障运行模式	正序模型	负序模型	零序模型
双馈风机	撬棒电路不动作	受控电流源	受控电流源	开路
	撬棒电路动作	等效阻抗＋受控电流源	等效阻抗＋受控电流源	开路
全功率变流型风机（永磁直驱、永磁半直驱）		受控电流源	受控电流源	开路

2）光伏发电系统短路计算

光伏电站内的各电源一般通过逆变器进行直交变换后，再升压汇集并网，其短路电流输

出特性取决于逆变器的限流特性及故障穿越策略。对于光伏发电接入系统进行短路计算时,光伏电站内各发电单元间汇流线路、升压变压器宜作为支路阻抗追加至电网部分模型中。光伏组件和逆变器构成的光伏发电单元通常采用受控电流源模型:正序短路计算模型为受控电流源;负序短路计算模型也可等效为受控电流源。由于光伏电站内部一般为中性点不接地系统,零序短路计算模型等效为开路。

3) 储能电站接入系统短路计算

在短路计算时,储能单元常采用受控电流源模型。储能单元间汇流线路、升压变压器作为支路追加至电网部分模型。根据储能单元的拓扑结构和控制策略,其正序可采用受控电流源模型,负序可采用受控电流源模型,零序模型为开路。

5.9.2 直流输电对短路计算的影响

在直流输电系统发展的初期,其传输容量和接入电网的容量占比较小,在国内外的短路计算标准中,均忽略交流电网短路故障时直流输电对交流电网短路电流的贡献,如国际广泛使用的 IEC/TR 60909 和 ANSI 短路计算标准以及我国的短路计算国家标准。随着直流输送容量占比不断增大,多直流馈入受端电网的特征更为明显,如何考虑直流输电对交流系统短路电流的影响受到越来越多的关注。

对于交直流混联电网,在直流侧发生故障时,直流输电的控制与保护系统快速动作,可将其影响限定在直流输电系统范围内,对交流电网侧影响较小。在交流侧发生短路故障时,直流输电系统的故障响应特性受换流器控制策略、拓扑结构等因素影响,计算过程更为复杂。

对于常规直流输电而言,在送端交流系统发生短路故障时,若对直流输电影响较小,则直流输电的故障响应表现为功率源的特性;若对直流输电影响较大,则可能导致直流输电闭锁从而退出运行。在受端交流系统发生短路故障时,若对直流输电影响较小,可将直流输电系统等效为功率源,分析其对交流电网短路电流分布的影响;若短路故障对直流输电影响较大,则可能造成直流输电发生连续换相失败后闭锁,其对交流电网短路电流的影响可等效为开路。需要说明的是,一旦发生直流输电闭锁,可能造成受端系统出现较大的功率缺额,威胁电网的安全可靠运行。

与常规直流输电相比,柔性直流输电控制更灵活,并具有较强的故障穿越能力。在交流侧电网发生短路故障时,柔性直流输电的故障响应特性与其故障穿越策略密切相关,可等效为受控电流源。

5.9.3 新型电力系统短路计算的特点

无论是新能源还是直流输电,其接入交流系统的电力电子装置将导致短路电流计算模型中出现受控电流源这种随控制策略变化的新型元件,元件模型不再是恒定的阻抗参数,因此新型电力系统的短路电流计算无法通过求解方程组直接得到结果,一般需进行迭代计算。

在未来形成以新能源为主体的新型电力系统中,新能源发电厂需要承担起传统发电厂支撑系统运行的作用,因此会出现更多的新能源发电厂、储能电站、柔性直流输配电站采用构网型控制,此时它们的短路计算模型可等效为受控电压源。

思 考 题

5-1 电力系统短路故障的分类、危害和短路计算的目的是什么?

5-2 无限大容量电源的含义是什么?

5-3 三相短路电流中包含几种分量？各有什么特点？
5-4 冲击电流是什么？冲击系数的大小与什么有关？
5-5 什么是短路容量？
5-6 什么是对称分量法？各序分量有什么关系？
5-7 对称分量法在不对称短路计算中是如何应用的？
5-8 电力系统中各元件序参数的特点是什么？
5-9 电力系统发生不对称故障时，正序、负序、零序等值电路是如何制定的？
5-10 分别说明单相接地、两相短路接地和两相短路时的序分量的边界条件是什么，它们的复合序网图的连接形式是什么？
5-11 一台发电机经变压器升压后通过一条线路输送电力到用户，现线路末端（用户侧）发生接地短路，试问线路首端（靠近电源侧）的正序、负序、零序电压与线路末端的正序、负序、零序电压之间的大小关系是什么？为什么？
5-12 电力系统不对称短路后的电流、电压经 Y,d11 接线变压器后，其对称分量将如何变化？
5-13 为什么说短路故障比断线故障对电力系统的危害较大？
5-14 单相断线和两相断线的复合序网图的连接形式是什么？
5-15 若 $X_{1\Sigma}=X_{2\Sigma}$ 时，试分析在什么情况下单相接地短路电流大于三相短路电流。
5-16 若 $X_{1\Sigma}=X_{2\Sigma}$ 时，试分析在什么情况下两相短路接地的零序电流大于单相接地短路的零序电流。

习　题

5-1 某简单电力系统的接线如题 5-1 图所示，各元件参数如下：

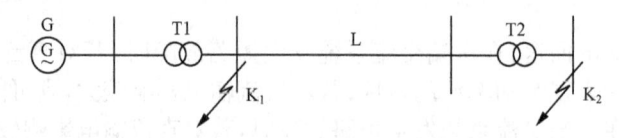

题 5-1 图

G：$S_{GN}=30$MV·A，$U_{GN}=10.5$kV，$X_{GX}=0.26$，$E''=11$kV；
T1：$S_{T1N}=31.5$MV·A，10.5/121，$U_K\%=10.5$；
L：$l=80$km，$X_l=0.4\Omega$/km；
T2：$S_{T2N}=15$MV·A，110/6.6，$U_K\%=10.5$

试分别计算下面两种情况下短路处和发电机出口的三相短路电流。（给定基准功率 $S_B=100$MV·A，基准电压 $U_B=U_{av}$（即各电压级的平均额定电压））

(1) 当 K_1 点发生三相短路时；
(2) 当 K_2 点发生三相短路时。
（答案：(1) K_1 点：$I''_{K_1}=0.439$kA，$I_G=4.81$kA；(2) K_2 点：$I''_{K_2}=4.49$kA，$I''_G=2.7$kA）

5-2 某简单电力系统接线如题 5-2 图所示，各元件参数如下：
G：$S_{GN}=60$MV·A，$x''_d=0.14$；
T：$S_N=30$MV·A，$U_K\%=8$；
L：$l=20$km，$x=0.38\Omega$/km。

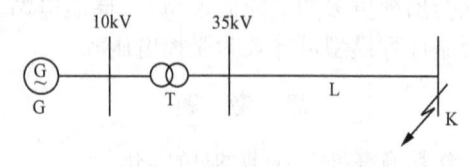

题 5-2 图

试求：K点发生三相短路时的起始暂态电流、冲击电流、短路电流最大有效值和短路功率等的有名值（设 $E''=1.05$，U_B 为各电压级平均额定电压）。

（答案：$I''=1.55\text{kA}, i_M=3.95\text{kA}, I_M=2.345\text{kA}, s_t=99.5\text{MV}\cdot\text{A}$）

5-3 某系统如题 5-3 图所示，图中 G1,G2,G3 为三个等值发电机，其中 $S_{G1}=75\text{MV}\cdot\text{A}$，$X_{G1}=0.38$；$S_{G2}=535\text{MV}\cdot\text{A}$，$X_{G2}=0.304$；G3 为无穷大电源，$X_{G3}=0$。线路 l_1,l_2,l_3 的长度分别为 10km,5km,24km，每千米电抗均为 0.4Ω，试计算在母线 4 处发生三相短路时的起始次暂态周期电流和冲击电流（取基准功率 $S_B=100\text{MV}\cdot\text{A}$，基准电压 $U_B=115\text{kV}$）。

（答案：$I''=7.748\text{kA}$，冲击电流=19.72kA）

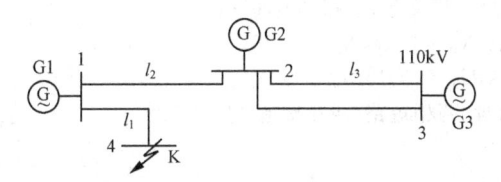

题 5-3 图

5-4 某电力系统的等值电路如题 5-4 图所示，已知各元件参数的标幺值为：$E_1=1.0, E_2=1.1, X_1=X_2=0.2, X_3=X_4=X_5=0.6, X_6=0.9, X_7=0.3$，试求各电源点对短路点 K 的转移电抗。

（答案：$X_{1K}=1.667, X_{2K}=1.667$）

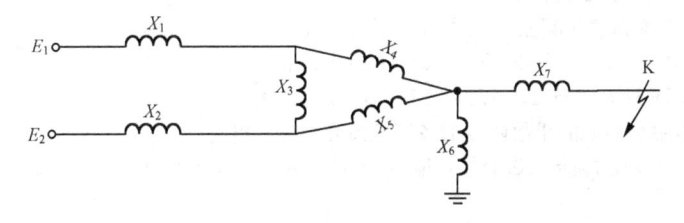

题 5-4 图

5-5 某电力系统的等值电路如题 5-5 图所示，各元件参数的标幺值为：$X_1=0.3, X_2=0.4, X_3=0.6, X_4=0.3, X_5=0.5, X_6=0.2$，若 K 点发生三相短路，试求：

(1) 各电源点对短路点的转移电抗；
(2) 各电源点及各支路的电流分布系数。

（答案：(1) $X_{1K}=1.917, X_{2K}=2.557, X_{3K}=0.9785, X_{4K}=0.3$；
    (2) $C_1=0.099, C_2=0.074, C_3=0.1939, C_4=0.6327, C_5=0.1733, C_6=0.3672$）

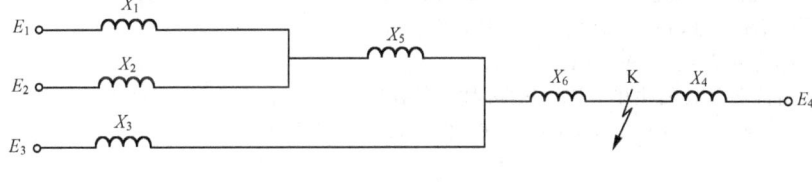

题 5-5 图

5-6 电力系统如题 5-6 图所示，设在变压器 T2 高压母线上发生单相接地故障，已知参数如下：
G1：$S_{G1}=60\text{MV}\cdot\text{A}$，$U_{GN}=10.5\text{kV}$，$X_d''=X_2=0.14$；
G2：$S_{G2}=60\text{MV}\cdot\text{A}$，$U_{GN}=10.5\text{kV}$，$X_d''=X_2=0.20$；
变压器 T1 和 T2 相同，$S_{TN}=60\text{MV}\cdot\text{A}$，$U_K\%=10.5$；
线路 L：$l=105\text{km}$，每回路 $X_1=0.4\Omega/\text{km}$，$X_0=3X_1$。

试画出正、负、零序的等值电路图,并计算 $X_{1\Sigma}$、$X_{2\Sigma}$ 和 $X_{0\Sigma}$(基准功率取 60MV·A)。
(答案:$X_{1\Sigma} = X_{2\Sigma} = 0.161, X_{0\Sigma} = 0.083$)

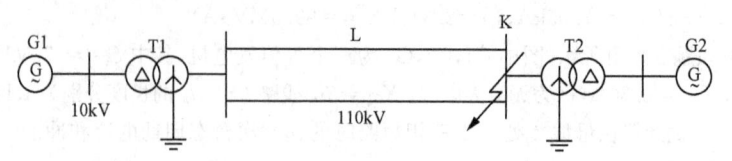

题 5-6 图

5-7 简单电力系统如题 5-7 图所示,已知参数如下:
发电机:$S_{GN} = 60 \text{MV·A}, X''_d = 0.16, X_2 = 0.19$;
变压器:$S_{TN} = 60 \text{MV·A}, U_K\% = 10.5$。
若 K 点分别发生单相接地、两相短路、两相接地短路和三相短路时,试计算:
(1) 短路点短路电流值;
(2) 若变压器中性点经 30Ω 的电抗接地时的短路电流。
(答案:(1) $I_k^{(1)} = 1.359\text{kA}, I_k^{(2)} = 0.932\text{kA}$,
$I_k^{(1,1)} = 1.368\text{kA}, I_k^{(3)} = 1.137\text{kA}$
(2) $I_k^{(1)} = 0.842\text{kA}, I_k^{(2)} = 0.932\text{kA}$,
$I_k^{(1,1)} = 1.011\text{kA}, I_k^{(3)} = 1.137\text{kA}$)

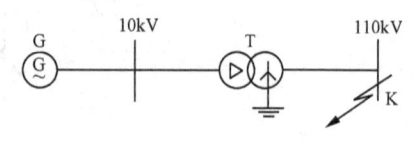

题 5-7 图

5-8 简单电力系统如题 5-8 图所示,参数如下:
G:$S_{GN} = 38.5\text{MV·A}, U_{GN} = 10.5\text{kV}, X''_d = X_2 = 0.28$;
T:$S_{TN} = 40.5\text{MV·A}, 10.5/115, U_K\% = 10.5, X_p = 46Ω$。
若 K 点发生两相接地短路,求故障点的各序电流和故障相电流。
(答案:$I_{k1} = 0.32\text{kA}, I_{k2} = -0.18\text{kA}, I_{k0} = 0.137\text{kA}, I = 0.488\text{kA}$)

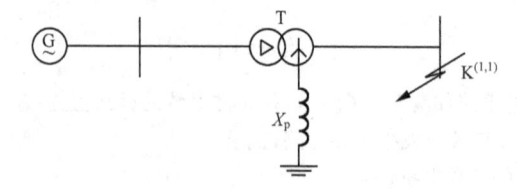

题 5-8 图

5-9 有一两端供电系统接线如题 5-9 图所示,各元件参数标幺值如下:
发电机G1:$X_{G1(1)} = X_{G1(2)} = 0.12, E = 1.05$;
发电机G2:$X_{G2(1)} = X_{G2(2)} = 0.14, E = 1.05$;
变压器T1:$X_{T1} = 0.1$; T2:$X_{T2} = 0.12, X_n = 0.2$;
线路L:$X_{L(1)} = X_{L(2)} = 0.5, X_{L(0)} = 1.2$。
试计算线路首端 K 点发生单相接地短路时的短路电流。
(答案:$X_{1\Sigma} = X_{2\Sigma} = 0.1706, X_{0\Sigma} = 0.09505, I_f^{(1)} = 7.2206$)

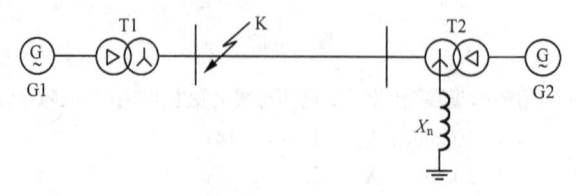

题 5-9 图

5-10 某系统如题 5-10 图所示，其标幺值参数如下：

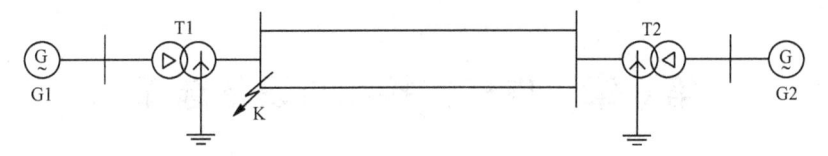

题 5-10 图

发电机 G1：$X_{(1)} = 0.2$，$X_{(2)} = 0.2$，$X_{(0)} = 0.08$，$E_{G1} = 1$；
发电机 G2：$X_{(1)} = 0.2$，$X_{(2)} = 0.2$，$X_{(0)} = 0.08$，$E_{G2} = 1$；
变压器 T1：$X_1 = 0.12$；　T2：$X_1 = 0.1$；
线路每回参数为：$X_{(1)} = 0.3$，　$X_{(0)} = 1.4$。
若在 K 点 A 相发生单相接地短路，求出各序等值阻抗并作出复合序网图。
(答案：$X_{1\Sigma} = 0.187$，$X_{2\Sigma} = 0.187$，$X_{0\Sigma} = 0.104$，复合序网图为三个序网串联)

5-11 系统如题 5-11 图所示，元件参数如下：
发电机 G：$S_{GN} = 300 \text{MV·A}$，　$X_d'' = X_{(2)} = 0.22$；
变压器 T1：$S_{TN} = 360 \text{MV·A}$，　$U_K\% = 12$；
变压器 T2：$S_{TN} = 360 \text{MV·A}$，　$U_K\% = 12$；
线路 L 每回路 $l = 120 \text{km}$，$X_{L(1)} = 0.4 \Omega/\text{km}$，$X_{(0)} = 3X_{(1)}$；
负荷 $S_{LD} = 300 \text{MV·A}$，负荷的综合正、负电抗可取 $X_{LD(1)} = 1.2$，$X_{LD(2)} = 0.35$。
当 f 点发生单相断开时，试计算各序等值电抗，并作出复合序网。
(答案：$X_{f(1)} = 0.5052$，$X_{f(2)} = 0.4733$，$X_{f(0)} = 0.9773$，序网图略)

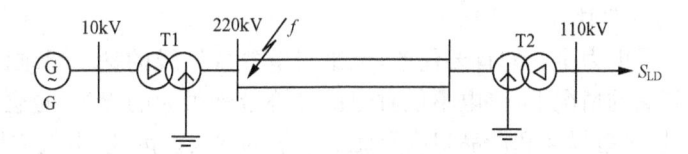

题 5-11 图

第6章 电气主接线与设备选择

6.1 电气主接线的设计原则

电气主接线是发电厂和变电站电气部分的主体，是由发电机、变压器、断路器、隔离开关和母线等高压电气设备通过连接线组成的接收和分配电能的电路，反映各设备的作用、连接方式和回路间的相互关系。电气主接线又称一次接线或电气主系统。主接线电路图是用规定的电器设备图形符号和文字符号并按其作用依次连接的单线图。它不仅描述了各电气设备的基本组成、数量和作用，而且也反映各设备的连接方式和各回路之间的关系。主接线是发电厂或变电站电气部分的主体结构，直接影响电力系统运行的可靠性、灵活性和经济性。主接线同时对配电装置的布置、继电保护的配置、自动装置和控制方式的选择都起着决定性的作用。因此正确、合理地设计主接线是电力系统设计中的一项十分重要的工作，必须综合考虑各个方面的因素，并经过详细的经济、技术比较论证，才能最终确定。

6.1.1 对电气主接线的基本要求

1. 保证供电的可靠性

安全可靠供电是电力生产的首要任务，也是对电气主接线的基本要求。在社会对电能的依赖程度越来越高的情况下，停电不仅对国民经济带来很大的损失，也会导致人身伤亡、城市人们生活混乱、设备损坏和产品报废等无法估量的损失。因此，电气主接线必须保证供电的可靠性。

当然，像世界一切事物一样，电气主接线的可靠性也不是绝对的。因事故被迫中断供电的机会越少，影响范围越小，停电时间越短，主接线的可靠程度就越高。同样形式的主接线应用在不同的发电厂或变电站，其可靠性也可能是不同的。在确定主接线的可靠性时，要综合考虑发电厂或变电站的地位和作用以及供电范围内用户的负荷性质等因素。大型发电厂或枢纽变电站，供电容量大，范围广，在电力系统中处于十分重要的地位，它发生事故影响大，停电范围广，甚至可能破坏系统的稳定性，造成全系统瓦解，大面积停电等，为此，其电气主接线应采用供电可靠性高的接线形式。如双母线带旁母，一个半断路器等高可靠性的主接线，出线可采用双回线或环网等强联系形式接入系统。对于在系统中处于次要地位的中小型发电厂或变电站则没有必要采用过高可靠性的接线形式，在电力系统的接入方式上可用单回线，但它的低压母线常常有一些近区的重要负荷，这时低压侧应采用可靠性高的母线接线形式，如单母分段带旁母、双母线等。

对于负荷，一般根据负荷的重要性来决定接线形式，一类和二类负荷应采用双电源供电形式。变电站的变压器一般应为两台或两台以上，使得在一台检修时，还可保证对重要负荷的供电。即使是三类负荷，也应在某些重要的用电时段，如农业的抗旱排涝时期，保证供电。因此电器设备的检修应安排在农闲时进行。

在定性分析主接线的可靠性时，主要应考虑：出线断路器检修时，能否有其他供电路径或其他断路器代替；线路或母线故障或检修时以及母线隔离开关检修时，停运出线数和停电时间的长短，并在此情况下能否保证对一类、二类负荷的供电；大型机组突然停运时，对电力系统运行的影响以及可能产生的后果；发电厂、变电站全部停电后的启动等因素。

值得注意的是，不要认为设备和元件用得越多、接线越复杂就越可靠。复杂的接线有可能造成运行不便，进而降低可靠性。可靠性的高低还与设备质量、管理水平等因素有很大的关系。

2. 具有一定的灵活性

电气主接线应能适应各种运行状态，并能灵活进行多种运行方式的转换。具体为：

(1) 操作的方便性。在保证供电可靠性的前提下，接线应尽量简单，操作方便并减少操作次数，这样便于运行人员掌握，能有效地防止在操作过程中误操作的发生。

(2) 调度的灵活性。电气主接线不仅在正常运行时能安全可靠地转换运行方式，而且在发生各种故障时，也能适应调度要求，并能灵活、简便、快速地切除故障和倒换运行方式，使停电时间最短，影响范围最小。

(3) 在一定的条件下，考虑扩建的方便性。随着建设事业的高速发展，需要对已投产的发电厂或变电站进行扩建，因此在设计时应留有扩建的余地，如预留母线间隔位置或采用模块化配电装置布局。

3. 具有经济性

在主接线设计时，主要问题经常是可靠性与经济性之间的矛盾，欲使主接线可靠、灵活方便，将导致投资增大。总的原则为：在满足供电可靠、灵活方便的基础上，尽力减少投资和运行费用。投资费用主要包括设备费和土地征用费以及安装费等，如使用一些限制短路电流的措施，以便降低开关的容量和数量，合理布置配电装置，节约土地等。运行费主要考虑电能损耗成本，变压器产生的电能损耗较大，因而，变压器的型式、台数和容量在设计中必须适当合理且经济。尤其应避免二级变压而增加电能损耗。

6.1.2 电气主接线的设计原则和一般步骤

1. 电气主接线的设计原则

电气主接线的设计是发电厂或变电站设计的主要部分，是一个综合性问题，电气主接线的设计与电力系统结构、状况密切相关，要与系统的运行可靠性、经济性的要求相适应。因此，在进行主接线设计时，应根据设计任务书的要求，全面分析相关影响因素，正确处理它们之间的关系，进行详细的技术经济论证，选出合理的主接线方案。

电气主接线设计的基本原则是：以设计任务书为依据，以国家经济建设方针、政策、技术规范、技术标准为准则，并结合工程实际的具体特点，对基础资料进行全面的分析和研究，在保证供电可靠、调度灵活和较为经济的前提下，还要兼顾运行、维护方便和设备的先进性等，同时还应给以后的扩建和发展留有余地。

2. 电气主接线设计一般步骤

电气主接线的设计是一个复杂的工作，它是随着发电厂或变电站的整体设计进行的，一般经历可行性研究、初步设计、技术设计和施工设计等四个阶段。由于影响因素太多且相互制约，设计工作往往要多次反复修改最后才能完成。设计的一般步骤如下：

(1) 对设计依据和基础资料进行综合分析。在设计主接线时对基础资料的分析主要有：发电厂类型、规划装机容量、单机容量及台数、分布式电源接入、主要负荷性质和要求、接入系统情况、可能的运行方式、火电厂的燃料来源、供水、出灰、交通运输、环境污染、征用土地等。应尽可能达到准确无误，同时还应了解电力系统5～10年的发展规划。

(2) 选择主接线方案。根据设计任务的要求，在对原始资料分析的基础上，按照对电源和出线回路数、电压等级、变压器容量、台数以及母线结构等的不同考虑，初步拟定出多个主接线方案。再依据对主接线的基本要求，从技术和经济上论证并淘汰一些不太合理的方案，保留二三个技术和经济上较好的方案，然后对这二三个方案进行详细的技术经济比较，同时进行一些可靠性的分析计算比较，最后确定一个技术经济总体最优的方案。

(3) 短路电流计算和电气开关设备选择。对第(2)步中选出的主接线方案进行短路电流计算，据此选择断路器以及一些必要的限制短路电流的措施。

(4) 绘制电气主接线图。对已经确定的主接线方案，按工程要求，绘制工程图。

(5) 编制工程概算。编制工程概算是合理地确定工程造价的基础，它是工程付诸实施时的投资和招标等的依据。工程概算的主要内容有设备费、材料费、安装工程费和其他费用，如建设场地占用及清理、必要的研究试验费和工程设计费等。

工程概算的编制是以国家颁布的有关文件和具体规定为依据，并按国家定价与市场浮动价格相结合的原则进行。

6.2 电气主接线的基本接线形式

发电厂、变电站的主接线是根据该发电厂、变电站的具体条件而确定的，它们不完全相同，有着各自的特点。但是它们的基本形式又有一些共同的特征，这些共同特征构成主接线的基本接线形式。主接线的基本接线形式可根据有无母线分为有母线接线形式和无母线接线形式两大类，它是以电源和出线的多少来确定的。一般当进出线多于4回时，为便于电能的汇集和分配，常设置母线作为中间环节，使接线简单清晰，运行方便，有利于安装和扩建。但有母线后可能使断路器等设备增加以及占地面积增多。无母线接线形式使用电气设备较少，配电装置占地面积少，但不利于扩建和发展。一般用于进出线回路数为4回且不再扩建和发展的或少于4回的发电厂或变电站。对于有母线的接线形式又可分为单母线接线、双母线接线、一个半断路器接线以及带旁路母线接线；而无母线的接线形式又可分为桥形接线、角形接线和单元接线。

为了便于后面的描述，首先给出在后续图形中所使用的图形、符号及名称，如图6-1所示。为了区分同一类的设备，采用在字母后加数字的方法。

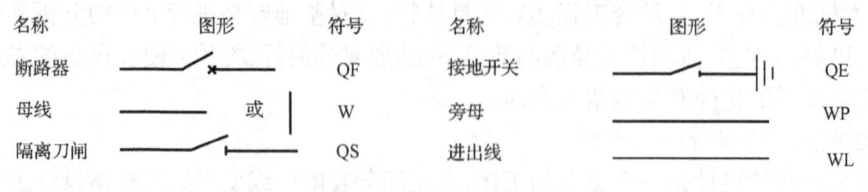

名称	图形	符号	名称	图形	符号
断路器		QF	接地开关		QE
母线	或	W	旁母		WP
隔离刀闸		QS	进出线		WL

图6-1 图形、符号与名称

6.2.1 电气主接线的基本接线形式

1. 单母线接线

单母线是一种最简单的接线形式,如图 6-2 所示。其所有的进出线均接在同一母线上,它们都是并列工作的,任一出线可以从任一电源获得电能。由于各出线输送功率不一定相等,因而在设计安排时,应合理布置进出线,以尽可能减少在母线上传输功率。

为了利用开关设备改变运行方式或对某一部分因故障或检修时进行隔离,故在每一回线路上都装有断路器和隔离开关。断路器具有灭弧功能,它被用来接通与切断正常或故障回路,是电力系统中的主开关,但价格高。隔离开关没有灭弧装置,故不能带负荷操作,但价格低,其主要功能是形成明显断口,对电源进行隔离,以保证在检修时其他设备和人身的安全。一般把断路器和隔离开关串接成一组,共同完成对支路的开合任务。通常支路两端均有电源时,断路器两侧都必须装设隔离开关,这是为了在检修断路器时能形成明显的断口。当出线用户侧没有电源时,该侧可不装设隔离开关,但为了防止雷电产生的过电压的侵入以及费用不大等原因,一般也装设隔离开关。

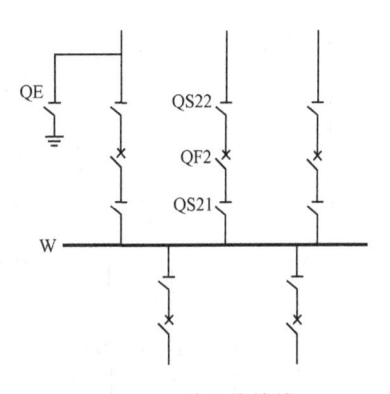

图 6-2 单母线接线

由于隔离开关没有灭弧装置,不能带负荷操作,在运行操作中必须严格遵守操作顺序,具体为在接通电路时,应先合断路器两侧的隔离开关,再合断路器;在停电时,应先断开断路器,再拉开隔离开关。这样就能防止隔离开关带负荷合闸或拉闸。为了防止误操作事故发生在母线侧,引起母线故障,造成较大的停电范围,所以又对两个隔离开关的操作顺序也作了规定,就是合闸时先合母线侧的隔离开关(也称母线隔离开关),再合线路侧的隔离开关(也称线路隔离开关),最后合断路器;跳闸时先断开断路器再拉开线路侧的隔离开关,最后拉开母线侧的隔离开关。需要说明的是,在某些情况下已保证两端等电位时,也可带电操作隔离开关。

当母线电压在 110kV 及以上时,断路器两侧的隔离开关和出线隔离开关的线路侧均应装设接地开关,用于设备检修时的安全接地。对于 35kV 电压等级的母线,每段母线上也应装设一二组接地开关。

单母线接线的优点是接线简单、操作方便、使用设备少、便于扩建且投资少。它的缺点是:供电可靠性低,调度不灵活,当母线或母线隔离开关检修时,接在该母线上的回路都要停电;当某一回路断路器检修时,该回路也必须停电。因此,单母线接线方式只适用于没有重要用户且出线数少的发电厂或变电站。

2. 单母线分段接线

由于单母线在母线或母线隔离开关检修时,接在该母线上的回路都要停电,这就大大降低了它的供电可靠性,不能满足重要用户对供电可靠性的要求。为此,人们想到用断路器把母线分段来提高它的可靠性和灵活性。这种用断路器把单母线分段的接法,称为单母线分段接线。它的一般接法如图 6-3 所示。接在母线上的断路器(QFD)称为分段断路器。

单母线分段接线可以提高供电的可靠性和灵活性,它的一般接法是每一段接一个电源,重要用户也用两个不同段各出一回供电线路。当一段母线发生故障时,分段断路器动作跳闸，把故障段隔离，仅使故障段停电，从而保证正常段的继续供电，尤其是重要用户的供电，避免了它的停电。

母线分段的数目取决于电源的数目和出线数的多少，分段越多，故障停电的范围越小，但需要的开关数量越多，增加的投资也多，运行也复杂，一般为二三段为宜。正常情况下，要适当分配每段母线上的电源和出线，使其功率基本平衡，应使流过分段断路器的电流最小。单母线分段接线一般用在35～110kV的变电站和6～10kV的低压母线上。

单母线分段接线的优点是接线简单清晰，而且较为经济，同时在一定程度上提高了供电的可靠性。缺点是增加了分段设备的投资和增大占地面积；当主接线中某段母线或母线隔离开关检修时，接在该段母线上的回路都要停电；当某一回路断路器检修时，该回路也必须停电。

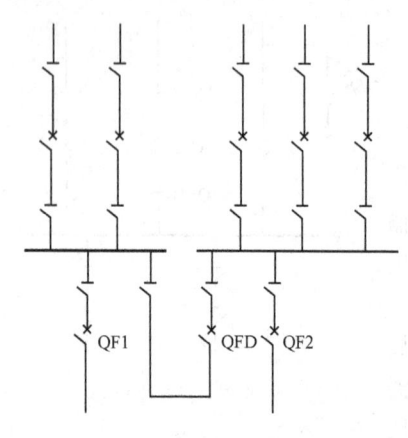

图6-3 单母线分段接线

3. 双母线和双母线分段接线

为了克服单母线和单母线分段在母线或母线隔离开关检修时，接在该母线上的回路都要停电的共同缺点，可采用双母线接线，如图6-4所示。这种接线方式是每一台断路器都配备两台母线隔离开关分别连接在两组母线上，两组母线之间通过断路器（该断路器称为母联断路器）相连，图中QFC为母联断路器。

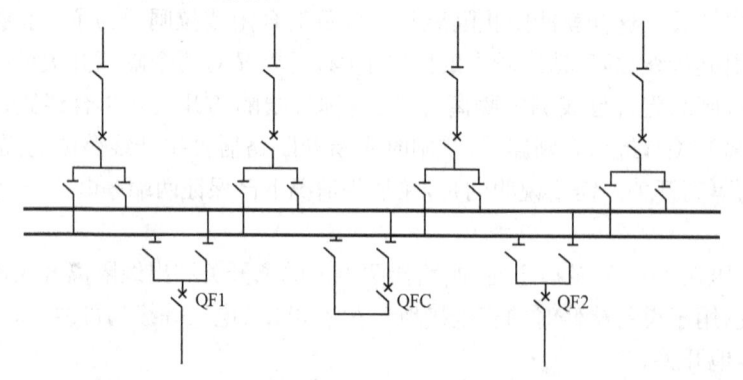

图6-4 双母线接线

双母线接线与单母线接线相比，其运行的可靠性和灵活性都有了很大的提高。双母线接线的一种运行方式是一条母线工作，另一条母线检修或备用。这种方式就克服了单母线和单母线分段在母线或母线隔离开关检修时，接在该母线上的回路都要停电的缺点。双母线接线在一条母线需要检修时，可把该母线上的电源和出线先倒到另一条工作母线上，然后断开母联断路器，拉开隔离开关，使得被检修的母线停电后，再对该母线检修，这种操作使得用户不需停电。如果在运行中一条母线发生故障，断路器在保护控制下跳闸，会造成短时停电，但只要把已停电的电源和用户倒至另一条母线上就可继续供电，不像单母线需要等到母线修复后才能供电，这无疑缩短了停电时间，提高了供电的可靠性。检修任一母线隔离开关时，只需断开此母线隔离开关所属的一条回路和与此隔离开关相连的该组母线，其他回路均可通过另一母线继续运行,它只导致该回路停电,而单母线接线在这种情况下要全部停电。双母线的正常运行方式是两条母线均投入工作,通过母联断路器连接并联运行,电源和出线均衡地分布在两条母线上,这种运行方式的可靠性与单母线分段运行的可靠性一致,比前一种运行方式(一条运行,一条备用)的可靠性高。

双母线接线的缺点是使用的设备多,尤其是隔离开关多,配电装置复杂,投资大,经济性较差;母联断路器故障时,会导致两条母线都停电;当出线断路器或线路侧隔离开关故障时,该线路也会停电。

双母线接线广泛使用在进出线较多时,如 110~220kV 为 5 回及以上,35kV 为 8 回及以上,6~10kV 重要用户较多或带电抗器的配电装置等。

为了缩小母线故障的停电范围,可采用双母线分段接线,如图 6-5 所示。与双母线接线相比,母线之间的相连用了 3 个断路器,比双母线接线多了 2 个断路器,还有大量的隔离开关,因而增加了投资,但它不仅有双母线接线的各种优点,并且在各种时候都有备用母线,较大地提高了运行的可靠性与灵活性。当进、出线回路数很多时,输送和通过功率较大时,两组母线均可分段,形成双母线 4 分段接线。

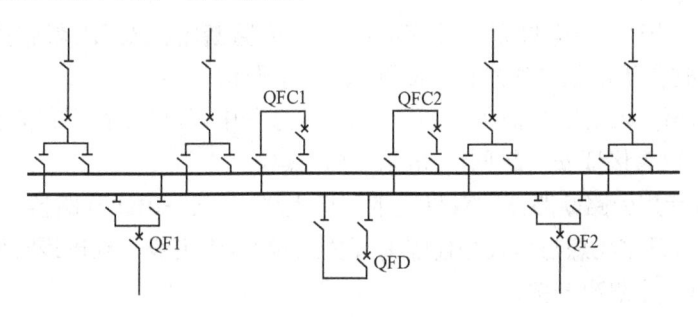

图 6-5 双母线分段接线

双母线分段接线被大量的应用在发电厂发电机的电压配电装置中以及 220kV 及以上的配电装置中。

4. 带旁路母线的接线方式

前面介绍的接线方式,都有一个共同的缺点,即当断路器故障或检修时,若不采用临时性的一些接线措施,则该断路器所在回路必须停电。然而断路器长期运行或切断一定次数短路电流后,其灭弧性能和力学性能肯定有所下降,为保证可靠工作,必须对其进行检修。解决上述问题的一个办法就是加装旁路母线(简称旁母)。有了旁母后,在检修断路器时,原回路可通过旁母送电,避免了停电。带有旁母的接线形式有三种:有专用旁路断路器的旁母接线;用母联断路器兼作旁路断路器的旁母接线;用分段断路器兼作旁路断路器的旁母接线。

1)带专用旁路断路器的旁路母线接线

图 6-6 和图 6-7 都是带专用旁路断路器的旁母,其中图 6-6 为带专用旁路断路器的单母线分段接线。图 6-6 和图 6-7 中旁母专用断路器为 QFP。在正常工时,旁母专用断路器以及各出线回路上的旁母隔离开关均是断开的,旁母不带电。当某一出线断路器需要检修时,则先对旁母送电,检查旁母是否完好。若旁母完好,则可进行切换操作。当 QF3 断路器需要检修时,具体可采用如下两种方法之一进行操作:

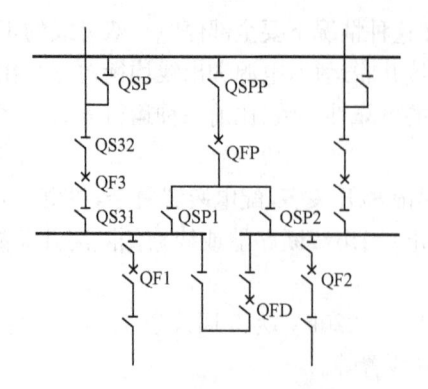

图 6-6 带专用旁路断路器的
单母线分段带旁母接线

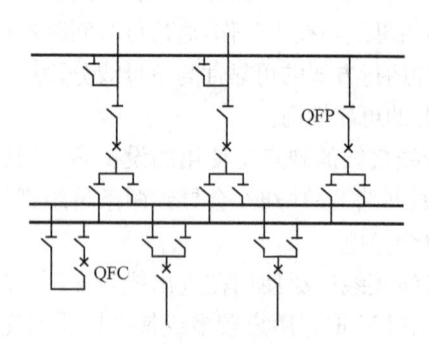

图 6-7 带专用旁路断路器的
双母线带旁母接线

(1) 先合上旁路断路器两侧的隔离开关,再合上旁路断路器 QFP,检查旁母完好后,再断开旁路断路器 QFP,合上出线旁路隔离开关 QSP,然后再合上旁路断路器 QFP,最后再做断开 QF3 的操作。

(2) 在合上 QFP 检查旁母完好后,不必再断开旁路断路器 QFP,就直接合上出线旁路隔离开关 QSP(这是等电位操作),再做断开 QF3 的操作。

上述(2)的操作步骤比(1)简单,但万一在倒闸过程中,QF3 事故跳闸,QSP 就有带负荷合闸的危险。所以为保证安全起见,一般采用(1)操作。

图 6-7 是带专用旁路断路器的双母线带旁母接线,当某一出线断路器需要检修时,与上述操作基本相同,只需注意与母线相连隔离开关的状态,因出线与双母线有两个隔离开关而单母线分段只有一个隔离开关。

2) 一个断路器兼作母联和旁路断路器的旁母接线

为了节省投资,减少一个断路器,对于双母线带旁母的接线,也可用一个断路器兼作母联和旁路断路器。图 6-8(a)是用旁路断路器兼作母联断路器,图 6-8(b)是用母联断路器兼作旁路断路器。在图 6-8(a)中,正常工作时,QFP 作为旁母断路器,当需要作双母线运行时,旁母也必须带电,两母线是通过旁母连接,旁母断路器 QFP 这时变为母联断路器。在图 6-8(b)中,正常工作时,旁母不带电,按双母线运行,QFC 断路器用作母联断路器,当出线断路器需要检修时,可通过倒闸操作,用 QFC 断路器代替出线断路器工作,这时双母线就变为两段独立的母线,失去了双母线的作用。

3) 一个断路器兼作分段和旁路断路器的旁母接线

图 6-9(a)所示是用分段断路器兼作旁路断路器的旁母接线。正常工作时,分段断路器 QFD 的旁母侧的隔离开关 QS3 和 QS4 断开,主母线侧的隔离开关 QS1 和 QS2 合上,分段母线之间的隔离开关 QSD 是断开的,分段断路器 QFD 接通。当出线断路器需要检修时,先合上分段隔离开关 QSD,再通过倒闸操作,用 QFD 断路器代替出线断路器工作,这时分段母线是用分段隔离开关相连,失去了分段母线的作用。图 6-9(b)所示是用旁路断路器兼作分段断路器的旁母接线。当 QFP 作为分段断路器运行时,其旁母也必须带电运行,且 QS3 隔离开关必须合上。

上述采用专用旁路断路器的接线,多装了断路器及相应的隔离开关,增加了投资,但提

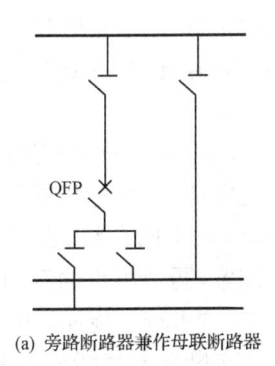

图 6-8 一个断路器兼作母联和旁路断路器的旁母接线

(a) 旁路断路器兼作母联断路器 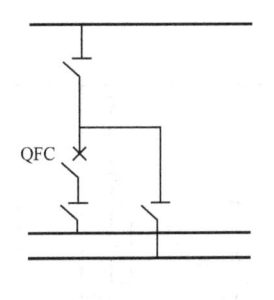　　(b) 母联断路器兼作旁路断路器

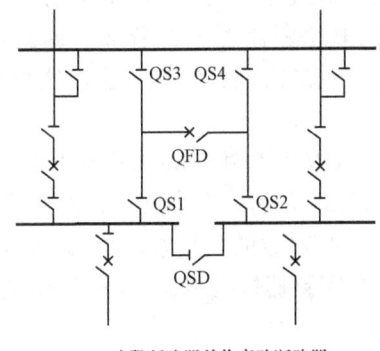

(a) 分段断路器兼作旁路断路器 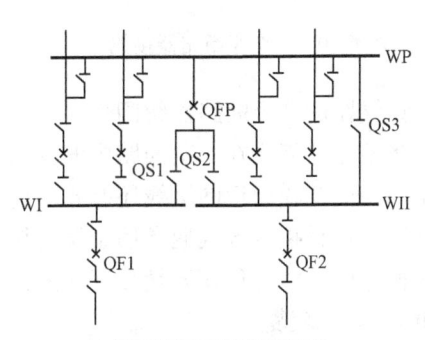　　(b) 旁路断路器兼作分段断路器

图 6-9 一个断路器兼作分段和旁路断路器的旁母接线

高了供电的可靠性。当接入旁母的回数较多时是必要的。没有专用旁路断路器的接线,虽然可以节省投资,但是运行中检修出线断路器的倒闸操作复杂,而且无论是单母线分段还是双母线接线,在检修期间均处于单母线不分段的状态,降低了运行的可靠性。

装设旁母后,可以保证不停电检修与它相连的任一回路的断路器,提高了供电的可靠性。旁母一般是在 110kV 及以上高压配电装置中使用。这是因为它的电压等级高,输送功率大,送电距离较远,停电的影响大,同时高压断路器每台检修时间较长,为 5~7 天,因而不允许因检修断路器而长期停电,故需设置旁母。当 110kV 出线在 6 回及以上、220kV 出线在 4 回及以上时,宜采用带专用旁路断路器的旁母接线。

5. 一个半断路器接线

一个半断路器接线如图 6-10 所示,两条母线间可接有若干串电路,每串有 3 组断路器,它们之间可接入 2 回的进线或出线,中间一组断路器称为联络断路器。由于每条进线或出线平均设装 1.5 个断路器,故称这种接线为一个半断路器接线或一台半断路器接线或 3/2 接线。在每一串中,2 回的进线或出线各自经一台断路器接至不同母线。运行时,2 组母线和同一串的 3 台断路器都投入工作,形成多环路供电,具有很高的可靠性。它的主要特点是任一台断路器检修时,进出线均不受影响。当一组母线故障或检修时,所有回路仍可通过另一组母线继续运行。即使在 2 组母线同时故障的极端情况下,电能仍能继续输送。一个半断路器接线运行方便、操作简单,检修任一母线或任一断路器时进出线回路都不需切换。这

图 6-10 一个半断路器接线

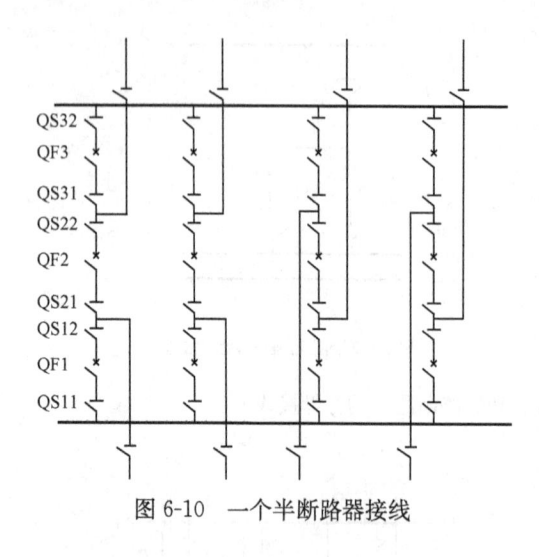

种接线中的隔离开关只做检修时隔离带电设备用,免除了更改运行方式时对它的操作。

为了防止联络断路器故障时,可能同时切除两组电源,应尽量把同名元件布置在不同串中,接入不同母线,也就是将电源和出线交叉配置,同一用户的双回线路也布置在不同串中,这可进一步提高可靠性。

一个半断路器接线的主要缺点是:所用的断路器设备较多,投资较大;要求电源和出线数目最好相同;每个引出回路接两组断路器,联络断路器连接着 2 个回路,使得继电保护及二次回路复杂。进出线故障时,将需要紧连该线路的 2 个断路器跳闸。

一个半断路器接线在一次回路中的突出优点,使其被大量用在 330kV 及以上的高压配电装置中。与此接线相近的接线还有 4/3 台断路器接线,它的一个串有 4 台断路器,连接 3 回进出线路。这种接线方式通常用于发电机台数大于线路数的大型水电厂,以便实现一个串的 3 个回路中电源与负荷容量相互匹配。与一个半断路器接线相比,投资节省,但可靠性有所降低,布置也较复杂。

6. 桥形接线

当只有 2 台变压器和 2 条线路时,可以考虑采用桥形接线,如图 6-11 所示。桥形接线可分为内桥和外桥 2 种接线,图 6-11(a)为内桥接线,图 6-11(b)为外桥接线,它们的主要区别是连接桥的位置不同,内桥接线的桥连断路器在靠近变压器侧,外桥接线的桥连断路器在靠近线路侧。有时为了在检修变压器和线路回路中的断路器时不中断线路和变压器的继续运行,一般在桥形接线中附加一个与桥连断路器并联的带隔离开关的跨条,该跨条在正常情况下是断开的,而在桥连断路器检修时,合上跨条回路中的隔离开关,能使穿越功率从跨条通过,也能使环形电网不会被迫开环运行。

正常运行时,桥连断路器处于闭合状态。内桥接线,当线路故障时,只需断开故障线路的断路器即可,其他 3 个回路不受影响。对于变压器故障,就需断开 2 个断路器,即一个桥连断路器和一个与该变压器直接相连的线路断路器,也就是说该线路也要停电。如果是变压器计划检修时,该线路也需短时停电。故内桥接线适用于输电线路较长,故障概率较大,而变压器又不需经常切换的情况。外桥接线和内桥接线正好相反,对于变压器故障的情况,只需断开故障变压器的断路器即可,其他 3 个回路不受影响;对于线路故障时,就需断开两个断路器,一个桥连断路器,一个与该线路直接相连的变压器断路器。同样当线路计划

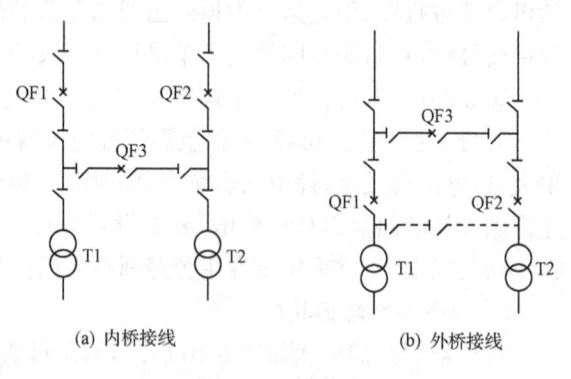

(a) 内桥接线　　(b) 外桥接线

图 6-11 桥形接线

检修时,该变压器也需短时停电。故外桥接线适用于输电线路较短,故障较少,而变压器又可能经常切换或有穿越功率经过的情况。在实际运行中,变压器的故障概率比线路要小很多,所以内桥接线应用较多。

桥形接线中只用3台断路器,比4条回路的单母线还少一台断路器,是使用断路器最少的接线方式,投资少,也可较方便地扩展成单母线分段接线方式。这种接线方式的可靠性和灵活性较差,一般应用于容量较小的变电站和发电厂,或应用于最后要发展为单母线分段或双母线的初期工程。

7. 角形接线

角形接线是将各断路器支路连成一个环形电路,电源和出线接在各断路器支路的顶点,每条支路都与两个断路器相连,进而与另外两条支路相连。角形接线中的角数等于断路器数,也等于回路数,常用的角形接线有三角形和四角形,如图6-12所示。图6-12中,图(a)为四角形接线,图(b)为三角形接线。

角形接线的优点是:使用的断路器数目比单母线分段接线或双母线接线还少一台,但它的可靠性与双母线接线的可靠性相同。

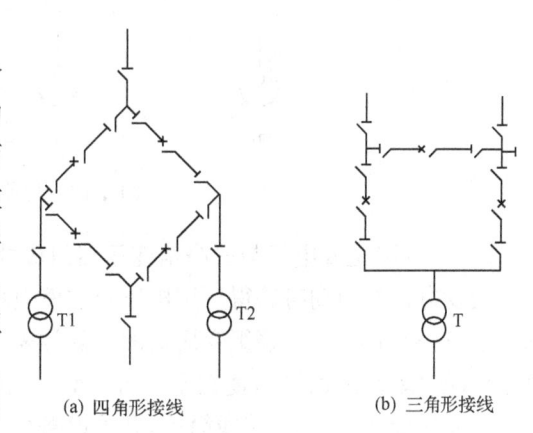

(a) 四角形接线　　(b) 三角形接线

图 6-12　角形接线

当某一台断路器检修时,只需断开其两侧的隔离开关,所有回路可继续正常运行;任一回路发生故障时,只需跳开与该回路相连的两台断路器,其他回路可继续正常运行;所有隔离开关只用于检修时隔离电源,不做经常性的操作用,不容易发生带负荷断开隔离开关的事故。

角形接线的缺点是:当某一台断路器检修时,多角形就开环运行,降低了供电的可靠性;电气设备在闭环和开环运行时,流过的工作电流差别很大,这给它们的选择带来了困难,也使继电保护配置复杂化;角形接线不利于扩建,需扩建的发电厂或变电站,一般不使用这种电气主接线。

角形接线的角数越多,发生开环的概率就越大,故角形接线的进出线总数受到限制,一般不超过6角,即6回进出线,大多数是3~5回。角形接线适用于进出线为3~5回的已定型的110kV及以上的配电装置。

8. 单元接线

将发电机和变压器直接连接成一个单元,再经断路器接至高压系统,发电机出口处除厂用外不再装设母线,组成发电机-变压器单元接线。单元接线是无母线接线中最简单的接线形式,也是所有主接线基本形式中最简单的一种。它的主要特点是几个元件直接连接,没有横向联系。图6-13画出了几种单元接线形式。图6-13(a)为发电机-双绕组变压器单元接线,它一般应用于大型机组,这种接线的发电机和变压器不能独立工作,它们的容量必须匹配,它只用一个断路器,发电机与变压器之间不用断路器,避免了由于额定电流或短路电流过大,选择出口断路器时遇到的制造条件或价格高等困难。但是一般在发电机与变压器之间装设隔离开关,以利于调试发电机。为避免大型发电机(300MW及以上的机组)出口短路,可采用安全可靠的分相全封闭母线来连接发电机和变压器,这时隔离开关也可不装,但应留有可拆点,目的是便于机组调试。

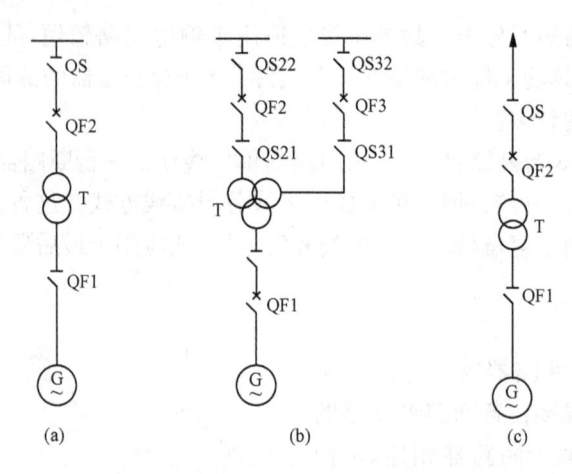

图 6-13 几种单元接线

图 6-13(b)是发电机与三绕组变压器组成的单元接线,变压器增加了一个电压等级,这是为使发电机在启动时获得厂用电以及在发电机停止工作时仍能保持高、中压侧电网之间的联系,这种情况下,三绕组变压器的三侧均需装设断路器和隔离开关。图 6-13(c)是发电机-变压器-线路单元接线,适宜于一机一变一线的厂站,该单元只用一个断路器。

单元接线的优点是:接线简单,开关设备少,操作简便;无多台发电机并列运行,发电机出口短路电流小;配电装置结构简单,占地少,节省投资。主要缺点是单元中任一元件故障或检修时,全部设备就都需停止工作,因而,应尽可能安排在同一时间进行检修。

上述桥形接线、角形接线和单元接线都属于无母线接线方式,它们的特点是使用断路器的数量较少,结构简单,投资少。一般用在 6~220kV 电压等级的电气主接线中。其缺点是运行不太灵活,可靠性较差,不利于发展和扩建。

6.2.2 电气主接线的选择原则

上述几种主接线的基本形式,从原则上讲,它们可以适用于各种发电厂和变电站。但是,各发电厂和变电站又都有它的特殊性,如容量、类型、位置、在电力系统中的地位、作用、输电距离等,因而又对主接线的要求不同,故所采用的主接线也就不同,一般都是上述几种的组合或简单变形,在设计时先确定主体结构,然后完善细节。总的来说所选主接线应具备可靠、灵活和经济等基本特点。

1. 发电厂电气主接线的选择原则

(1) 对于发电厂的高压配电装置,若地位重要、负荷大、潮流变化剧烈且出线较多时,一般采用双母线或双母线分段接线。

(2) 当 110kV、220kV 配电装置采用单母线或双母线接线,而且断路器不具备停电检修条件时,应设置旁路母线。当 110kV 出线在 6 回及以上,220kV 出线在 4 回及以上时,应采用带专用旁路断路器的旁路母线。

(3) 对于 330kV、500kV 及以上配电装置,当进出线为 6 回及以上,在系统中的地位重要且有条件时,应采用一个半断路器接线,当进出线少于 6 回,如能满足系统稳定性、可靠性要求时,也可采用双母线分段带旁路母线的接线。

(4) 当 35~60kV 配电装置采用单母线分段接线,而且断路器不具备停电检修条件时,应采用不带专用旁路断路器的旁路母线;当采用双母线接线时,一般不设置旁路母线。

(5) 当机组容量较小、数目较多时,一般可设发电机电压母线,其母线可采用单母线分段、双母线或双母线分段的接线方式。

(6) 容量在 200MW 及以上的发电机和双绕组变压器作单元接线时,在发电机与变压器之间不应装设断路器,如果采用分相全封闭母线时,也不装隔离开关,但必须有可拆连接点,以便调试发电机。

(7) 发电机-变压器组的高压侧断路器,一般不设置旁路母线,其断路器检修应在发电机停运时进行。

(8) 容量在 200MW 以下的发电机和双绕组变压器作单元接线时,在发电机与变压器之间不应装设断路器;当与三绕组变压器或自耦变压器作单元接线时,在发电机与变压器之间应装设断路器和隔离开关,其厂用电分支应接在断路器与变压器之间。

(9) 当两台发电机与一台变压器作扩大单元接线时,在发电机与变压器之间应装设断路器和隔离开关。

图 6-14 所示为一大型火力发电厂的电气主接线图,4 台 300MW 的发电机均为单元接线,其中两台接于 220kV 母线,另两台接于 500kV 母线。220kV 母线为双母线带有专用断路器的旁路母线方式,而且变压器的出线回路也接于旁路母线。这主要是考虑机组的容量大,对系统的影响大,尽力减少机组的停运时间。500kV 母线采用一个半断路器接线,电源与负荷配对接于同一串上。用自耦变压器作为两级电压之间的联络变压器,其低压绕组兼作厂用电的备用电源和启动电源。

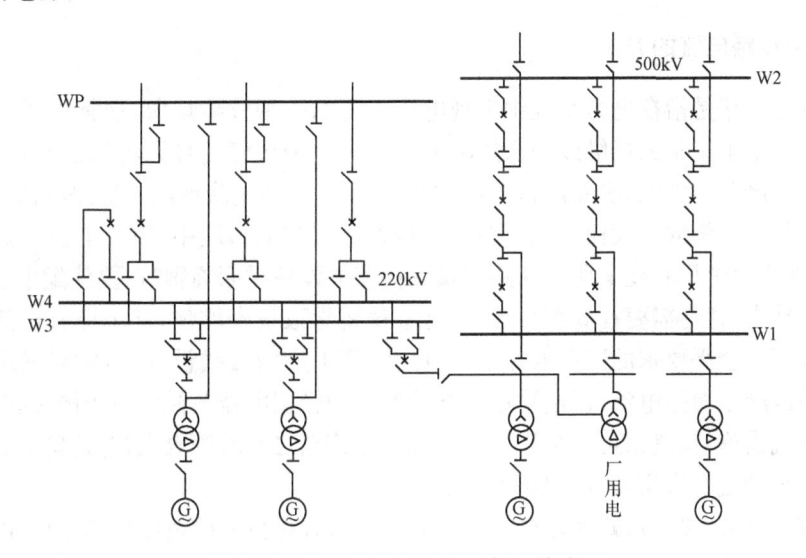

图 6-14 某大型发电厂的电气主接线图

2. 变电站电气主接线的选择原则

(1) 在 110kV、220kV 配电装置中,当线路为三四回时,一般采用单母线分段接线;若为枢纽变电站,线路在 4 回及以上时,一般采用双母线接线。

(2) 在 35kV、60kV 配电装置中,当线路为 3 回及以上时,一般采用单母线或单母线分段接线;若连接电源较多、出线较多、负荷较大或处于污秽地区,可采用双母线接线。

(3) 如果断路器不允许停电检修,则应增加旁路母线。当需旁路断路器较少时,先考虑采用以母联或分段断路器兼作旁路断路器。在35kV、60kV配电装置中,若接线方式是单母线分段,可增设旁路母线和隔离开关,用分段断路器兼作旁路断路器;若为双母线时,可不设旁路断路器,仅增设旁路隔离开关,用母联断路器兼作旁路断路器。在110kV、220kV配电装置中,若最终出线回路较少,也可采用母联断路器兼作旁路断路器的方式。当110kV线路在6回及以上,220kV线路在4回及以上时,一般装设专用旁路断路器。

(4) 我国330kV、500kV变电站的主接线,一般采用一个半断路器接线、双母线多分段带旁路母线接线和多角形接线等。若采用双母线多分段带旁路母线接线方式,电源与负荷应均匀分布在各段母线上,并且每段母线上接有二三个回路,即最终进出线为六七回,宜采用双母线三分段带旁路母线接线。若最终进出线为8回时,宜采用双母线四分段带旁路母线接线。变电站的低压侧常采用单母线分段或双母线接线。

(5) 对于500kV及以上变电站的主接线,还应达到任一台断路器检修时,不影响对系统的连续供电。除母联及分段断路器外,在任一台断路器检修期间,又发生另一台断路器故障拒动,以及母线故障,可不切除三个以上的回路。

(6) 在具有两台主变压器的变电站,当35～220kV线路为双回时,若无特殊要求,该电压级主接线可采用桥形接线或单母线分段接线。

(7) 在6kV、10kV配电装置中,当线路为5回及以下时,一般采用单母线接线,当线路为6回及以上时,一般采用单母线分段接线;若出现短路电流较大、出线较多、功率较大等情况时,可采用双母线接线方式,通常不设旁路母线。

6.2.3 限制短路电流的方法

电力系统短路是指在电力系统中出现电流突变的一种故障现象,通常由于电气设备或线路之间发生了不正常的接触或绝缘故障而引起。这种故障会导致电流迅速增大,可能对电力系统产生严重的影响,引发设备损坏、停电甚至火灾等危险情况。短路电流随系统中单机容量及总装机容量的加大而增大。在大容量发电厂和电力网中,短路电流可达到很高数值,以致在选择发电厂和变电所的断路器及其他配电设备时面临困难;要使配电设备能承受短路电流的冲击,往往需要提高容量等级,这不仅将导致投资增加,甚至还有可能因断流容量不足而选不到合乎要求的断路器。在发电厂和变电所的接线设计中,常需采用限制短路电流的措施以减小短路电流,以便采用价格较便宜的轻型电器及截面较小的导线等。

各种限流措施,最终都可归结为增大电源至短路点之间的等效阻抗,这些措施从设计着手并依靠正确的运行来实现,可归纳为如下几种:

(1) 选择适当的接线形式和运行方式。对具有大容量机组的发电厂采用单元接线,以减小发电机机端短路和母线短路电流。在降压变电站,为了限制中压和低压配电装置中的短路电流,可采用变压器低压侧分列运行方式;在输电线路中,也可采用分列运行的方式。对环形供电网,可将电网解列运行,在环形供电网络穿越功率最小处开环或双回线路采用一回投入一回备用的方式。

(2) 在系统中加装限流电抗器。这种限流措施一般用于10kV及以下网络中,目的在于使发电机回路及用户能采用轻型断路器,从而减少电气设备投资。限流电抗器是由单相空心电感线圈构成,按中间有无抽头又分为普通电抗器和分裂电抗器两种,可以在母线上装设分段电抗器,或通过线路电抗器来限制短路电流。

(3)接线中使用低压分裂绕组变压器。常用作大型机组的厂用变压器,也可用作中小型机组扩大单元接线中的主变压器。分裂绕组变压器的绕组在铁心上的布置有两个特点:一是两个低压分裂绕组之间有较大的短路阻抗;二是每一分裂绕组与高压绕组之间的短路阻抗较小且相等。运行时的特点是:当一个分裂绕组低压侧发生短路时,另一未发生短路的分裂绕组低压侧仍能维持较高的电压,以保证该低压侧上的设备能继续运行,并能保证电动机紧急启动,这是一般结构的三绕组变压器所不及的。

6.3 电气设备的选择

电气设备的选择是电气设计的主要内容,本节只涉及主变压器、断路器与隔离开关、架空电力导线和电缆等一次回路的主电气设备以及互感器等二次设备的选择。

6.3.1 电气设备选择的一般原则

虽然电力系统中各种电气设备的作用及工作条件并不相同,具体的选择方法也不完全相同,但对这些设备的基本要求却是一致的,即要能可靠运行。为此电气设备不仅要满足正常的工作条件,而且在发生短路时应能承受短时发热和电动力的作用,即满足热稳定和动稳定的条件。

1. 按正常工作条件选择电气设备

电气设备正常的工作条件主要是电压、电流及环境条件的影响。

1) 额定电压

各种电气设备都有它的额定电压,该电压必须与设备工作处电网的额定电压相一致。电网的实际电压由于负荷的变动、调压的要求等,有时会高出额定电压,又因为电压合格率的要求,电网的实际电压一般不高于1.15倍的额定电压,因而要求电气设备在此电压下必须能正常运行,故要求电气设备允许的最高工作电压 U_{ymax} 应大于电网的最高运行电压 U_{wmax},即

$$U_{ymax} \geqslant U_{wmax} \tag{6-1}$$

通常电气设备可在其额定电压 U_N 的1.15倍及以下安全运行,这也是电气设备的最高工作电压。所以,选择电器时,一般可按电器的额定电压 U_N 不低于装设地点电网额定电压 U_{wN} 的条件,即

$$U_N \geqslant U_{wN} \tag{6-2}$$

2) 额定电流

各种电气设备都有它的额定电流 I_N,即在额定环境温度下(一般是40℃),电气设备长期运行所允许通过的电流。为了使电气设备能长期正常工作,其额定电流 I_N 应不小于该设备在工作中的最大持续工作电流 I_{max},即

$$I_N \geqslant I_{max} \tag{6-3}$$

对于发电机及其相应回路的 I_{max} 应按发电机额定电流的1.05倍确定;对于变压器有可能过负荷运行的情况,I_{max} 应按过负荷确定(1.3~2倍变压器额定电流);母联断路器回路

一般可取母线上最大一台发电机或变压器的 I_{max}；母线分段电抗器的 I_{max} 可取母线上最大一台发电机跳闸时，保证该段母线负荷所需的电流；出线回路的 I_{max} 还应考虑事故时由其他回路转移过来的负荷和本回路原来负荷一起所达到的最大电流。

3) 环境条件

在选择电器时需考虑设备安装地点的环境条件，如温度、湿度、污染等级、海拔高度以及地震烈度等。不同的环境应选择适应该环境的电器。尤其还应注意小环境。例如，电器安装在室内时应选择户内型设备，安装在室外时应选择户外型设备；此外，还应根据环境分别使用能抗寒冷的高寒区产品，适应热带区的产品，尤其是能抗污染的防污型产品。

由于高原地区大气压力、空气密度和湿度相应减少，空气间隙和外绝缘的放电特性下降，一般当海拔在 1000~3500m 时，海拔比厂家规定值每升高 100m，则电气设备允许最高工作电压要下降 1%。当最高工作电压不能满足要求时，应采用高原型设备。对于 110kV 及以下电气设备，由于外绝缘裕度较大，可在 2000m 以下使用。

在实际运行中，当环境温度高于 +40℃ 时，电器设备的允许电流可按每增高一度，额定电流减小 1.8% 修正；当环境温度低于 +40℃ 时，电器设备的允许电流可按每降低一度，额定电流增加 0.5% 修正，但其最大电流不得超过额定电流的 20%。

2. 按短路条件校验

电器在选定后，应按其最大可能通过的短路电流进行热、动稳定的校验。不满足热、动稳定条件的电器应重新选择。

1) 短路热稳定校验

短路时短路电流通过电器可导致设备温度升高，满足热稳定的根本条件是短路时的最高发热温度不应超过设备短时发热最高允许温度。用于校验电器热稳定的实用条件为

$$I_t^2 t \geqslant Q_k \tag{6-4}$$

式中，Q_k 为短路电流产生的热效应，它是短路电流向设备提供的热量；I_t 为设备允许通过的热稳定电流；t 为设备所允许通过 I_t 电流的持续时间；$I_t^2 t$ 就是该设备所允许吸收的热量。

2) 短路动稳定校验

动稳定是指设备承受短路电流机械效应的能力。动稳定的根本条件是短路冲击电流产生的最大应力不大于材料的允许应力。用于校验电器动稳定的实用条件为

$$I_{ed} \geqslant I_M \tag{6-5}$$

式中，I_{ed} 为设备允许通过的动稳定电流的有效值；I_M 为短路时短路冲击电流 i_M 的有效值，也是短路电流最大有效值。它的计算公式为

$$I_M = \sqrt{I_p^2 + [(k_M - 1)\sqrt{2} I_p]^2} = I_p \sqrt{1 + 2(k_M - 1)^2} \tag{6-6}$$

式中，I_p 为短路电流的周期电流分量的有效值，当冲击系数 $k_M = 1.9$ 时，$I_M = 1.62 I_p$；当 $k_M = 1.8$ 时，$I_M = 1.51 I_p$。

式(6-5)是电流的有效值，也可用瞬时值，即

$$i_{ed} \geqslant i_M = I_p + I_p e^{-\frac{0.01}{T_a}} = k_M I_p \tag{6-7}$$

上述校验计算中还有两个问题需解决，一个问题是采用什么短路，应该采用最严重的短路，通常是三相短路，但在中性点直接接地系统，当零序等值阻抗小于正序等值阻抗时，单相接地或两相接地短路的短路电流有可能比三相短路的短路电流更大时，这时就应按最严重

短路计算；另一个问题是短路计算时间，一般采用继电保护动作时间加上相应的断路器的开断时间，验算热稳定时，为防止主保护的死区和拒动，继电保护动作时间一般取保护装置的后备保护动作时间。此外，由于电力系统的运行方式对短路电流大小也有影响，故应在最大运行方式下进行短路电流的计算。

在以下情况下，可不校验热稳定或动稳定：

(1) 用熔断器保护的电气设备，其热稳定由熔断时间保证，可不验算热稳定。

(2) 采用有限流电阻的熔断器保护的电气设备，在短路电流未达到峰值时已熔断，故可不验算动稳定。

(3) 对于熔断器保护的电压互感器回路，可不校验动、热稳定。

6.3.2 主变压器的选择

在发电厂和变电站中，用来向电力系统或用户输送功率的变压器称为主变压器。主变压器的容量、台数、型式和结构等直接影响主接线的形式和配电装置的结构。它的确定除依据所传递的容量外，还应考虑到电力系统的近期规划(5~10年)、进出回路线数、电压等级以及在系统中的地位，通过综合分析再合理确定。由于发电厂与变电站并不完全相同，因而它们的选择原则也不完全相同，现分别叙述。

1. 发电厂主变压器的选择

1) 台数与容量的确定原则

(1) 发电机和变压器作单元接线时，变压器容量应按发电机的额定容量减去本机组的厂用负荷后，再留有10%的裕度来确定。

(2) 具有发电机电压母线的主变压器的容量与台数，应考虑：

① 应大于发电机的全部容量减去厂用加机端最小直供负荷。

② 应考虑有一台最大主变检修时，其余变压器能输送母线剩余功率的70%以上。

③ 一台最大容量的发电机组检修，甚至因某种原因可能全部机组停用时，主变压器能从系统倒送功率到发电机电压母线，并满足母线上用户的最大负荷需要。

④ 电厂安装两台以上发电机，则变压器的台数必须大于或等于两台。

2) 型式与结构的选择

(1) 容量为300MW及以下机组单元连接的主变压器，若接入330kV及以下的电力系统中，一般都应选用三相变压器。发电机组若接入500kV及以上电力网，应根据制造、运输条件及可靠性要求等因素，进行经济技术比较后，也可采用单相变压器组，这时一般装一台备用单相变压器。

(2) 发电厂以两种高电压级与系统连接或向用户供电时，可采用两台双绕组变压器或三绕组变压器。机组容量在125MW及以下时，多采用三绕组变压器。由于三绕组变压器根据功率的流向不同确定绕组的排列，因此有升压变压器和降压变压器之分，发电厂应选用升压型变压器。机组容量在300MW以上的发电机宜采用发电机-双绕组变压器单元接线系统。

(3) 扩大单元接线的主变压器，应优先使用分裂变压器，可限制短路电流。

(4) 在110kV及以上中性点直接接地系统中，凡需要三绕组变压器的场所，一般可优先选用自耦变压器。其损耗小，价格低。

(5) 由于发电机出口电压可通过调励磁改变,因而为了节省投资,一般不选用有载调压变压器,而是用无激磁调压。

(6) 为了防止高压侧接地短路时,零序电流流入发电机,一般变压器接发电机侧的绕组接成三角形,它也给三次谐波电流提供通路,保证主磁通接近正弦波。

2. 变电站主变压器的选择

(1) 变电站中一般装设两台变压器;每台的容量不仅要大于变电站的Ⅰ、Ⅱ类负荷的总和且要大于总负荷的70%。对于330kV及以上变电站,经过经济、技术比较,合理时可装设三四台主变压器。

(2) 对于330kV及以下的电力系统中,一般都应选用三相变压器。对于500kV及以上变电站,应根据制造、运输条件及可靠性要求等因素,进行经济、技术比较后,也可采用单相变压器组,这时一般装一台备用的单相变压器。

(3) 具有三种电压等级的变电站,如各侧的功率均达到主变压器额定容量的15%以上时,主变一般选用三绕组变压器。

(4) 在与两种110kV及以上中性点直接接地系统连接的变压器,一般可优先选用自耦变压器。

(5) 500kV及以上变电站可选用自耦强迫油循环风冷式变压器。主变的短路电压应根据电网情况、断路器断流能力以及变压器结构选定。

(6) 对于深入负荷中心的变电站,为简化电压等级和避免重复容量,可采用双绕组变压器。

(7) 为了调压,一般选用有载调压变压器,对于功率从高压侧流向中、低压侧的降压变电站应选用降压变压器,而对于功率从低压侧流向中、高压侧的升压变电站应选用升压变压器。

6.3.3 高压断路器、隔离开关的选择

高压断路器和隔离开关是电器主接线系统的重要开关电器。高压断路器在正常运行时,用于把设备或线路断开或投入运行,起着控制倒换运行方式的作用;在故障时,通过继电保护的启动操作,可快速切除故障回路,以保证无故障部分继续正常运行,起保护作用。断路器最主要的特点是具有断开电路中正常负荷电流和故障短路电流的能力。这是由于高压断路器中具有灭弧装置,它是利用电弧电流每半周过零一次自然熄弧的特点,再采取一些附加措施,加强弧隙的去游离或减小弧隙电压的恢复速度,从而实现安全断开电气设备中的负荷电流和短路电流。高压隔离开关是不能够断开电气设备中的负荷电流和短路电流的,它只能在回路中断路器已断开的情况下,再来操作以便形成明显断口或闭合准备供电,保证检修工作的安全。当某两点为等电位或不会产生较大电弧时,也可用隔离开关来接通电路,如已充电的旁路母线与带电的出线的接通。

1. 高压断路器的选择

选择高压断路器主要包括高压断路器的种类、型式、额定电压、额定电流、开断电流、关合短路电流以及短路时的热稳定和动稳定校验。

1) 断路器种类和型式选择

断路器一般按照灭弧介质分为油断路器、压缩空气断路器、真空断路器和六氟化硫

(SF_6)断路器等。油断路器用油作为灭弧介质,开断能力差,目前应用越来越少;真空断路器以真空作为绝缘和灭弧介质,可连续多次操作,开断性能好,灭弧迅速,常用于 10kV、35kV 电压等级中;SF_6 断路器用 SF_6 气体灭弧,额定电流和开断电流可做得很大,开断性能好,常用于 35kV 以上电压等级中,尤其是超高压领域;压缩空气断路器的额定电流和开断电流都可做得很大,一般用于 110kV 及以上电压等级。选择断路器型式时,应根据断路器的特点以及使用的电压等级、环境和价格等经济技术比较后确定。

2) 额定电压选择

所选断路器的额定电压 U_N 应大于或等于安装处电网的额定电压 U_{wN},即

$$U_N \geqslant U_{wN} \tag{6-8}$$

3) 额定电流选择

所选断路器的额定电流 I_N,应大于或等于各种可能运行方式下回路中的最大持续负荷电流 I_{Dmax},即

$$I_N \geqslant I_{Dmax} \tag{6-9}$$

4) 开断电流选择

所选断路器的额定开断电流 I_{Nbr},应大于或等于实际开断瞬间的短路电流最大周期分量有效值 I_{pt},即

$$I_{Nbr} \geqslant I_{pt} \tag{6-10}$$

当开断时间大于 0.1s 时,短路电流中的非周期分量衰减较多,式(6-10)可满足标准规定的要求。对于使用快速保护和高速断路器的情况,其开断时间小于 0.1s,若在电源附近短路时,短路电流的非周期分量可能较大,这时需要用短路全电流进行校验,即

$$I_{Nbr} \geqslant I_K = \sqrt{I_{pt}^2 + (\sqrt{2} I'' e^{-\frac{\omega t}{T_a}})^2} \approx \sqrt{I''^2 + (\sqrt{2} I'' e^{-\frac{\omega t}{T_a}})^2}$$

式中,T_a 为非周期分量衰减的时间常数,$T_a = x_\Sigma / r_\Sigma$,其中,$x_\Sigma$、$r_\Sigma$ 分别为短路点至电源点的等值总电抗和总电阻。

5) 关合短路电流的选择

在断路器合闸之前,若电路上已存在故障,则在断路器合闸过程中,就有巨大的短路电流通过;而且断路器在关合短路电流时,不可避免地在接通之后又在保护的控制下自动跳闸,此时又必须能够切断短路电流。为了保证断路器在关合短路电流时的安全,断路器的额定关合电流 i_{Ngh} 应大于等于短路电流最大冲击电流 i_M。

6) 短路热稳定和动稳定校验

制造厂通常给出了某段时间 t 内断路器的热稳定电流 I_t。短路电流引起的热效应为 Q_k,则应满足式(6-4),即 $I_t^2 t \geqslant Q_k$。

制造厂通常也给出断路器的动稳定电流 i_{ed},短路时冲击电流为 i_M,则为满足最大电动力不超出允许值,则应满足式(6-7),即 $i_{ed} \geqslant i_M$。

2. 隔离开关的选择

隔离开关的主要功能是:隔离电压和倒闸操作。它虽不能切断短路电流,但它必须能够经受住短路电流的考验。这是因为电路短路后,断路器未动作前,短路电流同样流过隔离开关。

因隔离开关正常时仅在电路已断开或等电位时进行操作,有时也用来分、合小电流,而不用来切断和接通短路电流,无须进行开断电流和短路关合电流的校验,只需做以下工作:

(1) 型式选择。隔离开关的型式较多,如有户内式和户外式;有单柱式、双柱式、三柱式

等。选型时应根据配电装置特点和使用要求等因素进行经济技术比较后确定。

(2) 额定电压选择。所选隔离开关的额定电压应大于隔离开关安装处电网的额定电压。

(3) 额定电流选择。所选隔离开关的额定电流应大于或等于各种可能运行方式下回路的最大持续电流。

(4) 短路热稳定和动稳定校验,同式(6-4)和式(6-7)。

6.3.4 电力线路的选择

电力线路可分为输电线路和配电线路两大类。输电线路一般采用架空导线;配电线路除采用架空导线外,在城市地区也常采用埋在地下的电力电缆。

1. 架空导线的选择

1) 导线选型

导线通常是由铜、铝、铝合金制成。铜的电阻率低,耐腐蚀性好,机械强度高,是很好的导体材料。由于铜的价格贵、用途广、储量有限,因而铜材料一般限于在持续工作电流大,铝腐蚀较大的场所。铝的导电性仅次于铜,也是一种好的导体材料,而且我国储量丰富,价格便宜,易于加工,一般优先使用铝导线,但由于铝的耐拉性较差,因而高压架空导线一般应使用钢芯铝绞线,钢芯用来承载机械拉力。对于电压等级大于220kV的架空线,为了减少线路电抗和电晕损耗,常采用分裂导线或扩径导线(在不增大载流部分截面积的情况下扩大导线直径)。

2) 导线截面选择

导体标称截面积可按长期发热允许电流或按经济电流密度进行选择,对年最大负荷利用小时数大(通常指大于5000h),长度较长(20km以上)的导线,其截面一般按经济电流密度选择。持续电流较小,年利用小时数较低的导线,一般按最大长期工作电流选择。

第一种是按最大长期工作电流进行选择。为保证导体正常工作时的温度不超过允许值,导体所在回路中最大长期工作电流 I_{Dmax},应小于导体所允许通过的电流,即

$$I_{Dmax} \leqslant KI_y \tag{6-11}$$

式中,I_y 为在额定环境温度 25℃时导体长期发热允许电流;K 为与实际环境温度和海拔高度有关的综合修正系数,大致为 0.7~1.05。

第二种是经济电流密度选择。按最大长期工作电流进行导线截面选择,虽然考虑了安全性,但没有考虑长期运行的经济性。电流流过导体时,必然要产生电能损耗,电能损耗的大小与导体通过的电流大小、导体电阻和运行时间长短有关。导体的电阻和导体的截面积成反比,截面积越大电阻越小,运行费用越小,但投资越大。这是一对矛盾。综合考虑运行费用和投资两者的关系,选择年计算费用最小时所对应的导体截面积是最合适的,称为经济截面积。对应于经济截面积的电流密度,称为经济电流密度,如图 6-15 所示。实际工作中,可根据导线类型,最大负荷利用小时数,查图表求得经济电流密度后,并计算出该线路在正常运行方式下的最大持续输送功率,然后再用下式计算经济截面积:

$$S_j = \frac{1000\sqrt{P^2+Q^2}}{\sqrt{3}\,U_N J} \tag{6-12}$$

式中,J 为经济电流密度,单位为 A/mm²,根据最大负荷利用小时数 T_{max} 查表可得;P 和 Q

为正常运行方式下最大持续通过导线的有功功率(MW)和无功功率(Mvar);U_N 为导线额定电压(kV);S_j 为经济截面积(mm^2)。

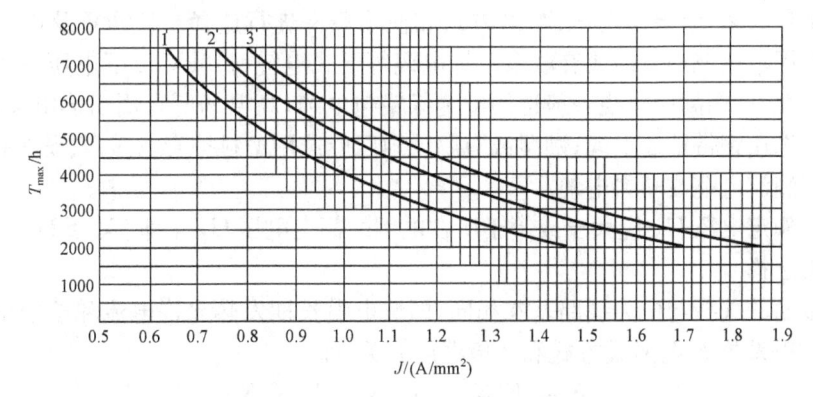

图 6-15 电力导线的经济电流密度
1. 10kV 及以下 LJ 型导线;2. 10kV 及以下 LGJ 型导线;3. 35~220kV LGJ 型导线

根据 S_j 查表选择导线型号,没有相同截面积时,一般选择最接近的,若相差较远时,一般取上一规格的截面积。

3)校验

架空导线截面积选定后,还需根据可能出现的正常运行方式和事故后运行方式进行机械强度和发热校验。

首先,为保证架空导线具有必要的安全机械强度,对于跨越铁路、公路、通信线路以及居民区等,其导线截面积不得小于 $35mm^2$;对于其他地区的允许最小截面积为:电压等级为 35kV 以上线路,其导线截面积不得小于 $25mm^2$;电压等级为 35kV 以下线路为 $16mm^2$。实际中导线截面积往往大于上述数值,故一般可不必验算机械强度。

其次,还需根据可能出现的正常运行方式和事故后运行方式进行发热校验。在正常情况下,铝导线的最高工作温度为 70℃,在计及日照影响时,钢芯铝绞线的温度不应超过 80℃。导线的发热校验,其方法是长期允许载流量与实际可能的工作电流量的校核。各种规格的铝导线和钢芯铝导线在海拔 1000m 及以下,环境温度为 25℃ 时的长期允许载流量可从电力工程设计手册中查到。如果海拔高于 1000m,环境温度高于 25℃ 时,应作修正,其修正系数也可从手册中查到。

最后,对于 110kV 及以上线路,电晕现象往往是限制导线截面积不能过小的主要原因。所选导线的电晕临界电压应大于其最高工作电压。当海拔高度不超过 1000m 时,在常用相间距离情况下,导线截面积满足表 6-1 条件时可不进行电晕校验。

表 6-1 无须校验电晕的导线最小截面积

电压/kV	110	220	330	500
导线型号	LGJ-70	LGJ-300	LGJ-630 LGJ-2×300 LGKK-500	LGJ-4×300

2. 电力电缆的选择

1) 电缆型号和电压选择

电缆型号很多,应根据用途、敷设方式和使用条件进行选择。110kV 及以上电压等级电缆一般采用单相充油电缆或交联聚乙烯电缆等干式电缆;110kV 以下电压等级电缆一般使用三相电缆;厂用高压电缆一般选用纸绝缘铅包电缆;高温场所宜用耐热电缆;直埋地下敷设电缆宜选用钢带铠装电缆;潮湿或有腐蚀地区应选用塑料护套电缆;敷设在高差大的地点应采用不滴流电缆或塑料电缆。

电缆的额定电压 U_N 应大于或等于所在电网的额定电压 U_{wN},即 $U_N \geqslant U_{wN}$。

2) 截面选择

电缆截面的选择与电力线路基本相同,即按电缆长期发热允许电流和按经济电流密度选择。但修正系数 K 与敷设方式和环境温度有关,即

$$K = K_t K_1 K_2 \text{ 或 } K = K_t K_3 K_4 \tag{6-13}$$

式中,K_t 为温度修正系数;K_1、K_2 分别为空气中多根电缆并列和穿管敷设时的修正系数;当电压在 10kV 及以下,截面为 95mm² 及以下,K_2 取 0.9,截面为 120~185mm² 时,K_2 取 0.85;K_3 为直埋电缆土壤热阻的修正系数;K_4 为土壤中多根并列的修正系数。这些系数可从电力工程设计手册中查阅。

3) 校验

首先,对供电距离较远、容量较大的电缆线路,应校验其电压损耗 $\Delta U(\%)$。一般应满足 $\Delta U(\%) \leqslant 5\%$。计算公式是

$$\Delta U(\%) = \frac{173}{U} I_{max} L (r\cos\varphi + x\sin\varphi)\% \tag{6-14}$$

式中,U、I_{max} 分别为线路工作的线电压、通过的最大电流;L、r、x、$\cos\varphi$ 分别为线路长度(km)、单位长度的电阻、电抗(Ω)和功率因数。

其次,进行热稳定校验。电缆满足热稳定 Q_k 的最小截面 S_{min} 为

$$S_{min} = \frac{\sqrt{Q_k}}{C} \times 10^3 \, (mm^2) \tag{6-15}$$

式中,Q_k 的单位为 $(kA)^2 \cdot S$,热稳定系数 C 用式(6-16)计算

$$C = \frac{1}{\eta} \sqrt{\frac{4.2Q}{K_f \rho_{20} - 5K\alpha} \ln \frac{1+\alpha(\theta_h - 20)}{1+\alpha(\theta_w - 20)}} \times 10^{-2} \tag{6-16}$$

式中,η 为计及电缆芯线填充物热容随温度变化以及绝缘散热影响的校正系数,通常 3~6kV 厂用回路取 0.93,10kV 及以上取 1.0;Q 为电缆芯线单位体积的热容量(J/(cm³·℃)),铜芯取 0.81,铝芯取 0.59;α 为电缆芯在 20℃ 时的电阻温度系数,铜芯取 $3.93 \times 10^{-3}/℃$,铝芯取 $4.03 \times 10^{-3}/℃$;K_f 为 20℃ 时电缆芯线的集肤效应系数,截面积 S 在 150~240mm² 的三芯电缆取 1.01~1.035,$S < 150mm^2$ 的三芯电缆取 1.0;ρ_{20} 为电缆芯线在 20℃ 时的电阻系数,铜芯取 $1.84 \times 10^{-6} \Omega \cdot cm^2/m$,铝芯取 $3.1 \times 10^{-6} \Omega \cdot cm^2/m$;$\theta_w$ 为短路前电缆的工作温度(℃);θ_h 为电缆在短路时的最高允许温度,对于有中间接头的电缆最高允许温度为 120℃,对于 10kV 及以下普通黏性浸渍纸绝缘电缆及交联聚乙烯绝缘电缆为 200℃。

思 考 题

6-1 电气主接线的基本要求是什么?

6-2　电气主接线设计的一般步骤是什么？

6-3　隔离开关和断路器的主要区别是什么？它们在操作步骤上如何正确配合？

6-4　旁路母线的作用是什么？检修出线断路器时应如何操作？

6-5　试比较单母线分段、双母线、一个半断路器、桥式接线的可靠性。

6-6　在什么情况下使用桥式接线？内桥和外桥各在什么情况下使用？

6-7　电气设备选择的一般原则是什么？

6-8　变电站主变压器一般为什么选择两台？每台变压器的容量按什么确定？

6-9　经济电流密度的意义是什么？导线截面积为什么要按经济电流密度选择后，仍需要按长期发热允许电流进行校验？

第 7 章　电力系统继电保护的原理及配置

7.1　电力系统继电保护的作用、构成及对其基本要求

7.1.1　电力系统保护和控制的作用

随着我国经济建设的快速发展,电力系统规模日益扩大,电源类型不断增多,用户对供电可靠性的要求也越来越高。作为电力系统卫士的继电保护对于保障系统的安全、经济运行和电能质量起着至关重要的作用。

电力系统由发电机、变压器、母线、输配电线路及用电设备组成。在正常运行的过程中,电力系统可能发生各种故障和不正常运行状态。发生故障的原因主要有雷击、鸟兽跨越电气设备、电气设备维修不当或操作错误、电气设备绝缘强度下降等。最危险的故障是发生各种型式的短路,发生短路时可能产生以下后果:

(1)通过故障点的很大的短路电流和所燃起的电弧使得故障元件损坏。

(2)短路电流通过非故障元件,由于发热和电动力的作用,引起它们的损坏或缩短它们的使用寿命。

(3)电力系统中部分地区的电压大大降低,破坏用户工作的稳定性或影响工厂产品质量。

(4)破坏电力系统并列运行的稳定性,引起系统振荡,甚至使整个系统瓦解。

电力系统中电气元件的正常工作遭到破坏,但没有发生故障,这种情况属于不正常运行状态。例如,过负荷就是一种最常见的不正常运行状态。由于过负荷,使元件载流部分和绝缘材料的温度不断升高,加速绝缘的老化和损坏,这就可能发展成故障。系统中出现功率缺额而引起的频率降低、发电机突然甩负荷而产生的过电压、电力系统振荡等都属于不正常运行状态。

故障和不正常运行状态都可能在电力系统中引起事故。事故就是指系统或其中一部分的正常工作遭到破坏,并造成对用户少送电或电能质量变坏到不能允许的地步,甚至造成人身伤亡和电气设备的损坏。为了提高供电可靠性、防止造成上述严重后果,一是要对电气设备进行正确的设计、制造、安装、维护和检修,力求减少发生故障的可能性;二是及时发现不正常运行状态,并采取措施予以消除;三是一旦发生故障必须迅速并有选择性地切除故障元件。

继电保护装置是指能反应电力系统中电气元件发生的故障或不正常运行状态,并动作于断路器跳闸或发出信号的一种自动装置。它的基本任务是:

(1)自动、迅速、有选择地将故障元件从电力系统中切除,使故障元件免于继续遭到破坏,保证其他无故障部分迅速恢复正常运行。

(2)反应电气元件的不正常运行状态,并根据运行维护的条件(例如有无经常值班人员)

而动作于发出信号、减负荷或跳闸。一般情况下不要求保护迅速动作,而是根据对电力系统及其电气元件的危害程度经一定延时动作于信号。

电业部门常用继电保护一词泛指继电保护技术和由各种继电保护装置组成的继电保护系统。继电保护装置则指具体的装置。

7.1.2 继电保护装置的构成

继电保护装置的发展经历了电磁型、感应型、整流型、晶体管型、集成电路型和微机型几个阶段。其中,电磁型、感应型和整流型继电保护装置由于具有机械转动部件,统称为机电型继电保护装置;晶体管型、集成电路型和微机型继电保护装置统称为静态型继电保护装置。一套保护装置由若干个继电器连接在一起组成。按照每个继电器在装置中所承担的不同任务,可把继电器分为:测量继电器、逻辑继电器和出口执行继电器等。无论是机电型继电保护装置还是静态型继电保护装置,其构成原理结构均可用图 7-1 表示。

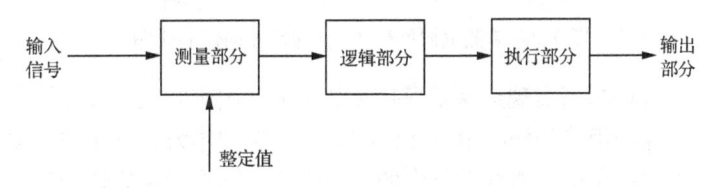

图 7-1 继电保护装置的原理结构图

从图 7-1 可见,一套继电保护装置由测量部分、逻辑部分和执行部分组成。测量部分测量从被保护对象输入的有关电气量,并与预先给定的整定值进行比较,根据比较结果确定被保护对象有无故障或不正常运行状态发生,从而给出一组逻辑信号。逻辑部分根据测量部分各输出逻辑信号的大小、性质、输出的逻辑状态、出现的顺序或它们的组合,使保护装置按一定的逻辑关系工作,最后确定是否使断路器跳闸或发出信号,并将有关命令传给执行部分。继电保护中常用的逻辑回路有"或"、"与"、"否"、"延时起动"、"延时返回"以及"记忆"等回路。执行部分根据逻辑部分输出的信号,送出跳闸信号或报警信号。

7.1.3 电力系统对继电保护的基本要求

电力系统各电气元件之间通常用断路器互相连接,每台断路器的操作机构都有相应的继电保护装置的输出信号接入。当继电保护装置动作后,向断路器发出跳闸信号,起动断路器的操作机构将断路器跳开以切断故障。继电保护装置是以各电气元件作为被保护对象的,其切除故障的范围是断路器之间的区段。

反应整个被保护元件上的故障,并能以最短延时有选择性地切除故障的保护称为主保护;当主保护或断路器拒绝动作时用来切除故障的保护称为后备保护。

电力系统对动作于跳闸的继电保护装置提出了四个基本要求,即选择性、速动性、灵敏性和可靠性,现分别讨论如下。

1. 选择性

继电保护动作的选择性是指保护装置动作时,仅将故障元件从电力系统中切除,使停电范围尽量缩小。

要满足选择性,必须从两方面出发进行考虑。一方面考虑哪个元件发生故障应由该元件上的保护装置动作切除故障。例如，在图 7-2 所示的网络中，当 k_1 点短路时，按照选择性的要求应由距短路点最近的保护 1 和 2 动作跳闸将故障线路切除，这样变电所 N 仍可由另一条无故障的线路继续供电；当 k_2 点短路时，按照选择性的要求应由保护 6 动作跳闸切除线路 H-J，此时只有变电所 J 停电。另一方面，考虑到继电保护或断路器有拒绝动作的可能性，因此需要考虑后备保护的问题。图 7-2 中，k_2 点短路应由保护 6 动作切除故障，但由于某种原因该处的继电保护装置或断路器拒绝动作，此时如其前面一条线路（靠近电源侧）的保护 5 能动作，故障也可消除。能起保护 5 这种作用的保护称为相邻元件的后备保护。同理，保护 1 和 3 又应该作为保护 5 和 7 的后备保护。按以上方式构成的后备保护是在远处实现的，因此称为远后备保护。

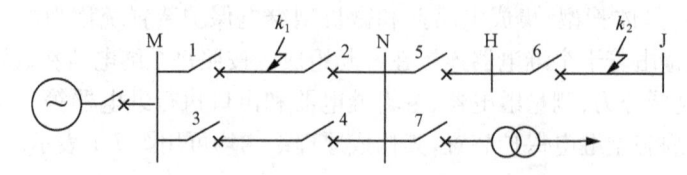

图 7-2　单侧电源网络中，有选择性动作的说明

在复杂的高压电网中，当实现远后备保护在技术上有困难时，也可以采用近后备保护的方式，即当本元件的主保护拒绝动作时由本元件的另一套保护作为后备保护切除故障；当断路器拒绝动作时，可以由同一发电厂或变电所内的有关断路器动作切除故障，即断路器失灵保护动作跳开有关的断路器。为此，需在每一个电气元件上装设单独的主保护和后备保护，并装设必要的断路器失灵保护。由于这种后备作用是在主保护安装处实现的，称它为近后备保护。

2. 速动性

当电力系统中发生故障时，继电保护装置应该迅速动作切除故障。快速切除故障不仅可以提高电力系统并列运行的稳定性，减少用户在电压降低情况下的工作时间，缩小故障元件的损坏程度，而且有利于电弧闪络处的绝缘强度恢复，从而提高再送电的成功率。

动作迅速同时又能满足选择性的保护装置一般都结构比较复杂、价格比较昂贵。因此应根据被保护对象在电力系统中的地位和作用来确定对其保护动作速度的具体要求。对高压、超高压和特高压的输电线路上发生的故障，大容量发电机和变压器中以及重要用户发生的故障要求保护能快速切除故障，而对低压线路允许其保护装置带有一定延时切除故障。

故障切除的总时间等于保护装置和断路器的动作时间之和。一般的快速保护动作时间为 0.06～0.12s，最快的可达 0.01～0.04s；一般的断路器动作时间为 0.06～0.15s，最快的可达 0.04～0.06s。

3. 灵敏性

灵敏性指的是继电保护装置对于其保护范围内发生故障或不正常运行状态的反应能力，通常用灵敏系数来衡量。满足灵敏性要求的保护装置应该是在事先规定的保护范围内部故障时，不论短路点的位置、短路的类型如何，以及短路点是否存在过渡电阻，都能敏锐感觉、正确反应。对各类保护灵敏系数的要求和计算方法将在 7.3 节中分别予以讨论。

4. 可靠性

可靠性主要针对保护装置本身的质量和运行维护水平而言。要求在其规定的保护范围内发生了它应该动作的故障时它不拒绝动作，在任何其他不应该动作的情况下则不误动作。

一般说来，保护装置的组成元件质量越高、接线越简单、回路中继电器的触点数量越少，保护装置的工作就越可靠。同时,精细的制造工艺、正确地调整试验、良好的运行维护以及丰富的运行经验,对于提高保护装置的可靠性也具有重要的作用。

提高继电保护装置不误动可靠性和不拒动可靠性的措施常常是矛盾的,在设计和选用继电保护装置时需要依据保护对象的具体情况,对这两方面的性能要求适当地予以协调。例如,对于传送大功率的输电线路保护,一般宜于强调不误动的可靠性;而对于其他线路保护则往往宜于强调不拒动的可靠性。至于大型发电机组的继电保护,无论它的拒动或误动作跳闸都会引起巨大的经济损失,需要通过精心设计和配置来兼顾这两方面的要求。

以上对继电保护的四个基本要求是分析研究继电保护性能的基础,它们之间既有矛盾的一面,又有在一定条件下统一的一面。继电保护的科学研究、设计、制造和运行的绝大部分工作,也是围绕着如何处理好这四个基本要求之间的辩证统一关系而进行的。在学习继电保护知识的过程中,应该注意学会用四个基本要求的观点去分析每种保护装置的性能。

除了上述四个基本要求以外,选用保护装置时还应该考虑经济性。在保证电力系统安全运行的前提下,尽可能采用投资少、维护费用低的保护装置。

7.2 继电器的工作原理

7.2.1 电磁型电流继电器

电流继电器是实现电流保护的基本元件,也是反应于一个电气量而动作的简单继电器的典型。它可以是机电型的即具有机械转动部件,如电磁型、感应型的电流继电器;也可以是静态型的,包括晶体管型、集成电路型和微机型的电流继电器。下面,通过对电磁型电流继电器的分析来说明电流继电器的工作原理和继电特性。

图 7-3 是电磁型电流继电器的原理结构图。通过线圈 1 的电流 $\dot{I}_r$ 产生出磁通 $\dot{\Phi}$,它通过由铁心、空气隙和可动舌片组成的磁路。舌片被磁化后,与铁心的磁极产生电磁吸力,企图吸引舌片向左转动;当电磁吸力足够大时即可吸动舌片并使可动接点 5 与固定接点 6 接通,称为继电器"动作"。

当铁心不饱和时,Φ 与 I_r 成正比、与磁路的磁阻成反比。由于磁路的磁阻几乎都集中在空气隙中,因此磁阻与气隙的长度 δ 成正比,则磁通就与 δ 成反比。所以,与 Φ^2 成正比的电磁吸力作用到舌片上产生的电磁转矩为

$$M_e = K_1 \Phi^2 = K_2 \frac{I_r^2}{\delta^2} \tag{7-1}$$

式中,K_1、K_2 为比例常数。

电力系统正常运行时,继电器线圈中流入负荷电流,作用于可动舌片上的工作转矩就是上述电磁转矩,作用于其上的制动转矩为弹簧的初拉力矩 M_{s0},对应此时的空气隙长度为 δ_1。两者平衡,这样可动舌片不会向左转动,继电器接点不闭合。当电流增大时,M_e 增大,可动舌片试图向左转动。可动舌片受到的制动转矩有两个:一个是与弹簧伸长成正比的反抗转矩,当舌片向左移动使气隙由 δ_1 减小到 δ 时该转矩可表示为

$$M_s = M_{s0} + K_3(\delta_1 - \delta) \tag{7-2}$$

式中,K_3 为比例常数;另一个是舌片转动的过程中所必须克服的摩擦转矩 M_f,其值可认为

是常数、不随 δ 的改变而变化。因此，阻碍继电器动作的全部制动转矩就是 $M_s + M_f$。

继电器能够动作的条件是

$$M_e \geqslant M_s + M_f \tag{7-3}$$

满足上述条件的，能使继电器动作的最小电流值称为继电器的动作电流，也称为启动电流，以 I_{act} 表示。对应此时的电磁转矩根据式(7-1)可表示为

$$M_{act} = K_2 \frac{I_{act}^2}{\delta^2} \tag{7-4}$$

图 7-4 表示了当舌片由起始位置（气隙为 δ_1）转动到终端位置（气隙为 δ_2）时，电磁转矩及制动转矩与行程的关系曲线。当 I_{act} 不变时，随着 δ 的减小 M_e 与其平方成反比增加，按曲线 1 变化；而制动转矩则按线性关系增加，如直线 2 所示。因此在行程的末端将出现一个剩余转矩 M_r，它有利于保证继电器接点的可靠闭合。

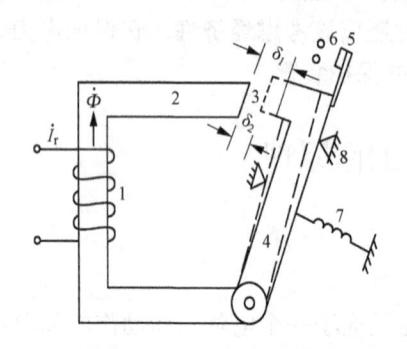

图 7-3 电磁型电流继电器的原理结构
1. 线圈；2. 铁心；3. 空气隙；4. 可动舌片；
5. 可动接点；6. 固定接点；7. 弹簧；8. 止挡

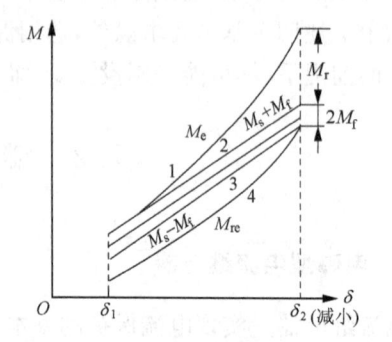

图 7-4 电磁型电流继电器转矩曲线
1. 启动电磁转矩；2. 启动时的反作用转矩；
3. 返回时的反作用转矩；4. 返回时的电磁转矩

继电器动作后，逐渐减小电流以减小电磁转矩，处于吸起状态的可动舌片在弹簧作用下会返回原位。这个过程中，摩擦力又起着阻碍返回的作用。因此继电器能返回的条件是

$$M_e \leqslant M_s - M_f \tag{7-5}$$

满足上述条件的、能使继电器返回原位的最大电流值称为继电器的返回电流，以 I_{re} 表示。将 I_{re} 代入式(7-1)，则得到对应此时的电磁转矩为

$$M_{re} = K_2 \frac{I_{re}^2}{\delta^2} \tag{7-6}$$

在返回过程中，转矩与行程的关系如图 7-4 中的直线 3 和曲线 4。

返回电流与启动电流的比值称为继电器的返回系数，用 K_{re} 表示

$$K_{re} = \frac{I_{re}}{I_{act}} \tag{7-7}$$

返回系数是表征继电器性能好坏的重要参数。由于行程末端存在的剩余转矩以及摩擦转矩影响，电磁型过电流继电器的返回系数为 0.8~0.85。一切反应动作量升高而动作的继电器，其返回系数恒小于 l。为使继电器在故障切除后易于返回，其返回系数应尽可能接近于 1，可以采用坚硬的轴承减小摩擦转矩，通过改善磁路系统结构减小剩余转矩等方法。

继电器启动电流的调整一般通过改变线圈的匝数和弹簧的初拉力来实现。

上面分析的电流继电器具有如下特性：当 $I_r < I_{act}$ 时触点是打开的；当 $I_r \geqslant I_{act}$ 时继电器能够突然迅速地动作闭合其接点；继电器动作以后，当电流减小到 $I_r \leqslant I_{re}$ 时继电器又突然迅速地打开接点返回原位。在启动和返回的过程中，继电器的动作迅速、明确、干脆，不可能停留在某一个中间位置，这种特性称为"继电特性"。

以上所述的电磁型电流继电器，当线圈不通电时接点是断开的，当继电器动作时其接点瞬时闭合，这种接点被称为常开接点。还有一种接点在线圈不通电时接点是闭合的，而当继电器动作时能瞬时打开，称这种接点为常闭接点。

7.2.2 功率方向继电器的工作原理、动作方程和动作特性

由于继电保护装置采用的电气量大多为交流分量，所以需要给电气量规定正、反方向。一般规定：短路功率的实际方向由母线流向线路为正，称该短路对于保护来说是正方向短路，反之称为反方向短路。例如图 7-5(a)中 k_1 点短路对保护 1、2 是正方向短路，k_2 点短路对保护 1 是反方向短路。由此可见，故障的方向可以利用短路功率的方向判断，而短路功率的方向又取决于保护安装处电流、电压之间的相位关系。因此，功率方向继电器的工作原理就是反应于加入继电器中电流和电压的相位而动作。

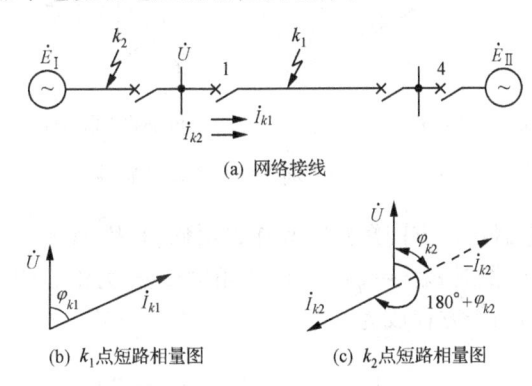

图 7-5 方向继电器工作原理的分析

按电工技术中测量功率的概念，对 A 相的功率方向继电器应加入电压 $\dot{U}_r = \dot{U}_A$ 和电流 $\dot{I}_r = \dot{I}_A$。下面以图 7-5(a)网络中的保护 1 为例分析正、反方向短路时保护安装处电压和电流之间的相位关系，以推导出功率方向继电器的动作方程。当正方向 k_1 点三相短路时，短路电流 $\dot{I}_{k1.A}$ 滞后母线电压 $\dot{U}_A$ 一个相位角 φ_{k1}，φ_{k1} 为从母线至 k_1 点之间的线路阻抗角，其值为 $0° < \varphi_{k1} < 90°$，如图 7-5(b)所示。因此，功率方向继电器中电压、电流之间的相角可表达为

$$\varphi_r = \arg \frac{\dot{U}_A}{\dot{I}_{k1.A}} = \varphi_{k1} \tag{7-8}$$

式中，符号 arg 表示分子相量超前于分母相量的角度。

当反方向 k_2 点短路时，通过保护 1 的短路电流由电源 $\dot{E}_{II}$ 供给，对保护 1 来说该电流的实际方向是由线路流向母线的。但由于保护是以规定正方向观测电流的，因此保护 1 按规定电流正方向观测到的 $\dot{I}_{k2.A}$ 将滞后于母线电压 $\dot{U}_A$，滞后的角度为 $180° + \varphi_{k2}$，φ_{k2} 为从该母

线至 k_2 点之间的线路阻抗角,如图 7-5(c)所示 $180°<180°+\varphi_{k2}<270°$。继电器中电压和电流之间的相位可表达为

$$\varphi_r = \arg \frac{\dot{U}_A}{\dot{I}_{k2.A}} = 180° + \varphi_{k2} \tag{7-9}$$

如果以母线电压作为参考相量并设 $\varphi_{k1}=\varphi_{k2}=\varphi_k$,则 $\dot{I}_{k1.A}$ 和 $\dot{I}_{k2.A}$ 的相位相差 $180°$。

由以上分析可见,接入相电压、相电流的功率方向继电器,在电压超前电流的夹角为 φ_k 时应该动作,而电压超前电流的夹角为 $180°+\varphi_k$ 时不应动作。考虑到实际电力系统短路时故障点存在过渡电阻,且保护装置本身具有测量误差,为保证正方向短路时功率方向继电器可靠动作,动作角度不能只局限于 φ_k 这一个值,而是应该有一定的角度范围。为了制作方便,这个角度范围通常取为 $180°$,而位于 $180°$ 动作范围中间的那条线称为功率方向继电器的最大灵敏线,该直线与电流间的夹角称为最大灵敏角用 φ_{sen} 表示,如图 7-6 所示。

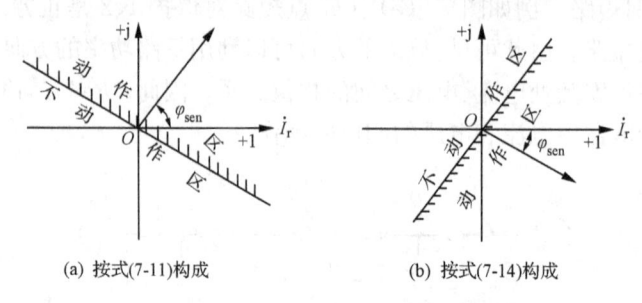

(a) 按式(7-11)构成　　(b) 按式(7-14)构成

图 7-6　功率方向继电器的动作特性

很显然,为了让继电器在正方向短路时动作最灵敏,采用相电压和相电流接线的功率方向继电器的最大灵敏角应做成 $\varphi_{sen}=\varphi_k$,其动作角度以 φ_k 为中心向两边各扩展 $90°$。这样一来,功率方向继电器的动作方程成为

$$\varphi_{sen}+90° \geqslant \arg \frac{\dot{U}_r}{\dot{I}_r} \geqslant \varphi_{sen}-90° \tag{7-10}$$

或表达为

$$90° \geqslant \arg \frac{\dot{U}_r e^{-j\varphi_{sen}}}{\dot{I}_r} \geqslant -90° \tag{7-11}$$

式(7-11)就是功率方向继电器的基本动作方程。当以 $\dot{I}_r$ 为参考相量时,对应的动作特性在复数平面上是一条如图 7-6(a)所示的直线,阴影部分为动作区。

式(7-11)也可用功率的形式表示为

$$U_r I_r \cos(\varphi_r - \varphi_{sen}) > 0 \tag{7-12}$$

当余弦项和 U_r、I_r 越大时,其功率输出值也越大,继电器动作的灵敏度越高;而任一项等于零或余弦项为负时,继电器将不能动作。实际应用中,这种接线和特性的继电器在其正方向出口附近发生三相短路、A-B 或 C-A 两相接地短路以及 A 相接地短路时,由于 $U_A \approx 0$ 或数值很小,继电器将不能动作。这称为功率方向继电器的"电压死区"。

为了减小和消除死区,反应相间短路的功率方向继电器广泛采用非故障的相间电压作为参考量去判别相电流的相位,A 相的功率方向继电器加入电流 $\dot{I}_r=\dot{I}_A$ 和电压 $\dot{U}_r=\dot{U}_{BC}$,

B 相的接入 $\dot{I}_B$ 和 $\dot{U}_{CA}$，C 相的接入 $\dot{I}_C$ 和 $\dot{U}_{AB}$。以 A 相功率方向继电器为例来分析，此时 $\varphi_r = \arg \dot{U}_{BC}/\dot{I}_A$，显然这种接线继电器接入的电压比前述接线中接入的电压滞后 90°。所以，为让继电器在正方向短路时仍然最灵敏，其灵敏角也应该向滞后方向旋转 90°而取为

$$\varphi_{\text{sen}} = \varphi_k - 90° \tag{7-13}$$

将此灵敏角代入式(7-11)得到继电器对应的动作方程为

$$90° \geqslant \arg \frac{\dot{U}_r e^{j(90°-\varphi_k)}}{\dot{I}_r} \geqslant -90° \tag{7-14}$$

动作特性示于图 7-6(b)中。习惯上令 $90°-\varphi_k = \alpha$，α 称为功率方向继电器的内角。内角和灵敏角之间存在如下关系

$$\alpha = -\varphi_{\text{sen}} \tag{7-15}$$

式(7-14)如用功率形式表示，则为

$$U_r I_r \cos(\varphi_r + \alpha) > 0 \tag{7-16}$$

这种接入相电流和非故障相间电压的功率方向继电器，在发生任何包含 A 相的不对称短路时，I_A 很大、U_{BC} 很高，因此 A 相功率方向继电器不仅没有死区，而且动作灵敏度很高；只有正方向出口附近发生三相短路时，由于 $U_{BC} \approx 0$ 会产生很小的电压死区。消除这一死区可以采用电压记忆回路(张艳霞 等，2010)。

零序功率方向继电器的动作方程及动作特性

除了反应相间短路的功率方向继电器之外，还广泛采用零序功率方向继电器和负序功率方向继电器。它们的基本动作方程都可以用式(7-11)表达，但接入的 $\dot{U}_r$ 和 $\dot{I}_r$ 不同，实际动作方程和动作特性可通过扫描二维码分别获取。

7.2.3 不同特性阻抗继电器的动作方程

1. 阻抗继电器工作原理及分析方法

阻抗继电器的作用是测量短路点到保护安装点之间的阻抗，并与整定阻抗值进行比较以确定保护是否应该动作。它是距离保护装置的核心元件。常用的单相式阻抗继电器加入一个电压 $\dot{U}_r$ 和一个电流 $\dot{I}_r$，$\dot{U}_r$ 可以是相电压或线电压，$\dot{I}_r$ 可以是相电流或两相电流之差。继电器的测量阻抗 Z_r 就是 $\dot{U}_r$ 和 $\dot{I}_r$ 的比值：

负序功率方向继电器的动作方程及动作特性

$$Z_r = \frac{\dot{U}_r}{\dot{I}_r} = R + jX \tag{7-17}$$

因此，这种继电器的动作特性可以利用复数阻抗平面来分析。

以图 7-7(a)中线路 N-H 的保护 1 为例，将线路始端 N 置于坐标原点，正方向线路的测量阻抗放在第一象限，反方向线路的测量阻抗置于第三象限，正方向线路测量阻抗与 R 轴之间的角度为线路 N-H 的阻抗角 φ_k，则画在复数阻抗平面上的阻抗继电器测量阻抗如图 7-7(b)所示。若保护范围为线路全长的 85%，则启动特性可用包括 $0.85Z_{NH}$ 在内的图 7-7(b)中阴影线所括的范围表示。只要测量阻抗落入阴影之中，继电器就动作。

考虑到故障点存在过渡电阻以及互感器的误差，实际电力系统发生短路时阻抗继电器的测量阻抗不可能总落在阴影所代表的启动特性内；再考虑到便于制造和调试，通常把阻抗继电器的动作特性扩大为一个圆(图 7-7(b))、一个椭圆或一个四边形等。图 7-7(b)画出了

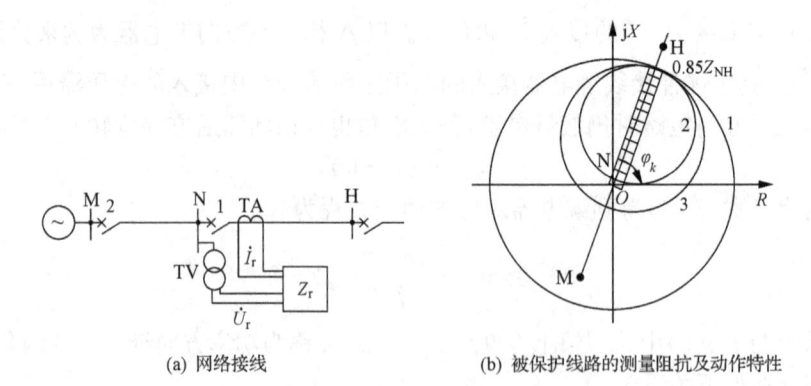

(a) 网络接线　　　　　　　(b) 被保护线路的测量阻抗及动作特性

图 7-7　用复数阻抗平面分析阻抗继电器的特性

三种圆特性阻抗继电器的动作特性，1 为全阻抗继电器的动作特性、2 为方向阻抗继电器动作特性、3 为偏移特性阻抗继电器动作特性。当测量阻抗落入圆内时继电器动作。

对于圆特性阻抗继电器而言，把阻抗角与线路阻抗角相等、继电器刚好能动作的阻抗值称为整定阻抗，用 Z_{set} 表示。

由于阻抗继电器接于电流互感器和电压互感器的二次侧，其测量阻抗与系统一次侧阻抗之间存在下列关系

$$Z_r = \frac{\dot{U}_r}{\dot{I}_r} = \frac{\frac{\dot{U}_{(N)}}{n_{TV}}}{\frac{\dot{I}_{(NH)}}{n_{TA}}} = \frac{\dot{U}_{(N)}}{\dot{I}_{(NH)}} \frac{n_{TA}}{n_{TV}} = Z_k \frac{n_{TA}}{n_{TV}} \tag{7-18}$$

式中，$\dot{U}_{(N)}$ 为加于保护装置的一次侧电压即母线 N 的电压；$\dot{I}_{(NH)}$ 为接入保护装置的一次电流即从 N 流向 H 的电流；n_{TV} 为电压互感器的变比；n_{TA} 为线路 N-H 上电流互感器的变比；Z_k 为一次侧测量阻抗。

2. 全阻抗继电器

在复数阻抗平面上，全阻抗继电器的特性是将继电器安装处置于原点 O，以整定阻抗 Z_{set} 为半径，O 点为圆心所作的一个圆，如图 7-8 所示。圆内为动作区，圆外为不动作区。测量阻抗位于圆周上时继电器刚好动作，对应此时的阻抗就是启动阻抗 Z_{act}。不论加入继电器电压与电流之间的角度 φ_r 为多大，这种特性继电器的启动阻抗数值都等于整定阻抗即 $|Z_{act}| = |Z_{set}|$。全阻抗继电器没有方向性，短路发生在保护的正方向和反方向均能动作。

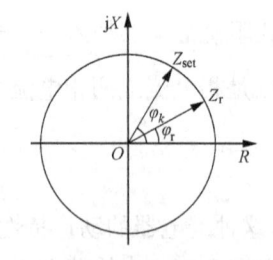

图 7-8　全阻抗继电器的动作特性

各种特性的阻抗继电器都可以采用两个电压进行幅值比较或两个电压进行相位比较的方式构成。下面先分析全阻抗继电器的动作方程。

(1) 比幅式动作方程。根据图 7-8 所示动作特性，只要测量阻抗 Z_r 落到圆内时继电器就动作，由于圆内任何一点至圆心的连线小于半径，而这一连线就是测量阻抗，所以继电器的启动条件可表示为

$$|Z_r| \leqslant |Z_{set}| \tag{7-19}$$

上式两端乘以电流 $\dot{I}_r$ 并考虑 $\dot{I}_r Z_r = \dot{U}_r$，则式(7-19)变为

$$|\dot{U}_r| \leqslant |\dot{I}_r Z_{\text{set}}| \tag{7-20}$$

$\dot{U}_r$ 从电压互感器的副边得到；$\dot{I}_r Z_{\text{set}}$ 表示电流在一个恒定阻抗 Z_{set} 上的压降，可利用电抗互感器或通过其他方法获得（如微机保护中通过计算获得）。

式(7-20)表明，比较两个电压的大小，当满足动作条件时让继电器输出动作信号，这样得到的特性就是全阻抗圆。

(2) 比相式动作方程。利用圆的如下特性：直径上对应的圆周角等于直角。找到构成圆周角的两个相量就可以写出比相式动作方程。图 7-9 中，当测量阻抗 Z_r 落在圆周上时，$Z_r + Z_{\text{set}}$ 和 $Z_r - Z_{\text{set}}$ 刚好构成全阻抗圆特性直径上对应的圆周角，且这两个相量满足如下关系：当测量阻抗 Z_r 位于圆周上时，相量 $Z_r + Z_{\text{set}}$ 超前于相量 $Z_r - Z_{\text{set}}$ 的角度 $\theta = 90°$；当 Z_r 位于圆内时，$\theta > 90°$；当 Z_r 位于圆外时，$\theta < 90°$。因此，继电器的启动条件也可表示为

$$270° \geqslant \arg \frac{Z_r + Z_{\text{set}}}{Z_r - Z_{\text{set}}} \geqslant 90° \tag{7-21}$$

式中，$\theta < 270°$ 对应于 Z_r 超前于 Z_{set} 时的情况，如图 7-9(d)所示。将式(7-21)中的两个相量均以电流 $\dot{I}_r$ 乘之，得到比较相位的两个电压分别为 $\dot{U}_P = \dot{U}_r + \dot{I}_r Z_{\text{set}}$ 和 $\dot{U}' = \dot{U}_r - \dot{I}_r Z_{\text{set}}$，因此继电器的动作条件又可写成

$$270° \geqslant \arg \frac{\dot{U}_r + \dot{I}_r Z_{\text{set}}}{\dot{U}_r - \dot{I}_r Z_{\text{set}}} \geqslant 90° \quad \text{或} \quad 270° \geqslant \arg \frac{\dot{U}_P}{\dot{U}'} \geqslant 90° \tag{7-22}$$

式(7-22)可以看成继电器的动作是以电压 $\dot{U}_P$ 为参考相量来测定电压相量 $\dot{U}'$ 的相位。一般称 $\dot{U}_P$ 为极化电压；$\dot{U}'$ 为补偿后的电压，简称补偿电压。

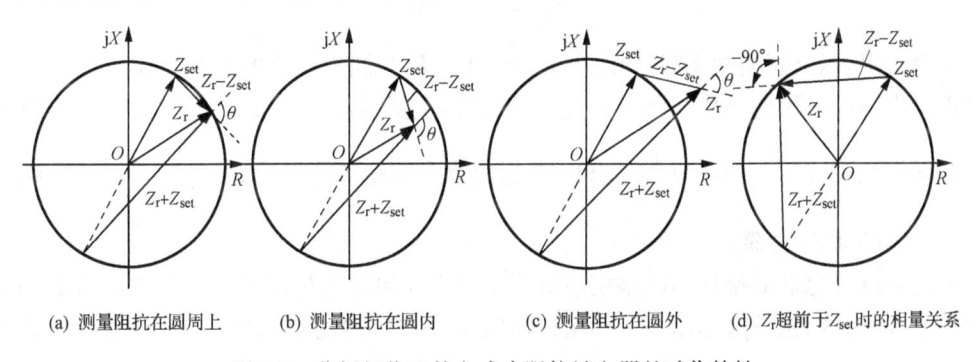

(a) 测量阻抗在圆周上　(b) 测量阻抗在圆内　(c) 测量阻抗在圆外　(d) Z_r 超前于 Z_{set} 时的相量关系

图 7-9　分析相位比较方式全阻抗继电器的动作特性

(3) 幅值比较和相位比较之间的关系。用比幅式动作方程(7-20)和比相式动作方程(7-22)都可以构成全阻抗特性的继电器，可见两种比较方式之间必然有一定的内在联系，以图 7-10 所示的三种情况进行分析。

① 当 $|Z_r| = |Z_{\text{set}}|$ 时，如图 7-10(a)所示，由这两个相量组成的平行四边形是菱形，其两个对角线 $Z_r + Z_{\text{set}}$ 和 $Z_r - Z_{\text{set}}$ 互相垂直，$\theta = 90°$，正是继电器刚好启动的条件。② 当 $|Z_r| < |Z_{\text{set}}|$，由图 7-10(b)知 $Z_r + Z_{\text{set}}$ 和 $Z_r - Z_{\text{set}}$ 之间的角度 $\theta > 90°$，继电器能够动作。③ 当 $|Z_r| > |Z_{\text{set}}|$ 时，由 7-10(c)知 $Z_r + Z_{\text{set}}$ 和 $Z_r - Z_{\text{set}}$ 之间角度 $\theta < 90°$，继电器不动作。

可见，比幅式动作方程的两个电压和比相式方程的两个电压是平行四边形的两条边和

(a) $|Z_r|=|Z_{set}|, \theta=90°$ (b) $|Z_r|<|Z_{set}|, \theta>90°$ (c) $|Z_r|>|Z_{set}|, \theta<90°$

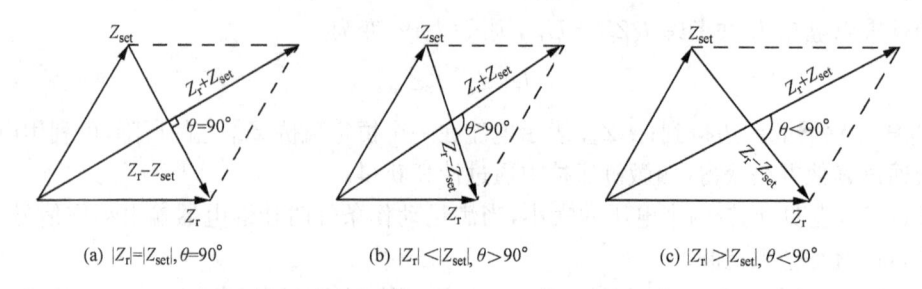

图 7-10　幅值比较和相位比较之间的关系

两个对角线的关系。设以 $\dot{A}$ 和 $\dot{B}$ 表示比幅的两个电压,动作方程为 $|\dot{A}|\geqslant|\dot{B}|$；以 $\dot{C}$ 和 $\dot{D}$ 表示比相的两个电压,动作方程为 $270°\geqslant \arg\dfrac{\dot{C}}{\dot{D}} \geqslant 90°$,则它们之间存在如下互换关系

$$\begin{cases} \dot{C} = \dot{B}+\dot{A} \\ \dot{D} = \dot{B}-\dot{A} \end{cases} \tag{7-23}$$

或

$$\begin{cases} \dot{B} = \dfrac{1}{2}(\dot{C}+\dot{D}) \\ \dot{A} = \dfrac{1}{2}(\dot{C}-\dot{D}) \end{cases} \tag{7-24}$$

$\dot{A}$ 和 $\dot{B}$ 是进行幅值比较的两个相量,因此可取消式(7-24)中两式右侧的 $1/2$,有

$$\begin{cases} \dot{B} = \dot{C}+\dot{D} \\ \dot{A} = \dot{C}-\dot{D} \end{cases} \tag{7-25}$$

应当指出,以上互换关系只适用于 $\dot{A}$、$\dot{B}$、$\dot{C}$、$\dot{D}$ 为同一频率的正弦交流量。对短路暂态过程中出现的非周期分量和谐波分量,以上转换关系显然是不成立的。此外,只适用于比相位式动作范围为 $270°\geqslant \arg\dfrac{\dot{C}}{\dot{D}}\geqslant 90°$ 与比幅值式动作条件为 $|\dot{A}|\geqslant|\dot{B}|$ 之间的互换。

3. 方向阻抗继电器

方向阻抗继电器的特性是以整定阻抗 Z_{set} 为直径通过坐标原点的一个圆,如图 7-11 所示,圆内为动作区,圆外为不动作区。出口短路属于继电器的启动条件,但考虑互感器和继电器的误差,实际出口短路时继电器不动作,产生了动作"死区"。当加入继电器的 $\dot{U}_r$ 和 $\dot{I}_r$ 之间的相位差 φ_r 为不同数值时,启动阻抗也随之改变。当 φ_r 等于 Z_{set} 的阻抗角时,继电器的启动阻抗最大,其数值等于圆的直径,保护范围最大,工作最灵敏,称这个角度为继电器的最大灵敏角,用 φ_{sen} 表示。为了让继电器在保护范围内部发生金属性短路时最灵敏,应调整使继电器的最大灵敏角 $\varphi_{sen} = \varphi_k$。当反方向发生短路时,测量阻抗 Z_r 位于第三象限,继电器不动作,因此它具有方向性。

特别指出:当方向距离继电器整定阻抗 Z_{set} 取无穷大时,圆展开成为一条经过原点的直线。因此功率方向继电器是方向阻抗继电器当整定阻抗 Z_{set} 趋于无穷大的一个特例。

(1)比幅式动作方程。如图 7-11(a)所示,根据圆内任何一点至圆心的连线小于半径的

特性,可写出继电器测量阻抗落在圆内能够启动的条件是

$$\left|Z_\mathrm{r} - \frac{1}{2}Z_\mathrm{set}\right| \leqslant \left|\frac{1}{2}Z_\mathrm{set}\right| \tag{7-26}$$

等式两端均乘电流 $\dot{I}_\mathrm{r}$ 得比较幅值的动作方程为

$$\left|\dot{U}_\mathrm{r} - \frac{1}{2}\dot{I}_\mathrm{r}Z_\mathrm{set}\right| \leqslant \left|\frac{1}{2}\dot{I}_\mathrm{r}Z_\mathrm{set}\right| \tag{7-27}$$

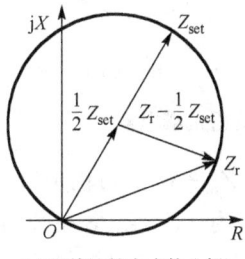

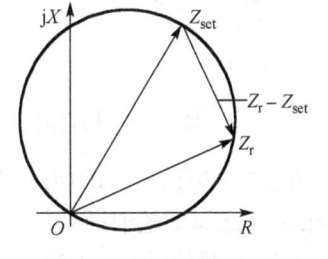

(a) 幅值比较方式的分析　　(b) 相位比较方式的分析

图 7-11　方向阻抗继电器的动作特性

(2) 比相式动作方程。如图 7-11(b)所示,找到构成直径上对应圆周角的两个相量 Z_r 和 $Z_\mathrm{r} - Z_\mathrm{set}$,设 Z_r 超前 $Z_\mathrm{r} - Z_\mathrm{set}$ 的夹角为 θ。类似于对全阻抗继电器的分析,同样可以证明 $270°\geqslant\theta\geqslant90°$ 是继电器能够启动的条件。

将 Z_r 与 $Z_\mathrm{r} - Z_\mathrm{set}$ 均以电流 $\dot{I}_\mathrm{r}$ 乘之,即可得到比较相位的极化电压和补偿电压

$$\begin{cases}\dot{U}_\mathrm{P} = \dot{U}_\mathrm{r} \\ \dot{U}' = \dot{U}_\mathrm{r} - \dot{I}_\mathrm{r}Z_\mathrm{set}\end{cases} \tag{7-28}$$

同样,称 $\dot{U}_\mathrm{P}$ 为极化电压,称 $\dot{U}'$ 为补偿电压。所以,比相式动作方程为

$$270°\geqslant\arg\frac{\dot{U}_\mathrm{r}}{\dot{U}_\mathrm{r} - \dot{I}_\mathrm{r}Z_\mathrm{set}}\geqslant90° \tag{7-29}$$

4. 偏移特性阻抗继电器

偏移特性阻抗继电器的特性示于图 7-12,正方向整定阻抗为 Z_set,反方向偏移阻抗为 αZ_set,通常取 $\alpha = 0.1 \sim 0.2$;圆内为动作区,圆外为不动作区。圆的直径为 $|Z_\mathrm{set} + \alpha Z_\mathrm{set}|$,圆心的坐标为 $Z_0 = \frac{1}{2}(Z_\mathrm{set} - \alpha Z_\mathrm{set})$,圆的半径为 $|Z_\mathrm{set} - Z_0| = \frac{1}{2}|Z_\mathrm{set} + \alpha Z_\mathrm{set}|$。其启动阻抗 Z_act 与 φ_r 有关,特性向反方向偏移 $10\% \sim 20\%$ 是为了消除方向阻抗继电器的"死区"。

(1) 比幅式动作方程。如图 7-12(a)所示,根据圆内任何一点至圆心的连线小于半径写出继电器能够启动的条件为

$$|Z_\mathrm{r} - Z_0| \leqslant |Z_\mathrm{set} - Z_0| \tag{7-30}$$

等式两端均乘电流 $\dot{I}_\mathrm{r}$,其电压表示的动作方程为

$$|\dot{U}_\mathrm{r} - \dot{I}_\mathrm{r}Z_0| \leqslant |\dot{I}_\mathrm{r}(Z_\mathrm{set} - Z_0)| \tag{7-31}$$

或

$$\left|\dot{U}_\mathrm{r} - \frac{1}{2}\dot{I}_\mathrm{r}(1-\alpha)Z_\mathrm{set}\right| \leqslant \left|\frac{1}{2}\dot{I}_\mathrm{r}(1+\alpha)Z_\mathrm{set}\right|$$

(a) 幅值比较方式的分析　　　　(b) 相位比较方式的分析

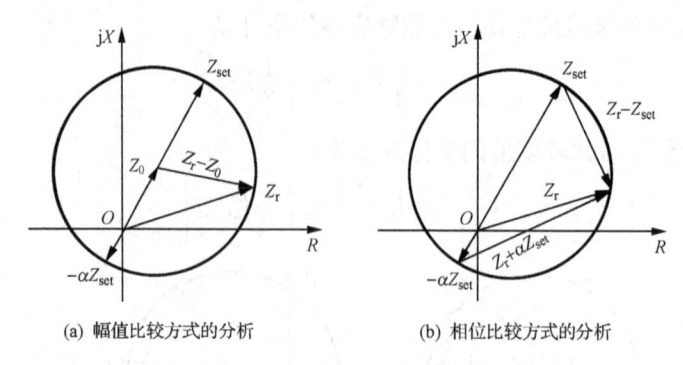

图 7-12　具有偏移特性的阻抗继电器

(2) 比相式动作方程。如图 7-12(b)所示，相量 $Z_r + \alpha Z_{set}$ 与相量 $Z_r - Z_{set}$ 是构成直径上对应圆周角的两个相量。记前者超前后者的相位差为 θ，当 Z_r 落在圆周上时 $\theta = 90°$，Z_r 落在圆内时 $\theta > 90°$，Z_r 落在圆外时 $\theta < 90°$，因此 $270° \geqslant \theta \geqslant 90°$ 也是继电器能够启动的条件。将 $Z_r + \alpha Z_{set}$ 和 $Z_r - Z_{set}$ 均以电流 $\dot{I}_r$ 乘之得到比较相位的两个电压为

$$\begin{cases} \dot{U}_P = \dot{U}_r + \alpha \dot{I}_r Z_{set} \\ \dot{U}' = \dot{U}_r - \dot{I}_r Z_{set} \end{cases} \tag{7-32}$$

所以，比相式动作方程为

$$270° \geqslant \arg \frac{\dot{U}_r + \alpha \dot{I}_r Z_{set}}{\dot{U}_r - \dot{I}_r Z_{set}} \geqslant 90° \tag{7-33}$$

以上三种圆特性阻抗继电器采用的动作角度范围均为 180°。如果使动作范围小于 180°，如采用 $240° \geqslant \arg \dfrac{\dot{U}_P}{\dot{U}'} \geqslant 120°$，则圆特性将变为图 7-13(a)的橄榄圆特性；如果使动作范围大于 180°，如采用 $290° \geqslant \arg \dfrac{\dot{U}_P}{\dot{U}'} \geqslant 70°$ 则圆特性变为 7-13(b)所示的苹果圆特性。

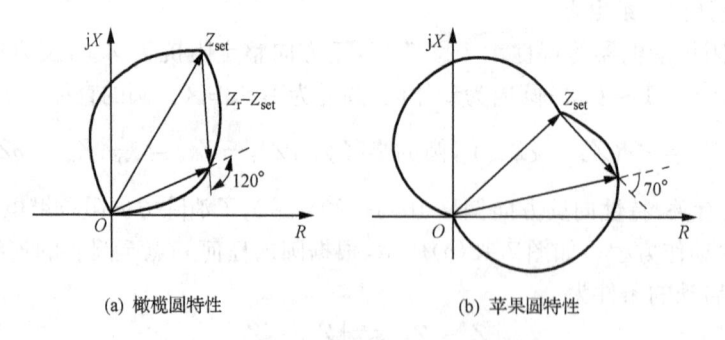

(a) 橄榄圆特性　　　　(b) 苹果圆特性

图 7-13　动作角度范围对动作特性的影响

5. 四边形阻抗继电器

图 7-14 为四边形阻抗继电器的特性，四边形内为动作区，四边形外为不动作区。四边形特性可以看作由折线 M-O-H、直线 MN 和直线 NH 围合而成。图中的折线 M-O-H 这段特性可以采用动作范围小于 180°的功率方向继电器来实现。在与 R 轴夹角成 φ_k 的直线上

找一相量 Z_{set}，记 O-H 与 R 轴间的夹角为 α_2、O-M 与 Z_{set} 间的夹角为 α_3，则 M-O-H 这段特性对应的比相式动作方程为

$$\alpha_3 \geqslant \arg \frac{Z_r}{Z_{set}} \geqslant -(\alpha_2 + \varphi_k) \tag{7-34}$$

式中，$\alpha_2 + \alpha_3 + \varphi_d < 180°$。将 Z_r 和 Z_{set} 均以电流 $\dot{I}_r$ 乘之得到比相的两个电压分别为

$$\begin{cases} \dot{U}_P = \dot{U}_r \\ \dot{U}' = -\dot{I}_r Z_{set} \end{cases} \tag{7-35}$$

图 7-14 中的直线 MN 被称为电抗继电器特性，因为其动作与否主要决定于测量电抗。为写出动作方程，把它单独画在图 7-15 中。直线 MN 与整定阻抗 Z_{set} 垂直，与 R 轴的夹角为 δ 且 $\varphi_k + \delta = 90°$，直线特性的下方为动作区。当 Z_r 在动作直线上且位于 Z_{set} 的下方时（如图中 c 点），$Z_r - Z_{set}$ 超前 R 轴 $360° - \delta$；当 Z_r 在动作直线上且位于 Z_{set} 的上方时（如图中 b 点），$Z_r - Z_{set}$（$Z_r - Z_{set}$）超前 R 轴 $180° - \delta$；当 Z_r 在动作区内时，超前角介于 $180° - \delta$ 和 $360° - \delta$ 之间。所以，直线 MN 特性对应的比相式动作方程为

$$360° - \delta \geqslant \arg \frac{\dot{U}_r - \dot{I}_r Z_{set}}{\dot{I}_r R} > 180° - \delta \tag{7-36}$$

图 7-14 中的直线 NH 被称为负荷限制继电器，具有电阻特性，以限制正常运行时负荷阻抗的影响。为写出动作方程，把它单独画在图 7-16 中。该直线特性的整定值为 R_{set}，与 R 轴的夹角为 α，其左侧为动作区。以 R_{set} 为界，测量阻抗 Z_r 在直线上时（如图中 N 点），$Z_r - Z_{set}$ 超前 R 轴的角度分别为 α 和 $180° + \delta$；而 Z_r 在动作区内时，超前角介于两者之间。因此，比相式动作方程为

$$180° + \alpha \geqslant \arg \frac{\dot{U}_r - \dot{I}_r R_{set}}{\dot{I}_r R_{set}} \geqslant \alpha \tag{7-37}$$

将上述三个特性的继电器组成与门输出即获得图 7-14 的四边形特性。直线 MN 下倾角 α_4 为 $5° \sim 8°$，以防区外经过渡电阻故障时引起的"超范围"误动，所谓"超范围"就是指超出保护范围的误动。直线 NH 与 R 轴的夹角 α_1 通常取为 $70°$，以躲开负荷阻抗的影响。

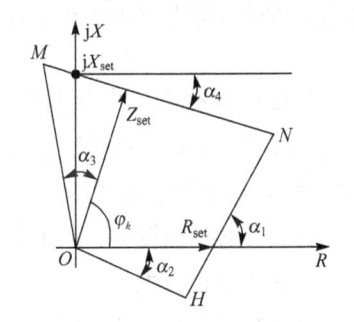

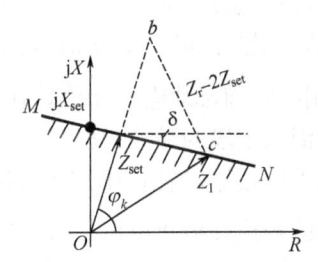

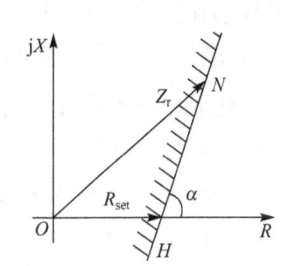

图 7-14　四边形阻抗继电器的特性　图 7-15　电抗继电器的特性　图 7-16　负荷限制继电器的特性

6. 阻抗继电器的实现方法

阻抗继电器可用比较两个电气量幅值或是比较两个电气量相位的方法来实现。每个电气量的具体组成则由动作方程中的 A、B、C、D 所决定。阻抗继电器构成框图为图 7-17。

(a) 幅值比较式　　　　　　　　(b) 相位比较式

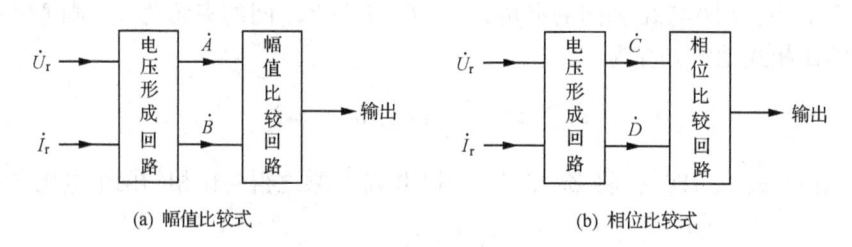

图 7-17　阻抗继电器构成框图

电压形成回路的作用就是形成比幅的两个电压 $\dot{A}$ 和 $\dot{B}$ 或比相的两个电压 $\dot{C}$ 和 $\dot{D}$。尽管 $\dot{A}$、$\dot{B}$、$\dot{C}$、$\dot{D}$ 的组成各不相同，但基本可归纳为两种形式：一种是加于继电器上的电压 $\dot{U}_r$；另一种是加入继电器的电流在某一已知阻抗上的电压降，如 $\dot{I}_r Z_{set}$、$\dot{I}_r Z_0$、$\dot{I}_r R$ 等。$\dot{U}_r$ 直接从电压互感器二次侧获取，也可再经过小型中间变压器进一步降低数值。$\dot{I}_r$ 从电流互感器的二次侧获得，$\dot{I}_r R$ 从小型中间变流器副边的电阻上得到，$\dot{I}_r$ 在一个已知阻抗（如 Z_0、Z_{set} 等）上的压降，微机型继电器从小型中间变流器副边得到 $\dot{I}_r R$ 后，再由数字处理芯片乘以一个已知阻抗计算获得。

幅值比较回路的作用是比较两个电气量 $\dot{A}$ 和 $\dot{B}$ 的大小，当 $|\dot{A}| \geq |\dot{B}|$ 时输出动作信号。在微机型继电器中，动作条件根据 $\dot{A}$、$\dot{B}$ 的计算结果直接去比较两者的幅值大小而实现相位比较回路的作用是比较两个电压之间的相位关系，当满足动作方程时输出动作信号。微机型继电器根据 $\dot{C}$ 和 $\dot{D}$ 的计算结果直接判断两者相位是否满足动作方程。

7. 方向性继电器的死区及消除死区的方法

保护安装地点正方向出口的一定范围内发生金属性相间短路时，母线上的故障相间电压降为零或近似为零，加入继电器上的电压 $\dot{U}_r = 0$ 或者小于继电器动作所需要的最小电压，任何具有方向性的继电器将不能动作，从而出现保护装置的"死区"。例如，幅值比较式的方向阻抗继电器当 $\dot{U}_r = 0$ 时，被比较的两个电压 $\dot{A} = \frac{1}{2} \dot{I}_r Z_{set}$ 和 $\dot{B} = \dot{U}_r - \frac{1}{2} \dot{I}_r Z_{set}$ 相等，考虑到幅值比较回路中的执行元件动作需要一定的电压，继电器是不能启动的。相位比较式方向阻抗继电器，$\dot{U}_r = 0$ 使极化电压变为零而失去了比较相位依据，继电器也不能启动。为了减小和消除死区，可采用以下方法。

(1) 利用故障前母线电压的"记忆作用"。短路前后保护安装处即母线上的电压只是数值上变化而相位不变，故可借用故障前母线电压相位替代极化电压 $\dot{U}_P$ 的相位与 $\dot{U}'$ 进行比相，这称为"记忆作用"，能有效消除Ⅰ段的动作"死区"。微机保护具有存储记忆功能，可保存故障前若干周波的母线电压采样数据，当出口附近短路判断出母线电压接近零时，调用故障前母线电压采样数据算出它的相位即极化电压 $\dot{U}_P$ 的相位，以此消除"死区"。

(2) 引入非故障相电压。对带有动作时限的方向性阻抗继电器，采用"记忆作用"消除"死区"就不行了。考虑到两相短路时，故障相间的电压降低至零而非故障相的电压仍很高，故可在极化电压 $\dot{U}_P$ 中引入非故障相电压来消除两相短路的"死区"。引入第三相电压应遵循的原则是：不改变继电器的原有动作特性。例如常用的 0° 接线（见 7.3.5 节）的相间短路方向阻抗继电器，反应 AB 相间短路的继电器接入的是 $\dot{U}_r = \dot{U}_{AB}$ 和 $\dot{I}_r = \dot{I}_{AB}$。当出口发生

AB 两相短路时 $\dot{U}_P = \dot{U}_r = 0$ 出现"死区"。为消除"死区"可将 $\dot{U}_C$ 引入。但由于 $\dot{U}_C$ 超前 $\dot{U}_{AB}$ 90°,故必须将 $\dot{U}_C$ 后移 90° 才能接入 AB 相继电器的极化回路中,其动作方程为

$$270° \geqslant \arg \frac{\dot{U}_{AB} + \alpha \dot{U}_C e^{-j90°}}{\dot{U}_{AB} - (\dot{I}_A - \dot{I}_B)Z_{set}} \geqslant 90° \tag{7-38}$$

式中,α 为取用 $\dot{U}_C$ 的百分数,约为 10%。

上面方法对消除三相短路"死区"无能为力,因为三个相电压和相间电压均为零。

(3) 采用辅助保护或其他阻抗特性。例如,让电流继电器与阻抗继电器组成或门输出;采用偏移特性的阻抗继电器取代方向性阻抗继电器。

除上面介绍的继电器之外,保护装置中还用到辅助继电器。请扫描二维码阅读。

辅助继电器的作用及工作原理

7.3 继电保护的工作原理

7.3.1 单侧电源网络相间短路的三段式电流保护

根据继电保护装置所承担的基本任务,它必须要能够区分出电力系统正常运行与发生故障及不正常运行状态的差别。一般情况下,差别主要体现在电流、电压和测量阻抗这样的电气测量量上,例如,电力系统正常运行时每条输电线路上流过负荷电流,发生短路时流过的电流比正常时的负荷电流大得多,且短路点越靠近电源处短路电流越大。因此,可以通过反应电流增大来构成过电流保护。在 35kV 及以下辐射网中,反应相间短路的过电流保护由电流速断、限时电流速断和定时限过电流组成三段式保护配合工作。下面介绍其工作原理和整定计算的原则。

1. 电流速断保护

仅反应于被保护线路一侧电流增大而瞬时动作的保护被称为电流速断保护。在图 7-18 所示的单侧电源辐射网中,假定每条线路上均装有电流速断保护,我们希望每一个速断保护都能保护自己线路的全长,这是对继电保护全线速动性的要求;同时在下一条线路出口短路时又不动作,这是对继电保护选择性的要求。但是,全线速动性和选择性的要求不可能同时满足。

以保护 2 为例,实际上 k_1 点和 k_2 点短路时,流过保护 2 的短路电流数值几乎是一样的。因此,若 k_1 点短路时速断保护 2 能动作,则 k_2 点短路时保护 2 必然也会动作。同样地,保护 1 也无法区别 k_3 和 k_4 点的短路。

解决这个矛盾的办法就是优先保证电流速断保护动作的选择性,即从保护装置启动参数的整定上保证下一条线路出口短路时不启动,在继电保护技术中这又称为按躲开下一条线路出口短路的条件整定。

由于电流速断保护整定计算是以电网中发生相间短路时流过保护装置的短路电流为基础的,因此定义保护装置的启动电流这一概念,它是指能使该保护装置启动的最小电流值,以 I_{op}^I 表示。它所代表的意义是:当被保护线路的一次侧电流等于或大于这个数值时,安装

在该处的保护装置就能够启动。I_{op}^{I} 和继电器启动电流 I_{act} 之间满足如下关系：

$$I_{act} = \frac{I_{op}^{I}}{n_{TA}} \tag{7-39}$$

式中，n_{TA} 为电流互感器的变比。

根据电力系统短路的分析结果，电源电势一定时短路电流的大小与短路点和电源之间的总阻抗及短路类型有关。三相短路电流的数值可表示为

$$I_k = \frac{E_\varphi}{Z_\Sigma} = \frac{E_\varphi}{Z_S + Z_k} \tag{7-40}$$

式中，E_φ 为系统等效电源的相电势，Z_k 为短路点至保护安装处之间的阻抗，Z_S 为保护安装处到系统等效电源之间的阻抗。

从式(7-40)可见，短路地点不同，Z_k 不同，I_k 就不同；系统运行方式变化时，E_φ 和 Z_S 变化，I_k 也不同；短路类型不同，I_k 也不同，两相短路电流的表达式就与式(7-40)不同。所以，同一个系统有多条短路电流曲线 $I_k = f(l)$，l 为短路点至保护安装处的距离。对每一套保护装置而言，通过该保护装置短路电流最大的方式称为系统最大运行方式，而短路电流最小的方式则称为系统最小运行方式。系统最大运行方式下发生三相短路时，通过保护装置的短路电流最大，对应的短路电流变化曲线如图 7-18 中曲线 I 所示；系统最小运行方式下两相短路时短路电流最小，对应的短路电流变化曲线如图 7-18 中曲线 II 所示。

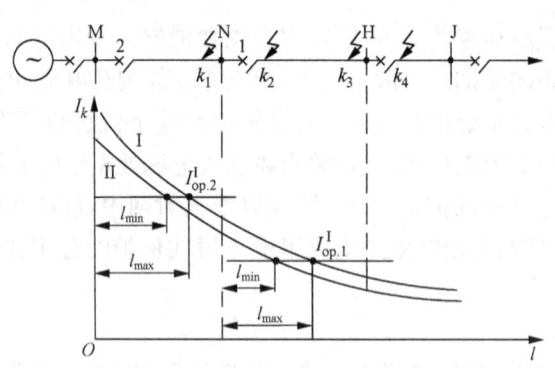

图 7-18 电流速断保护动作特性的分析

为了保证电流速断保护动作的选择性，其启动电流 I_{op}^{I} 必须大于系统最大运行方式下被保护线路末端发生三相短路时的电流，即

$$\begin{cases} I_{op.1}^{I} > I_{k.H.max} \\ I_{op.2}^{I} > I_{k.N.max} \end{cases}$$

考虑到电流继电器的实际启动值可能小于整定值、短路电流计算误差以及短路电流计算采用的是次暂态电流而未计及衰减非周期分量的影响等因素，引入可靠系数 $K_{rel}^{I} = 1.2 \sim 1.3$，则

$$\begin{cases} I_{op.1}^{I} = K_{rel}^{I} I_{k.H.max} \\ I_{op.2}^{I} = K_{rel}^{I} I_{k.N.max} \end{cases} \tag{7-41}$$

这样整定好的启动电流是不变的，与短路点远近(或 Z_k)无关，故在图 7-18 中是一条直线，它与曲线 I 和 II 各有一个交点。在交点至保护安装处的一段线路上发生短路时，短路电流大于启动电流则保护装置动作。而在交点以右的线路上发生短路时，短路电流小于启动电流则保护将不能启动。由此可见，电流速断保护不能保护线路的全长。系统最大运行方

式下三相短路时电流速断的保护范围最大为 l_{max}，当出现系统最小运行方式下的两相短路时，电流速断的保护范围最小为 l_{min}，保护范围随系统运行方式的变化而变化。

电流速断保护的动作时限为保护装置的固有动作时间。

电流速断保护的灵敏性用保护范围的大小来衡量，此保护范围用线路全长的百分数表示。一般要求保护范围不小于线路全长的 15%，应按系统最小运行方式下两相短路来校验。设线路及系统其他元件只考虑电抗，当启动电流 I_{op}^{I} 算出后，最小保护范围用解析法由下式推导出：

$$I_{op}^{I} = I_{k.l.min}^{(2)} \tag{7-42}$$

式中，$I_{k.l.min}$ 为系统最小运行方式下，最小保护范围末端发生两相短路的最小短路电流。在系统正、负序阻抗相等情况下，该电流是同一点同一系统运行方式下三相短路电流的 $\sqrt{3}/2$ 倍。

将 $I_{k.l.min}^{(2)} = \frac{\sqrt{3}}{2} I_{k.l.max}^{(3)} = \frac{\sqrt{3}}{2} \frac{E_\varphi}{Z_{S.max} + Z_{l.min}}$ 和 $I_{op}^{I} = K_{rel}^{I} \frac{E_\varphi}{Z_{S.min} + Z_l}$ 代入式(7-42)，得

$$K_{rel}^{I} \frac{E_\varphi}{Z_{S.min} + Z_l} = \frac{\sqrt{3}}{2} \frac{E_\varphi}{Z_{S.max} + Z_{l.min}} \tag{7-43}$$

式中，$Z_{S.max}$ 为系统最小运行方式下的最大等值阻抗，$Z_{S.min}$ 为系统最大运行方式下的最小等值阻抗，$Z_{l.min}$ 为保护安装处到最小保护范围末端之间的阻抗，Z_l 为被保护线路的总阻抗。

解式(7-43)得

$$Z_{l.min} = \frac{1}{K_{rel}^{I}} \left[\frac{\sqrt{3}}{2} Z_l - K_{rel}^{I} Z_{S.max} + \frac{\sqrt{3}}{2} Z_{S.min} \right] \tag{7-44}$$

因此，最小保护范围为

$$l_{min}\% = \frac{Z_{l.min}}{Z_l} \times 100\% = \frac{1}{K_{rel}^{I}} \left[\frac{\sqrt{3}}{2} - \frac{K_{rel}^{I} Z_{S.max} - \frac{\sqrt{3}}{2} Z_{S.min}}{Z_l} \right] \tag{7-45}$$

由式(7-45)可见：线路长度一定时，系统最大、最小运行方式相差越小（即 $Z_{S.max}$ 与 $Z_{S.min}$ 差值越小），则保护范围越长。

电流速断保护的单相原理接线如图 7-19 所示，其中测量元件是接于电流互感器 TA 二次侧的电流继电器 KA，它动作后启动中间继电器 KM，其接点闭合后经串联的信号继电器接通断路器的跳闸线圈 YR 使断路器跳闸。接线中采用中间继电器有两个作用：①电流继电器的接点容量比较小，不能直接接通跳闸线圈。因此，应先启动中间继电器，然后再由接点容量大的中间继电器去接通 YR；②当线路上装有管型避雷器时，利用中间继电器来增大保护装置的固有动作时间，以防止管型避雷器放电时由于在极短时间内线路中有很大电流通过，电流继电器可能很快动作一下而引起速断保护的误动作。

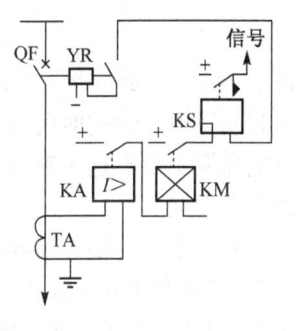

图 7-19 电流速断保护的单相原理接线图

由以上分析可以看出，电流速断保护是靠整定值的选取来满足选择性要求的。主要优点是简单可靠、动作迅速，因而获得了广泛的应用；缺点是不能保护线路的全长，并且保护范

围直接受系统运行方式变化的影响。

2. 限时电流速断保护

由于电流速断不能保护本线路的全长，为了切除本线路上速断范围以外的故障，同时也作为速断的后备，需要增加一段新的保护。对这个新保护的要求：①在任何情况下都能保护本线路的全长，并具有足够的灵敏性；②在满足上述要求的前提下，力求具有最小的动作时限。这种能以较小的时限快速切除全线路范围内相间故障的保护就称为限时电流速断保护。

因为要求限时速断保护必须保护本线路的全长，所以它的保护范围必然要延伸到下一条线路中去，这样当下一条线路出口处发生短路时它就要启动。为了保证动作的选择性，本线路限时电流速断保护的启动电流和动作时限都必须与下条线路的电流速断保护相配合。一般按下列原则对限时电流速断保护进行整定：使其保护范围不超出下一条线路电流速断保护的保护范围，而动作时限比下一条线路的速断保护高出一个时间阶段，此时间阶段以 Δt 表示。

以图 7-20 的保护 2 为例，限时电流速断保护的启动电流和动作时限就应该整定为

$$\begin{cases} I_{\text{op.2}}^{\text{II}} \geqslant I_{\text{op.1}}^{\text{I}} \\ t_2^{\text{II}} = t_1^{\text{I}} + \Delta t \end{cases} \quad (7\text{-}46)$$

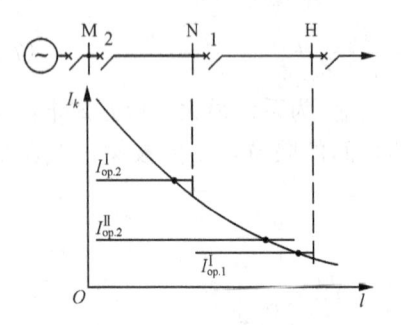

图 7-20　限时电流速断保护动作特性的分析

如果选择保护 2 限时电流速断的保护范围与下条线路保护 1 电流速断的保护范围相同，那么式(7-46)中两个电流应该取相等。但考虑到电流互感器和电流继电器误差等因素的影响，为保证选择性保护 2 限时电流速断的保护范围应该缩小一些，即在式(7-46)中取大于号。引入可靠系数 $K_{\text{rel}}^{\text{II}} = 1.1 \sim 1.2$（考虑衰减非周期分量已经衰减掉，因此取得小），则

$$I_{\text{op.2}}^{\text{II}} = K_{\text{rel}}^{\text{II}} I_{\text{op.1}}^{\text{I}} \quad (7\text{-}47)$$

从尽快切除故障的观点来看，Δt 越小越好。但为了保证两个保护动作之间的选择性，Δt 应该符合下列条件：

$$\Delta t = t_{\text{QF.1}} + t_{t.1} + t_{t.2} + t_{\text{M}} \quad (7\text{-}48)$$

式中，$t_{\text{QF.1}}$ 为断路器 1 从跳闸线圈收到跳闸脉冲到电弧熄灭为止的时间；$t_{t.1}$ 为保护 1 若采用时间继电器时的时间继电器正误差（实际动作时间比整定时间大），若保护 1 未采用时间继电器则不考虑这一项；$t_{t.2}$ 为保护 2 时间元件的负误差（实际动作时间比整定时间小）；t_{M} 为裕度时间。

对于常用的断路器和继电器而言，Δt 的数值为 0.3~0.6s，通常微机型继电器取 $\Delta t = 0.3$s，其他型继电器取 $\Delta t = 0.5$s。这样确定 Δt 后就意味着：即使两个保护的动作时间均有误差，也能保证下条线路电流速断保护范围内发生故障时，在它的断路器切除故障之前，前面靠近电源侧一级保护的限时电流速断绝不会发出跳闸信号。

按照上述原则整定的时限特性如图 7-21(a)所示。由图可见，保护 1 电流速断保护范围以内的故障将由保护 1 以 t_1^{I} 的时间切除，而保护 2 的限时电流速断虽然可能启动，但由于 t_2^{II} 较 t_1^{I} 大一个 Δt，因而从时间上保证了动作的选择性。当故障发生在保护 2 电流速断保

护范围以内时,则将由保护 2 以 t_2^{I} 的时间切除。当故障发生在保护 2 电流速断的保护范围以外且又在其限时电流速断的范围以内时,则由保护 2 以 t_2^{II} 的时间切除。

(a) 和下一条线路的速断保护相匹配

(b) 和下一条线路的限时速断保护相配合

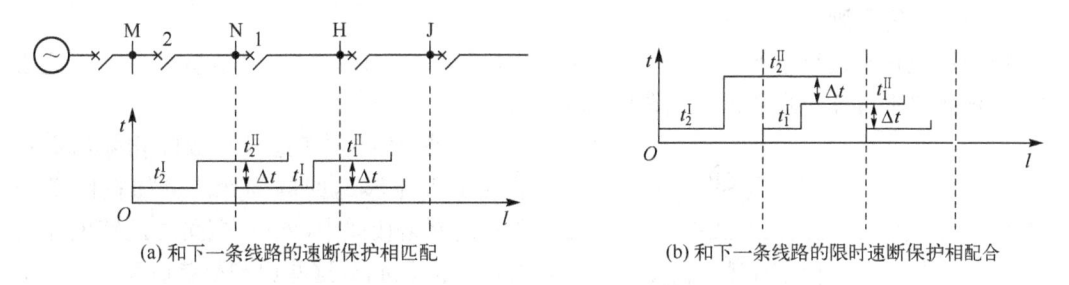

图 7-21 限时电流速断保护动作时限的配合

由此可见,在线路上装设了电流速断和限时电流速断以后,它们的联合工作可以保证全线路范围内的故障都能够在 Δt 的时间内予以切除,在一般情况下都能够满足速动性的要求。具有这种性能的保护称为该线路的"主保护"。

限时电流速断保护的灵敏性用灵敏系数 $K_{\mathrm{sen}}^{\mathrm{II}}$ 来衡量。它是指:在系统最小运行方式下线路末端发生两相短路时,流过保护装置的电流值与启动电流的比值。以保护 2 为例,其限时电流速断的灵敏系数为

$$K_{\mathrm{sen}}^{\mathrm{II}} = \frac{I_{k,N,\min}}{I_{\mathrm{op},2}^{\mathrm{II}}} \qquad (7\text{-}49)$$

为了保证在线路末端短路时保护装置一定能够动作,要求限时电流速断保护的灵敏系数 $K_{\mathrm{sen}}^{\mathrm{II}} = 1.3 \sim 1.5$。

当校验灵敏系数不能满足要求时,意味着将来真正发生线路内部故障时由于不利因素的影响保护可能启动不了,这是不允许的。为了解决这个问题,通常考虑进一步延伸限时电流速断的保护范围、使之与下一条线路的限时电流速断相配合,而其动作时限就应该选择得比下一条线路限时速断的动作时限再高一个 Δt 以满足选择性,即

$$\begin{cases} I_{\mathrm{op},2}^{\mathrm{II}} = K_{\mathrm{rel}}^{\mathrm{II}} I_{\mathrm{op},1}^{\mathrm{I}} \\ t_2^{\mathrm{II}} = t_1^{\mathrm{II}} + \Delta t \end{cases} \qquad (7\text{-}50)$$

与该整定原则对应的时限特性如图 7-21(b)所示,可以看出:为了保证选择性,保护范围的伸长必然要用动作时限的升高来补偿。

限时电流速断保护的单相原理接线和电流速断保护接线的区别是用时间继电器代替了中间继电器。当电流继电器动作后,经过时间继电器的延时 t_2^{II} 才能动作于跳闸。如果在 t_2^{II} 的延时到达之前,故障已经被其他的保护切除掉了,则电流继电器会立即返回,整个保护随即复归原状。

限时电流速断是靠前后级保护在整定值和动作时限的选取上相互配合来满足选择性要求的。其优点是能保护线路的全长,缺点是保护范围受系统运行方式变化的影响。

3. 定时限过电流保护

电流速断保护和限时电流速断保护构成了输电线路的"主保护",考虑到保护或者断路器有拒动的可能性,为了保证电力系统中发生故障时的选择性,还应该装设后备保护。定时限过电流保护就属于后备保护,它的启动电流按照躲开最大负荷电流来整定。在正常运行时不应该启动;而在电网发生故障时,由于短路电流比负荷电流大而动作。一般情况下,它

不仅能够保护本线路的全长,起到近后备保护的作用;而且能保护相邻线路的全长,起到远后备保护的作用。

1)整定计算原则

电力系统正常运行情况下,定时限过电流保护不应该动作,因此,其装置的启动电流必须大于该线路上可能出现的最大负荷电流 $I_{\text{LD.max}}$。

另外,还必须考虑外部故障切除后保护装置是否能够返回的问题。例如在图 7-22 所示的网络接线中,k_1 点短路时短路电流将通过保护 5、4、3,这些保护都要启动。按照选择性的要求应由保护 3 动作切除故障,然后保护 4 和 5 由于故障切除、电流已经减小而立即返回。但是,当外部故障切除后,线路 MN 继续向供电所 N 供电,这时在变电所 N 母线上由于短路时电压降低而被制动的电动机有一个自启动的过程。电动机的自启动电流大于它正常工作的电流,引入一个自启动系数 K_{Ms} 来表示最大自启动电流 $I_{\text{Ms.max}}$ 与正常运行时最大负荷电流 $I_{\text{LD.max}}$ 之比,即

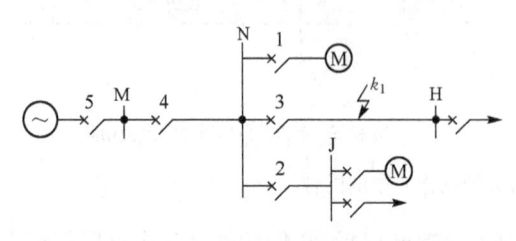

图 7-22 分析过电流保护的网络接线图

$$I_{\text{Ms.max}} = K_{\text{Ms}} I_{\text{LD.max}} \tag{7-51}$$

保护 4 和 5 在这个电流的作用下必须立即返回。因此,应使保护装置的返回电流 $I_{\text{re}}^{\text{III}}$ 大于 $I_{\text{Ms.max}}$,引入可靠系数 $K_{\text{rel}}^{\text{III}}$ 有

$$I_{\text{re}}^{\text{III}} = K_{\text{rel}}^{\text{III}} I_{\text{Ms.max}} = K_{\text{rel}}^{\text{III}} K_{\text{Ms}} I_{\text{LD.max}} \tag{7-52}$$

由于保护装置的启动与返回是通过电流继电器实现的,因此继电器返回电流与启动电流之间的关系也就代表了保护装置返回电流与启动电流之间的关系。根据式(7-7)引入的继电器返回系数 K_{re},则保护装置的启动电流即为

$$I_{\text{op}}^{\text{III}} = \frac{1}{K_{\text{re}}} I_{\text{re}}^{\text{III}} = \frac{K_{\text{rel}}^{\text{III}} K_{\text{Ms}}}{K_{\text{re}}} I_{\text{LD.max}} \tag{7-53}$$

式中,$K_{\text{rel}}^{\text{III}}$ 为可靠系数,一般采用 $1.15 \sim 1.25$;K_{Ms} 为自启动系数,数值大于 1,由网络具体接线和负荷性质确定;K_{re} 为电流继电器的返回系数,一般采用 $0.85 \sim 0.95$,对机电型继电器采用 0.85,对静态型继电器采用 0.95。

当 K_{re} 越小时,保护装置的启动电流越大,其灵敏性就越差。因此过电流继电器应有较高的返回系数以保证其动作的灵敏性。

2)动作时限的选择

为了保证选择性,电网中各个定时限过电流保护的动作时限必须相互配合。如图 7-23 所示,假定在每个电气元件上均装有过电流保护,各保护装置的启动电流均按照躲开各自的最大负荷电流来整定。当 k_1 点短路时,保护 1~5 在短路电流的作用下都可能启动。要满足选择性的要求,应该只有保护 1 动作切除故障,而保护 2~5 在故障切除之后应立即返回。这个要求只能依靠各保护装置带有不同的时限来满足。

保护 1 位于电网最末端,当电动机内部故障时它可以瞬时动作切除故障,因此 t_1^{III} 即为保护装置本身的固有动作时间。为了保证 k_1 点短路时动作的选择性,保护 2 应整定其动作时限 $t_2^{\text{III}} > t_1^{\text{III}}$,引入时间阶段 Δt,则保护 2 的动作时限为 $t_2^{\text{III}} = t_1^{\text{III}} + \Delta t$。保护 2 的时限确定以后,当 k_2 点短路时它将以 t_2^{III} 的时限切除故障,为保证保护 3 动作的选择性又必须整定

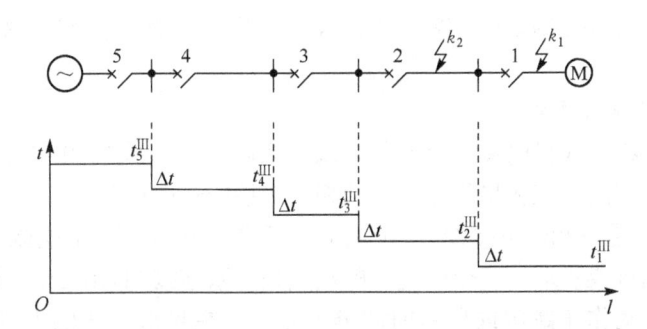

图 7-23 单侧电源放射形网络中过电流保护的时限特性

$t_3^{Ⅲ} > t_2^{Ⅲ}$,引入 Δt 以后则 $t_3^{Ⅲ} = t_2^{Ⅲ} + \Delta t$。依此类推,保护 4、5 的动作时限分别为 $t_4^{Ⅲ} = t_3^{Ⅲ} + \Delta t$ 和 $t_5^{Ⅲ} = t_4^{Ⅲ} + \Delta t$。

在较复杂一些的单侧电源网络中,任一过电流保护的动作时限应选择得比相邻各元件保护的动作时限均高出至少一个 Δt,只有这样才能充分保证动作的选择性。例如图 7-23 网络中,保护 4 的动作时限应按下式整定

$$t_4^{Ⅲ} = \max\{t_1^{Ⅲ}, t_2^{Ⅲ}, t_3^{Ⅲ}\} + \Delta t \tag{7-54}$$

式中,$t_1^{Ⅲ}$、$t_2^{Ⅲ}$ 和 $t_3^{Ⅲ}$ 分别为 1 号(电动机)保护、2 号(变压器)保护和 3 号(线路 MN)保护的动作时限。

定时限过电流保护的动作时限,是靠专门的时间继电器来实现的,与短路电流的大小无关。其单相式原理接线与限时电流速断保护的相同。由以上分析可知,处于电网终端附近的保护装置(如图 7-23 中的 1 和 2),其过电流保护的动作时限并不长,它就可作为主保护兼后备保护,无须再装设电流速断或限时电流速断保护。

3) 灵敏系数的校验

定时限过电流保护作为本线路的主保护或近后备保护,应该采用最小运行方式下本线路末端两相短路时的电流 $I_{k.本.min}$ 与启动电流之比来校验灵敏系数,即

$$K_{sen}^{Ⅲ} = \frac{I_{k.本.min}}{I_{op}^{Ⅲ}} \tag{7-55}$$

规程要求 $K_{sen}^{Ⅲ} \geqslant 1.3$;作为相邻线路的远后备保护,应该采用最小运行方式下相邻线路末端两相短路时的电流 $I_{k.邻.min}$ 与启动电流之比来校验灵敏系数,即

$$K_{sen}^{Ⅲ} = \frac{I_{k.邻.min}}{I_{op}^{Ⅲ}} \tag{7-56}$$

规程要求 $K_{sen}^{Ⅲ} \geqslant 1.2$。

为了保证动作的选择性,还要求各个过电流保护之间灵敏系数必须相互配合,即对同一故障点而言,要求越靠近故障点的保护应具有越高的灵敏系数。例如在图 7-24 的网络中,当 k_1 点短路时,应要求各保护的灵敏系数之间满足下列关系

$$K_{sen,1}^{Ⅲ} > K_{sen,2}^{Ⅲ} > K_{sen,3}^{Ⅲ} > K_{sen,4}^{Ⅲ} > \cdots \tag{7-57}$$

在单侧电源的网络接线中,上述灵敏系数应相互配合的要求是自然满足的,因为发生故障后各保护装置均流过同一个短路电流,而越靠近电源端时保护装置的定值越大。在复杂网络的保护中,灵敏系数的相互配合问题尤其应该注意。

实际上,定时限过电流保护是靠灵敏系数和动作时限都相互配合来保证动作的选择性的。

4. 电流保护的接线方式

电流保护的接线方式指电流继电器与电流互感器二次线圈之间的连接方式。相间短路的电流保护广泛采用的是三相星形接线和两相星形接线这两种方式。

图 7-24 给出的是三相星形接线,三个电流互感器分别接于三个电流继电器的二次侧,互感器和继电器均接成星形。三个继电器的接点是并联连接的,相当于"或"回路,当其中任一接点闭合后均可动作于跳闸或启动时间继电器等。在星形接线的中线上流回的电流为 $\dot{I}_a+\dot{I}_b+\dot{I}_c$,正常时此电流为零,在发生接地短路时则为三倍零序电流 $3\dot{I}_0$。因此,这种接线方式可以反应各种相间短路和中性点直接接地电网中的单相接地短路。图 7-25 是两相星形接线,它和三相星形接线的主要区别在于 B 相上不装电流互感器和相应的继电器,因此两相星形接线不能反应 B 相流过的电流,中线上流回的电流是 $\dot{I}_a+\dot{I}_c$。

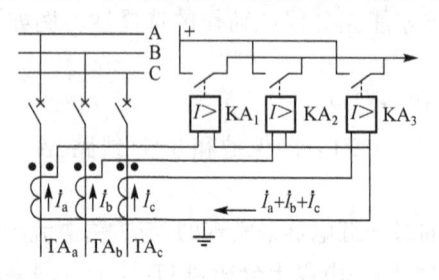

图 7-24　三相星形接线的原理接线 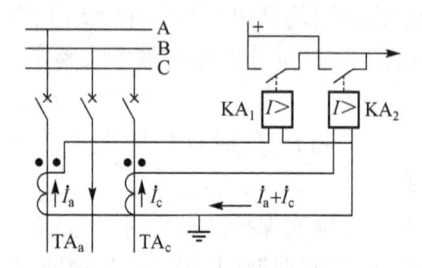　　图 7-25　两相星形接线的原理接线

7.3.2　多侧电源网络相间短路的方向性电流保护

1. 采用方向性电流保护的原因

在多个电源存在的网络中或是环网中采用三段式电流保护不能满足选择性的要求。例如在图 7-26 所示的双侧电源网络中,每条线路的两侧均需装设断路器和保护装置。因为线路上发生短路时,线路两侧分别流过各侧电源提供的短路电流,如果只在线路的一侧装设断路器和保护装置,实际上并不能真正切除故障。假设保护 1、2、3、4 的电流速断仍按 7.3.1 节中的整定原则,其启动电流依据电源 $\dot{E}_I$ 单独存在情况下整定,保护 5、6、7、8 的电流速断依据电源 $\dot{E}_{II}$ 单独存在情况下整定,在图 7-26(a)中 k_1 点发生短路时,按照选择性要求应该由距故障点最近的保护 2 和 6 动作切除故障。然而,由电源 $\dot{E}_{II}$ 供给的短路电流 $\dot{I}''_{k1}$ 也将通过保护 1,如果 $\dot{I}''_{k1}$ 大于保护 1 电流速断的启动电流 $I^{I}_{op.1}$,则保护 1 的电流速断就要误动作。那么,此类网络中能否采用定时限过电流保护呢?结论也是否定的。因为当 k_1 点短路时要求 $t^{III}_5 > t^{III}_2$,但是当 k_2 点短路时又要求 $t^{III}_2 > t^{III}_5$。这两个要求是不可能同时得到满足的。

对误动作的保护进行分析可知,对侧电源供给的短路电流是引起保护误动作的原因,误动作保护的实际短路功率方向是由线路流向母线的。因此,为了消除多电源网络中三段式电流保护的无选择动作,需要在可能误动作的保护上增设一个功率方向闭锁元件,该元件当短路功率方向由母线流向线路时动作、开放电流保护,而当短路功率方向由线路流向母线时不动作、闭锁电流保护。按照上述原理构成的保护就是方向性电流保护,每个保护的规定动

(a) k_1 点短路时的电流分布

(b) k_2 点短路时的电流分布

(c) 各保护动作方向的规定

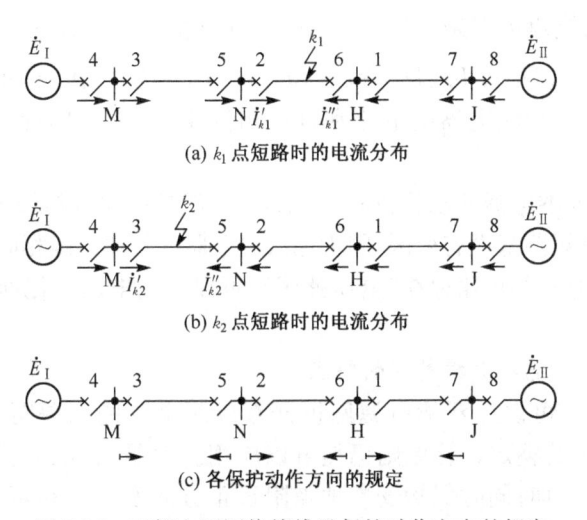

图 7-26 双侧电源网络接线及保护动作方向的规定

作方向(也称为规定正方向)都是指短路功率(或短路电流)由母线流向线路的方向,如图 7-26(c)所示。

装设了方向元件以后,可以把双侧电源网拆开看成两个单侧电源网络,7.3.1 节所讲的三段式电流保护的工作原理和整定计算原则就可以应用了。

2. 方向性电流保护的原理接线

方向性过电流保护的三相原理接线示于图 7-27,主要由方向元件(即功率方向继电器)、电流元件(即电流继电器)和时间元件(即时间继电器)组成。方向元件和电流元件必须都动作以后才能去启动时间元件,再经过预定延时后动作于跳闸。为了简化接线,同一断路器对应的三段保护可共用一个方向元件。接线时必须十分注意继电器电流线圈和电压线圈的极性问题,如果有一个线圈的极性接错就会出现正方向短路时拒绝动作,而反方向短路时误动作的现象。

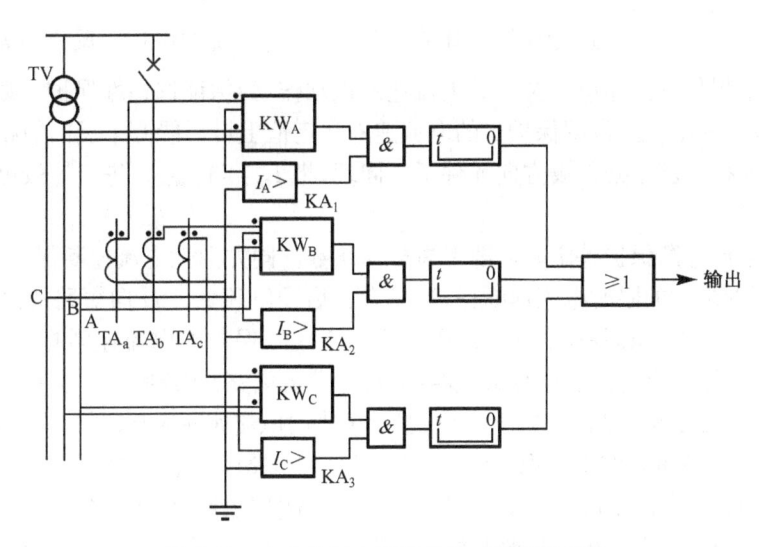

图 7-27 方向性过电流保护的三相原理接线

相间短路功率方向继电器采用的是 90°接线,这种接线方式有三个继电器 KW_A、KW_B 和 KW_C,分别接入 $\dot{I}_A$、$\dot{U}_{BC}$,$\dot{I}_B$、$\dot{U}_{CA}$、$\dot{I}_C$、$\dot{U}_{AB}$。称其为 90°接线是由于三相对称且 $\cos\varphi = 1$ 的情况下,加入每相继电器的电流和电压相位相差 90°,只为称呼方便,无任何物理意义。

实际上,功率方向继电器的动作方程公式(7-14)就是按这种接线方式推导出来的。这种接线对于各种两相短路都没有死区,因为加入继电器的是非故障相间电压,相间短路时非故障相电压很高,只有三相短路存在"电压死区",可以采用电压记忆回路消除(张艳霞 等,2010)。

3. 双侧电源网络中电流保护整定的特点

装设方向元件后,可以把双侧电源网拆开看成两个单侧电源网络。原则上,前面所讲的三段式电流保护的整定计算原则仍然可以应用。但是,在电流保护中引入方向元件后使接线复杂、投资增加;同时保护安装地点附近正方向发生三相短路时,由于母线电压降低至零,方向元件失去判别相位的依据而不能动作,其结果是导致整套保护装置拒动,出现方向性电流保护的"死区"。鉴于上述缺点的存在,方向电流保护在不失掉动作选择性的前提下应力求不用方向元件。因此,双侧电源网络中电流保护的整定计算有其自身的特点。

(1)电流速断保护可以取消方向元件的情况。以图 7-28 为例,先分别计算出 k_1 点和 k_2 点的最大短路电流 $I_{k1.\max}$ 和 $I_{k2.\max}$,则保护 1、2 的电流速断启动电流应该分别整定为

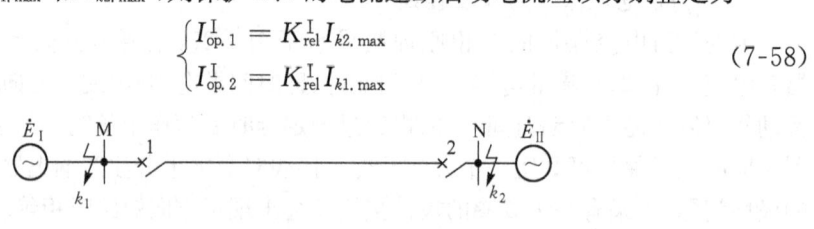

$$\begin{cases} I_{\text{op.}1}^{\text{I}} = K_{\text{rel}}^{\text{I}} I_{k2.\max} \\ I_{\text{op.}2}^{\text{I}} = K_{\text{rel}}^{\text{I}} I_{k1.\max} \end{cases} \tag{7-58}$$

图 7-28 双侧电源网中电流速断的整定

然后,将 $I_{\text{op.}1}^{\text{I}}$ 与 $I_{k1.\max}$ 进行比较。如果 $I_{\text{op.}1}^{\text{I}} < I_{k1.\max}$,说明保护 1 反方向 k_1 点短路时,由对侧电源 $\dot{E}_{\text{II}}$ 提供的短路电流会使其电流速断误动作,为保证选择性保护 1 必须装设方向元件;如果 $I_{\text{op.}1}^{\text{I}} > I_{k1.\max}$,说明保护 1 的电流速断从定值上可靠躲开了反向短路时流过保护的最大电流,保护 1 就不必装设方向元件了。同理,将 $I_{\text{op.}2}^{\text{I}}$ 与 $I_{k2.\max}$ 进行比较可决定是否可不装设方向元件。

(2)限时电流速断保护整定时需要考虑分支系数。同方向性电流速断保护一样,对于应用在双侧电源网络中的限时电流速断保护,只有当启动电流大于反向短路的最大电流时才可以不装设方向元件。其基本的整定原则仍应与下一级保护的电流速断相配合,但需考虑保护安装地点与短路点之间有电源或线路(通称为分支电路)的影响。

①助增电流的影响。如图 7-29 所示,保护 2 的限时电流速断应与保护 1 的电流速断相配合。但两个保护的中间母线上出现了分支电路,且分支电路中有电源,因此故障线路中的短路电流 I_{NH} 大于 I_{MN},其值为 $I_{\text{NH}} = I_{\text{MN}} + I_{\text{MN}}'$。这种使故障线路电流增大的现象称为助增。

保护 1 电流速断的整定值仍按躲开相邻线路出口短路整定为 $I_{\text{op.}1}^{\text{I}}$,其保护范围末端位于 J 点。当 J 点短路时流过保护 2 的电流为 $I_{\text{MN.J}}$,其值小于 $I_{\text{NH.J}}(=I_{\text{op.}1}^{\text{I}})$,故保护 2 限时电流速

断的整定值应取为

$$I_{op.2}^{II} = K_{rel}^{II} I_{MN.J} \quad (7\text{-}59)$$

引入分支系数 K_b，其定义为

$$K_b = \frac{\text{故障线路流过的短路电流}}{\text{前一级保护所在线路上流过的短路电流}} \quad (7\text{-}60)$$

在图 7-29 中，整定配合点 J 处的分支系数为

$$K_b = \frac{I_{NH.J}}{I_{MN.J}} = \frac{I_{op.1}^{I}}{I_{MN.J}} > 1 \quad (7\text{-}61)$$

因此

$$I_{MN.J} = \frac{I_{op.1}^{I}}{K_b} \quad (7\text{-}62)$$

代入式(7-59)得

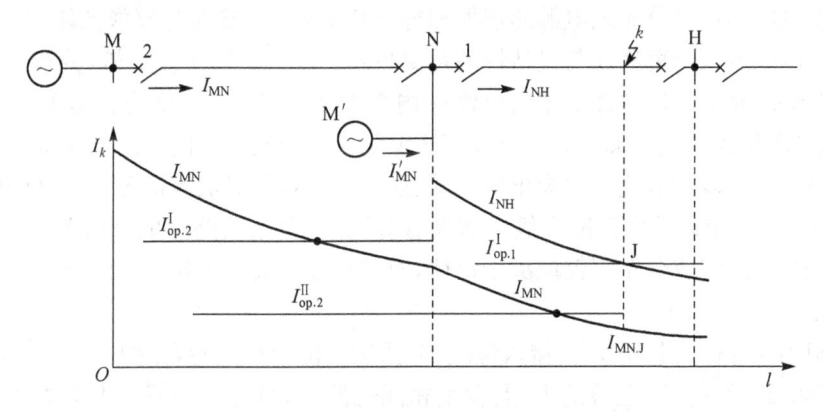

$$I_{op.2}^{II} = \frac{K_{rel}^{II}}{K_b} I_{op.1}^{I} \quad (7\text{-}63)$$

图 7-29 有助增电流时限时电流速断的整定

该式与单侧电源线路的整定公式(7-47)相比，在分母上多了一个大于 1 的分支系数。

②外汲电流的影响。图 7-30 中，分支电路为一并联的线路，故障线路中的电流 I'_{NH} 将小于 I_{MN}，其关系为 $I_{MN} = I'_{NH} + I''_{NH}$，这种使故障线路中电流减小的现象称为外汲。在有外汲情况下，分支系数 $K_b < 1$。有外汲电流影响时的分析方法同于有助增电流的情况，限时电流速断的启动电流仍应按式(7-63)整定。当变电所 N 母线上既有电源又有并联线路时，其

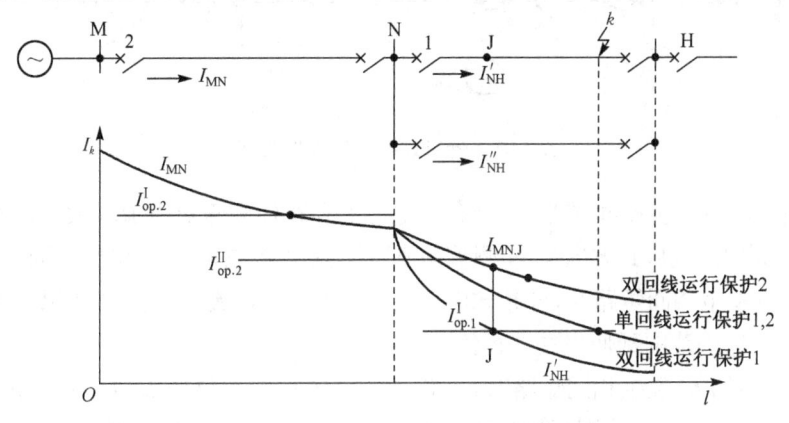

图 7-30 有外汲电流时限时电流速断的整定

分支系数可能大于1也可能小于1,应根据实际可能的运行方式选取分支系数的最小值进行整定计算,以保证保护在任何情况下发生短路时的选择性。

(3)定时限过电流保护可以取消方向元件的情况。定时限过电流保护一般很难从电流整定值上躲开反方向出口短路,而是否装设功率方向元件主要决定于动作时限的大小。以图 7-26 中保护 6 为例,如果其定时限过电流保护的动作时限 $t_6^{II} \geqslant t_1^{II} + \Delta t$,$t_1^{II}$ 为保护 1 定时限过电流保护的时限,则保护 6 可不装方向元件,因为反方向线路 HJ 短路时它能以较长时限来保证动作的选择性。但在这种情况下,保护 1 必须有方向元件,否则线路 NH 上短路时由于 $t_1^{II} < t_6^{II}$,它将先于保护 6 而误动作。当 $t_1^{II} = t_6^{II}$ 时,则保护 1 和 6 都需要装设方向元件。

4. 含分布式电源网络的相间短路电流保护

在绿色能源大力开发的背景下,太阳能电池板、风力发电、燃料电池、抽水蓄能电站、用户侧大型发供电模块等分布式电源的规模和容量快速发展,成为有效降低能耗、节省投资、提升低压电网能源调配可靠性与灵活性的重要技术手段。不同于发电机,分布式电源(Distributed Generation,DG)的故障输出电流受内部控制策略制约,仅为正常值的 1.0~2.0 倍,且与端电压呈强非线性关系。大量分布式电源并网降低了电网短路电流水平,按照常规整定原则设置的三段式电流保护会出现拒动、误动或灵敏性降低等情况。同时,分布式电源的接入使得 35kV 及以下辐射网升级为多端有源网络,每条线路上的潮流不再是单一方向的;电网中的电压、潮流分布不仅取决于负荷,而且与分布式电源相关。因此,三段式电流保护不再适用。

图 7-31 中,分布式电源(DG)接入母线 N,保护 1 位于其上游,保护 2、3 位于其下游,保护 4 在相邻线路始端。当上游的 k_1 点发生相间短路时,分布式电源不仅使故障点电流增大,而且使线路 MN 变成了双侧供电线路,但流过保护 2 的短路电流仍为零。在这种情况下,虽然对保护 1 影响不大,但上游线路 MN 只装设保护 1 就不能真正切除故障了,必须在对侧装设断路器和保护装置才能切除故障。

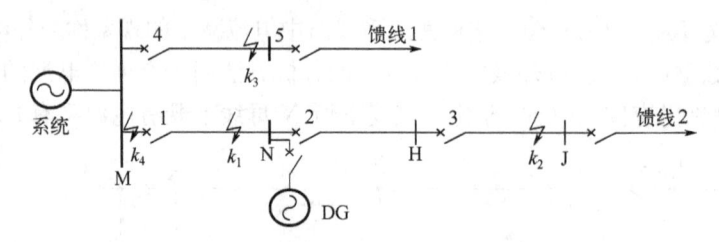

图 7-31 分布式电源接入母线 N

当上游的 k_4 点发生相间短路时,分布式电源的存在使故障点电流增大。流过保护 1 的电流由分布式电源提供,其方向从 N 侧流向 M 侧,这会造成保护 1 在反方向短路误动作。当下游的 k_2 点发生相间短路时,分布式电源起了助增作用,流过保护 2 和保护 3 的电流都增大,使它们的保护范围延伸失去选择性。

当相邻线路的 k_3 发生相间短路时,分布式电源的存在不仅使流过保护 4 的电流增大,有可能会使保护 4 的保护范围延伸到下一段线路;而且由于故障电流流过保护 1,如果该电流足够大将造成保护 1 失去选择性而误动作。

由上面分析可见,分布式电源的接入使得原来简单的35kV及以下单电源辐射网变为了复杂的多电源网络,反应相间短路的三段式电流保护会出现拒动、误动或灵敏度降低等问题,需要对其进行改进,或者采用其他原理的保护。

在改进方案上,首先,对于位于分布式电源上游的保护,由于流过它的短路电流和功率是双方向的,只在线路一侧装设保护不能真正切除故障,必须在对侧也装设保护装置和断路器,并给两侧的三段式电流保护均加装方向元件。其次,对于位于分布式电源下游的保护,为了防止其由于分布式电源助增引起的保护范围延伸,可以采用自适应保护方案。自适应保护是指实时根据电网的运行方式、短路类型来调整整定值,从而优化保护范围。

含分布式电源的电网可以采用纵联保护方案来满足选择性的要求。纵联保护利用先进成熟的通信技术获取多点量测信息,通过通信通道把被保护元件两端的保护装置纵向连接起来,将各端电气量传送到对端进行两端电气量比较,以判断故障是在元件范围内还是在范围之外。理论上具有绝对的选择性,不受多端电源供电方式、系统运行方式和分布式电源出力变化的影响,而且能实现全线速动。具体实现时,可以比较线路两端的电流相量(内部故障时两端电流相量同相位,因此两端电流相量和的幅值很大;外部故障时两端电流相量相位相反,两端电流相量和的幅值为0),也可以直接比较两端电流的相位(内部故障时两端电流相量同相位,外部故障时两端电流相量相位相反)。缺点是需要投资建设通信通道并设置多个量测点。

7.3.3 中性点直接接地电网的接地保护

1. 中性点直接接地电网接地短路时零序分量的特点

我国110kV及以上的电网采用中性点直接接地方式,这种电网发生接地故障时在短路点、大地和接地中性点之间构成了短路回路,所以故障电流很大,称此类电网为大电流接地电网。由于系统正常运行情况下没有零序电流,只有发生接地短路会出现很大的零序电流,因此利用零序电流来构成大电流接地电网的接地保护就具有显著优点。

图7-32(a)网络发生接地短路时的零序等效网络如图7-32(b)所示。零序电流的方向仍然采用母线流向线路为正,零序电压的方向取线路高于大地为正,如图中的"↑"所示。

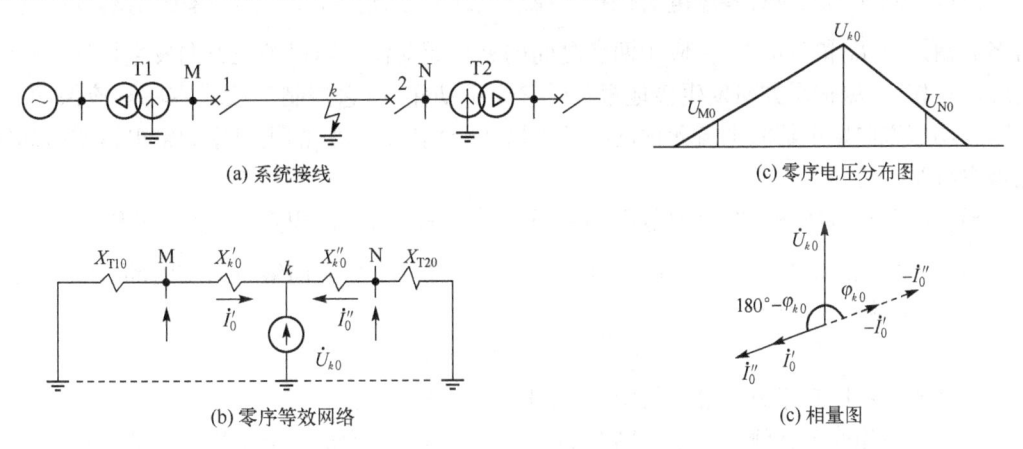

(a) 系统接线

(b) 零序等效网络

(c) 零序电压分布图

(c) 相量图

图7-32 接地短路时的零序等效网

由零序等效网络可见,零序分量具有如下特点:

(1)故障点的零序电压最高,距离故障点越远处的零序电压越低,中性点处为 0。零序电压的分布如图 7-32(c)所示。

(2)网络中的零序电流是由于故障点出现零序电压而产生的。因此,故障线路上的实际零序电流方向是由线路流向母线的,与保护规定的正方向相反。实际零序电流落后零序电压的相位由零序阻抗角 φ_{k0} 决定。按照规定的正方向画出零序电流和电压的相量图为图 7-32(d),$\dot{I}_0'$ 和 $\dot{I}_0''$ 超前 $\dot{U}_{k0}$ 的角度为:$180°-\varphi_{k0}$。

(3)故障线路两端零序功率的方向实际上都是由线路流向母线的。

(4)任一保护安装处的零序电压只与流过的零序电流和被保护线路背后的阻抗有关,而与被保护线路的零序阻抗及故障点的位置无关。以保护 1 所在的 M 母线上的零序电压为例,$\dot{U}_{M0}=(-\dot{I}_0')Z_{T1.0}$,$Z_{T1.0}$ 为变压器 T1 的零序阻抗。

(5)零序分量受系统运行方式的影响小。当电力系统运行方式变化时,如果送电线路和中性点接地的变压器数目不变,则零序阻抗和零序等效网络就是不变的;但系统的正序阻抗和负序阻抗要随着运行方式而变化。正、负序阻抗的变化将引起 U_{k1}、U_{k2}、U_{k0} 之间电压分配的改变,因而间接地影响零序分量的大小。

零序电压和零序电流可以从零序分量过滤器得到(张艳霞 等,2010)。

2. 三段式零序电流保护

中性点直接接地电网中广泛采用三段式零序电流保护作为接地短路的保护,其工作原理与相间短路的三段式电流保护相似。三段保护中的第Ⅰ段是零序电流速断,第Ⅱ段是零序电流限时速断保护,第Ⅲ段是零序过电流保护。它们的整定原则可通过扫描二维码获取。

3. 方向性零序电流保护

双侧或多侧电源的中性点直接接地网络中,如果阶段式零序电流保护在反方向接地短路时,不能依靠动作电流和动作时限保证有选择性动作的情况下,必须采用阶段式零序方向电流保护。

具有方向性的三段式零序电流保护的原理接线示于图 7-33。其中,零序功率方向继电器 KW_0 接于 $3\dot{I}_0$ 和 $3\dot{U}_0$ 上,反应于两者之间的夹角而动作。当保护正方向发生接地短路时它应该动作,当保护反方向发生接地短路时它应不动作,由它控制三段式零序电流保护,只有零序功率方向继电器和电流元件同时动作后才分别启动各段的出口中间继电器或时间继电器去跳闸。

根据图 7-32 的分析,当保护范围内部发生接地短路时,按规定的电流、电压正方向看 $3\dot{I}_0$ 超前于 $3\dot{U}_0$ 的夹角为 $180°-\varphi_{k0}$。因此,为了让零序功率方向继电器在内部故障时最灵敏,其最大灵敏角应取为

$$\varphi_{\text{sen}}=-(180°-\varphi_{k0}) \tag{7-64}$$

在微机型零序功率方向继电器中,就是把最大灵敏角做成 $\varphi_{\text{sen}}=-(180°-\varphi_{k0})$,与上述要求一致。使用时的接线方式示于图 7-34(a)。但是,机电型继电器难以获得式(7-64)的角度,而把最大灵敏角做成了 $\varphi_{\text{sen}}=70°\sim85°$。采用这种继电器作为零序功率方向继电器时,应该将电流线圈与电流互感器之间同极性相连,而将电压线圈与电压互感器之间异极性

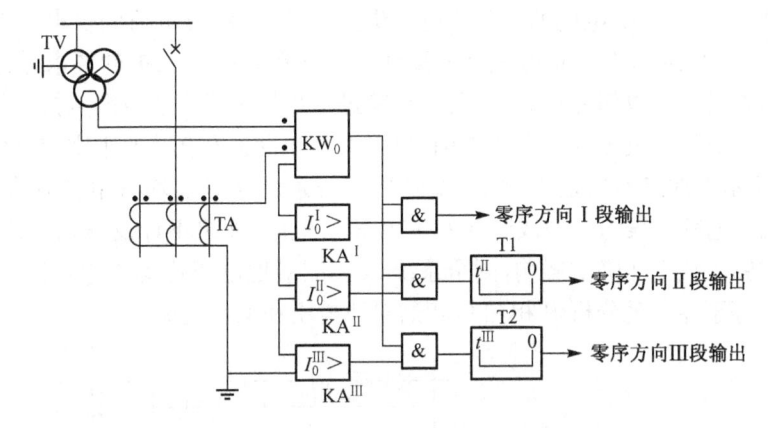

图 7-33 三段式零序电流保护的原理接线

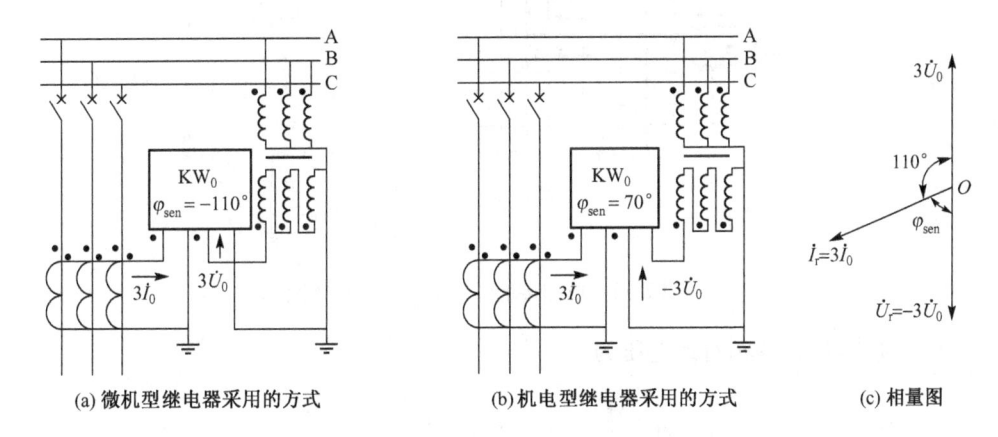

图 7-34 零序功率方向继电器的接线方式

相连,即 $\dot{I}_r = 3\dot{I}_0$,$\dot{U}_r = -3\dot{U}_0$(图 7-34(b))。这样一来,当内部发生接地短路时,加入继电器中电压($-3\dot{U}_0$)和电流($3\dot{I}_0$)的夹角为线路的零序阻抗角 $\varphi_{k0} = 70° \sim 85°$,相量关系如图 7-34(c)所示,刚好符合最灵敏动作的条件。实际工作中,对零序功率方向继电器的接线应给予特别的注意,以免极性接错造成正方向接地短时不动作而反方向接地短路时误动作。

越靠近故障点的零序电压越高,故零序方向继电器没有电压死区。相反地,倒是当故障点距保护安装地点很远时,由于保护安装处的零序电压较低、零序电流较小使得继电器可能不启动。为此,必须校验零序方向元件在这种情况下的灵敏系数。当作为相邻元件后备保护时,采用相邻元件末端接地短路时本保护安装处最小的零序电流、零序电压或最小零序功率与零序启动功率之比来计算灵敏系数,且要求 $K_{sen} \geq 1.5$。

7.3.4 中性点非直接接地电网的单相接地保护

1. 中性点不接地电网中单相接地故障的特点和保护方式

中性点非直接接地电网发生单相接地故障时,故障点仅流过对地的电容电流,数值很小,因此称这类电网为小电流接地电网。我国 35kV 及以下电网大多数属于小电流接地电网。

发生单相接地后,这类电网的三个线电压仍然保持对称,对负荷的供电没有影响,因此允许继续运行1~2小时,不需立即跳开故障线路。对单相接地保护的要求是:发出信号以便运行人员采取措施予以消除接地点,防止故障进一步扩大成两点或多点接地的短路;但有些情况下,(如对煤炭采掘工地供电的电网)根据人身和设备安全的要求则应动作于跳闸。

图 7-35 所示中性点不接地电网中,发电机和每条线路对地均有电容存在,设以 C_{0G}、$C_{0Ⅰ}$、$C_{0Ⅱ}$ 等集中电容来表示。当线路Ⅱ发生 A 相接地后,如果不计及三相对称负荷电流和电容电流在线路阻抗上压降的影响,则全系统 A 相的对地电压均等于零,各元件 A 相对地的电容电流也等于零。现分析 B 相和 C 相的对地电压和电容电流。

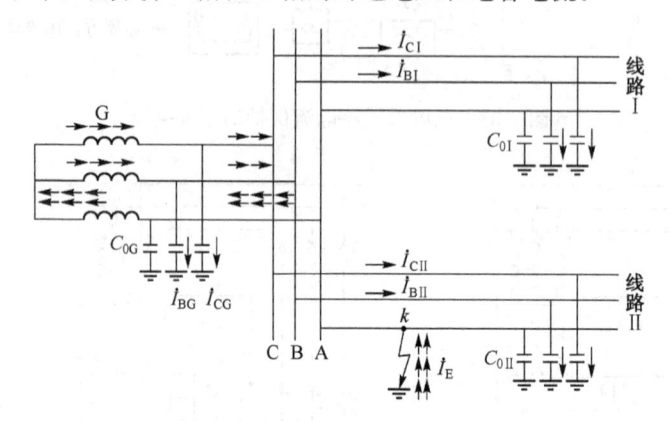

图 7-35 单相接地时的电容电流分布图

A 相接地以后,各相对地电压为

$$\begin{cases} \dot{U}_{\text{A-E}} = 0 \\ \dot{U}_{\text{B-E}} = \dot{E}_B - \dot{E}_A = \sqrt{3}\dot{E}_A e^{-j150°} \\ \dot{U}_{\text{C-E}} = \dot{E}_C - \dot{E}_A = \sqrt{3}\dot{E}_A e^{j150°} \end{cases} \quad (7\text{-}65)$$

全系统 B 相和 C 相的对地电压都升高 $\sqrt{3}$ 倍。故障点 k 的零序电压为

$$\dot{U}_{k0} = \frac{1}{3}(\dot{U}_{\text{A-E}} + \dot{U}_{\text{B-E}} + \dot{U}_{\text{C-E}}) = -\dot{E}_A \quad (7\text{-}66)$$

根据以上分析画出的电压相量图示于图 7-36。此种情况下的电容电流分布在图 7-35 中用"→"表示。非故障线路Ⅰ上,A 相电流为零,B 相和 C 相流向故障点的电容电流为

$$\begin{cases} \dot{I}_{\text{BⅠ}} = \dot{U}_{\text{B-E}} j\omega C_{0Ⅰ} = \sqrt{3}\dot{E}_A e^{-j150°} j\omega C_{0Ⅰ} \\ \dot{I}_{\text{CⅠ}} = \dot{U}_{\text{C-E}} j\omega C_{0Ⅰ} = \sqrt{3}\dot{E}_A e^{j150°} j\omega C_{0Ⅰ} \end{cases} \quad (7\text{-}67)$$

其有效值为 $I_B = I_C = \sqrt{3}U_\varphi \omega C_0$,式中,$U_\varphi$ 为相电压有效值。

线路Ⅰ始端所反应的零序电流为

$$3\dot{I}_{0Ⅰ} = \dot{I}_{\text{BⅠ}} + \dot{I}_{\text{CⅠ}} = j\omega C_{0Ⅰ}(\dot{U}_{\text{B-E}} + \dot{U}_{\text{C-E}}) = -j3\omega C_{0Ⅰ}\dot{E}_A \quad (7\text{-}68)$$

其有效值为

$$3I_{0Ⅰ} = 3U_\varphi \omega C_{0Ⅰ} \quad (7\text{-}69)$$

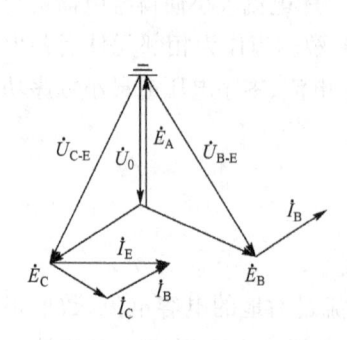

图 7-36 A 相接地时的相量图

即零序电流为线路Ⅰ本身的电容电流;电容性无功功率的方

向由母线流向线路。这一结论适用于每一条非故障线路。

在发电机 G 上,首先有它本身 B 相和 C 相的对地电容电流 $\dot{I}_{BG}$ 和 $\dot{I}_{CG}$;其次,由于它是产生其他电容电流的电源,因此 A 相要流回从故障点流上来的全部电容电流,而 B 相和 C 相又要分别流出各线路上同名相的对地电容电流。发电机出线端所反应的零序电流仍为三相电流之和,由图可见各线路的电容电流从 A 相流入后又分别从 B 相和 C 相流出了,相加后互相抵消,零序电流只剩下发电机本身的电容电流,故

$$3\dot{I}_{0G} = \dot{I}_{BG} + \dot{I}_{CG} \tag{7-70}$$

其有效值为
$$3I_{0G} = 3U_\varphi \omega C_{0G} \tag{7-71}$$

由此可见,发电机上的零序电流为本身的对地电容电流;其电容性无功功率的方向由母线流向发电机。这些特点与非故障线路是一样的。

在故障线路 II 上,B 相和 C 相流有本身的对地电容电流 $\dot{I}_{BII}$ 和 $\dot{I}_{CII}$;接地点要流回全系统 B 相和 C 相对地电容电流之总和,即

$$\dot{I}_E = (\dot{I}_{BI} + \dot{I}_{CI}) + (\dot{I}_{BII} + \dot{I}_{CII}) + (\dot{I}_{BG} + \dot{I}_{CG}) \tag{7-72}$$

有效值为
$$I_E = 3U_\varphi \omega (C_{0I} + C_{0II} + C_{0G}) = 3U_\varphi \omega C_{0\Sigma} \tag{7-73}$$

式中,$C_{0\Sigma}$ 为全系统每相对地电容的总和。此电流从 A 相流回发电机,因此从 A 相流出的电流可表示为 $\dot{I}_{AII} = -\dot{I}_E$。在线路 II 始端流过的零序电流为

$$3\dot{I}_{0II} = \dot{I}_{AII} + \dot{I}_{BII} + \dot{I}_{CII} = -(\dot{I}_{BI} + \dot{I}_{CI} + \dot{I}_{BG} + \dot{I}_{CG}) \tag{7-74}$$

其有效值为
$$3I_{0II} = 3U_\varphi \omega (C_{0\Sigma} - C_{0II}) \tag{7-75}$$

从式(7-75)知,故障线路上的零序电流数值等于全系统非故障元件对地电容电流之总和;其电容性无功功率的方向由线路流向母线,与非故障线路上的相反。

根据上述分析结果画出单相接地的零序等效网络为图 7-37(a),$\dot{U}_{k0}$ 为接地点零序电压,零序电流通过各元件的对地电容构成回路,相量关系如图 7-37(b)所示。由于送电线路的零序阻抗远小于对地电容的阻抗,可忽略不计,因此各线路本身的对地电容电流超前 $\dot{U}_{k0}$ 90°。图中 $\dot{I}'_{0II}$ 表示线路 II 本身对地电容电流,而 $\dot{I}_{0II}$ 是按保护规定正方向观测到的故障线路 II 零序电流。

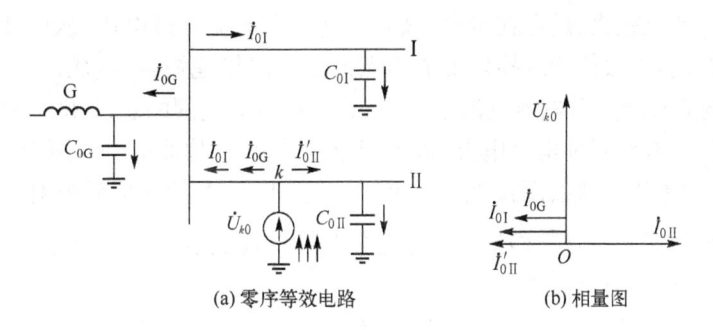

(a) 零序等效电路　　(b) 相量图

图 7-37　单相接地时的零序等效网络及相量图

综合以上分析,可以得出如下结论:

(1)中性点不接地电网中发生单相接地时,同一电压等级的全电网都出现零序电压,其数值等于电网正常运行时的相电压。

(2) 非故障元件上有零序电流,其数值等于本身的对地电容电流,电容性无功功率的实际方向由母线流向线路。

(3) 故障线路上的零序电流为全系统非故障元件对地电容电流之总和,数值一般较大;电容性无功功率的实际方向由线路流向母线。

以上特点是考虑继电保护的依据。下面介绍基于上述特点构成的中性点不接地电网单相接地保护方式。

1) 绝缘监视装置

利用单相接地后同一电压等级的全电网出现零序电压的特点,将一个过电压继电器接于零序电压过滤器上,带延时动作于信号。只能判定有无单相接地发生,不能鉴别哪条线路故障,动作是无选择性的。要找出故障线路,还需运行人员依次断开每条线路,并立即重新将其投入;当断开某条线路时零序电压消失,则故障在该线路上。这被称为"拉线法"。

2) 零序电流保护

将电流继电器接于零序电流过滤器的二次侧,利用故障线路零序电流较非故障线路大的特点实现有选择性地发出信号。根据对图 7-35 的分析,当某一线路上发生单相接地时,非故障线路上的零序电流为本身的对地电容电流。因此,零序电流保护装置的启动电流 $I_{0.\text{op}}$ 应躲开本线路的对地电容电流,即

$$I_{0.\text{op}} = K_{\text{rel}} 3U_\varphi \omega C_0 \tag{7-76}$$

式中,C_0 是被保护线路每相的对地电容;K_{rel} 为可靠系数,取 1.5~2。

这样整定好后,当被保护线路上发生单相接地故障时,流过该线路的 $3I_0$ 等于所有非故障元件的对地电容电流之和即式(7-75),此电流大于整定值,保护动作发出信号。此电流与启动电流的比值就是灵敏系数,要求 $K_{\text{sen}} \geq 2$。很显然,母线上带的出线越多,灵敏度越高。

3) 零序功率方向保护

利用故障线路与非故障线路的零序功率方向不同的特点有选择性地动作于信号。由图 7-37(b) 可见,按规定电流正方向看,故障线路的零序电流落后于零序电压 90°,故中性点不接地电网反应单相接地的零序功率方向继电器的最大灵敏角应取为 $\varphi_{\text{sen}} = 90°$。

2. 中性点经消弧线圈接地电网中单相接地故障的特点与保护方式

前面分析的中性点不接地电网发生单相接地故障时,接地点要流过全系统的对地电容电流。如果此电流比较大,就会在接地点燃起电弧、引起弧光过电压,从而使非故障相的对地电压进一步升高,以致使绝缘损坏形成两点或多点的接地短路,造成停电事故。在我国,如果 35kV 电网的接地点总电容电流超过 10A、3~10kV 电网的超过 30A,就要在中性点接入一个电感线圈以补偿对地电容电流、减小接地点总电流,称此电感线圈为消弧线圈。

在图 7-38(a) 采用消弧线圈接地的电网中,线路 II 上 A 相接地后的对地电容电流大小和分布与不接消弧线圈时是一样的。不同之处是在接地点增加了一个电感分量的电流 $\dot{I}_L$。因此,从接地点流回的总电流为

$$\dot{I}_E = \dot{I}_L + \dot{I}_{C\Sigma} \tag{7-77}$$

式中,$\dot{I}_{C\Sigma}$ 为全系统的对地电容电流,用式(7-81)计算;$\dot{I}_L$ 为消弧线圈的电流,设 L 表示它的电感,则 $\dot{I}_L = -\dot{E}_A/(j\omega L)$。

$\dot{I}_{C\Sigma}$ 和 $\dot{I}_L$ 的相位约差 180°,$\dot{I}_E$ 因消弧线圈的补偿而减小,称补偿后的接地点电流为残

(a) 用三相系统表示　　　　　　　　(b) 零序等效网络

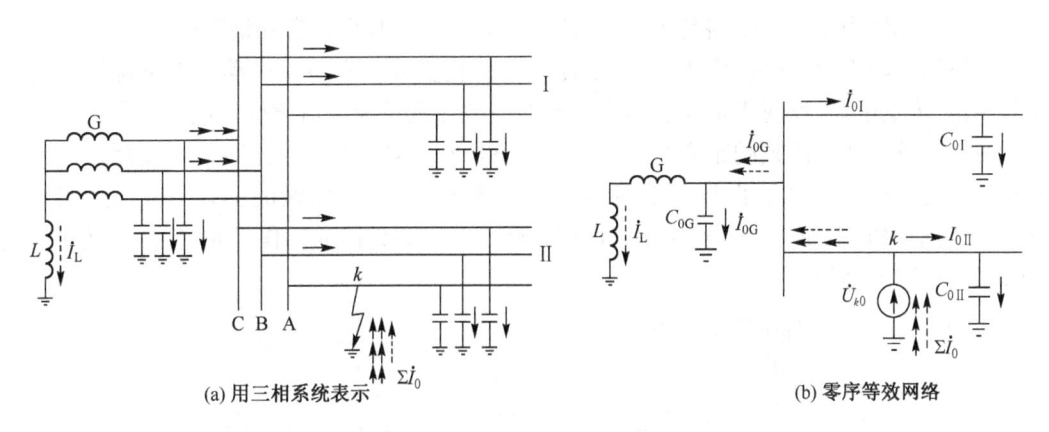

图 7-38　消弧线圈接地电网中,单相接地时的电流分布

余电流。对应的零序等效网络为图 7-38(b)。

实际电网采用消弧线圈进行补偿时,对接地电容电流采用的是过补偿方式。所谓过补偿方式就是使 $I_L > I_{C\Sigma}$,补偿后的残余电流是电感性的。I_L 大于 $I_{C\Sigma}$ 的程度用过补偿度 P 来表示

$$P = \frac{I_L - I_{C\Sigma}}{I_{C\Sigma}} \tag{7-78}$$

一般选择过补偿度 $P = 5\% \sim 10\%$。

采用过补偿方式后,流经故障线路的电感性残余电流由线路流向母线,相当于电容性无功功率由母线流向线路,和非故障线路的方向一样,所以无法利用功率方向的差别来判别故障线路。流经故障线路的零序电流虽然大于本身的对地电容电流,但大出的部分仅为残余电流的数值即 $PI_{C\Sigma}$,由于过补偿度不大,也很难利用零序电流大小的不同来找出故障线路。

上述特点说明,在中性点经消弧线圈接地电网中实现有选择性的单相接地保护难度很大。这类电网的单相接地保护方式除仍可采用绝缘监视装置外,还可以采用反应稳态高次谐波分量或暂态零序电流的新原理构成(张艳霞 等,2010)。

7.3.5　电网的距离保护

1. 距离保护的工作原理及构成框图

电流保护的灵敏性受电网运行方式变化的影响,在复杂网络中很难满足选择性、灵敏性以及快速切除故障的要求,有必要采用性能更加完善的距离保护。距离保护是反应故障点至保护安装地点之间的距离(或阻抗),并根据距离远近确定动作时间的一种保护装置。距离保护的核心元件是距离继电器,也称为阻抗继电器。它根据其端子上所加电压和电流测得的阻抗值测知短路点至保护安装处之间的距离,该阻抗值被称为距离继电器的测量阻抗。系统正常运行时,测量阻抗为负荷阻抗,数值较大,保护不动作;短路点距保护安装处近时,测量阻抗小,保护以很短的时限动作切除故障;短路点距保护安装处远时,测量阻抗增大,保护动作时间增长。

为满足速动性、选择性和灵敏性的要求,广泛应用三段式距离保护。其中,距离Ⅰ段加上距离Ⅱ段构成输电线路的主保护,距离Ⅲ段则作为本线路近后备和相邻线路的远后备保护。图 7-39 给出了三段式距离保护装置的构成框图,主要包括启动元件、测量元件和时间

元件。启动元件用来判断线路是否发生故障,有短路发生时瞬时启动整套保护,并和测量元件组成与门启动出口回路动作于跳闸,以提高保护装置的可靠性。启动元件可选用过电流继电器、阻抗继电器、反应于负序和零序电流的继电器或反应电流突变量的继电器中的任一种。测量元件就是三段式的距离继电器 1KR、2KR 和 3KR,它们的作用是测量短路点到保护安装处的距离。一般要求Ⅰ、Ⅱ段距离继电器具有方向性,以保证正方向区内短路时动作、反方向短路时不动作。时间元件的作用是建立Ⅱ段和Ⅲ段的动作延时,让保护按照预定的时限发出跳闸信号。

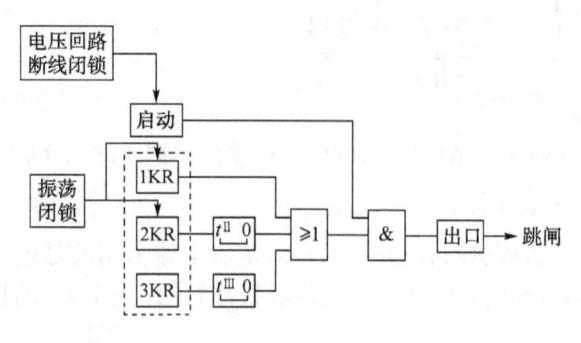

图 7-39 三段式距离保护装置的构成框图

电压回路断线闭锁元件和振荡闭锁元件都是距离保护的附加元件。当电压互感器二次回路断线时,利用前者闭锁启动元件的输出以防止距离保护误动作;当电力系统发生振荡时,后者将闭锁测量元件的输出,有效防止距离保护在电力系统振荡过程中误动作。(有关电力系统振荡的定义、特征以及振荡过程中测量阻抗的变化规律,请在 7.3.5 节学习完成后扫描二维码学习。)

短路点过渡电阻和电力系统振荡对距离保护的影响

三段式距离保护主要在 110kV 网中作主保护,并在 220kV 及以上网络中作为后备保护。

2. 距离保护的接线方式

1) 对接线方式的基本要求

为了使阻抗继电器能正确测量短路点到保护安装处的距离,加入其中的电压 $\dot{U}_r$ 和电流 $\dot{I}_r$ 应该满足以下要求:①继电器的测量阻抗正比于短路点到保护安装处之间的距离;②继电器的测量阻抗应与故障类型无关,即保护范围不随故障类型而变化。

2) 相间短路阻抗继电器的 0° 接线方式

这种接线方式有三个阻抗继电器,继电器 r_1 引入 $\dot{U}_{AB}$、$\dot{I}_A - \dot{I}_B$,继电器 r_2 和 r_3 分别引入 $\dot{U}_{BC}$、$\dot{I}_B - \dot{I}_C$ 和 $\dot{U}_{CA}$、$\dot{I}_C - \dot{I}_A$。由于引入的是相间电压和相应相的相电流之差,当 $\cos\varphi = 1$ 时 $\dot{I}_r$ 和 $\dot{U}_r$ 同相位,所以称为 0° 接线。各种相间短路情况下的继电器动作情况参阅书籍(张艳霞 等,2010)。

3) 接地短路阻抗继电器的零序电流补偿接线方式

中性点直接接地电网中,当零序电流保护作为接地短路的保护不能满足灵敏性要求时,一般考虑采用接地距离保护。单相接地时,将故障点的电压 $\dot{U}_{kA}$ 和电流 $\dot{I}_A$ 分解为对称分量为

$$\begin{cases} \dot{I}_A = \dot{I}_1 + \dot{I}_2 + \dot{I}_0 \\ \dot{U}_{kA} = \dot{U}_{k1} + \dot{U}_{k2} + \dot{U}_{k0} \end{cases} \quad (7\text{-}79)$$

保护安装处即母线上的各对称分量电压与短路点对称分量电压之间满足如下关系

$$\begin{cases} \dot{U}_1 = \dot{U}_{k1} + \dot{I}_1 Z_1 l \\ \dot{U}_2 = \dot{U}_{k2} + \dot{I}_2 Z_1 l \\ \dot{U}_0 = \dot{U}_{k0} + \dot{I}_0 Z_0 l \end{cases} \quad (7\text{-}80)$$

因此,保护安装地处的 A 相电压为

$$\begin{aligned} \dot{U}_A &= \dot{U}_{A1} + \dot{U}_{A2} + \dot{U}_{A0} = \dot{U}_{k1} + \dot{I}_1 Z_1 l + \dot{U}_{k2} + \dot{I}_2 Z_1 l + \dot{U}_{k0} + \dot{I}_0 Z_0 l \\ &= Z_1 l \left(\dot{I}_1 + \dot{I}_2 + \dot{I}_0 \frac{Z_0}{Z_1} \right) = Z_1 l \left(\dot{I}_A - \dot{I}_0 + \dot{I}_0 \frac{Z_0}{Z_1} \right) \\ &= Z_1 l \left(\dot{I}_A + \dot{I}_0 \frac{Z_0 - Z_1}{Z_1} \right) = Z_1 l (\dot{I}_A + K 3 \dot{I}_0) \end{aligned} \quad (7\text{-}81)$$

式中,$K = \dfrac{Z_0 - Z_1}{3Z_1}$ 称为零序电流补偿系数。

由式(7-81)可知,为了使 A 相接地距离继电器 r_A 在 A 相发生接地短路时能正确反应短路点至保护安装处的距离,则应接入电压 $\dot{U}_{rA} = \dot{U}_A$ 和电流 $\dot{I}_{rA} = \dot{I}_A + K3\dot{I}_0$。为了反应任一相的单相接地短路,接地继电器必须采用三个。B 相和 C 相接地距离继电器的接线方式分别为:$\dot{U}_{rB} = \dot{U}_B$,$\dot{I}_{rB} = \dot{I}_B + K3\dot{I}_0$ 和 $\dot{U}_{rC} = \dot{U}_C$,$\dot{I}_{rC} = \dot{I}_C + K3\dot{I}_0$。

以上接线方式称为零序电流补偿接线方式。它除了能正确反应单相接地短路时短路点至保护安装处的距离外,还能反应两相接地短路和三相短路,这两种情况下的测量阻抗亦为 $Z_1 l$。

3. 距离保护的整定计算原则

1)距离Ⅰ段

距离Ⅰ段采用方向阻抗特性或四边形特性。为了保证动作的选择性,距离Ⅰ段的整定值应按照躲开下一条线路出口处短路的原则来确定,图 7-40 中的距离Ⅰ段整定值应取为

$$\begin{cases} Z_{\text{op.}2}^{\text{I}} = K_{\text{rel}}^{\text{I}} Z_{MN} \\ Z_{\text{op.}1}^{\text{I}} = K_{\text{rel}}^{\text{I}} Z_{NH} \end{cases} \quad (7\text{-}82)$$

可靠系数 $K_{\text{rel}}^{\text{I}}$ 取 0.8～0.85。因此,距离Ⅰ段在理想情况下只能保护线路全长的 80%～85%,动作时限为保护装置的固有动作时间。

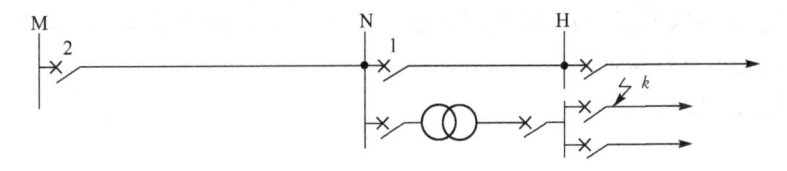

图 7-40 选择整定阻抗的网络接线

2)距离Ⅱ段

距离保护Ⅱ段也采用方向阻抗特性或四边形特性,应能保护线路全长并力求动作时限

尽可能短。所以，它必须与相邻元件的距离Ⅰ段配合，按以下两条原则来确定整定值。

（1）与相邻线路距离Ⅰ段配合，并考虑分支系数 K_b 的影响，即

$$Z_{op.2}^{II} = K_{rel}^{II}(Z_{MN} + K_{b.min}Z_{op.1}^{I}) \tag{7-83}$$

式中，可靠系数 K_{rel}^{II} 取 0.8～0.85；$K_{b.min}$ 为保护1第Ⅰ段末端短路时可能出现的最小分支系数，其计算方法仍采用式(7-60)。

（2）如果相邻元件除了输电线路以外还有变压器，则距离Ⅱ段还应与相邻变压器上装设的瞬时动作保护配合，并考虑分支系数 K_b 的影响。设变压器阻抗为 Z_T，则整定值应取为

$$Z_{op.2}^{II} = K_{rel}^{II}(Z_{MN} + K_{b.min}Z_T) \tag{7-84}$$

考虑到 Z_T 的误差较大，式中的可靠系数一般采用 $K_{rel}^{II}=0.7$；$K_{b.min}$ 则应采用变压器末端短路时可能出现的最小数值。

计算后，应取以上两式中数值较小的一个。距离Ⅱ段的动作时限与相邻线路的Ⅰ段相配合，一般取为 0.3～0.6s，微机型继电器取 $\Delta t=0.3$s、其他型继电器取 $\Delta t=0.5$s。

与电流保护反应电流数值增大而动作所不同，距离保护反应于测量阻抗的数值下降而动作，因此其灵敏系数为

$$K_{sen} = \frac{保护装置的动作阻抗}{保护范围内发生金属性短路时故障阻抗的计算值} \tag{7-85}$$

距离Ⅱ段的灵敏系数用启动阻抗与本线路末端短路时的测量阻抗之比求得，以保护2为例

$$K_{sen}^{II} = \frac{Z_{op.2}^{II}}{Z_{MN}} \tag{7-86}$$

一般要求 $K_{sen}>1.25$。当校验灵敏系数不能满足要求时，应进一步延伸保护范围，使之与下一条线路的距离Ⅱ段相配合，时限再抬高一级取为 0.6～1.2s，考虑原则与限时电流速断保护相同。

3）距离Ⅲ段

保护装置的启动阻抗应按照躲开正常运行的最小负荷阻抗 $Z_{LD.min}$ 来整定。当线路上流过最大负荷电流 $\dot{I}_{LD.max}$ 且母线上电压最低时（用 $\dot{U}_{LD.min}$ 表示），线路始端所测量到的阻抗为

$$Z_{LD.min} = \frac{\dot{U}_{LD.min}}{\dot{I}_{LD.max}} \tag{7-87}$$

参照过电流保护整定原则，考虑外部故障切除后电动机自启动条件下第Ⅲ段必须立即返回的要求，应采用

$$Z_{op}^{III} = \frac{1}{K_{rel}^{III}K_{Ms}K_{re}}Z_{LD.min} \tag{7-88}$$

式中，可靠系数 K_{rel}^{III} 取 1.15～1.25、返回系数 K_{re} 取 1.17；自启动系数 K_{Ms} 为大于1的数值，由网络具体接线和负荷性质确定。

继电器的启动阻抗为

$$Z_{act}^{III} = Z_{op}^{III}\frac{n_{TA}}{n_{TV}} \tag{7-89}$$

继电器的整定阻抗应根据 Z_{act}^{III} 和所用阻抗继电器的动作特性来确定。以输电线路的送电端为例，阻抗继电器感受到的负荷阻抗反应在复数阻抗平面上是一个与 R 轴夹角为负荷功率因数角 φ 的测量阻抗，如图 7-41 所示。被保护线路上发生金属性短路时，继电器测量

阻抗为短路点到保护安装处的短路阻抗 Z_k，它与 R 轴的夹角为线路的阻抗角 φ_k，在高压输电线上一般为 $60°\sim 85°$，也示于图 7-41 中。若距离Ⅲ段采用全阻抗继电器，由于其启动阻抗与角度 φ_r 无关，可以式(7-89)为半径作圆构成动作特性，如图 7-42 中圆 1 所示。在此情况下，全阻抗继电器的整定阻抗在数值上与启动阻抗相等，即

$$|Z_{\text{set}}^{\text{Ⅲ}}| = |Z_{\text{act}}^{\text{Ⅲ}}| \tag{7-90}$$

若距离Ⅲ段采用方向阻抗继电器，由于式(7-89)的启动阻抗与整定阻抗不在同一相角上，所以取整定阻抗时一般是以 $Z_{\text{act}}^{\text{Ⅲ}}$ 为弦作出方向阻抗继电器的特性圆，如图 7-42 中圆 2 所示。因此圆的直径就是整定阻抗，其值为

$$|Z_{\text{set}}^{\text{Ⅲ}}| = \frac{|Z_{\text{act}}^{\text{Ⅲ}}|}{\cos(\varphi_k - \varphi)} \tag{7-91}$$

距离Ⅲ段动作时限较相邻与之配合的保护动作时限高出一个 Δt。

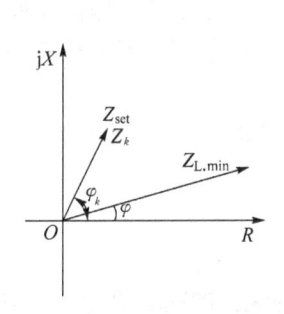

图 7-41　线路始端测量阻抗的相量图 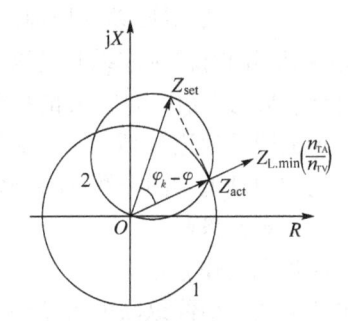　　图 7-42　距离Ⅲ段整定阻抗的选择

距离Ⅲ段作为近后备保护时，按本线路末端短路的条件来校验，即

$$K_{\text{sen}}^{\text{Ⅲ}} = Z_{\text{op}}^{\text{Ⅲ}}/Z_{\text{本}} \tag{7-92}$$

$Z_{\text{本}}$ 表示本线路的阻抗，规程要求 $K_{\text{sen}}^{\text{Ⅲ}} \geqslant 1.5$；作为远后备保护时，其灵敏系数应按相邻元件末端短路的条件来校验，并考虑分支系数为最大的运行方式，即

$$K_{\text{sen}}^{\text{Ⅲ}} = Z_{\text{op}}^{\text{Ⅲ}}/(Z_{\text{本}} + K_{\text{b.max}}Z_{\text{邻}}) \tag{7-93}$$

$Z_{\text{邻}}$ 表示相邻元件的阻抗，规程要求 $K_{\text{sen}}^{\text{Ⅲ}} \geqslant 1.2$。

7.3.6　纵联保护的工作原理

1. 基本原理及分类

反应电流、电压和测量阻抗的变化而构成的继电保护，由于只采用被保护元件一侧的电气量作为测量量，所以在整定值上必须与下一元件的保护相配合来保证动作的选择性。从原理上看，这类保护无法区分本元件末端故障与下一元件出口故障，不能快速切除被保护元件在末端附近发生的故障。在高压、超高压和特高压电力系统中，为了保证系统的稳定运行和减小故障的损害程度，要求继电保护装置在电网的任一点发生故障时都能瞬时切除故障。在像发电机、变压器、母线和大容量电动机这样的贵重元件上发生的故障也要求快速切除以减轻损失、避免事故扩大。这些情况下只能采用纵联保护。

所谓纵联保护，就是利用某种通信通道将被保护元件各端的保护装置纵向连接起来，把各端的电气量传送到其他端，进行所有端电气量的比较以判断故障在元件范围内还是在范

围之外,从而决定是否动作。理论上,纵联保护具有绝对的选择性。适合作为高压、超高压和特高压输电线路的主保护,也适合作发电机、变压器、母线和大型电动机的主保护。

目前的通信通道种类包括:电力线载波通道(又称高频通道)、微波通道、光纤通道和导引线通道。根据通信通道的不同,纵联保护可分为以下四类:①电力线载波纵联保护,简称高频纵联保护;②微波纵联保护;③光纤纵联保护;④导引线纵联保护。

按照比较的是何种电气量,可以将纵联保护分成以下两大原理:

(1)纵联方向比较原理。这类保护利用通信通道比较被保护元件各端的功率方向(全功率或负序功率),以此比较结果区分区内、外的故障。主要利用高频通道实现,包括高频闭锁负序方向保护和高频闭锁距离保护。随着光纤通道的广泛应用,这类保护在系统中的应用越来越少。感兴趣的读者可扫二维码学习其原理、接线及动作情况分析。

输电线路纵联高频闭锁负序方向保护

(2)纵联差动原理。这类保护利用通信通道比较被保护元件各端电流的相量(包括幅值和相位)构成纵联电流差动保护,或是只比较各端电流的相位构成纵联相差保护,由比较结果判断出区内、外的故障。

纵联保护的通信通道包括:①电力线载波通道;②微波通道;③光纤通道;④导引线通道。它们的构成原理请参阅书籍(张艳霞 等,2010)。

2. 纵联电流差动保护

1) 基本原理和动作方程

以输电线路的导引线纵联电流差动保护为例说明这种保护的基本原理。为构成纵联电流差动保护,在被保护线路的两侧分别装设电流互感器,每侧电流互感器一次回路的正极性均置于靠近母线一侧,二次回路的同极性端子用导引线相连接,差动继电器则连接在电流互感器二次回路的两个臂上,其原理接线如图7-43所示。图中仍规定一次侧电流的正方向从母线流向被保护元件,则流入差动继电器的电流为各电流互感器二次电流的总和,即

$$\dot{I}_{\text{diff}} = \dot{I}_2' + \dot{I}_2'' = \frac{1}{n_{\text{TA}}}(\dot{I}_1' + \dot{I}_1'') \tag{7-94}$$

当系统正常运行以及外部故障时,电流从输电线路的一侧流入而从另一侧流出,因此 $\dot{I}_1' = -\dot{I}_1''$,如果不计电流互感器励磁电流的影响,则 $\dot{I}_2' = -\dot{I}_2''$,$\dot{I}_{\text{diff}} = 0$,保护不动作。当线路内部短路时,如果两侧都有电源则两侧均有电流从母线流向短路点,短路点总电流 $\dot{I}_k = \dot{I}_1' + \dot{I}_1''$。流入继电器的电流为 $\dot{I}_{\text{diff}} = \dot{I}_2' + \dot{I}_2'' = \frac{1}{n_{\text{TA}}}\dot{I}_k$,其数值等于

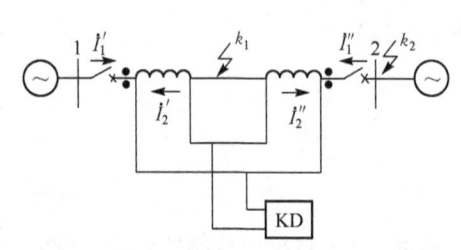

图7-43 输电线路纵联电流差动保护的原理接线

短路点电流归算到二次测的值。当 $\dot{I}_{\text{diff}}$ 大于整定值 I_{act} 时继电器动作跳闸。所以,纵联差动保护的动作方程可表达为

$$|\dot{I}_2' + \dot{I}_2''| \geq I_{\text{act}} \tag{7-95}$$

这样的保护原理可推广到发电机、变压器、母线和大容量电动机上。用于三绕组变压器时,在三侧均装设电流互感器;用于母线时,在所有连接于该母线的元件上均装设电流互感

器;把二次回路的所有同极性端子用导引线连接在一起,差动继电器并接在二次回路的两个臂上。图 7-44 给出了三绕组变压器纵联差动保护原理接线,仍规定一次侧电流的正方向从母线流向被保护的变压器,当系统正常运行及外部故障时,不管运行方式如何变化,流入的电流总是等于流出的电流,因此 $\sum \dot{I} = 0$ 点;而当被保护元件内部发生短路时 $\sum \dot{I} = \dot{I}_k$。

由上面的分析可见,纵联电流差动保护比较的是被保护元件各侧电流的幅值和相位,也就是对各侧电流相量的比较。它实质上是一个反应电流相量和的保护,当被保护元件内部发生短路时,它能反应于故障点的全电流而动作。

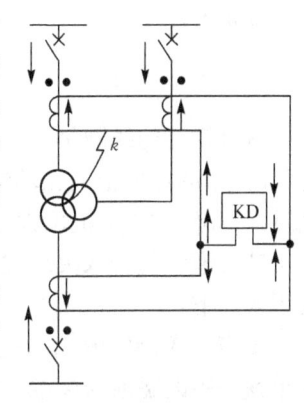

图 7-44 三绕组变压器纵联差动保护的原理接线

上面讲述纵联电流差动保护的基本原理时,是利用导引线把被保护元件各端的电流连接在一起求相量和的,因此导引线就是通信通道,实际中显然不经济。导引线通道构成的纵联差动保护更适合作发电机、变压器、母线和大型电动机的主保护,而输电线路的纵联电流差动保护更适合采用微波通道或光纤通道。

2) 纵联电流差动保护的不平衡电流和提高保护灵敏性的措施

(1) 不平衡电流的产生原因。

如果电流互感器具有理想的特性,那么纵联差动保护的差动继电器在系统正常运行和外部故障时是没有电流的。但实际电流互感器总是有励磁电流的,且励磁特性不会完全相同,所以二次侧电流的数值实际为

$$\begin{cases} \dot{I}'_2 = \dfrac{1}{n_{\mathrm{TA}}}(\dot{I}'_1 - \dot{I}'_\mu) \\ \dot{I}''_2 = \dfrac{1}{n_{\mathrm{TA}}}(\dot{I}''_1 - \dot{I}''_\mu) \end{cases} \tag{7-96}$$

式中,$\dot{I}'_\mu$ 和 $\dot{I}''_\mu$ 分别为两个电流互感器的励磁电流。这样在正常运行以及外部故障时流入差动继电器的电流为

$$\dot{I}_{\mathrm{diff}} = \dot{I}'_2 + \dot{I}''_2 = -\frac{1}{n_{\mathrm{TA}}}(\dot{I}'_\mu + \dot{I}''_\mu) = \dot{I}_{\mathrm{unb}} \tag{7-97}$$

此电流实际是两个电流互感器励磁电流之差,称其为纵联电流差动保护的不平衡电流 I_{unb}。

对于变压器的纵联电流差动保护而言,其不平衡电流除上述电流互感器励磁电流差别产生的以外,还有一些特殊因素的影响,将在后续的变压器纵联电流差动保护中作详细分析。

由于不平衡电流就是两个电流互感器励磁电流之差,所以凡是导致励磁电流增加的因素,就是使 I_{unb} 增大的根本原因。为了保证动作的选择性,纵联电流差动保护的启动电流应该按照躲开外部故障的最大不平衡电流来整定。为了减小启动电流以提高保护在内部故障时的灵敏性,显然希望 I_{unb} 越小越好。所以,需对电流互感器的特性及其误差作进一步的分析。

(2) 电流互感器二次电流的误差。

图 7-45 为电流互感器等值回路,据此写出二次电流与励磁电流的关系为

$$I_2 = I_1 \frac{Z_\mu}{Z_\mu + Z_2} \tag{7-98}$$

励磁电流为

$$I_\mu = I_1 \frac{Z_2}{Z_\mu + Z_2} \tag{7-99}$$

具有铁心的线圈是一个非线性元件，其励磁阻抗 Z_μ 随励磁电流的改变而变化。铁心不饱和时 Z_μ 的数值很大且基本不变，可认为 I_2 和 I_1 成正比且误差最小；铁心开始饱和后，Z_μ 则迅速下降，励磁电流增大，因而二次电流的误差也随之迅速增加；铁心越饱和则误差越大。由于铁心饱和与否取决于铁心中的磁通密度，对已做成的电流互感器而言影响其误差的主要因素如下：

①当一次侧电流 I_1 一定时，二次侧负载 Z_{LD} 越大则要求二次侧的感应电势越大，因而要求铁心中的磁通密度增大，铁心就容易饱和；②当二次负载 Z_{LD} 已确定后，一次侧电流 I_1 的升高引起铁心中磁通密度增大，则二次电流的误差也增大。

为了保证纵联电流保护正确工作，运行规程规定：供保护装置用的电流互感器的幅值误差不应超过 10%，相应的角度误差不应大于 7°。为此，实际电流互感器的二次侧负载阻抗都是利用电流互感器的 10% 误差曲线选择的。该曲线表达的是二次电流误差为 10% 时一次侧电流倍数与负载阻抗之间的关系，如图 7-46 所示，由制造厂家提供。由于负载阻抗越大则此倍数越低，因此应用时需要先根据流过电流互感器的最大短路电流求出一次侧电流倍数，再利用该曲线找出对应的二次负载数值。只要实际的二次负载电阻小于该数值，则短路电流通过电流互感器时其二次电流误差就一定小于 10%。

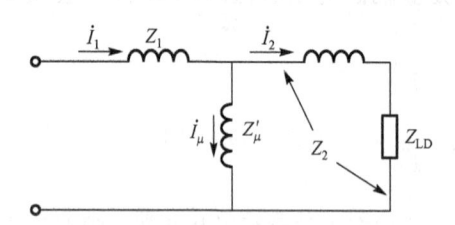

图 7-45 电流互感器等值回路 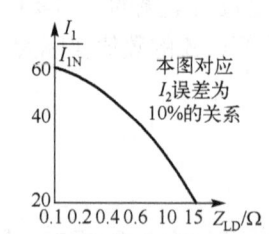　　图 7-46 电流互感器的 10% 误差曲线

系统正常运行和外部故障时，流过纵联电流差动保护的都是穿越性电流，都会出现不平衡电流。计算一次侧电流倍数时应该选取穿越性电流大的情况即外部故障，以此情况下流过电流互感器的最大短路电流来计算一次侧电流倍数。

(3) 稳态不平衡电流。

在外部故障穿越电流 $I_{k.\max}$ 的作用下，一侧电流互感器工作于理想状态没有误差，而另一侧电流互感器误差达到 10%，这是差动回路中出现最大不平衡电流的极端情况。此情况下，两个电流互感器二次电流之差将达到 $0.1 I_{k.\max}/n_{TA}$。

以上极限情况只有当纵联电流差动保护所用电流互感器的型号、特性均不相同时（如变压器的纵联电流差动保护）才可能出现。如果两侧电流互感器采用型号、特性完全相同的电流互感器，出现的不平衡电流将比上述极限情况为小。引入一个小于 1 的电流互感器的同型系数 K_{sam}，则纵联电流差动保护的稳态不平衡电流可用下式计算：

$$I_{unb} = K_{sam} 0.1 I_{k.\max}/n_{TA} \tag{7-100}$$

电流互感器型号相同且工作于同一条件下可采用 $K_{sam} = 0.5$；电流互感器型号不同、或虽型号相同但实际工作条件不同时一般采用 $K_{sam} = 1$。

(4) 暂态不平衡电流。

纵联电流差动保护是瞬时动作的,所以还需要考虑外部发生故障暂态过程中差动回路中所出现的不平衡电流。暂态过程中的一次侧短路电流包含衰减非周期分量,它对时间的变化率远小于周期分量,很难传变换到电流互感器的二次侧,而主要成为了励磁电流。这使得铁心中严重饱和,励磁阻抗剧烈下降,二次电流的误差更加增大,而且二次电流本身也包含有强烈的非周期分量,其特性曲线完全偏于时间轴的一侧。当计及衰减非周期分量的影响时,可以在式(7-100)中再引入一个非周期分量的影响系数 K_{np},如不采取措施消除其影响时一般采用 $K_{np}=1.5\sim 2$。因此,考虑暂态不平衡电流后的最大不平衡电流为

$$I_{unb.max} = K_{np}K_{sam}0.1I_{k.max}/n_{TA} \tag{7-101}$$

(5) 提高差动保护灵敏性的措施。

为了保证纵联电流差动保护的选择性,差动继电器的启动电流必须躲开上述最大不平衡电流,I_{unb} 越小则保护的灵敏性就越好。因此,如何减小 I_{unb} 就成为纵联电流差动保护的核心问题。

要减小稳态不平衡电流,纵联电流差动保护应尽量采用型号、特性完全相同的电流互感器,并严格根据外部最大短路电流和 10% 误差曲线的要求选择二次侧负载。要减小暂态不平衡电流的影响,具有快速饱和特性的中间变流器(张艳霞 等,2010)。如果采用以上措施仍不能满足灵敏性的要求时,或根据被保护元件的具体情况需要进一步提高差动保护的灵敏性时,可采用下面介绍的具有比率制动特性的差动继电器。

3) 输电线路的光纤分相电流差动保护

利用光纤通道分相比较被保护线路两侧的三相电流相量及中线上的零序电流相量。其动作原理仍可用图 7-43 叙述,当被保护线路外部 k_1 点发生短路时,在不考虑输电线路分布电容电流影响情况下,流过两侧保护装置的是同一个电流,按规定正方向看一侧电流为正、另一侧电流为负,两侧同名相电流的相量和为零,保护不跳闸。当被保护线路内部 k_2 点发生短路时,两侧电源都往短路点提供短路电流,两侧同名相电流相量和的幅值在理想情况下等于两侧同名相短路电流的数值和,流入每一相差动继电器和中线上差动继电器的电流仍用式(7-94)表示,若此值大于整定值则保护动作跳闸。

具体实现时,利用光纤通道同时传送四个电流即三相电流及中线上零序电流的瞬时采样值到对端,各端根据本侧电流采样值及对侧送来的电流采样值估算出两端各相电流及零序电流的幅值和相位,从而求出两侧同名相电流的相量和,若该相量和的幅值超过整定值,说明发生了内部故障则保护动作跳闸。

用于超高压和特高压长距离输电线路上的分相电流差动纵联保护,由于线路分布电容电流大、并联电抗器电流以及暂态过程中衰减非周期分量使电流互感器饱和等原因,在外部短路时不平衡电流很大,必须采用带有比率制动特性的动作方程才能保证不误动。所谓比率制动特性是指继电器启动电流随着制动作用的大小而变化。制动量选择不同,具有比率制动特性的差动继电器对应的动作方程也不同。当采用两侧同名相电流相量差作为制动量时,动作方程可写成

$$|\dot{I}'_1 + \dot{I}''_1| - K|\dot{I}'_1 - \dot{I}''_1| \geqslant I_{op} \tag{7-102}$$

式中,K 为制动系数,取 $0 < K < 1$。

在外部短路时，$\dot{I}'_1+\dot{I}''_1 \approx 0$，而$\dot{I}'_1-\dot{I}''_1$的幅值很大，动作方程(7-102)不满足,这意味着：即使存在较大的不平衡电流，动作方程也不易满足。可见，制动量$K|\dot{I}'_1-\dot{I}''_1|$的设置提高了外部故障不误动的可靠性。在内部短路时，$\dot{I}'_1+\dot{I}''_1$的幅值很大，而$\dot{I}'_1-\dot{I}''_1$的幅值小，制动作用很小，保护能可靠动作跳闸。

4) 变压器纵联电流差动保护的构成原则及特点

(1) 变压器两侧电流互感器变比的选择原则。

变压器的纵联电流差动保护采用导引线作为通信通道比较各端的电流相量，其原理接线示于图7-47。由于变压器高压侧和低压侧的额定电流不同，为保证正常运行和外部故障时流入差动继电器的电流$\dot{I}_{\text{diff}}=0$，必须适当选择两侧电流互感器的变比。如在图7-47中，应使得

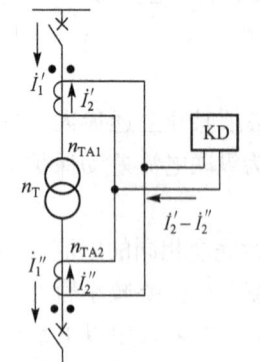

$$I'_2=\frac{I'_1}{n_{\text{TA1}}}=I''_2=\frac{I''_1}{n_{\text{TA2}}}$$

所以
$$\frac{n_{\text{TA2}}}{n_{\text{TA1}}}=\frac{I''_1}{I'_1}=n_T \tag{7-103}$$

式中，n_{TA1}、n_{TA2}和n_T分别为高、低压侧电流互感器和变压器的变比。

由上式可知，构成变压器纵联电流差动保护的基本原则是：必须适当选择两侧电流互感器的变比，使其比值等于变压器本身的变比。

图7-47 变压器纵联电流差动保护的原理接线

这样选择好电流互感器变比后，在图7-47所示变压器内部发生故障时，如果变压器两侧均有电源则两侧电源都要向短路点提供短路电流，且两侧电流按规定正方向看均为正，因此流入差动继电器的电流I_r为两侧电源提供的短路电流变换到二次侧数值的和，即等于短路点总电流归算到二次侧的数值。$I_{\text{diff}}>I_{\text{act}}$时继电器将动作于跳闸。

(2) 变压器纵联电流差动保护的特点。

不平衡电流大是变压器纵联电流差动保护的重要特点，这是因为产生不平衡电流的原因多。下面就不平衡电流产生的原因和消除方法进行分析讨论。

①变压器励磁涌流$I_{\mu.\text{su}}$产生的不平衡电流。

励磁电流I_μ仅流经变压器接通电源的一侧，因此通过电流互感器反应到差动回路中就不能被平衡，其本身就是不平衡电流。正常运行情况下，此电流很小一般不超过额定电流的2%~6%；外部故障时，由于电压降低励磁电流减小，其影响更小。但是，在电压突然增加的特殊情况下，例如变压器空载投入和外部故障切除后电压恢复时可能出现数值很大的励磁电流，这种在暂态过程中出现的数值很大的励磁电流称为变压器的励磁涌流，会导致纵联电流差动保护误动作。

励磁涌流产生的原因解释如下：因为稳态工作情况下，铁心中的磁通滞后于外加电压90°，如图7-48(a)所示，所以如果正好在电压瞬时值$u=0$时投入空载变压器，则铁心中应该具有磁通$-\Phi_m$。但是，铁心中原本为0的磁通不能突变，故铁心中必然会出现一个非周期分量的磁通，其幅值为$+\Phi_m$与$-\Phi_m$相平衡。这样在经过半个周期后铁心中的磁通就达到$2\Phi_m$，如果铁心中还有剩余磁通Φ_s，则总磁通将为$2\Phi_m+\Phi_s$，如图7-48(b)所示。变压器铁心将严重饱

和,励磁电流 I_μ 将剧烈增大成为励磁涌流 $I_{\mu.su}$,如图 7-48(c)所示,其数值最大可达额定电流的 6～8 倍,还包含有衰减非周期分量和大量高次谐波分量,如图 7-48(d)所示。

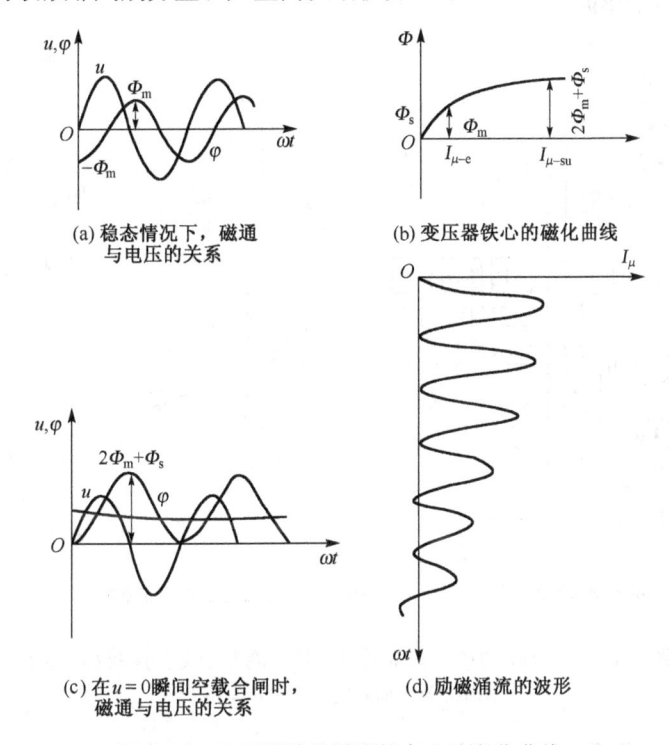

(a) 稳态情况下,磁通与电压的关系

(b) 变压器铁心的磁化曲线

(c) 在 $u=0$ 瞬间空载合闸时,磁通与电压的关系

(d) 励磁涌流的波形

图 7-48 变压器励磁涌流的产生及变化曲线

励磁涌流的大小和衰减时间与外加电压的相位、铁心中剩磁的大小和方向、电源容量的大小、回路阻抗以及变压器容量的大小和铁心性质等都有关系。例如,正好在电压瞬时值为最大时合闸就不会出现励磁涌流,而只有正常时的励磁电流。但对三相变压器而言,无论在任何瞬间合闸,至少有两相要出现程度不同的励磁涌流。试验数据表明,励磁涌流具有三个特点:a. 包含有很大成分的衰减非周期分量,使涌流偏于时间抽的一侧;b. 包含有大量的高次谐波,以二次谐波为主;c. 波形出现间断,一个周期中的间断角为 α。根据以上特点,变压器纵联差动保护防止励磁涌流影响的方法有:a. 采用具有速饱和铁心的差动继电器。b. 利用二次谐波制动。在励磁涌流的作用下差动回路中含有很大的二次谐波电流,因此可从差动电流中滤出二次谐波作为制动量以有效防止励磁涌流造成保护的误动作。c. 鉴别短路电流和励磁涌流波形的差别。励磁涌流的相邻波形之间是不连续的,出现了间断角 α。当 α 大于整定值则可认为出现了励磁涌流,将纵联差动保护闭锁,防止其误动作。

②变压器两侧电流相位不同产生的不平衡电流。

变压器常采用 $Y,d11$ 的接线方式,其两侧电流相位相差 $30°$。如果两侧电流互感器仍采用通常的接线方式,则二次电流由于相位不同会产生很大的不平衡电流流入继电器。为消除这种不平衡电流的影响,将变压器星形侧的三个电流互感器接成三角形,而将变压器三角形侧的三个电流互感器接成星形,这样可以使二次电流的相位相同,如图 7-49 所示。$\dot{I}_{A1}^Y$、$\dot{I}_{B1}^Y$ 和 $\dot{I}_{C1}^Y$ 为星形侧一次电流,$\dot{I}_{A1}^\triangle$、$\dot{I}_{B1}^\triangle$ 和 $\dot{I}_{C1}^\triangle$ 为三角形侧一次电流;$\dot{I}_{A2}^Y-\dot{I}_{B2}^Y$、$\dot{I}_{B2}^Y-\dot{I}_{C2}^Y$

和 $\dot{I}_{C2}^{Y} - \dot{I}_{A2}^{Y}$ 为星形侧电流互感器的二次电流，它们刚好与三角侧电流互感器副边的输出电流 $\dot{I}_{A2}^{\triangle}$、$\dot{I}_{B2}^{\triangle}$ 和 $\dot{I}_{C2}^{\triangle}$ 同相位。

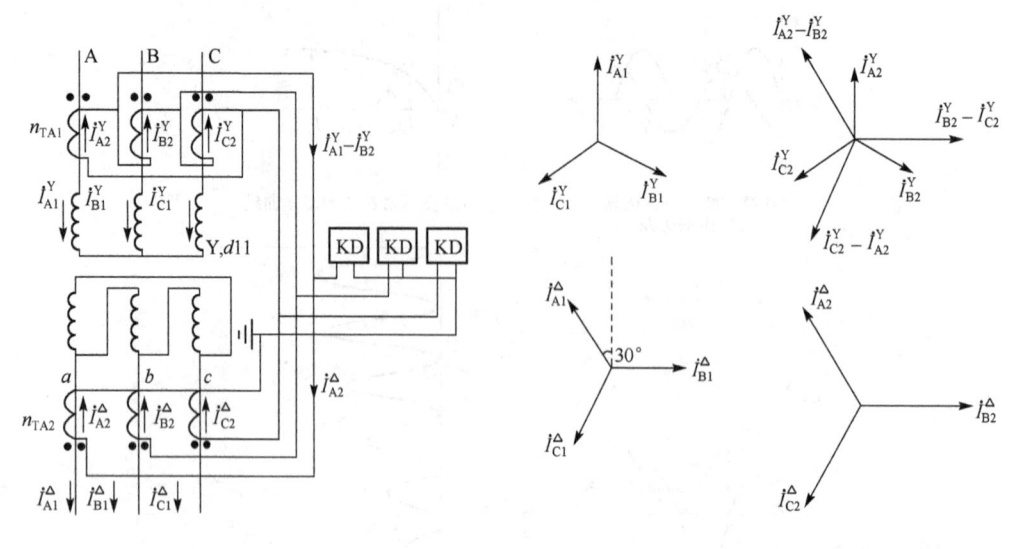

(a) 变压器及其纵差动保护的接线　　(b) 电流互感器原边电流相量图　　(c) 纵差动回路两侧的电流相量图

图 7-49　Y,d11 的接线变压器的纵联电流差动保护接线和相量图
图中电流方向对应于正常工作情况

但是，电流互感器采用上述连接方式后，在电流互感器接成三角形侧的差动臂中电流又增大了 $\sqrt{3}$ 倍。为了保证正常运行及外部故障情况下流入差动回路的电流为零，必须将该侧电流互感器的变比加大 $\sqrt{3}$ 倍以减小二次电流，使之与另一侧的电流相等。故选择变比的条件成为

$$\frac{n_{TA2}}{n_{TA1}/\sqrt{3}} = n_T \tag{7-104}$$

式中，n_{TA1} 和 n_{TA2} 为适应 Y,d11 接线的需要而采用的新变比。

③ 计算变比与实际变比不同产生的不平衡电流。

由于两侧电流互感器都是根据产品目录选取标准的变比，而变压器的变比也是一定的。因此，三者的关系很难满足 $\frac{n_{TA2}}{n_{TA1}} = n_T$（或 $\frac{n_{TA2}}{n_{TA1}/\sqrt{3}} = n_T$）的要求，从而在差动回路中产生了不平衡电流。在微机型变压器纵联电流差动保护中，可以预先在一侧电流互感器的二次电流上乘以一个固定系数以保证正常运行时差动电流为零、外部故障且电流互感器未饱和时差动电流也为零。这样就消除了计算变比与实际变比不同而产生的不平衡电流。

④ 两侧电流互感器型号不同产生的不平衡电流。

变压器两侧电流水平不同使得两侧电流互感器的型号必然不同，型号不同的电流互感器在饱和特性、励磁电流（归算至同一侧）的数值上也就不同，因此在差动回路中产生的不平衡电流较大。这种不平衡电流是不可避免的，只能靠尽可能减少电流互感器铁心饱和程度来削弱其影响。为此，应严格按照电流互感器的 10% 误差曲线选择二次负载，这等于降低

了二次电压,也就降低了电流互感器的磁感应强度,减弱了铁心饱和程度,相应地也就减小了不平衡电流。

⑤变压器带负荷调整分接头产生的不平衡电流。

带负荷调整变压器的分接头是保证电力系统电压稳定的重要手段。改变分接头就是改变变压器的变比 n_T,如果纵联电流差动保护已按照某一变比调整好,则分接头改变时就会产生一个新的不平衡电流流入差动回路,由此产生的不平衡电流的数值也随着分接头的变化在改变。微机型保护中,可在软件中设计进行动态调平衡的算法,但其他类型保护则不具备这个条件。因此,在整定计算时对这一不平衡电流也要予以考虑。

(3)变压器纵联电流差动保护的整定计算原则。

上述②、③项的不平衡电流可用适当选择电流互感器二次线圈的接法和变比,以及采用软件补偿的方法降到最小。但①、④、⑤各项的不平衡电流是难以消除的。因此,在稳态情况下,变压器纵联电流差动保护的最大不平衡电流 $I_{unb.max}$ 可由下式确定:

$$I_{unb.max} = (K_{sam} \times 10\% + \Delta U + \Delta f) I_{k.max}/n_{TA} \tag{7-105}$$

式中,10%为电流互感器允许的最大相对误差;K_{sam} 为电流互感器的同型系数,取 1;ΔU 为由带负荷调压所引起的相对误差,如果电流互感器二次电流在变压器额定抽头的情况下处于平衡,则取 ΔU 等于电压调整范围的一半;Δf 为所采用的电流互感器变比与计算值不同时所引起的相对误差。在已选用了软件补偿情况下取其为 0.05;$I_{k.max}/n_{TA}$ 为保护范围外部最大短路电流归算到二次侧的数值。

因此,变压器纵联电流差动保护的启动电流整定原则如下:

①躲正常运行情况下电流互感器二次回路断线。

假设一侧电流互感器的二次引出线断开,则该侧二次侧电流被迫变为零,差动回路中流过的电流就是另一侧电流互感器二次侧的电流。正常情况下该电流值为负荷电流变换到二次侧的数值,因此按躲正常运行时电流互感器二次断线条件整定时,保护装置的启动电流应大于变压器的最大负荷电流 $I_{LD.max}$。当负荷电流不能确定时可采用变压器的额定电流 $I_{N.T}$ 并引入可靠系数 K_{rel}(一般采用 1.3),则保护装置的启动电流为

$$I_{op} = K_{rel} I_{LD.max} \tag{7-106}$$

②躲开保护范围外部短路时的最大不平衡电流。

$$I_{act} = K_{rel} I_{unb.max} \tag{7-107}$$

式中,K_{rel} 为可靠系数,取 1.3;I_{act} 为差动继电器的启动电流;$I_{unb.max}$ 为保护外部短路时的最大不平衡电流,用式(7-105)计算。

③躲变压器励磁涌流。

如果采用了二次谐波制动、鉴别波形间断角或比率制动特性,它本身就具有躲开励磁涌流的性能,一般无须考虑该整定原则。如果采用具有速饱和铁心的差动继电器,虽具有避越励磁涌流的能力,但根据运行经验其启动电流仍需整定为

$$I_{act} = 1.3 I_{N.T}/n_{TA} \tag{7-108}$$

其躲开励磁涌流影响的性能最后还应经过现场的空载合闸试验加以检验。

选以上三个整定条件中最大者作为变压器纵联差动保护的启动电流。

灵敏系数按下式校验

$$K_{sen} = \frac{I_{k.\min}/n_{TA}}{I_{act}} \tag{7-109}$$

式中，$I_{k.\min}/n_{TA}$ 为内部故障时流过继电器的最小短路电流，$I_{k.\min}/n_{TA}$ 和 I_{act} 均应采用归算到同一侧的数值。按照要求灵敏系数一般不应低于 2，不满足要求时则需要采用具有比率制动特性的差动继电器。

5）发电机纵联电流差动保护的接线和整定计算原则

发电机纵联电流差动保护的作用原理与输电线路及变压器的相同，它是发电机内部相间短路的主保护，在中性点侧和机端引出线靠近断路器处分别装设一组电流互感器，因此它的保护范围就是定子绕组及其引出线。由于两侧可选同一电压等级、同型号、同变比及特性尽可能一致的电流互感器，所以其不平衡电流比变压器纵联电流差动保护的小，只需考虑两侧电流互感器励磁特性不一致产生的不平衡电流，即

$$I_{unb.\max} = K_{np}K_{sam}0.1I_{k.\max}/n_{TA} \tag{7-110}$$

式中，电流互感器的同型系数 $K_{sam} = 0.5$；当采用具有速饱和铁心的差动继电器时非周期分量系数 $K_{np} = 1$；$I_{k.\max}$ 为外部短路最大短路电流的基波幅值；n_{TA} 为电流互感器变比。为防止电流互感器二次回路断线引起保护误动，差动回路的中线上接有断线监视继电器 4。

发电机纵联差动保护的启动电流应按下面原则整定计算。

（1）躲正常运行情况下电流互感器二次回路断线。

为防止保护在此情况下误动作，应整定保护装置的启动电流大于发电机额定电流。引入可靠系数 K_{rel}（一般采用 1.3），则保护装置和继电器的启动电流分别为

$$\begin{cases} I_{op} = K_{rel}I_{N.G} \\ I_{act} = K_{rel}I_{N.G}/n_{TA} \end{cases} \tag{7-111}$$

（2）躲外部故障时的最大不平衡电流。

继电器的启动电流应取为

$$I_{act} = K_{rel}I_{unb.\max} \tag{7-112}$$

取上述两者中的大者为保护的启动电流。

断线监视继电器的启动电流按躲开正常运行时的不平衡电流整定，原则上越灵敏越好。根据经验其值通常选择为

$$I_{act} = 0.2I_{N.G}/n_{TA} \tag{7-113}$$

其动作时限应大于发电机后备保护的动作时限，以防止外部故障时由于不平衡电流的影响而误发信号。正常运行时若断线监视继电器发出断线信号，则运行人员应将纵联电流差动保护退出工作以防止外部短路时保护误动作。

保护的灵敏性仍以灵敏系数衡量，即

$$K_{sen} = \frac{I_{k.\min}}{I_{op}} \tag{7-114}$$

式中的 $I_{k.\min}$ 为发电机内部故障时流过保护装置的最小短路电流，计算时应考虑下面两种情况：①发电机与系统并列运行前，其出线端发生两相短路。此情况下差动回路中只有发电机提供的短路电流。②发电机采用自同期并列时（此时发电机先不加励磁，发电机的电势 $E \approx 0$），在系统最小运行方式下发电机出线端发生两相短路。此情况下差动回路中只有系统提供的短路电流。

取上面两种情况中短路电流小的代入式(7-114)校验灵敏系数,要求不应低于 2。

3. 纵联相差保护

1) 基本原理

纵联相差保护的基本原理是借助于通信通道比较被保护元件各端的电流相位,动作结果与电流的大小无关。以输电线路为例,仍采用电流的规定正方向由母线流向线路,则装于线路两端的电流互感器极性如图 7-50(a)所示。当保护范围内部(k_1 点)故障时,理想情况下两端电流相位相同、相差 0°,如图 7-50(b)所示,两端保护装置应动作跳开各端的断路器。当保护范围外部(k_2 点)故障时,两端电流相位相差 180°,如图 7-50(c)所示,保护装置不应动作。

(a) 接线示意图

(b) k_1 点内部故障时的电流相位

(c) k_2 点外部故障时的电流相位

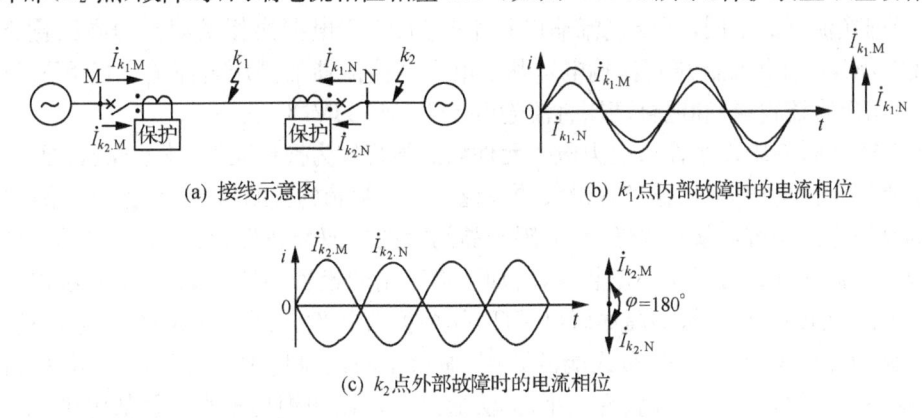

图 7-50 纵联相差保护的工作原理

2) 输电线路的光纤分相相差保护

该保护利用光纤通道比较被保护线路两侧三相电流及中线上零序电流的相位。具体实现时,只需要知道在工频半个周期内线路两侧电流极性相同的时间,若该时间大于整定值即可判为内部故障。当用"1"代表电流极性为正(与规定正方向相同),用"0"代表电流极性为负(与规定正方向相反)时,为比较两侧同名相电流的相位,每个采样点只需要传送一位数(即 1 或 0)到对端,对于三相电流及中线上零序电流则只需传送一个四位数到对端即可。

光纤分相相差保护的原理框图示于图 7-51。低定值启动元件动作后启动发送器将本侧调制成光信号的电流极性传送至对端。两端的正极性经 &$_1$ 比较、负极性经 &$_2$ 比较,两比较结果各经过整定动作角的延时元件后"或"输出。高定值启动元件也动作,则总出口 &$_3$ 发跳闸命令。

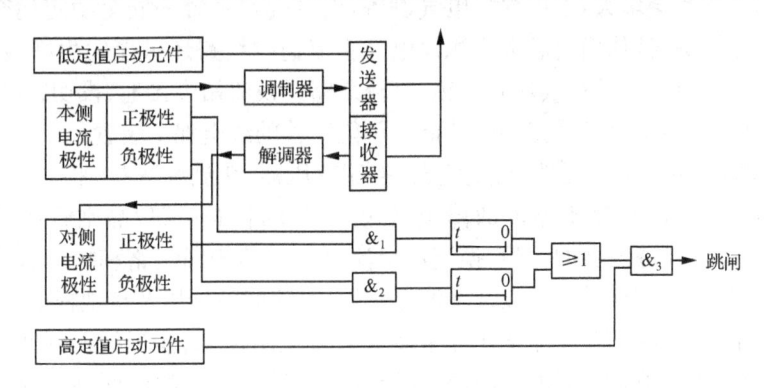

图 7-51 纵联光纤分相相差保护的原理框图

7.3.7 直流系统保护

1. 直流系统的故障和不正常运行状态

随着电力电子及自动控制技术的发展,高压直流输电技术凭借其在远距离大容量传输、异步电网互联、分布式电源入网和跨海输电等领域的优势得到越来越广泛的应用。典型高压直流输电系统主要由整流站、直流输电线路和逆变站三部分构成。整流站将交流电转变为直流电,直流输电线路实现直流电能的远距离传输,逆变站将直流电转变为交流电并接入交流电网。整流站和逆变站统称为换流站,换流站中实现交流电与直流电转换的设备是换流器。根据换流器的不同,高压直流输电技术分为:基于电网换相换流器的高压直流输电(LCC-HVDC,也称传统高压直流输电),基于电压源换流器的高压直流输电(VSC-HVDC,也称柔性高压直流输电)和混合高压直流输电(Hybrid-HVDC)三种。

LCC-HVDC 系统以半控型电力电子元件如晶闸管作为换流元件,技术成熟、原理简单、损耗低,常用于高电压等级、输送容量大的系统。但晶闸管的关断依赖于交流系统的换相电压,在弱交流系统中容易换相失败,且受限于晶闸管的单向导通性,其在运行过程中消耗大量无功功率,需额外设置无功补偿装置,增加了换流站的投资。VSC-HVDC 系统以全控型电力电子元件如绝缘栅双极型晶体管(IGBT)作为换流元件,可向无源网络供电,不存在换相失败、无功补偿等问题,在分布式能源并网、城市中心及海岛供电等领域应用具有优势。但其换流站运行损耗大、造价高、容量小、无法通过换流站闭锁切断直流侧故障电流。模块化多电平换流器(MMC)作为一种特殊结构的 VSC-换流器,具有制造难度低、开关损耗少、输出波形好、故障处理能力强的优点。Hybrid-HVDC 系统将 LCC-HVDC 系统和 VSC-HVDC 系统相结合,同时具备了 LCC-HVDC 系统的成熟、成本低廉和 VSC-HVDC 系统的调节性能好的特点,可以改善逆变侧系统的性能、降低换相失败的概率,更好地满足远距离大容量直流输电的要求。

直流输电线路是直流输电系统的重要组成部分,是两端换流站以及交流系统相互连接的纽带。直流输电线路常采用正、负双极结构,当换流器有一极退出运行时可按单极两线运行,输送功率减少一半。由于空间跨度和复杂恶劣的工作环境,直流线路成为直流系统中发生故障频率最高的元件,统计数据表明直流系统一半以上的故障发生于直流线路。直流线路上发生的短路包括单极短路和双极短路,短路后流经直流线路、换流器、换流站其他设备和交流系统的电流都会增大,不仅损坏电气设备,而且会对系统的安全稳定运行构成威胁,甚至导致交流系统失稳,从而引起大面积停电。直流输电线路还可能发生断线和下列的不正常运行状态:过负荷,以及在换流阀闭锁、直流线路或换流站内接地、投切线路过程中产生的过电压。因此,需要给直流线路装备性能尽可能完善的继电保护装置。

LCC 换流站的主要电气元件有:换流器、换流变压器、交流滤波器、平波电抗器、直流滤波器以及接地极等。LCC 换流站的故障类型包括:晶闸管阀短路、晶闸管阀开路、换相失败、换流变压器和交流滤波器的故障、换流器交流侧出口的相间短路和接地故障、换流器直流侧出口的双极短路和单极接地,以及平波电抗器、直流滤波器以及接地极的故障等。LCC 换流站的不正常运行状态有:交流电压异常造成的直流闭锁、晶体管阀不开通、晶体管阀误开通、过电压以及外部故障引起的过电流、换流变压器漏油引起的油面降低、换流变压器过励磁等。

VSC换流站的主要电气元件有：换流器、换流变压器、换相电抗、交流滤波器、直流电容、直流电抗器等。VSC换流站的故障类型包括：IGBT阀的短路和开路，换相电抗上发生的故障、换流器交流侧出口的故障、换流变压器和交流滤波器的故障，以及直流电容器和直流电抗器的故障等。换流站内各种短路产生的过电流不仅使元件本身受损，而且可能造成直流输电系统停运；IGBT阀开路则可能引起系统电压和电流发生畸变，影响电能质量。VSC换流站的不正常运行状态包括：控制脉冲短时丢失导致IGBT阀无法导通或关断、IGBT阀失效，换流变压器油面降低、换流变压器过励磁、过电压以及外部故障引起的过电流等。

换流站内发生的任何故障都会对站内电气元件造成损坏，影响换流站的长期稳定运行；而不正常运行状态会使直流电压乃至交流电压产生波动，影响电能质量。因此，换流站中的各种电气元件都应该装设相应的继电保护装置，以保障电力系统的安全运行。

2. LCC-HVDC 系统的保护

图7-52给出了双极LCC-HVDC系统的原理接线以及保护分区情况。左为整流侧、右为逆变侧；每极上的三绕组换流变压器通过不同接线方式获得6个换相电压，给6脉动换流器提供电压；每一极由两个6脉动换流器串联组成12脉动换流器。6脉动换流器依次收到触发脉冲，按照既定的顺序导通、截止或换相，从而实现了交流电与直流电的变换。下面按照分区情况介绍保护配置、原理及其整定原则，电流的正方向如图中箭头所示。

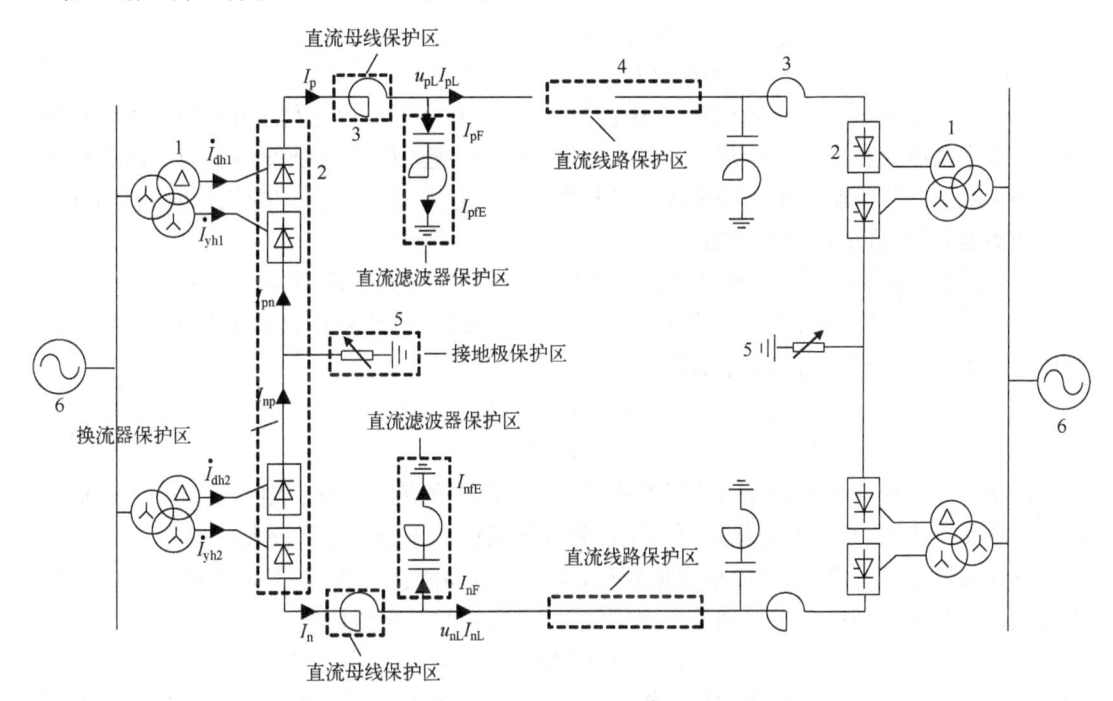

图7-52 双极LCC-HVDC系统原理接线以及保护分区
1-换流变压器；2-换流器；3-平波电抗器；4-直流输电线路；5-接地极系统；6-交流系统

1) 换流器保护区

这个区域包括换流阀及其阀引出线，通常配置下列保护装置。

(1) 阀组差动保护。反应晶闸管阀两侧的电流之差而动作。阀正常运行时,两侧电流大小相等、方向相反,差动回路中只有不平衡电流、数值很小,保护不动作;阀短路时,两侧电流数值不同,差动电流增大,其大于整定值保护动作。动作判据如下

$$\begin{cases} |I_{\mathrm{dh}.i} - I_{\mathrm{pn}}| > I_{\mathrm{op1}} \\ |I_{\mathrm{yh}.i} - I_{\mathrm{np}}| > I_{\mathrm{op1}} \end{cases} \tag{7-115}$$

式中,$i=1,2$;$I_{\mathrm{dh}.i}$、$I_{\mathrm{yh}.i}$ 分别为换流变压器阀侧 △ 接绕组、Y 接绕组的交流电流幅值;I_{pn}、I_{np} 分别为换流阀正、负极中性线上的电流;整定值 I_{op1} 按照躲开正常运行以及区外故障时可能出现的最大不平衡电流整定。阀组差动保护动作后,闭锁触发脉冲并跳开交流侧断路器。

(2) 换相失败保护。换相失败一般发生在逆变侧。由于晶闸管阀无自关断能力,其承受正向电压且门极有触发电流时导通,承受反向电压且阳极电流下降到接近零的某一数值以下时关断。所谓换相是指:借助于换流阀的开通和关断,使流经换流器的电流从一个路径转移到另一个路径。在换相过程中,如果刚退出导通的阀在反向电压作用时间内未能恢复阻断能力,或者在反向电压期间换相过程一直未能进行完毕,则会在其阳极电压大于零后又重新导通,这被称为换相失败。逆变器换相失败后,直流侧电流增大、晶闸管阀电流则下降,因此利用直流侧电流与晶闸管阀电流之差可以构成换相失败保护。动作方程为

$$\begin{cases} \max(I_{\mathrm{p}},I_{\mathrm{pn}}) - I_{\mathrm{yh}.i} > I_{\mathrm{op2}} \\ \max(I_{\mathrm{n}},I_{\mathrm{np}}) - I_{\mathrm{dh}.i} > I_{\mathrm{op2}} \end{cases} \tag{7-116}$$

式中,I_{p}、I_{n} 为换流器正、负极电流。整定值 I_{op2} 按照躲开正常运行及区外故障时可能出现的最大不平衡电流整定。保护判定换相失败后,控制系统立即提前触发逆变器以防连续发生换相失败。如果控制系统已经响应且换相失败时间已超过交流保护的动作时间,则保护闭锁换流器,并跳开交流侧断路器。

(3) 直流差动保护。换流器保护区内发生接地故障时,换流阀两端的直流电流不再相等。据此,利用换流器正、负极电流 I_{p}、I_{n} 分别和换流阀正、负极中性线上的电流 I_{pn}、I_{np} 构成差动保护来反应区内的接地故障。动作判据如下

$$\begin{cases} |I_{\mathrm{p}} - I_{\mathrm{pn}}| > I_{\mathrm{op3}} \\ |I_{\mathrm{n}} - I_{\mathrm{np}}| > I_{\mathrm{op3}} \end{cases} \tag{7-117}$$

整定值 I_{op3} 按照躲开正常运行以及区外故障时可能出现的最大不平衡电流整定。为适应系统的各种运行工况,直流差动保护可由Ⅰ段和Ⅱ段组成。Ⅰ段整定值较大,在控制系统能够显著抑制故障电流前动作;Ⅱ段整定值较小,主要针对高阻接地故障,其动作时限需大于控制系统的电流调节时间。保护动作后将闭锁换流器,并跳开交流侧断路器。

(4) 过电流保护。由Ⅰ段、Ⅱ段过电流保护组成,反应区外故障引起的过电流以及过负荷。Ⅰ段整定值躲开区外故障的最大短路电流,动作时限通常取毫秒级;Ⅱ段整定值与相邻元件的过负载保护配合,动作时间取秒级。

(5) 触发异常保护。对比触发信号和返回信号来检测晶闸管是否正常导通。一旦检测到晶闸管不正常导通或未正常导通,保护将切换至冗余控制系统。切换成功后,如果触发异常仍然存在则闭锁换流器。

(6)电压过应力保护。通过控制换流变压器的分接开关,避免过高的电压应力损害设备安全。当直流空载电压高于整定值时,先通过分接开关动作来减小它;如果直流空载电压过高,则闭锁换流器并跳开交流侧断路器。

(7)直流过电压保护。直流端电压超过整定值则动作,其整定值与动作时限与设备的过电压耐受能力相配合。

(8)晶闸管监视。监视晶闸管工作状态,当处于不正常状态的晶闸管达到一定数量时报警;当处于不正常状态的晶闸管达到更高数量时则闭锁换流器,并跳开交流侧断路器。

(9)大触发角监视。监视晶闸管在大触发角运行时的电气应力。若应力超过限制值将经延时后通过调节换流变压器分接开关来降低直流电压;若应力进一步增加则经延时后闭锁换流器。

2)直流滤波器保护区

这个区域包括直流滤波器中的电抗器和电容器。装设的保护装置如下:

(1)直流滤波器中的电抗器过流保护。反应流过电抗器谐波电流的增大而动作。其整定值与滤波器的耐热特性相配合,具有反时限动作特性,即保护的动作时限跟随电流的增大而减小。保护动作后将切换至冗余的滤波器,并断开当前滤波器;如果是最后一组滤波器则过电流保护闭锁换流器。

(2)直流滤波器中的电容器不平衡保护。在直流滤波器的电容器包括两个相同分支的情况下,设两个分支的电流分别为 I_{c1} 和 I_{c2},则不平衡保护的动作判据为

$$|I_{c1} - I_{c2}| > I_{op4} \quad (7-118)$$

整定值 I_{op4} 按照躲开正常运行时两支路可能出现的最大不平衡电流整定。保护可设为三段式:达较小定值时发报警信号,达较大定值时切除滤波器,如果是最后一组滤波器则闭锁换流器。

(3)直流滤波器的差动保护。反应于直流滤波器的极线侧电流 I_{pF}(I_{nF})和接地侧电流 I_{pfE}(I_{nfE})之间的差值而动作,实现对直流滤波器范围内故障的保护。动作判据为

$$\begin{cases} |I_{pF} - I_{pfE}| > I_{op4} \\ |I_{nF} - I_{nfE}| > I_{op4} \end{cases} \quad (7-119)$$

保护动作后切除直流滤波器,如果是最后一组滤波器则闭锁换流器。

3)直流母线保护区

该区域包括直流极母线和平波电抗器,通常配置下列保护装置。

(1)直流极母线差动保护。反应换流器直流极母线区两侧的电流之差而动作。动作判据为

$$\begin{cases} |I_p - I_{pL} - I_{pF}| > I_{op5} \\ |I_n - I_{nL} - I_{nF}| > I_{op5} \end{cases} \quad (7-120)$$

式中,I_p、I_n 为换流器正、负极电流,I_{pL}、I_{nL} 为直流线路正、负极电流,I_{pF}、I_{nF} 为流过正、负极直流滤波器的电流。可设置为两段式:Ⅰ段整定值躲开区外故障的最大不平衡电流,在控制系统显著抑制故障电流前动作;Ⅱ段整定值躲开换相失败时的最大不平衡电流,动作时间大于直流线路故障的最长重启时间。保护动作后将闭锁换流器、跳开交流断路器。

(2)换流器大差动保护。反应换流器正、负两级的电流之差而动作。动作判据为

$$|I_p - I_n| > I_{op6} \quad (7-121)$$

I_{op6}按照躲正常运行以及换相失败时的最大不平衡电流整定。可设置报警段和跳闸段,前者经延时发报警信号,后者经延时闭锁换流器、跳开交流断路器。

(3)阀连接母线差动保护。反应正极阀与负极阀之间的电流之差而动作,动作判据为

$$|I_{pn} - I_{np}| > I_{op7} \tag{7-122}$$

I_{op7}按躲开正常运行以及换相失败时的最大不平衡电流整定。与换流器大差动保护类似,也可设置为报警段和跳闸段。

(4)直流极差动保护。反应直流线路正、负极电流之差而动作,动作判据为

$$|I_{pL} - I_{nL}| > I_{op8} \tag{7-123}$$

I_{op8}按躲开正常运行以及换相失败时的最大不平衡电流整定。也可设置为报警段和跳闸段。

(5)平波电抗器保护。平波电抗器保护可由直流极母线差动保护实现。而油浸式平波电抗器还配有非电量保护装置,如油位检测、气体监测、油温监测等。

4)接地极保护区

该区域主要包含接地极线路、接地极馈流线和接地极。设置的保护装置主要有:

(1)过电流保护。当流入接地网的电流大于整定值时,经延时后发送双极停运信号。

(2)接地极引线断线保护。反应换流器中性点电压增大而动作,整定值与动作时间的选取要与设备的耐压特性相配合。

(3)接地极线路监测。通过串联谐振电路向接地极线路注入高频电流,并根据接地极线路首端的电压、电流计算出阻抗以进行阻抗检测,若阻抗值偏离正常值则表明有故障发生。

5)直流线路保护区

(1)直流线路行波保护。直流线路上发生故障后,故障点产生的故障行波向线路两侧传播。故障行波的来回折反射在线路两端母线处产生高频的暂态电压和暂态电流,引起直流母线电压剧烈变化。因此,可以利用直流母线上电压行波的变化来反应直流线路上发生的故障。与交流系统不同的是,直流系统的故障行波没有故障初始相位角的影响,传播特性较为理想,因而行波保护作为直流线路的主保护被广泛应用。

电压行波保护的动作判据由式(7-124)给出。先检测电压变化率和电压变化量,当两个判据都满足时启动电流变化量判据。其中,电压变化率判据用于区分区内外故障,电压变化量判据用于区分扰动和故障,电流变化量判据用于判断故障是否发生在本极线路。

$$\begin{cases} du_{iL}/dt > U_{op9} \\ \Delta u_{iL} > U_{op10} \\ \Delta i_{iL\text{-rec}} > I_{op11} \\ \Delta i_{iL\text{-inv}} < I_{op12} \end{cases} \tag{7-124}$$

式中,u_{iL}为直流母线电压,$i = p, n$表示正、负极,$i_{iL\text{-rec}}$、$i_{iL\text{-inv}}$分别为直流线路整流侧、逆变侧的电流,整定值均按照能够识别全线路上发生的故障,且在区外故障(交流系统故障、换相失败、换流站内部故障等)情况下不误动的原则来整定。

模量行波保护利用故障前后的模量波P和地模波G_0的变化实现。通过 Karrenbauer 相模变换即式(7-125)将双极直流线路的极电压和极电流变换为模电压和模电流(下角标 1 和 0 分别代表 1 模量和地模量),则模量波P和地模波G_0的计算公式为式(7-126)。

$$\begin{bmatrix} e_0 \\ e_1 \end{bmatrix} = \frac{1}{\sqrt{2}} \begin{pmatrix} 1 & 1 \\ 1 & -1 \end{pmatrix} \begin{bmatrix} e_\mathrm{p} \\ e_\mathrm{n} \end{bmatrix} \tag{7-125}$$

$$\begin{cases} P = Z_1(i_\mathrm{L} - i_\mathrm{L\_op}) - (u_\mathrm{L} - u_\mathrm{L\_op}) \\ G_0 = Z_0(i_\mathrm{L} + i_\mathrm{L\_op}) - (u_\mathrm{L} + u_\mathrm{L\_op}) \end{cases} \tag{7-126}$$

式中，Z_1、Z_0 分别为直流线路的 1 模波阻抗和地模波阻抗。模量行波保护的动作判据如下

$$\begin{cases} \mathrm{d}P/\mathrm{d}t > P_{\mathrm{op}13} \\ \Delta P > P_{\mathrm{op}14} \\ \mathrm{d}G_0/\mathrm{d}t > G_{\mathrm{op}15} \\ \Delta G_0 > G_{\mathrm{op}16} \end{cases} \tag{7-127}$$

整定值 $P_{\mathrm{op}13}$、$P_{\mathrm{op}14}$、$G_{\mathrm{op}15}$、$G_{\mathrm{op}16}$ 均需要按照既能识别全线路上的故障又在区外故障(交流系统故障、换相失败、换流站内部故障等)时不误动的原则来整定。直流线路正常运行时，模量波和地模波的数值和变化率均接近于零；线路发生双极故障时，模量波的数值和变化率显著变化，式(7-127)中的前两个判据满足；线路发生单极故障时，地模波的数值和变化率显著变化，式(7-127)中的后两个判据满足。

在故障点存在过渡电阻情况下，故障点产生的故障行波随着过渡电阻的增大而减小，上述两种行波保护的灵敏度均会降低。

(2) 微分欠压保护。作为行波保护的后备，微分欠压保护反应直流母线电压 $u_{i\mathrm{L}}$（$i=\mathrm{p}$，n 表示正、负极）的变化率和它的变化量而动作，在行波保护退出运行或电压变化率上升沿宽度不足时起作用，其整定原则与电压行波保护相同。动作判据如下

$$\begin{cases} \mathrm{d}u_{i\mathrm{L}}/\mathrm{d}t > U_{\mathrm{op}17} \\ u_{i\mathrm{L}} < U_{\mathrm{op}18} \end{cases} \tag{7-128}$$

该保护同样存在耐受过渡电阻能力不足的缺陷。

(3) 直流线路纵联电流差动保护。属后备保护，利用通信通道反应线路两端的电流之差而动作。正常运行和外部故障时，流过直流线路的是穿越性电流，差动继电器的电流为不平衡电流；直流线路内部故障时，流入差动继电器的电流为两端提供短路电流变换到二次侧的数值。动作判据如下：

$$|I_{i\mathrm{L\text{-}rec}} - I_{i\mathrm{L\text{-}inv}}| > I_{\mathrm{op}19} \tag{7-129}$$

式中，$I_{i\mathrm{L\text{-}rec}}$ 和 $I_{i\mathrm{L\text{-}inv}}$ 为直流线路上整流侧和逆变侧的电流；整定值 $I_{\mathrm{op}19}$ 按躲开外部故障可能出现的最大不平衡电流整定；动作时间大于交流系统保护的最长故障清除时间，通常为数百毫秒。

(4) 直流欠电压保护。反应直流电压低于整定值而动作，动作时限与相邻元件保护相配合。

(5) 直流谐波保护。直流线路发生故障的暂态过程中，线路上会出现谐波分量，故提取直电流中的谐波分量，反应谐波电流的增大能检测直流线路故障。直流谐波保护包括 50Hz 保护和 100Hz 保护，不仅能作为直流线路的后备保护，而且前者还可作为换相失败的后备保护，后者还可作为交流系统的后备保护。保护的整定值按躲开系统正常运行时滤波器的不平衡输出电流来整定，动作时限与交流系统的最长故障清除时间以及换相失败保护的最长动作时间相配合。直流谐波保护的动作方程为(下角标 $i=\mathrm{p},\mathrm{n}$ 表示正、负极)

$$\begin{cases} I_{iL\_50\text{Hz}} > I_{op20} \\ I_{iL\_100\text{Hz}} > I_{op21} \end{cases} \tag{7-130}$$

3. VSC-HVDC 系统的保护

1) VSC-HVDC 系统的故障清除策略

两端双极 VSC-HVDC 系统的原理接线如图 7-53，包括两个换流站和一条直流线路。其中，一个换流站运行于整流状态，从交流系统吸收功率并向直流系统提供功率；另一个换流站运行于逆变状态，从直流系统吸收功率并向交流系统提供功率。

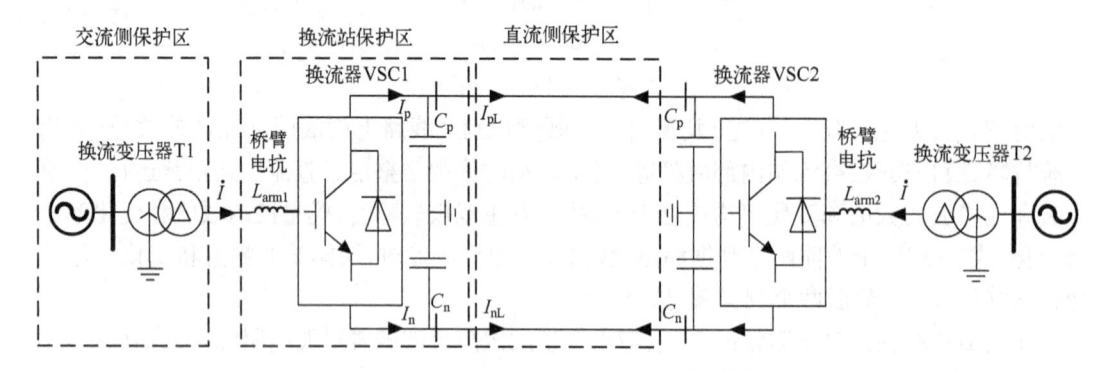

图 7-53 柔性直流系统原理接线以及保护分区

由于换流器所用的换流阀不同，VSC-HVDC 系统直流侧的故障特性与 LCC-HVDC 系统存在明显差异，且故障危害程度更高、故障清除难度更大。目前，VSC-HVDC 系统的直流故障清除策略主要有 3 种。①跳交流断路器。检测到直流线路故障后闭锁所有换流站，并跳开所有换流站的交流侧断路器。待直流电流下降至零后，打开直流线路两侧的直流隔离开关，将故障线路隔离；②换流站切换至限流控制模式。VSC 换流器具有隔离直流故障的能力，当检测到直流线路故障后，所有换流器切换至主动限流控制模式。待直流电流下降至零后，打开直流线路两侧的直流隔离开关，将故障线路隔离；③跳直流断路器。所有直流线路两端均配置直流断路器，当检测到直流线路故障后跳开两端直流断路器，将故障线路隔离。

2) 交流侧保护区

(1) 换流变压器的纵联电流差动保护。采用导引线作为通信通道比较换流变压器各端的电流相量；正常运行和外部故障时，流入差动继电器的电流为不平衡电流；内部故障时，流入差动继电器的电流为各侧电源提供的短路电流变换到二次侧数值的和，即等于短路点总电流归算到二次侧的数值，差动继电器将动作跳闸。

由于换流器工作的非线性，使得换流变压器阀侧绕组的故障特性与普通变压器的明显不同，实际中曾经出现过阀侧绕组单相接地时纵联电流差动保护拒动的情况，因此有必要对常规变压器纵联电流差动保护进行改进。具体改进措施可查阅相关文献。

(2) 交流母线的电流差动保护。为满足选择性，必须考虑把母线上连接的所有电气元件都接入差动回路中，且接入时应该保证：正常运行及母线范围以外故障时，流入差动回路的电流为零；母线上故障时，流入差动回路的电流为所有电源提供给短路点电流(即短路点总电流)变换到二次侧的数值。保护动作后跳开与故障母线相连的所有交流断路器，并闭锁换流器。

(3)交流侧过电压保护。反应交流母线过电压而动作,经延时后跳开交流断路器并闭锁换流器。

(4)交流侧过电流保护。反应换流站交流侧的电流增大而动作,经延时跳开交流断路器并闭锁换流器。

(5)交流侧不对称故障保护。当 VSC-HVDC 系统的交流侧发生不对称故障后,VSC 换流器的负序电压控制环节能够抑制负序电流,从而避免不对称故障扩大。如果控制系统未能充分抑制故障电流,则利用负序过电流构成的不对称故障保护将动作,经延时后跳开交流断路器并闭锁换流器。

3) 换流器保护区

(1)桥臂电流差动保护。桥臂内部发生接地时,流入 VSC 换流器桥臂的电流与流出桥臂的电流不再相等,因此基于桥臂两侧电流之差能反应桥臂内部的故障。桥臂电流差动保护动作后,跳开交流断路器并闭锁换流器。

(2)换流器的过电流保护。VSC-HVDC 系统的过电流保护可以通过合理设置换流器的控制外环和控制内环的指令限制值来实现。通过指令限制值来减小故障后的交流侧电流,实现过电流保护功能。

(3)子模块监测。通过对换流阀电流以及直流侧电容上电压的监测,判定是否存在阀体绝缘损坏、机械失效或者控制系统故障。

4) 直流侧保护区

(1)直流线路主保护。直流线路故障后,所有换流站的直流侧电容迅速放电。由于故障回路阻抗较小,故障电流几毫秒就上升到额定值的数倍,极易损坏 VSC-HVDC 系统的电力电子器件,且过高的直流电流对直流断路器的开断能力提出了高要求。因此,VSC-HVDC 系统中的直流线路主保护和后备保护的动作时间通常为毫秒级。

VSC-HVDC 系统直流线路的主保护仍采用在 LCC-HVDC 系统保护中介绍过的行波保护。考虑到故障点过渡电阻的存在会同时削弱故障行波的高频分量和低频分量,但高频能量与低频能量的比值受过渡电阻的影响较小,因此可基于高、低频能量的比值构造补充判据,以提高行波保护耐受过渡电阻的能力。

(2)直流线路后备保护。可以选择比较两端电流之差的纵联电流差动保护,也可以选择过电流保护或者反应故障后出现的电流增量的保护。

(3)直流断路器失灵保护。直流线路发生故障后,直流断路器需要在几毫秒内开断高达数十千安的故障电流,这对直流断路器内部元件的安全性带来极大挑战。一旦内部元件失效,则直流断路器将失去开断能力,即直流断路器失灵。直流断路器失灵保护是指:在直流断路器失灵而拒绝动作的情况下,能以较短时限切除其他相关断路器,使停电范围缩得最小的后备保护。它是防止事故范围扩大,保证电力系统安全稳定运行的一种有效措施。直流断路器失灵的构成原则与交流断路器失灵保护相同,具体见 7.5.3 节。

7.4 输电线路的继电保护配置

在电力系统中,输电线路担负着输送电能的重要任务,特别是超高压和特高压的输电线路更是承担着从能源生产省份远距离、大容量向经济中心输送电能的使命。一旦发生故障,不仅会造成大范围停电,给国民经济带来巨大的损失;而且故障不快速切除还会危及整个电力系统的安全稳定运行,严重时还可能造成系统崩溃。因此,需要装设选择性好、动作速度快、灵敏性高的继电保护装置。各种电压等级输电线路的保护配置描述如下。

1. 35kV 及以下中性点非直接接地辐射网的线路保护配置

(1)应装设反应相间短路的阶段式电流保护。35kV 线路一般装设三段式电流保护。电流速断(电流Ⅰ段)加上限时电流速断(电流Ⅱ段)作为主保护、过电流保护(电流Ⅲ段)作为后备保护。1~10kV 线路一般装设两段式,电流速断(电流Ⅰ段)作为主保护、过电流保护(电流Ⅲ段)作为后备保护,且因为过电流保护的动作时限是从网络最末端开始往电源侧线路累加的,所以末端线路上的过电流保护的动作时间比较短,当该动作时限不大于 0.5s 时可不装设电流速断,只要过电流保护即可满足要求。

(2)中性点经小电阻接地的网络装设三段式零序电流保护作为接地保护。该保护的工作原理与反应相间短路的三段式电流保护类似。

(3)中性点不接地或经消弧线圈接地的网络装设单相接地选线装置反应单相接地故障。

(4)对于 35kV 及以下的短线路,采用阶段式电流保护很难满足选择性的要求,而采用阶段式距离保护又需要一次系统增设电压互感器,此情况下可采用纵联保护作为主保护、采用过电流保护(电流Ⅲ段)作为其相间短路的后备保护。

2. 35kV 及以下中性点非直接接地多电源网的线路保护配置

(1)优先考虑装设反应相间短路的阶段式方向性电流保护或阶段式的方向性电流电压联锁保护。究竟设几段式?要根据网络的具体接线情况,遵循在满足选择性前提下力求简化的原则。电流电压联锁保护就是将电流继电器和低电压继电器组成与门输出,低电压元件的加入使得电流元件的整定值可以适当降低,保护的灵敏性得以提高。例如,电流Ⅲ段可以只躲负荷电流而不必躲开电动机的自起动电流,而电动机的自起动依靠电压元件的整定值躲开。

(2)中性点经小电阻接地的多电源网络应该装设三段式零序电流保护作为接地保护。

(3)中性点不接地或经消弧线圈接地的多电源网络,采用单相接地选线装置反应单相接地故障。

(4)在多侧电源网络中,当阶段式方向性电流保护或方向性电流电压联锁保护不能满足灵敏度要求或是构成过于复杂时,可以装设三段式相间距离保护,其中的距离Ⅰ段加上距离Ⅱ段作为主保护,Ⅲ段作为后备保护。

3. 110kV 输电线路的保护配置

我国的 110kV 及以上电网均采用系统中性点直接接地的运行方式,当系统中任何一点发生接地时,其故障特征与 35kV 及以下中性点非直接接地电网的单相接地故障特征大为不同,系统中有很大的短路电流流过,对系统危害很大,被称为大电流接地电网。因此,在 110kV 及以上的输电线路上,不仅需要装设相间短路保护,而且需要装设性能完善的能反应单相及多相接地短路的保护。110kV 输电线路的保护配置具体叙述如下。

(1)装设反应相间短路的三段式相间距离保护。相间距离Ⅰ段加上相间距离Ⅱ段作为主保护,相间距离Ⅲ段作为后备保护。

(2)装设反应接地短路的三段式接地距离保护或三段式零序电流保护。Ⅰ段加上Ⅱ段作为主保护,Ⅲ段作为后备保护。

(3)为带自备电厂的大负荷用户供电的 110kV 输电线路应该装设纵联保护作为主保护,它既能反应线路上任何一点发生的相间短路,也能反应线路上任何一点发生的接地短路。以三段式相间距离保护作为相间短路的后备,以三段式接地距离保护或者是三段式零序保护作为接地短路的后备。

4. 220kV 及以上输电线路的保护配置

(1)为了保证电力系统的安全稳定运行,220kV 及以上输电线路上发生的任何故障都必须 0 秒切除。所以,要装设能"全线速动"的纵联保护作为主保护,并且主保护还要双重化,也就是说必须装设两套不同原理或不同厂家的纵联保护。

(2) 220kV 及以上输电线路的后备保护也要双重化。通常保护装置生产厂家提供的高压、超高压和特高压输电线路保护都是成套式的,这套保护中包括一套纵联原理的主保护和一套完备的距离保护。所谓完备的距离保护是指:三段式相间距离保护加上三段式接地距离保护。考虑到距离保护不能实现"全线速动",因此完备的距离保护只能作为 220kV 及以上输电线路的后备保护。这样一来,在选择两套主保护的同时,也具有了两套完备的距离保护作为后备保护。

7.5 变压器、发电机及母线的继电保护配置

7.5.1 变压器的保护配置

电力变压器是电力系统中重要的供电设备,它的故障将对供电可靠性和系统运行影响重大。因此,必须根据变压器的容量和重要程度装设性能良好、工作可靠的继电保护装置。

变压器的内部故障分为油箱内故障和油箱外故障两种。油箱内的故障包括绕组的相间短路、接地短路、匝间短路以及铁心烧损等。油箱外的故障主要是套管和引出线上发生相间短路和接地短路。变压器的不正常运行状态主要有:外部相间短路引起的过电流、外部接地短路引起的过电流和中性点过电压、过负荷以及漏油引起的油面降低。对大容量变压器,在过电压或低频率等异常运行方式下还会发生过励磁故障。

根据上述故障类型和不正常运行状态,变压器应装设下列保护。

(1)反应变压器油箱内部各种短路故障和油面降低的瓦斯保护。对油冷却的变压器,油箱内短路时在短路电流和电弧的作用下,绝缘油和其他绝缘材料会因受热而分解产生气体。这些气体从油箱流向油枕上部。瓦斯保护就是反应于油箱内部产生的气体和油流而动作的,轻瓦斯动作于信号,重瓦斯动作于跳闸。

(2)反应变压器绕组和套管及引出线上的相间故障、大电流接地系统侧绕组和引出线的单相接地短路以及绕组匝间短路的纵联电流差动保护或电流速断保护。根据变压器容量和系统短路电流水平的不同选用两种中的一种。

(3)反应外部相间短路并作为瓦斯保护和差动保护(或电流速断保护)后备的低电压启动过电流保护,或复合电压启动过电流保护,或定时限负序过电流保护。根据变压器容量和系统短路电流水平的不同选用三种中的一种。

(4)反应大电流接地系统中变压器外部接地短路的零序电流保护。

(5)反应变压器对称过负荷的过负荷保护。反应对称负荷引起的变压器绕组过电流,用

接于一相上的一个电流继电器即可。

(6)反应变压器过励磁故障的过励磁保护。大型变压器为节省材料并减小重量,其额定磁通密度 B_N 和饱和磁通密度 B_{sat} 相差无几。因此,当电压与频率比 (U/f) 增大时,工作磁通密度 B 增大,励磁电流也随之增大,铁心饱和后励磁电流急剧增大,称为过励磁状态。过励磁保护反应于实际工作磁密和额定工作磁密之比而动作。

7.5.2 发电机的保护配置

发电机的安全运行对保证电力系统的正常工作和电能质量起着决定性作用。因此,应该针对各种不同的故障和不正常运行状态装设性能完善的继电保护装置。

发电机的故障类型主要有:定子绕组相间短路、定子绕组一相的匝间短路、定子绕组单相接地、转子绕组一点接地或两点接地、转子励磁回路的励磁电流消失。发电机的不正常运行状态主要有:由外部短路引起的定子绕组过电流,由负荷超过发电机额定容量引起的三相对称过负荷,由外部不对称短路或不对称负荷(如单相负荷,非全相运行等)而引起的发电机负序过电流和负序过负荷,由于突然甩负荷引起的定子绕组过电压,由于励磁回路故障或强励时间过长引起的转子绕组过负荷,由于汽轮机主气门突然关闭引起的发电机逆功率等。

发电机应装设以下继电保护装置。

(1)反应定子绕组及其引出线上相间短路的纵联电流差动保护。

(2)定子绕组单相接地保护。发电机的外壳必须安全接地,因此定子绕组因绝缘破坏而引起的单相接地就成为一种最常见的发电机故障。但是,发电机的中性点是不接地或经消弧线圈接地的,所以发电机内部单相接地就如同在7.3.4节中所分析的那样,流经接地点的电流为发电机所在电压网络(即与发电机有直接电联系的各元件)对地电容电流之总和,而不同之处在于故障点的零序电压将随发电机内部接地点的位置而改变。

因此,对直接连于母线的发电机,如果定子绕组单相接地故障使其所在电压网络的对地电容电流大于或等于5A时(无论中性点是否装有消弧线圈),应装设动作于跳闸的零序电流保护;如果对地电容电流小于5A则装设作用于信号的零序电压保护。对于发电机变压器组,在发电机电压侧装设作用于信号的零序电压保护;当发电机电压侧对地电容电流大于5A装设消弧线圈。

反应零序电流和零序电压动作的单相接地保护,对定子绕组都不能达到100%的保护范围,主要是不能反应中性点附近的单相接地故障。对容量在100MW及以上的发电机应装设保护区为100%的定子绕组单相接地保护,以防止单相接地进一步发展成匝间短路、相间短路或两点接地短路。100%定子接地保护装置一般由两部分组成,第一部分是零序电压保护,它能保护定子绕组的85%以上,第二部分则用来消除零序电压保护的死区。构成第二部分保护的方案主要有:①附加低频(20Hz或12.5Hz)电源的保护方式。通过发电机端的电压互感器开口三角绕组将低频电流注入定子绕组。当定子绕组发生单相接地时,保护装置将反应于此注入电流的增大而动作;②反应三次谐波电压比值的保护方式。利用发电机存在固有三次谐波电势的特点,以定子绕组单相接地时中性点出现的三次谐波电压 U_{N3} 与机端三次谐波电压 U_{S3} 的比值变化作为动作判据,当 U_{S3}/U_{N3} 大于整定值时说明单相接地故障发生在中性点附近,则保护动作。

(3)定子绕组匝间短路保护。当绕组接成星形且每相中有引出的并联支路时,应装设单继电器式的横联电流差动保护,否则可以采用反应转子二次谐波电流或反应零序电压原理的保护(张艳霞 等,2010)。上述三种匝间短路保护中,应优先采用单元件式横联电流差动保护。

(4)发电机外部短路引起过电流的保护。根据发电机容量的大小可选用:过电流保护、复合电压启动过电流保护或定时限负序过电流保护。

(5)负序过电流保护。反应不对称负荷或外部不对称短路而引起的负序过电流,是相间短路的后备保护。此外,当电力系统发生不对称短路或在正常运行情况下三相负荷不平衡时,发电机定子绕组中将出现负序电流,该电流在空气隙中建立的负序旋转磁场相对于转子为两倍同步转速,在转子绕组、阻尼绕组以及转子铁心等部件上感应出100Hz的倍频电流,引起转子过热。所以,负序过电流保护也是反应转子过热的一种发电机主保护。

(6)过负荷保护。反应对称负荷引起的发电机定子绕组过电流,接于一相电流上即可。

(7)定子绕组的过电压保护。由反应定子绕组电压升高的过电压继电器构成。

(8)励磁回路一点接地及两点接地保护。对小容量机组励磁回路的一点接地,一般采用定期检测装置。对大容量机组则装设一点接地保护,通过外加电压方式或利用直流电桥平衡方式实现,前者在转子绕组负极性端串入直流电压源和直流继电器,利用一点接地后流过直流继电器的电流增大而动作;后者将转子绕组和两个附加电阻组成平衡电桥,利用一点接地后流过电桥之间的继电器电流增大而动作。在保护发出一点接地信号后,重新调节附加电阻使电桥再次平衡,如果再发生第二点接地则电桥平衡又被破坏,电桥之间的继电器再次动作,这就是励磁回路的两点接地保护。

(9)失磁保护。发电机失磁后,机端电压降低、有功输出减小并向系统吸收无功功率,对发电机本身和电力系统都不利。对于不允许失磁运行的发电机,应在自动灭磁开关断开时连锁断开发电机的断路器;对采用静态励磁以及100MW及以上采用电机励磁的发电机,应增设直接反应发电机失磁时机端测量阻抗变化的专用失磁保护(张艳霞 等,2010)。

(10)大容量机组转子回路的过负荷保护。100MW以上静态励磁的发电机应装设反应转子绕组过电流的保护。

(11)逆功率保护。为防止汽轮发电机主气门突然关闭造成汽轮机损坏,对大容量发电机组可考虑装设反应功率方向的逆功率保护。由灵敏的功率方向继电器构成,带延时动作于信号和解列,以防止发电机变电动机的异常运行方式出现。

(12)其他故障及异常运行保护。为防止电力系统振荡影响机组安全运行,在300MW机组上宜装设失步保护;为防止汽轮机低频运行造成机械振动致使叶片损伤,可装设低频保护;为防止水冷却发电机断水可装设断水保护等。

应当指出:为了快速消除发电机内部的故障,在保护动作于发电机断路器跳闸的同时,还必须跳开灭磁开关,以断开发电机励磁回路,使转子回路电流不会在定子绕组中再感应电势、继续供给短路电流。

7.5.3 母线的保护配置

当母线上绝缘子或断路器套管发生闪络时,会造成母线的单相接地或多相短路。另外,运行人员的误操作例如带地线合刀闸,也会造成母线故障。母线上的故障会使得连接其上的所有电气元件在修复故障母线期间或转换至另一组无故障母线运行之前被迫停电;中枢变电所母线上的故障还有可能引起电力系统稳定的破坏,造成严重后果。

一般的低压母线不装设专门的母线保护,母线上的故障利用母线上其他供电元件的保护装置来切除。例如,图 7-54 双侧电源网络当变电所 N 母线上短路时,由保护 1 和 4 的第 Ⅱ 段动作予以切除。这种方法的最大缺点是延时太长。

图 7-54 在双侧电源网络上,利用电源侧的保护切除母线故障

对于重要的低压母线以及高压母线应该装设专门的母线保护。母线保护都是按纵联差动原理构成的,包括:比较母线上连接元件电流幅值和相位的纵联电流差动保护、只比较母线上连接元件电流相位的纵联相差保护等。实现时必须考虑的特点是:母线上连接的电气元件较多如线路、变压器、发电机等,构成母线纵联保护时要将所有电气元件都予以考虑。为满足选择性,在构成母线的纵联电流差动保护时应该保证:正常运行以及母线范围以外故障时,流入差动回路的电流为零;母线上故障时,流入差动回路的电流为所有电源提供给短路点电流(即短路点总电流)变换到二次侧的数值。在构成纵联相差保护时应该保证:电流比相在正常运行时电流流入的元件与电流流出的元件之间进行。

继电保护装置动作发出跳闸命令后,在断路器失灵而拒绝动作情况下能以较短时限切除其他相关断路器,使停电范围缩得最小的后备保护称为断路器失灵保护。它是防止事故范围扩大,保证电力系统稳定运行的一种有效措施。图 7-55(a)所示系统 k 点短路时,按照选择性要求应该由 QF_4 所在线路上的保护动作跳开 QF_4。若 QF_4 拒动,则装于母线 Ⅰ 段上的断路器失灵保护将动作跳开 QF_3、QF_4 和 QF_5。这样一来,k 点短路也就切除了,母线 Ⅱ 段可以继续正常运行。

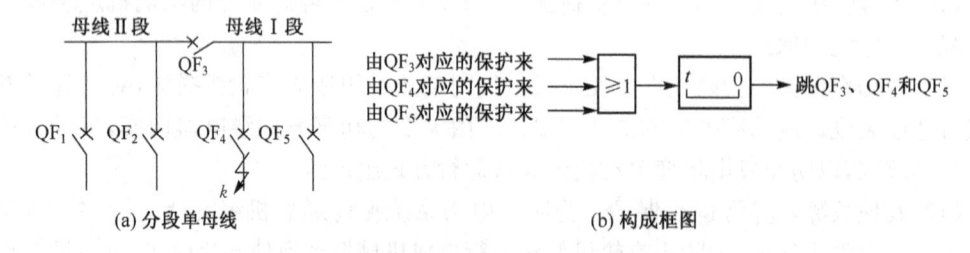

图 7-55 断路器失灵保护原理和构成框图

图 7-55(b)为断路器失灵保护的构成框图。所有连在一条母线或一组母线上的电气元件保护装置,在动作发出跳闸信号给断路器跳闸线圈的同时也启动断路器的失灵保护,经延时元件(其延时大于断路器跳闸时间和保护装置延时返回时间之和)鉴别确实断路器失灵后,跳开这条母线或这组母线上的所有断路器。

思 考 题

7-1 电力系统对继电保护的基本要求是什么?注意结合各种原理的保护深入理解它们,并运用这些观点来分析保护的性能。

7-2 在整定定时限过电流保护(电流Ⅲ段)时,为什么必须考虑返回系数?在整定电流速断(电流Ⅰ段)和限时电流速断(电流Ⅱ段)时,是否需要考虑?为什么?

7-3 试分析过量继电器和低量继电器返回系数的区别,并真正理解它在整定公式中的作用。

7-4 在本章里使用了各种系数,如 K_k、K_h、K_{fz}、K_{zq}、K_{lm}、K_{tx}、K_{fzq} 等,它们都表示什么意思?在整定计算中有什么作用?

7-5 何谓阻抗继电器的测量阻抗 Z_J、起动阻抗 $Z_{dz.J}$、整定阻抗 Z_{zd}?它们之间的关系和区别何在?

7-6 为什么纵联差动原理的保护能切除保护范围内部任何地点所发生的短路?当单端电源供电内部故障时,纵联差动保护能动作吗?

7-7 产生变压器纵联差动保护不平衡电流的原因有哪些?

7-8 在题 7-8 图所示网络的线路 AB、BC、BD 上均装设了三段式电流保护,变压器采用了保护整个变压器的无延时差动保护,即纵联差动保护。并已知:电流保护采用了三相星形接线,线路 AB 的最大负荷电流为 200A,时间级差 $\Delta t = 0.5$s,取 $K_{zq} = 1.5$,$K'_k = 1.25$,$K''_k = 1.15$,$K_k = 1.15$,$K_h = 0.85$,系统的 $x_{smin} = 13\Omega$,$x_{smax} = 18\Omega$,其他参数如图所示,图中各电抗均为归算至 115kV 的欧姆数。试整定线路 AB 各段保护的起动电流、动作时限并校验灵敏系数。

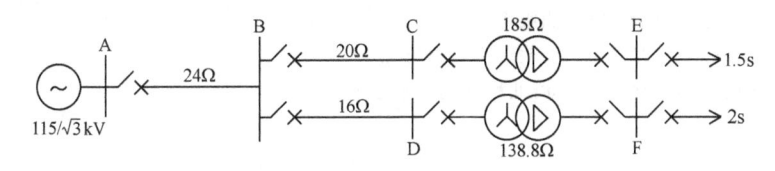

(答案:$I'_{dz} = 2.24$kA,$t'_{dz} = 0$s,$l_{min}\% = 31.8\%$,$I''_{dz} = 460$A,$t''_{dz} = 1$s,$K_{lm.Ⅱ} = 2.99$
$I_{dz} = 406$A,$t_{dz} = 3.5$s,$K_{lm.近} = 3.37$,$K_{lm.远} = 2.24$)

题 7-8 图

参 考 文 献

陈珩.1995.电力系统稳态分析.2版.北京:水利电力出版社.
高永昌,1988.电力系统继电保护.北京:水利电力出版社.
韩学山,张文,2008.电力系统工程基础.北京:机械工业出版社.
何仰赞,温增银,2002.电力系统分析(上、下).3版.武汉:华中科技大学出版社.
何仰赞,温增银,2006.电力系统分析题解.武汉:华中科技大学出版社.
贺家李,宋从矩,1994.电力系统继电保护原理.3版.北京:水利电力出版社.
华中工学院,1981.电力系统继电保护原理与运行.北京:电力工业出版社.
李光琦,1995.电力系统暂态分析.北京:水利电力出版社.
王梅义,2007.高压电网继电保护运行与设计.北京:中国电力出版社.
王锡凡,1994.电力系统规划基础.北京:水利电力出版社.
王锡凡,2003.现代电力系统分析.北京:科学出版社.
韦钢,2004.电力系统分析要点与习题.北京:中国电力出版社.
夏道止,2004.电力系统分析.北京:中国电力出版社.
熊信银,2004.发电厂电气部分.3版.北京:中国电力出版社.
张炜,1999.电力系统分析.北京:水利电力出版社.
张艳霞,姜惠兰,2010.电力系统保护与控制.北京:科学出版社.
朱声石,1981.高压电网继电保护原理与技术.北京:电力工业出版社.